U0237926

马九克极简教育技术丛书

微软（中国）有限公司推荐

轻松高效编辑教学文档

马九克◎著

华东师范大学出版社

图书在版编目(CIP)数据

轻松高效编辑教学文档/马九克著. —上海:华东师范大学出版社,2018
(马九克极简教育技术丛书)
ISBN 978-7-5675-7607-0

Ⅰ.①轻… Ⅱ.①马… Ⅲ.①文字处理系统-中小学-师资培训 Ⅳ.①TP391.12

中国版本图书馆CIP数据核字(2018)第067341号

马九克极简教育技术丛书
轻松高效编辑教学文档

著　　者　马九克
责任编辑　刘　佳
特约审读　周佳清
责任校对　王丽平
装帧设计　卢晓红

出版发行　华东师范大学出版社
社　　址　上海市中山北路3663号　邮编200062
网　　址　www.ecnupress.com.cn
电　　话　021-60821666　行政传真021-62572105
客服电话　021-62865537　门市(邮购)电话021-62869887
地　　址　上海市中山北路3663号华东师范大学校内先锋路口
网　　店　http://hdsdcbs.tmall.com

印 刷 者　杭州日报报业集团盛元印务有限公司
开　　本　787×1092　16开
印　　张　16.25
字　　数　313千字
版　　次　2018年8月第1版
印　　次　2018年8月第1次
书　　号　ISBN 978-7-5675-7607-0/G·11037
定　　价　52.00元

出 版 人　王　焰

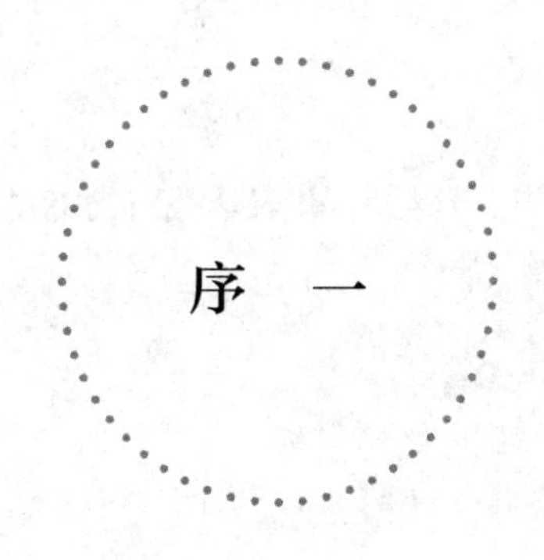

序 一

多年前,在闵行区教育信息技术应用研讨会上认识了马老师,后来每次相遇总会在一起讨论交流信息技术在教育中的应用问题。马老师是七宝中学的物理特级教师,对Office软件的应用,有其独到的见解,他与众不同的信息化思维,令人耳目一新。从最初的用PowerPoint制作课件、用Word进行教学文档的编辑、用Excel处理学生成绩分析开始,到后来的Office软件在班主任班级管理上的综合应用、微课的创作与实践等,他的研究不断深入,实践不断拓展,培训不断升级,相关著作也在不断更新。由于马老师在Office软件创新应用中的独到的研究成果,被微软授予“微软精英教师”称号,并被聘为微软高级培训师。他在全国Office教育教学的应用研究和普及推广中具有很大的影响力。

最近与马老师相聚,我给他提了个建议,希望他考虑在移动互联背景下升级原来的工作,他欣然接受。很快他就给了我信息,他将重新撰写一套“马九克极简教育技术丛书”,丛书将分为四本出版,分别是《轻松高效编辑教学文档》、《创建高效移动互联课堂》、《方便高效制作教学课件》、《快捷高效分析统计数据》,《创建高效移动互联课堂》一书中将大篇幅介绍手机网络与电脑互联互通在教育中的应用。

马九克老师新的著作问世,将为广大一线教师提供一个很好的第一手学习资料。一线教师如何学习和应用好教育信息技术?我的体会是在学习的过程中(做任何事情都是这样)要敢于动手,要在做中学,而且不应仅仅是学习一些机械的操作技能,要通过学习掌握它的思维方法。同时,还要把这些技能和方法结合自己的工作实际进行应用和总结,努力形成适合自己的习惯和方式。

教育信息化促进教育现代化已经成为教育发展的大趋势。在当今教育改革与创新的时代,我们需要一大批具有现代信息技术能力的创新型教师,在这方面马老师为我们树立了榜样。与马老师多年的接触中,我十分欣赏马老师带着研究的眼光去实践,带着实践的眼光去研究的做法。他注重研究与实践的结合,所以成果不断,并且研究的成果能得到广大一线教师的普遍赞誉。

应邀作序，向广大教师推荐这套丛书，并表达我对马老师的敬意！

张民生

（张民生：原上海市教委副主任，中国教育学会副会长，国家督学，上海市教育学会会长，现国家教育咨询委员会委员，上海市教育综合改革咨询委员会委员。）

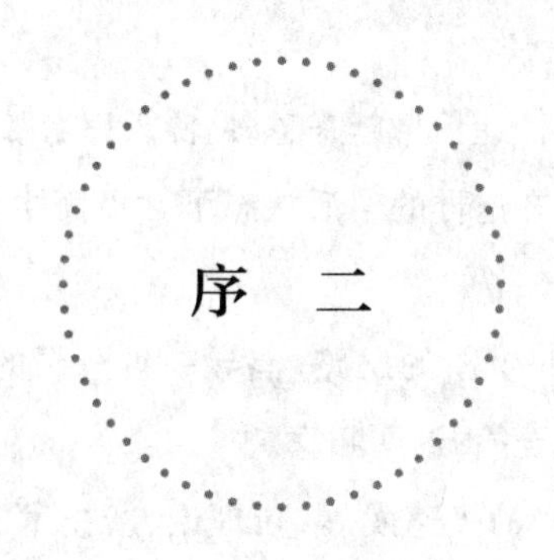

序　二

过去三十多年，由于教学工作的原因，我参加了教育信息化的许多项目，在英特尔未来教育、教育部组织的全国教师教育技术能力提升工程、国培计划，还有各地教育主管部门和学校组织的各类教师培训项目中，接触到许许多多表现杰出的优秀一线教师、教育专家和教育管理者。我注意到，教育信息化发展中涌现出来的杰出教师，都是在自己的教育工作中，努力培养和形成了自己良好的思维和习惯，从而逐步走向成功。我将这些优秀教师具有的一些共同的特点和习惯，总结为“信息时代优秀教师的7个习惯”：高期望、善学习、肯实践、善设计、爱创新、乐交流、利其器。马九克老师就是这样的优秀教师。

马九克老师2003年从河南调到上海七宝中学任教，当时他还不会使用计算机和当时的Office2003软件。但是，马老师结合自己的物理课程教学改革，深入学习计算机知识和Office2003软件，他编写出版的用于中小学课堂教学的系列Office教材，被选作上海市市级教师继续教育培训教材，他还被微软公司邀请参加全球教育论坛大会，三次代表中国教师在国际舞台上分享中国教师教育信息化的故事。

2018年刚刚开始，人工智能在各类教育大会上成为人们关注的热点话题。一天我与马九克老师聊起他正在编写的新作“马九克极简教育技术丛书”，我问他，能否搞些人工智能在教学中应用的教材，让现在的老师们阅读使用？马老师笑了笑，应声说：“我就死盯着Office，把教师最常使用的Office办公软件以及常用信息技术应用到极致，让每一位老师能够真正在教学中常态化地用好信息技术。”

极简教育技术，这是一个让人眼睛一亮的新想法！

极简教育技术的概念，源自“极简主义”在教育信息化领域的应用。极简教育技术思路的兴起，与时代的发展变化相关。今天的中国，从1978年改革开放算起，已经有四十年的奋斗历程。随着生产力水平的不断提高，中国人富起来、强起来了。人们物质财富越来越丰富，每个家庭的消费品和物质拥有越来越多；住房越住越大，但是被塞满了各种东西，空间越来越小;各类新媒体自媒体让信息越来越多,深入思考却越来越少;想做的事情越来越多,感觉越来越忙越来越累。在这样的生活状态下,"极简主义"很自然地受到人们的认可和欢迎。

极简主义给人们提供了一个新的思路,倡导一种全新的人生态度和价值观:简洁即美,小就是大、少即是多,大道至简、返璞归真。

随着时代变化和信息技术的飞速发展,新理论、新技术、新软件,每天都在不断涌现。面对纷繁复杂的教育信息化浪潮,极简教育技术是指在学校教学工作中,倡导师生使用方便实用、易学易用、能够有效提高工作学习效率的技术。

马九克老师的极简教育技术丛书顺应时代的需求,总结了目前广大一线教师在教学中的真正需求和常态化使用得最普遍的技术:用微软 Office365 和移动互联时代最常用的 APP 软件,精心研究提炼出了最适合教师的"极简技术",编辑成教材供大家学习使用。

"马九克极简教育技术丛书"遵循极简主义的原则,有以下特点:

(1) 易学、易用、方便、省时、高效。

(2) 基于微软最新发展的 MSOffice365 版本,面向移动互联时代的教学方式变革。(注:微软 Office365 是提供服务的订阅制,每周、每月动态更新,为用户提供更多新的服务,全面支持手机移动端,具有社会化学习、团队协作、班级管理等新功能,同时兼容原来的 Office2010 版、2013 版和 2016 版。)

(3) 在教育信息化领域,聚焦一线教学,以应用为导向,普及"极简教育技术",让每一位教师使用技术支持教学有切实的获得感。

这是一套值得每天在课堂使用技术支持教学的读者参考的系列丛书。

黎加厚

(黎加厚:上海师范大学教育学院教育技术系教授,教育部全国教师教育信息化专家委员会委员,中国教育技术协会学术委员会副主任。)

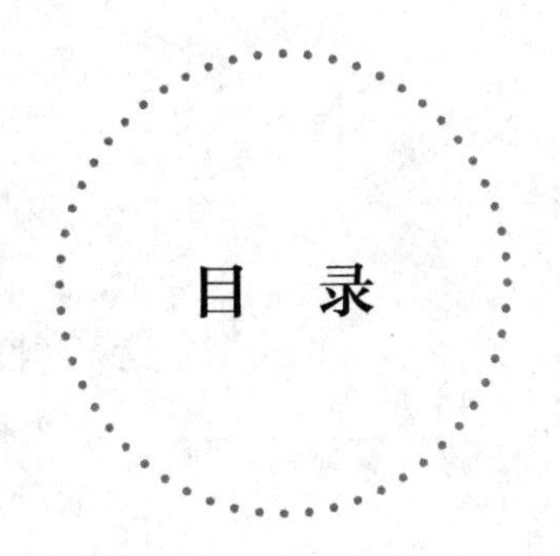
目 录

第 3 单元　插入应用

第 4 单元　查找替换

第 5 单元　图形图片

第8单元　高级应用

第9单元　实用案例

前　言

信息化时代信息工具的升级换代和教学模式的不断转变，成为了全球教育教学改革发展的大潮流。我国目前开展的利用多媒体信息技术进行的课堂教学变革，正是顺应了这一改革发展的趋势。我国基础教育阶段，经过各地政府多年来对教育的倾心投入，绝大多数学校已经基本实现了三通两平台的建设。“十三五”期间既是教育信息化的深入发展期，又是教育信息化的创新试验期。要推动教育信息化在教育教学领域中的深入发展和创新应用，以教育信息化助推教育现代化。所谓教育信息化，是指在教育管理、教育教学和教育科研等领域全面深入地运用现代信息技术，来促进教育改革与发展。当今技术的发展突飞猛进，我国人工智能中的图像识别技术和语音识别技术都已全球领先，这些新技术目前也被应用到了学校的教育教学中，我们要充分认识教育信息技术将对教育的发展产生革命性影响。

当然谈到教育信息化建设，不一定非要添加过多的高大上的设备和平台，在基础设备基本满足要求的条件下，如何提高教师的信息化素养，培养教师的信息化思维，让教师想用会用多媒体信息技术，以此提高我们的课堂教学的效益和教师的工作效率，这才是目前我们应该考虑的主要问题。试想如果教师天天使用的 Word 都用不好，PowerPoint 课件不会做，光有先进的设备如何实现教育信息化建设。信息化时代，处处要体验高效、方便、快捷，所以使用好常规办公软件，提高工作效率，是信息化时代的每个人都应该掌握的技能。

“工欲善其事，必先利其器”，我们已经有了各种现代化的工具，但如果没有掌握它，不会使用，工作效率仍然很低。我们在工作中，天天离不开电脑，离不了办公软件，据调查，近 90％的教师自认为 Word 使用得很熟练或比较熟练，但真正用好的少之又少，连教师最常用的出试卷的多级编号功能，也只有 4％的教师会使用。移动互联时代，学校要实现教育现代化，教育信息化是必由之路，而教育信息化建设的基础则是教师熟练掌握办公软件的应用。所以把《轻松高效编辑教学文档》作为新的教育技术应用丛书的第一本。书中介绍了多级编号应用、页眉和页脚的设置、修订和批注功能的应用、两个文档比较功能、格式刷的应用、图形的绘制和图片的编辑、各种神奇的替换功能和邮件功能、制表位的应用、题注和交叉引用的应用、大纲视图的应用、样式的应用、自动目录的生成等文档编辑过程中的大量方法技巧。一本 Word 新书在手，众多编辑技巧全有，只要熟练掌握应用，从此文档编辑无忧。

本书不仅适用于广大中小学教师，同样也非常适用于公务员、公司白领等所有文字工作者，不仅适用于初学者，更适合于想提高操作水平的较高水平学习者，特别是长文档的编辑技巧，是高校教师写书著文的好帮手。为了适用于广大用户的学习以及办公软件应用的培训需要，本系列丛书全部以课时形式编写，方便培训使用。同时，本书有详细的目录，作为案头必备的工具书，在工作中遇到问题时可以随时查询。本书图文并茂，浅显易懂，内容安排由浅入深，实用操作性强。本书没有过多理论阐述，直奔操作技术主题。本书是作者近年来经过 900 多场的教育技术应用培训，精心打造的一本文档编辑技术办公用书。

作者在多年的研究过程中，得到了原上海市教委副主任、中国教育学会副会长、国家督学、现国家教育咨询委员会委员张民生教授，教育部教育信息化技术标准委员会主任、全国著名教师教育技术应用研究专家、华东师范大学终身教授、教育技术学博导祝智庭教授，以及教育部全国教师教育信息化专家委员会委员、中国教育技术协会学术委员会副主任、上海师范大学教育技术系黎加厚教授等多次指导和帮助。在多年的研究过程中，得到了原闵行区教育学院院长徐国梁先生、原上海市七宝中学校长仇忠海先生以及文来高中校长黄健先生的大力支持和帮助，华东师范大学国际慕课研究中心主任陈玉琨教授、田爱丽博士在此过程中也都给予了很大的帮助与支持。对以上专家和领导在我的研究过程中给予的关心、支持和帮助，表示深深的感谢！

作者：

2018 年 5 月 8 日

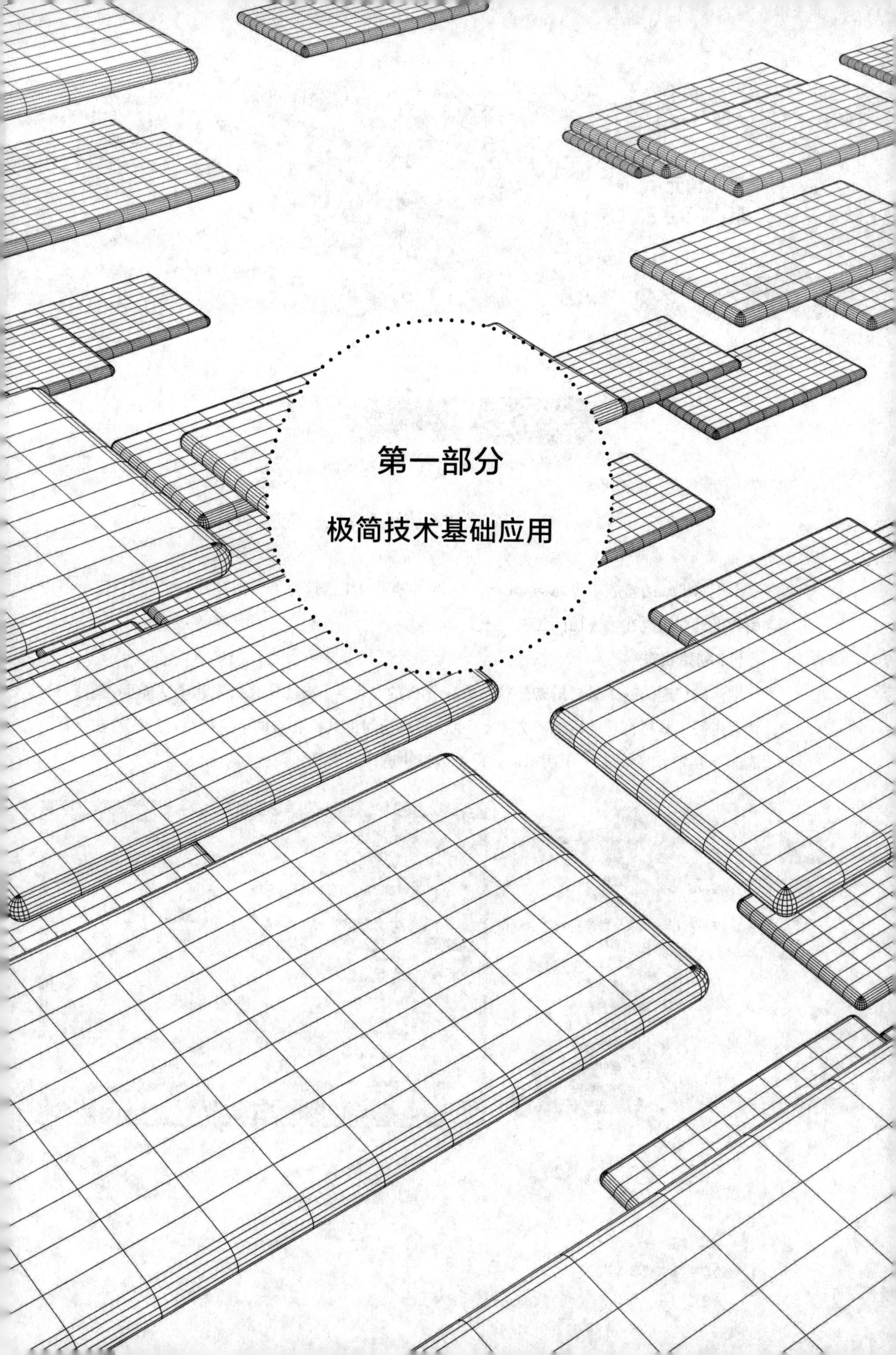

第一部分

极简技术基础应用

第1单元
基本应用

第1课 基本应用（一）

1. 自定义快速访问工具栏

由于Office的新版本界面与Office2003版本有很大区别，为了方便使用，可以把自己常用的工具按钮放在快速访问工具栏上。

(1) 初始状态

默认的快速访问工具栏的初始状态处在界面的左上角，并且只有很少几个功能键，要让快速访问工具栏在功能区的下方显示，点击快速访问工具栏右边的下拉按钮，再点击“在功能区下方显示”，如图1-1所示。这样可以把快速访问工具栏调整到功能区下面。

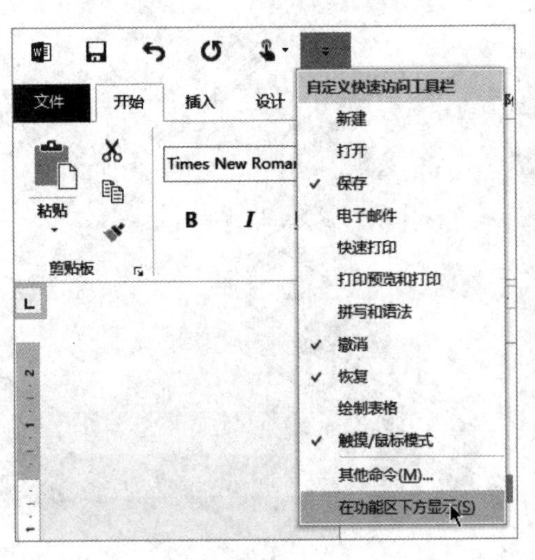

图1-1

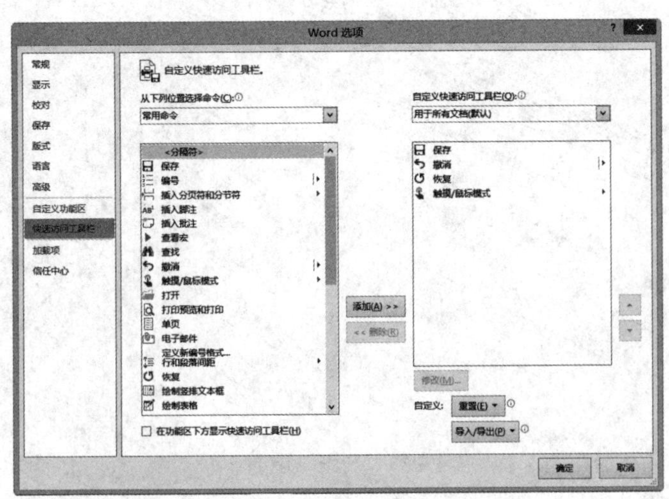

图1-2

(2) 在快速访问工具栏中添加工具

1) 可以把常用的一些命令添加到快速访问工具栏上。在图 1-1 中点击“其他命令”，可以得到如图 1-2 所示的“Word 选项”对话框。在左边点击“快速访问工具栏”。

2) 在“快速访问工具栏”选项卡中，可以在“常用命令”下面选择某一个命令，点击“添加”，也可以在上面选中“所有命令”，在这里找到你需要的其他命令，然后点击“添加”，可以把选中的命令添加到右边的区域中，左边的命令项目是按照字母的顺序排列的。选中已经添加到右边的某一个命令，可以“删除”，可以上下移动位置。

3) 在“快速访问工具栏”中可以添加数十个常用的命令按钮，为了以后使用方便，如重新装机等，可以把这些设置文件导出来以备以后使用。点击右下角“导入/导出”按钮，再点击“导出所有自定义设置”，如图 1-3 所示。可以把该设置作为文件导出，如果装机后想重新使用(或复制后让别人使用)，再点击“导入自定义文件”将文件导入即可。“重置”按钮可以让快速访问工具栏恢复到初始状态。

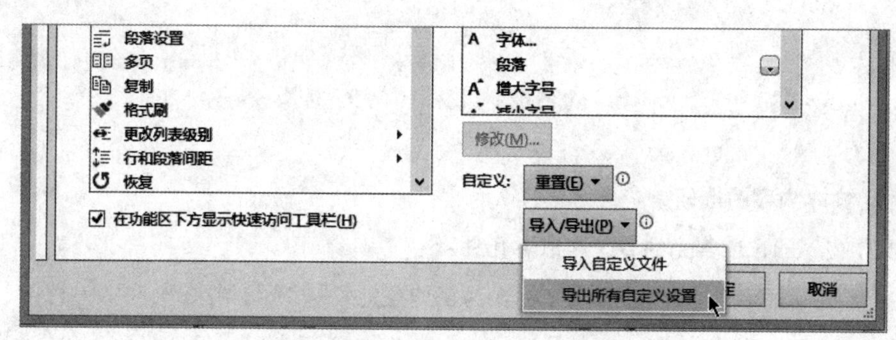

图 1-3

2. 功能区隐藏和界面信息

(1) 功能区的隐藏

有时为了扩大文档的显示空间，可以把功能区隐藏。在界面右上角点击向上的小箭头，可以把功能区隐藏起来。如图 1-4 所示。也可以点击中间的“显示选项卡”，则界面只显示选项卡，点击右上角的三个小点，可以临时显示出功能区。

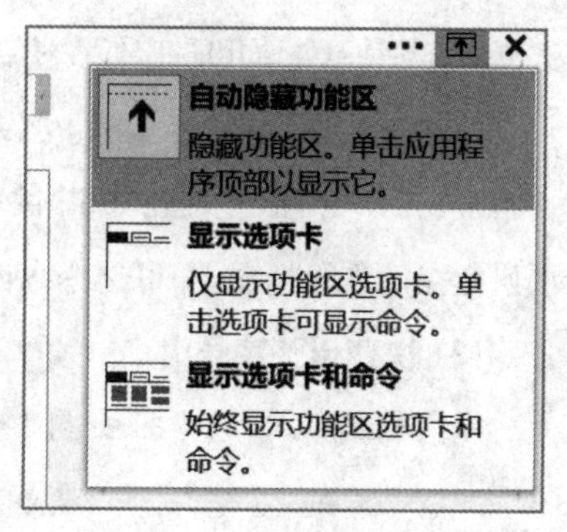

图 1-4

(2) 界面显示的信息

在文档的编辑过程中，通过界面可以获得很多信

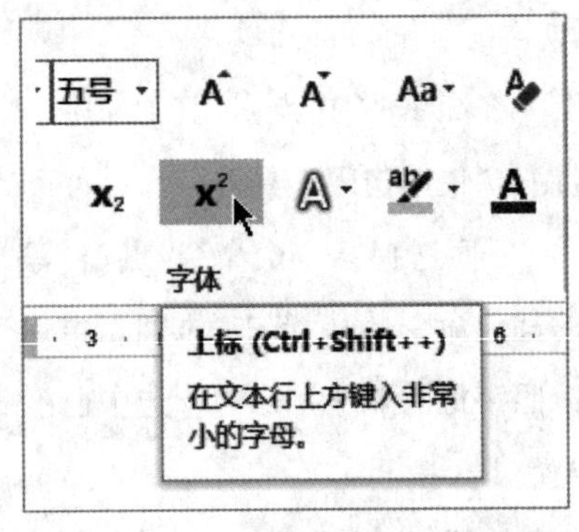

图 1－5

息，让你知道 Word 文档目前所处的状态。

1）功能提示。将光标悬停在某个按钮上，Word 会给出它的名称及功能介绍，让你快速地了解你不熟悉的功能及快捷键。如图 1－5 所示。

2）格式信息。光标置于文档中某处，在功能区可以看到多个格式信息，如字体、字号、对齐方式为左对齐、应用了编号、显示编辑标记、使用了二级标题样式等。如图 1－6 所示。

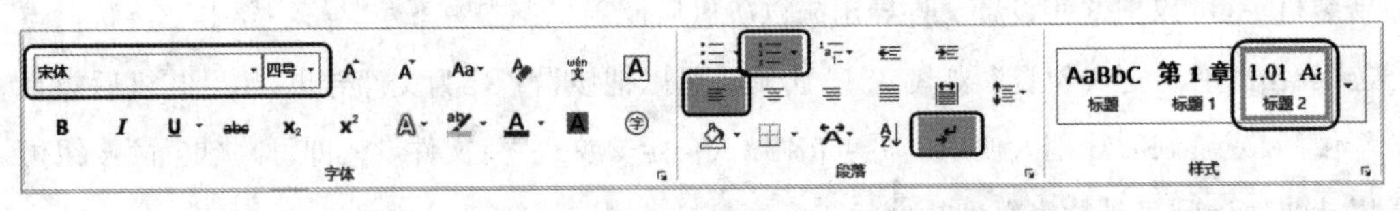

图 1－6

3. 内容的选取和字号的调整

(1) 文本内容的选取

文本内容的选取常见的方法有以下几种：

1）将光标置于文档的左侧，当光标变为斜向空心箭头时，单击一次选中一行；双击选中一段；连击三次选中全部。

2）当鼠标在文档中某一位置时，双击选中一个词组，连击三次选中该段落。

3）若选取文档中的某一部分，将光标定位在要选取内容的起始处，再将光标移动到需要选取文本的结尾处，按住 Shift 键的同时用鼠标点击选取内容的结尾处，即可选定任意长度的文本。

4）利用“Alt”键结合鼠标，可以选择纵向文本块，其方法是：先按住“Alt”键不放，然后用鼠标左键进行拖动，即可选择纵向文本块。

(2) 快速调整字号大小

在文档编辑时，通常是由图 1－7 所示的方法改变字号的，这种方法一是不方便；二是

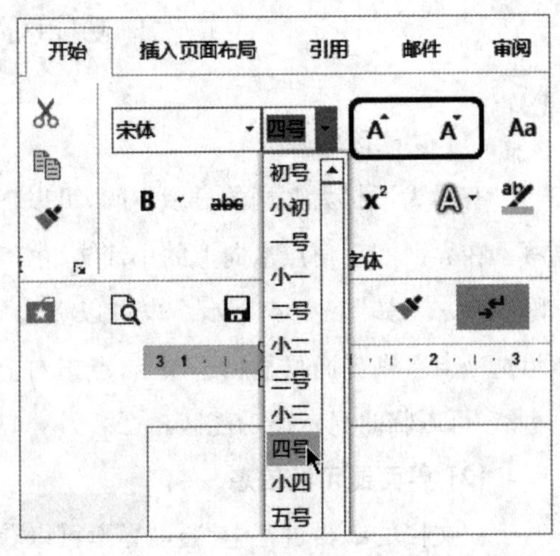

图 1－7

所选的文本内不论原来各文本字号如何，都统一按该字号设置；三是字号的变化只有特定的几个。因此，在设置字号时，除了利用图 1-7 的方法进行字号的统一设置外，还可以采用下述方法利用快捷键改变字号：

1）逐磅改变字号。选中文字，直接在上图的上面分别按下两个“A”字工具按钮（此法最方便），或者按下“Ctrl +]”或“Ctrl + [”可以逐磅的增大或减小字号。

2）逐级改变字号。选中文字，按下“Ctrl + Shift + ＞”或“Ctrl + Shift + ＜”，可以逐级改变字号，当字号大于 80 磅时，以 10 磅的步长进行字号的增减。

利用上述快捷键，可以方便地使选中的文字同步变化，如图 1-8 所示。左边的“变化”二字，其中“变”是“四号”字，“化”是“二号”字，选中这两个字，按下“Ctrl + Shift”组合键时，再连续按“＞”五次，“变化”二字分别变为“小一号”字和“48”磅字。

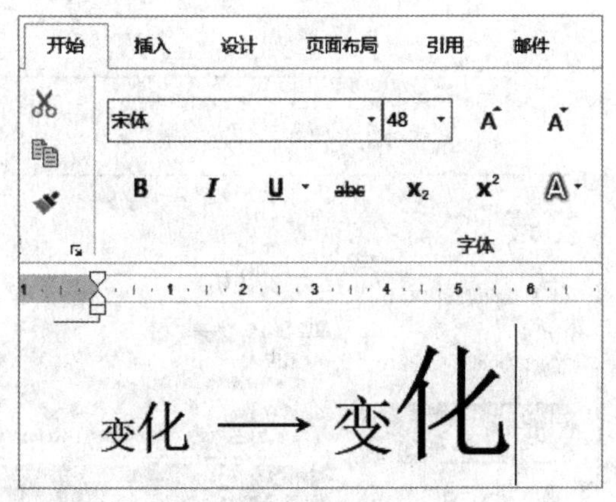

图 1-8

有时需要很大的字，这时可以在框中直接输入字号，最大可以达 1638 号。

4. 改变显示比例和快速打开文档

(1) 快速改变文档的显示比例

当字体设置较小字号时，在编辑的过程中，常常看不清楚，若改变字体的设置，又常常影响排版，想既不影响编辑排版，又能看得清楚文字方便编辑，可以改变显示比例。在菜单“视图”选项卡的“显示比例”组中点击“显示比例”，在“显示比例”对话框中，可以设置文字的显示比例，图略。但是最方便的方法是：按下 Ctrl 键，同时转动鼠标的转动轮，可以随时改变文档显示的比例。此种方法在 Excel 和 PowerPoint 等程序中同样适用。

(2) 快速打开文档

有些文档或文件夹是常常使用的，可以把经常使用的文档或文件夹固定起来，方便使用。

1）打开近期使用的文档。点击“文件”进入后台视图，在“打开”选项的右侧，可以看到最近使用的文档，上面是固定的文档，下面是近期打开的文档，点击右边的小图钉按钮，可以把近期打开的文档固定到上面。如图 1-9 所示。

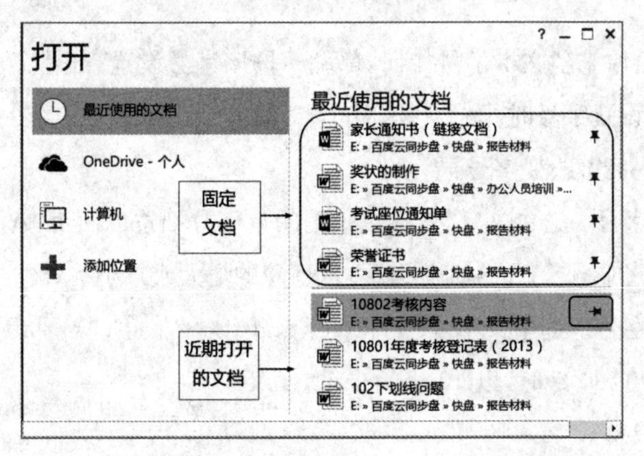

图 1－9

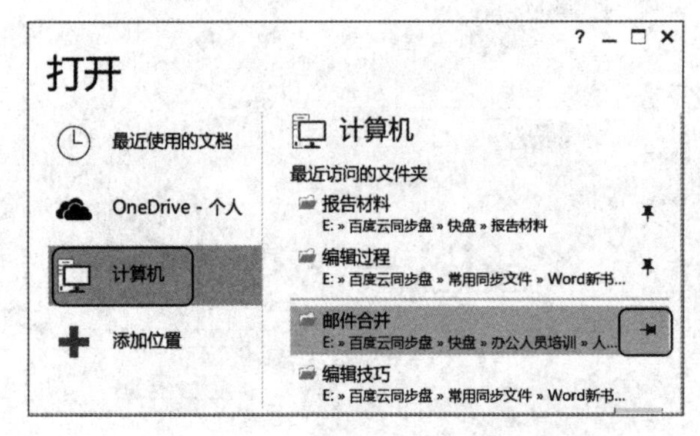

图 1－10

2）打开近期使用的文件夹。与上面方法类同，可以打开最近访问的文件夹。点击“计算机”，右边出现“最近访问的文件夹”，上面是固定的文件夹，下面是近期访问的文件夹，在下面的文件夹图标的右边点击“小图钉”，可以把文件夹固定在上面。如图 1－10 所示。

第 2 课 基本应用（二）

1. 对齐功能的应用

在编辑过程中，常常要使文档(或文档的某一部分)以某种方式对齐。

(1) 使用对齐按钮对齐段落

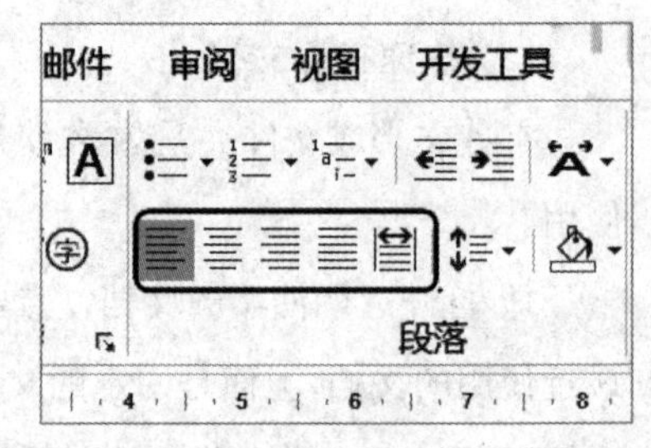

图 1－11

1）一般的文档对齐，可以直接采用上面的工具栏中的对齐按钮进行对齐。“开始”选项卡“段落”组的中间一排按钮，从左到右依次是：左对齐、居中对齐、右对齐、两端对齐和分散对齐，如图 1－11 所示。光标置于某一段落，点击对齐按钮，可以直接对齐该段落。如果让全部文档按此对齐方式对齐，需要按下 Shift + A，选中全部文档后，再点击对齐按钮。

2）五种对齐方式如图 1 - 12 所示。“两端对齐”和“分散对齐”差别就在最后一行，“左对齐”和“两端对齐”差别在于右边是否对齐，一般编辑文档使用“两端对齐”较好。这样文档的左右两端都能对齐。

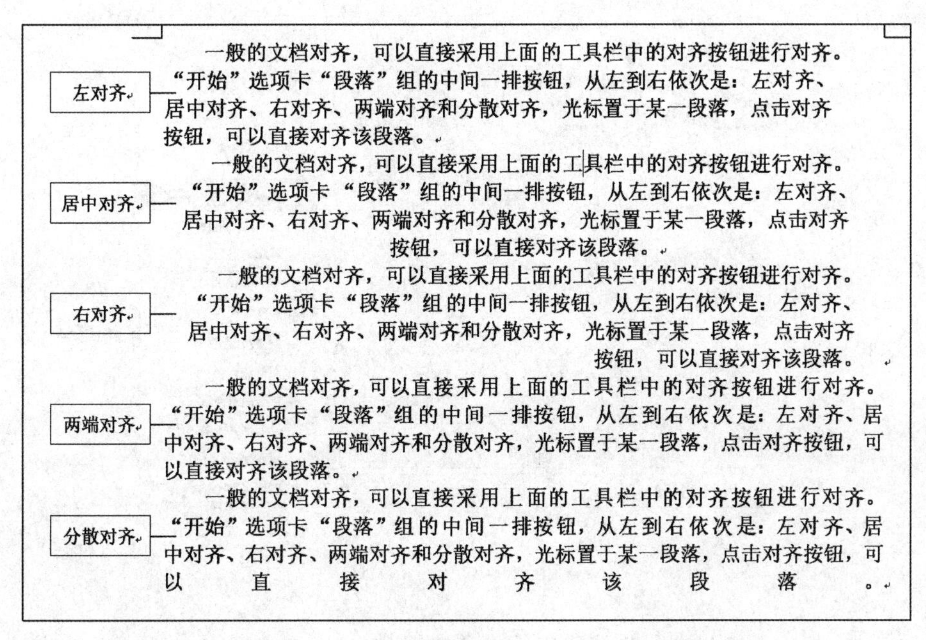

图 1 - 12

(2) 文本框和图片的对齐

1）文本框对齐。先要选中文本框。在“开始”选项卡的“编辑”组中，点击“选择”按钮，再点击“选择对象”，然后用鼠标拖动，即可选中文本框。如图 1 - 13 所示。双击鼠标即可

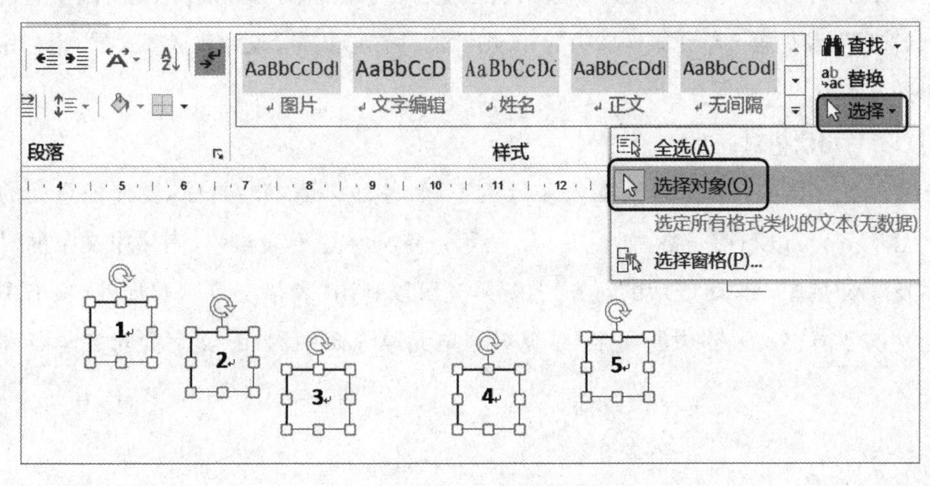

图 1 - 13

退出选择对象状态。选中文本框后，在绘图工具“格式”选项卡中的“排列”组中，点击“对齐”按钮即可。若分别点击“顶端对齐”和“横向分布”，再“组合”起来，就得到了下面排列整齐的文本框图形。如图 1－14 所示。

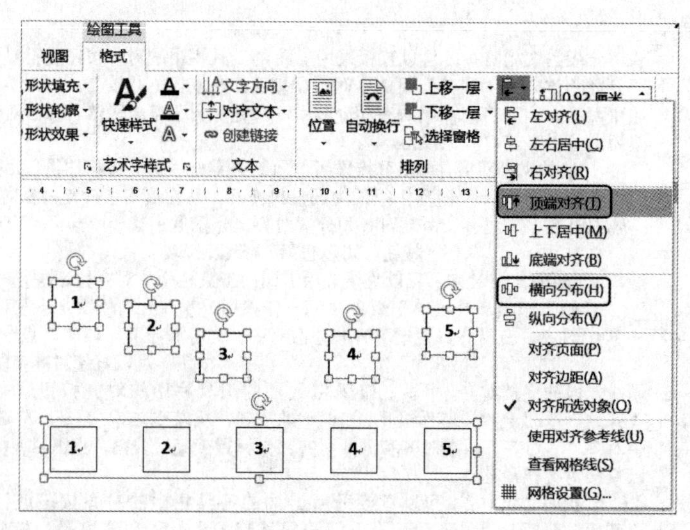

图 1－14

2）文本框中文字对齐。光标置于文本框中某段落中，使用图 1－11 所示对齐按钮，左右对齐段落中的文字。若调整文字的上下对齐，光标置于文本框中，在出现的绘图工具的“格式”选项卡的“文本”组中，点击“对齐文本”，选择一种对齐方式。如图 1－15 所示。

3）图片的对齐。插入的图片一般默认是“嵌入式”的。要对齐图片，先要改变它们的“布局选项”（参见第 5 单元第 4 课中的“2. 图片的存在形式”），改为非嵌入式的，再利用文本框的对齐方式对齐图片。

(3) 利用表格对齐文档

有时在文档的任意部位要插入多行文字，如各种申请书的封面，要使任意处的多行内容对齐，可以利用表格，如图 1－16 所示。将文字置于表格中，表格中文字的对齐方式除了使用图 1－11 所示的对齐按钮外，还可以利用“表格工具”“布局”选项卡中的九种对齐工具对齐表格中的文字（参见第 6 单元第 3 课中的“2. 文字的对齐与行高的固定”）。

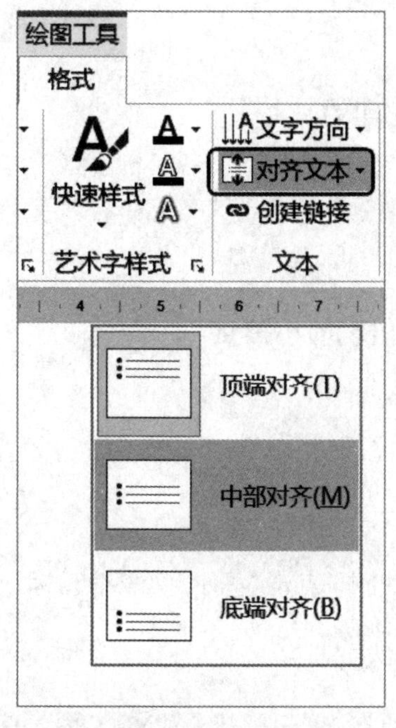

图 1-15

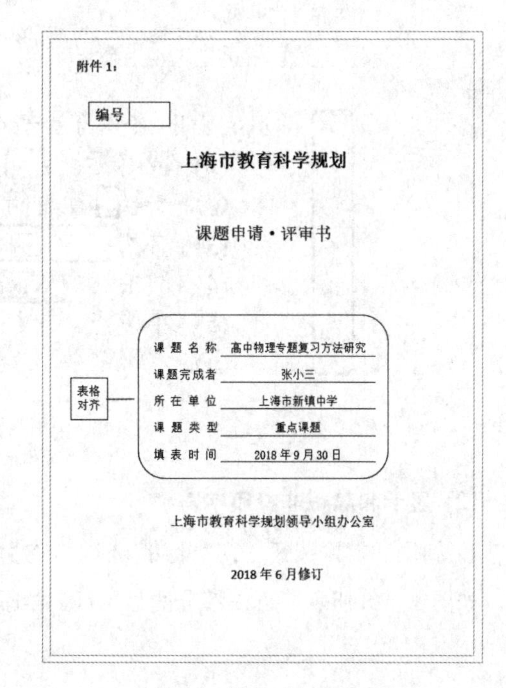
附件1：

编号

上海市教育科学规划

课题申请·评审书

课 题 名 称 高中物理专题复习方法研究
课题完成者 张小三
所 在 单 位 上海市新镇中学
课 题 类 型 重点课题
填 表 时 间 2018年9月30日

上海市教育科学规划领导小组办公室

2018年6月修订

图 1-16

2. 页面上不被打印的符号

文档的页面上可以看到有很多符号，而这些符号又常常不被打印。

(1) 常见不被打印的符号

页面上很多符号，虽然可见但是不被打印，如图 1-17 所示。

1）段落标记。每个段落后面带弯钩的箭头，是打回车产生的，是一个段落的标记。

2）手动换行符。某一行文字的后面出现的向下的箭头，是按下 Shift 键再打回车时产生的。此标记是让文档分行不分段落（仍然是一个段落），网上下载的文章中常会出现此标记。

3）空格。按下空格键时，有时出现的是灰色的小点，有时出现的是灰色的方框，小点是在半角状态下按下空格键产生的，方框是在全角状态下按下空格键产生的。

4）波浪线。一些文字的下方会出现蓝色或者红色的波浪线，这是 Word 的“拼写和语法检查”功能，红色波浪线表示拼写问题，蓝色波浪线表示语法问题。

5）小黑点。文档左边出现的小黑点，是表示该段落有一定的格式设置。

6）水平箭头。当按下键盘左边的“Tab”键时会出现这种符号，称为制表符。

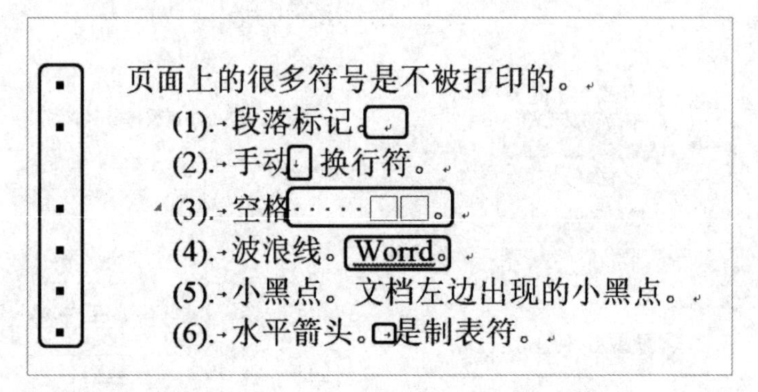

图 1－17

(2) 显示和隐藏非打印字符

1）利用功能区按钮。在“开始”选项卡的“段落”组中，点击“显示/隐藏编辑标记”按钮。如图 1－18 所示。可以部分的显示/隐藏编辑标记符号。

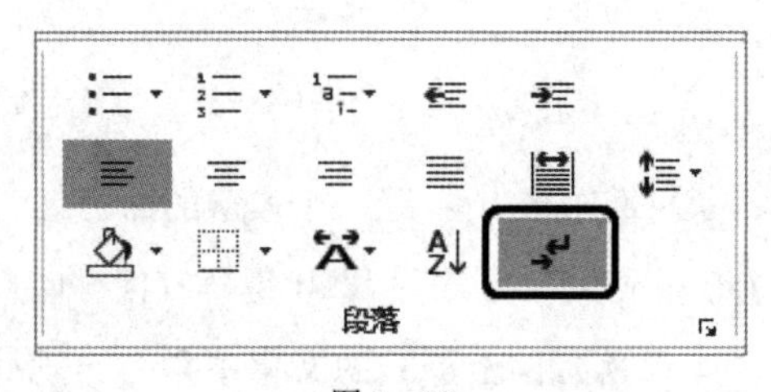

图 1－18

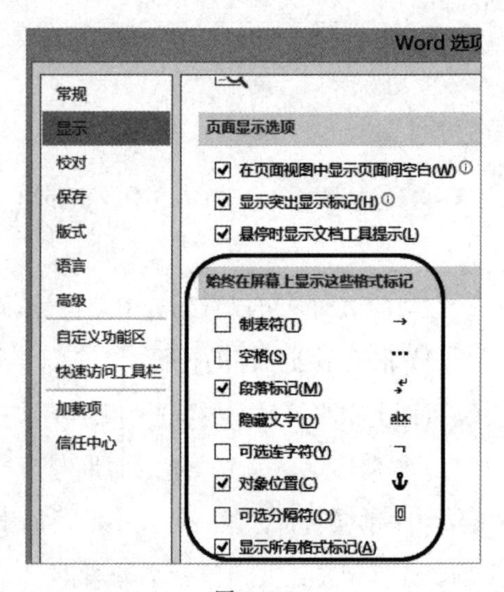

图 1－19

2）选项的设置。点击“文件”进入后台视图，点击“选项”，再点击“显示”，可以在此设置显示哪些标记。如图 1－19 所示。

3）去掉波浪线。点击“文件”进入后台视图，点击“选项”，再选中“校对”，去掉选中的“键入时检查拼写”和“键入时标记语法错误”。如图 1－20 所示。以后就不会检查拼写和语法的错误了。可以部分去除。对于拼写和语法出现的错误，可以在该处右击鼠标，可以选择正确的拼写或忽略。这样也可以去掉波浪线。如图 1－21 所示。

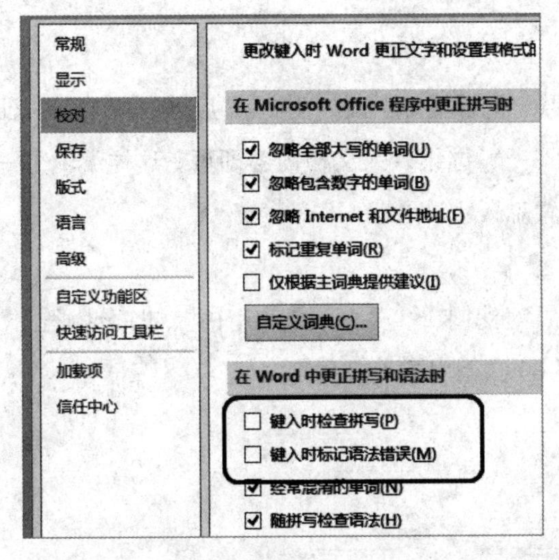

图 1－20

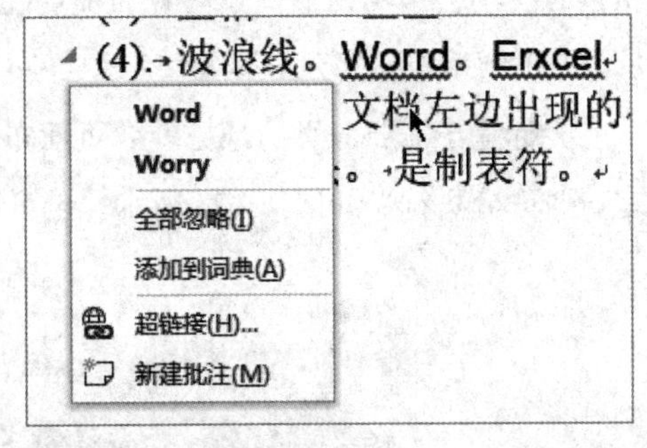

图 1－21

3. 快速换页

当文档编辑到需要换页的位置时，如果使用直接键入多个回车键的方法进行换页，不仅效率不高，而且对前面内容进行修改时，还会影响到后面页的文字的位置，如图 1－22 所示。要快速换页，方法如下：

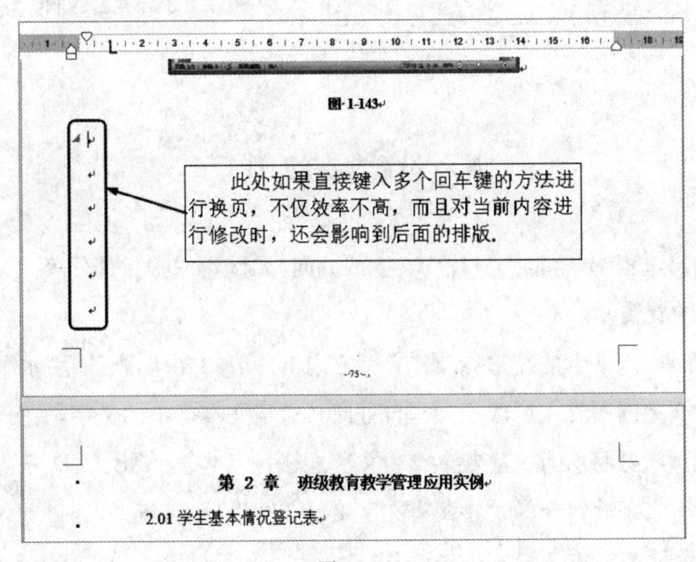

图 1－22

(1) 利用快捷键插入分页符

光标置于需要分页处，按下“Ctrl + Enter”组合键，即在按下“Ctrl”后，按下回车键，便会快速插入一个分页符，光标则自动跳到下一页，继续录入文档内容即可。这样编辑上一页内容时不会影响到下一页内容的位置设置。

(2) 利用按钮插入分页符

光标置于需要分页的地方，在“页面布局”选项卡的“页面设置”组中，点击“分隔符”按钮，选择“分页符”，如图 1－23 所示。也可以在文档中插入分页符。

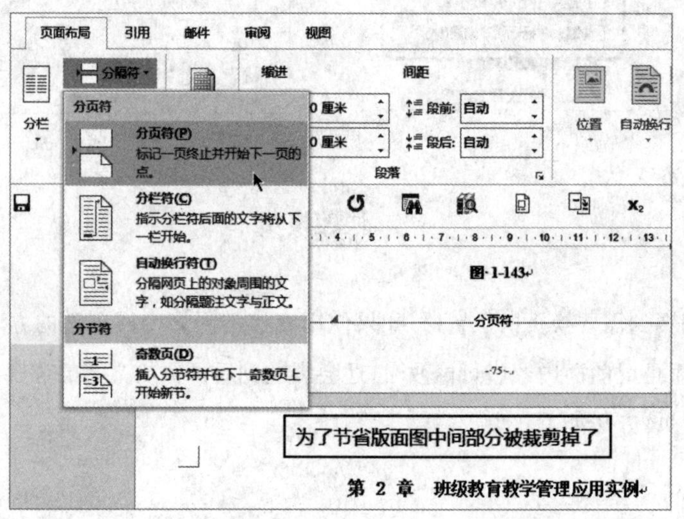

图 1－23

4. 设置文字的方向

文档的编辑过程中，常常需要改变文字的方向，如试卷的密封部分等。

(1) 文字的旋转

在“页面布局”选项卡的左边，点击“文字方向”，一般的文档，默认是“水平”，当点击“垂直”时，可以让文档的所有文字改变为垂直方向。对于文本框中的文字，有多种选项，如“将所有文字旋转 90°”，“将所有文字旋转 270°”等。图 1－24 中，A、B、C、D 分别对应“水平”、“垂直”、“将所有文字旋转 90°”，“将所有文字旋转 270°”几种情况。

(2) 利用选项卡

点击图 1－24 中左下角的文字方向选项，如图 1－25 所示。在“文字方向”选项卡中可以方便地选择文字的方向。

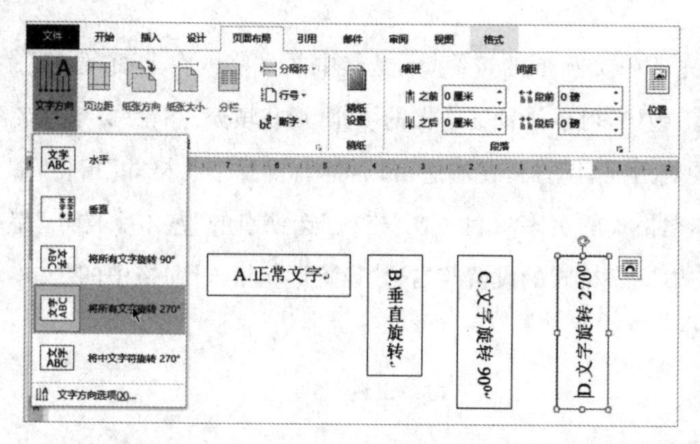

图 1 - 24

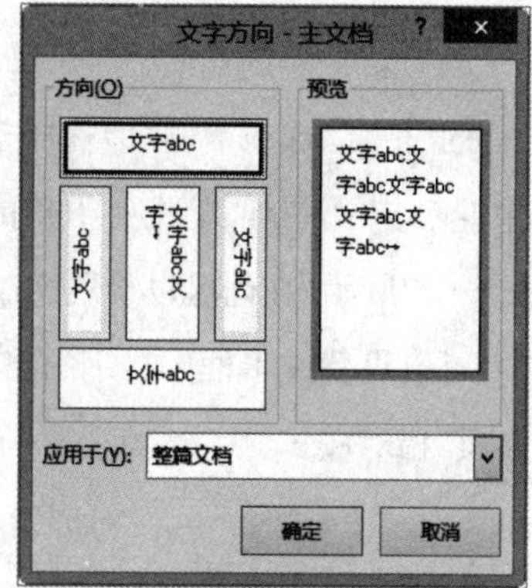

图 1 - 25

第 3 课　基本应用（三）

1. 文本框的应用

在文档编辑过程中，光标不能插入或不便直接输入文字的地方，如图片中的一些说明文字等，可以利用文本框，在文本框中输入文字或符号后，将其放置在文档中的任意地方。文本框既是图形又是文本，所以它既具有文本的特性，又具有图形的特性，因此它既可以当作文本进行操作，又可以当作图形进行操作。

(1) 插入文本框

在“插入”选项卡的“文本”组中，点击“文本框”，直接选中上方的“简单文本框”插入后输入文字即可，如图 1 - 26 所示。也可以点击图下方的“绘制文本框”或者“绘制竖排文本框”，直接用鼠标绘制文本框。此法常用。

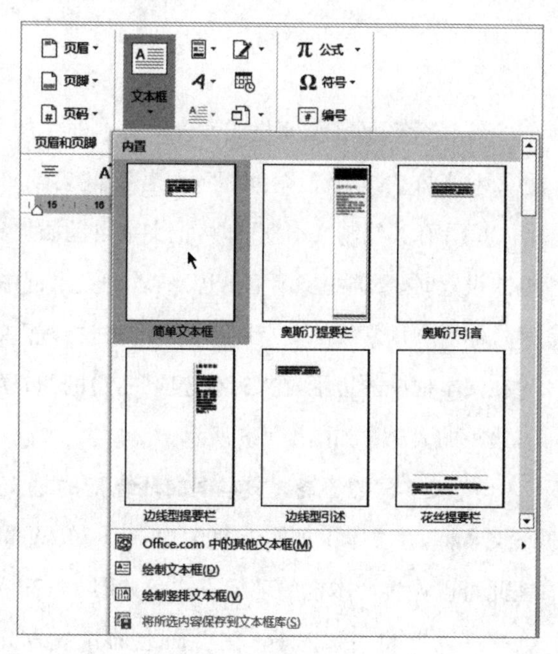

图 1 - 26

(2) 文本框及其设置

1) 文本框的格式设置。要先选中文本框的边缘(不是其中的文字),在上面"绘图工具"的"格式"选项卡的"形状样式"组中,可以设置文本框的填充(形状填充)和轮廓(形状轮廓),点击"形状样式"组右下角的对话框启动器,在右边可以得到"设置形状格式"窗格,如图1-27所示,在此可以设置文本框格式的更多项目。在"格式"选项卡的"艺术字样式"组中,可以设置文本框中文字的格式,文字格式的设置与右边"设置形状格式"窗格中的"文本选项"相对应。

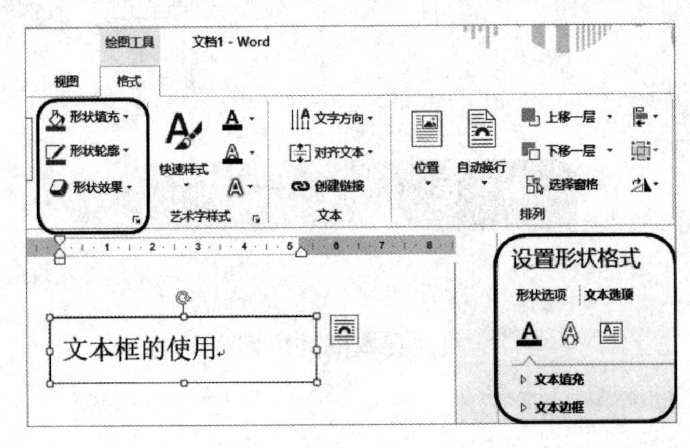

图 1-27

2) 文字设置。文字格式设置。文本框中的文字与普通文字一样,包括字体、字号、颜色及对齐方式,以及段落间距等。若要将某段文字放入文本框中,选中该段文字,点击图1-26下面的"绘制文本框"即可把文字自动添加到文本框中。对文本框中的所有文字进行格式设置时,要选中文本框的边缘,若对文本框中某些文字进行设置时,可以只选中这些文字。然后利用常规的文字格式设置的方法设置文本格式。文字边距设置。如果要设置文字在文本框中的边距,在"文本选项"右边的"布局属性"选项中,可以设置文字的上、下、左、右边距的大小。如图 1-28 所示。

3) 文本框的环绕。文本框的环绕指的是文本框与周围文字间的关系。鼠标点击一下文本框,在文本框的右上角出现一个"布局选项"按钮,点击该按钮,展开"布局选项",在此可以设置文本框的环绕方式。如图 1-29 所示。在图的下面可以选择文本框是"随文字移动",也可以选择"在页面上的位置固定"。若选择后者,则文本框被固定在文档中。

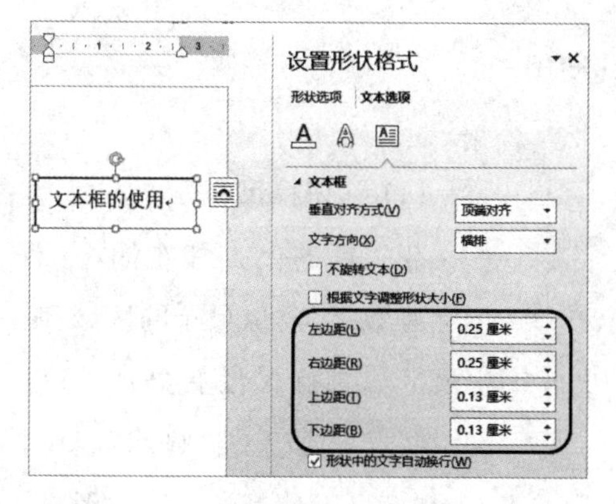

图 1-28

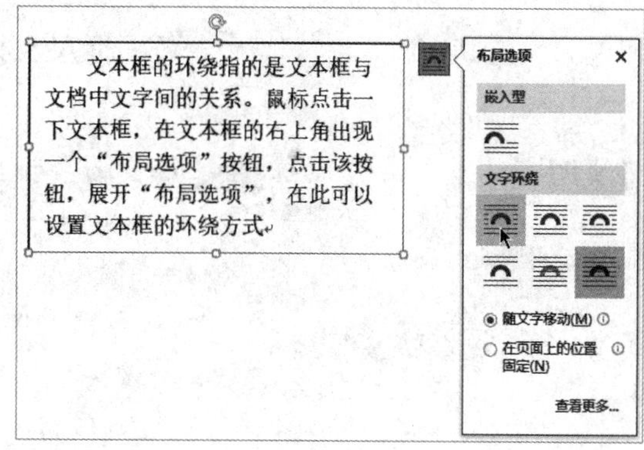

图 1-29

2. 硬回车与软回车

(1) 回车的软硬之分

平常打回车时产生一个段落标记，叫硬回车，段落后面出现弯钩箭头“↵”，这个标记称为段落标记。如果按下 Shift 键再打回车，则出现向下的箭头“↓”，称为软回车，也叫手动换行符。

(2) 硬回车的作用

通常打回车键，叫硬回车，其作用是上下分为两个段落。默认打回车后，下面段落与上一个段落格式是相同的，也可以单独设置下一个段落的格式，与上一个段落没有影响。

(3) 软回车的作用

按下 Shift 键再打回车，出现软回车，其作用是分行不分段，即上下行是相同的段落格式。在使用自动目录的时候，一般是按照段落产生目录的，如果文档中的某标题文字过多需要分行，若打硬回车，产生的目录中会出现两个标题，这时可以通过添加软回车，避免目录中出现两个标题的情况。

(4) 软回车可以改为硬回车

下载的文章，当复制到 Word 中，会有很多向下箭头的软回车符号，可以利用替换功能，批量的全部变为硬回车。软回车代码是“^l”(小写 L)，硬回车代码是“^p”，按下快捷键“Ctrl + H”，打开“查找和替换”对话框，在“查找内容”中输入“^l”，在“替换”中输入“^p”，单击替换即可(参见第 4 单元第 3 课“利用特殊格式批量替换”)。

3. 标尺及其使用

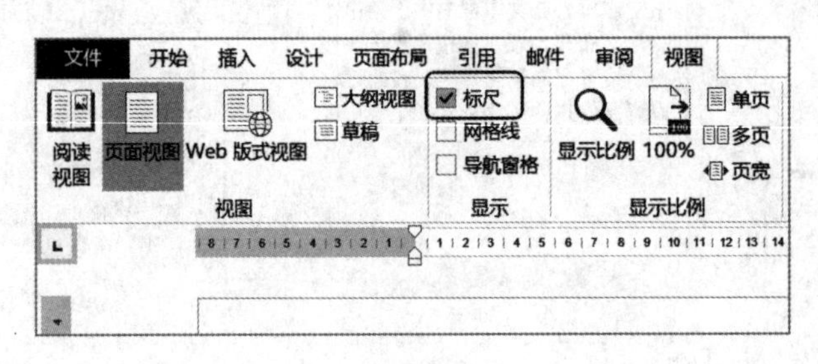

图 1-30

(1) 认识标尺

在文档的上方和左侧，有两个标有数字、类似尺子的区域，叫标尺。如果标尺没有显示，可以在“视图”选项卡的“显示”组中，选中“标尺”，使其显示。如图 1-30 所示。

(2) 标尺上的滑块

标尺上除了显示数字以外，还有四个小滑块，它们分别是左缩进、悬挂缩进、首行缩进和右缩进，如图 1-31 所示。

1）左缩进。拉动左边的三角下面的小矩形，将某个段落整体向右缩进。

2）悬挂缩进。拉动左边上面的小三角形，除首行以外的段落文本整体向右缩进。

3）首行缩进。拉动中间的小三角形，段落的第一行向右缩进。

4）右缩进。拉动右边的小三角形，将某个段落整体向左缩进。

图 1-31

在这些小按钮上双击，可以调出“段落”格式设置的对话框。在此可以对段落的缩进进行精确的设置。

(3) 快速调整页边距

上面标尺的左右两端，左边标尺的上下两端都有个阴影区。光标置于上标尺阴影区边界处，当光标变为水平双向箭头时，拉动边界可以快速调整页边距。如图 1-32 所示。如果拉动时按下 Alt 键，可以显示页边距的数值。

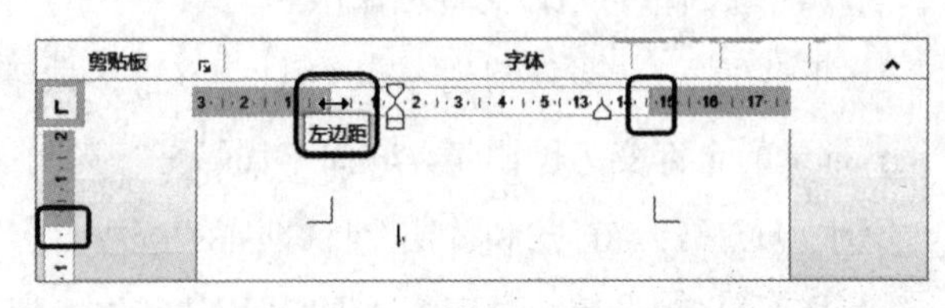

图 1-32

(4) 改变标尺单位为厘米

在编辑文档时，特别是在画表格时，常常要用厘米作单位，而 Word 中的标尺既不是厘米，也不是英寸，而是字符，要将标尺的单位变为“厘米”，操作方法如下：

1）点击“文件”进入后台视图，再点击“选项”，在“Word 选项”对话框中，在左边选择“高级”。

2）在“显示”选项中，在“度量单位”中选“厘米”作单位，且把下面“以字符宽度为度量单位”前的勾选去掉。单击“确定”即可。如图 1－33 所示。

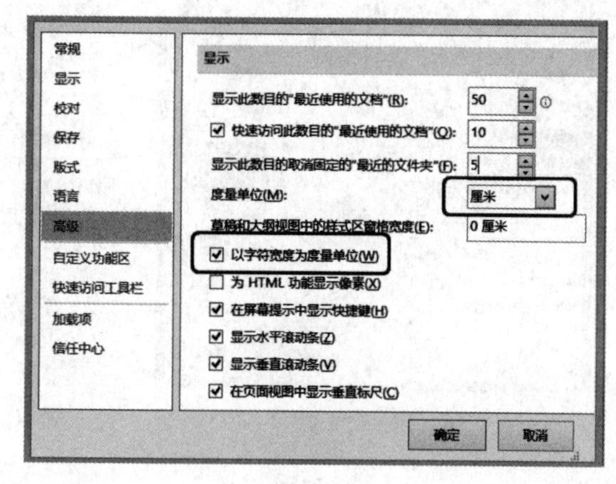

图 1－33

4. 分栏的设置

在编辑文档的过程中，常常需要把文档分成几栏，其方法是：

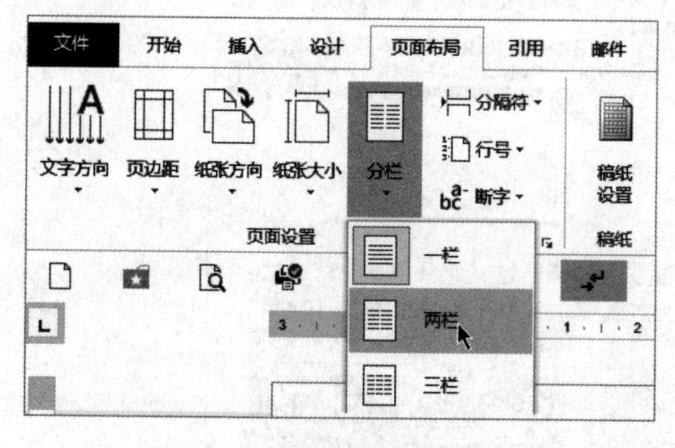

图 1－34

(1) 直接设置分栏

选中要分栏的内容。可以是整篇文档，可以是某一节，也可以是文档的某一部分内容。在“页面布局”选项卡的“页面设置”组中，点击“分栏”，可以选择不同的分栏方式。如图 1－34 所示。

(2) 分栏设置

在图 1－34 下面，点击“更多分栏”，在“分栏”对话框中，可以选择“两栏”、“三栏”等等，可以选择“栏宽相等”，如果栏宽不等，则可以调整栏的不同“宽度”及栏的“间距”。如图 1－35 所示。

(3) 部分内容分栏

1）若将文档的部分内容分栏，只需要选中分栏部分的内容，进行分栏即可，分栏后文字前、后自动添加了连续的分节符。分栏后的文档如图 1－36 所示。

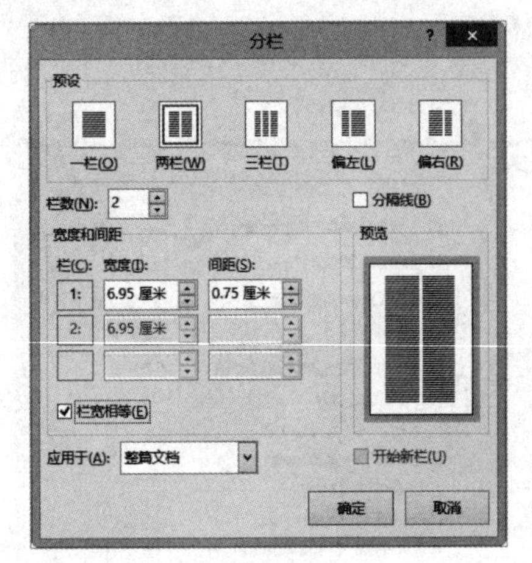

图 1 - 35

第 3 章 贾夫人仙逝扬州城 冷子兴演说荣国府 分节符(连续)

一局输赢料不真，香销茶尽尚逡巡。欲知目下兴衰兆，须问旁观冷眼人。

却说封肃因听见公差传唤，忙出来陪笑启问。那些人只嚷："快请出甄爷来!"封肃忙陪笑道："小人姓封，并不姓甄。只有当日小婿姓甄，今已出家一二年了，不知可是问他?"那些公人道："我们也不知什么'真''假'，因奉太爷之命来问，他既是你女婿，便带了你去亲见太爷面禀，省得乱跑。"说着，不容封肃多言，大家推拥他去了。封家人个个惊慌，不知何兆。

那天，只见封肃方回来，欢天喜地，众人忙问端的。他乃说道："原来本府新升的太爷姓贾名化，本贯胡州人氏，曾与女婿旧日相交。方才在咱门前过去，因见娇杏那丫头买线，所以他只当女婿移住于此。我一一将原故回明，那太爷倒伤感叹息了一回；又问外孙女儿，我说看灯丢了。太爷说：'不妨，我自使番役，务必探访回来。'说了一回话，临走倒送了我二两银子。"甄家娘子听了，不免心中伤感。一宿无话。分节符(连续)

至次日，早有雨村遣人送两封银子、四匹锦缎，答谢甄家娘子；又寄一封密书与封肃，转托他向甄家娘子要那娇杏作二房。封肃喜得屁滚尿流，巴不得去奉承，便在女儿前一力撺掇成了。乘夜，只用一乘小轿，便把娇杏送进去了。雨村欢喜，自不必说，乃封百金赠封肃，外又谢甄家娘子许多物事，令其好生养赡，以待寻访女儿下落。封肃回家无话。

图 1 - 36

2）当选中分栏内容时，如果选中了末尾的段落标记，如图 1 - 37 所示。当点击分栏后，则出现如图 1 - 38 所示的情况，即左右两边不等。

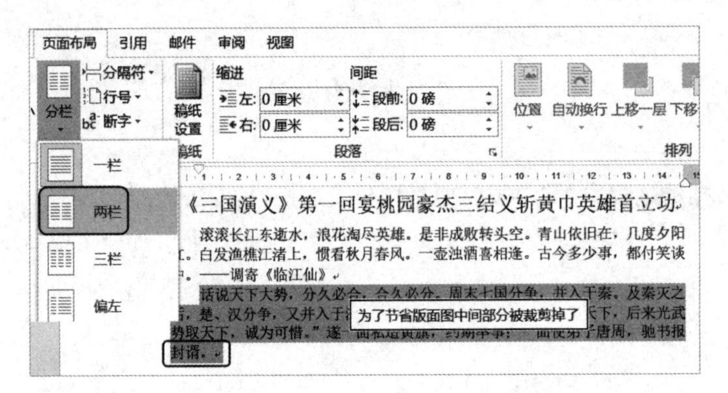

图 1 - 37

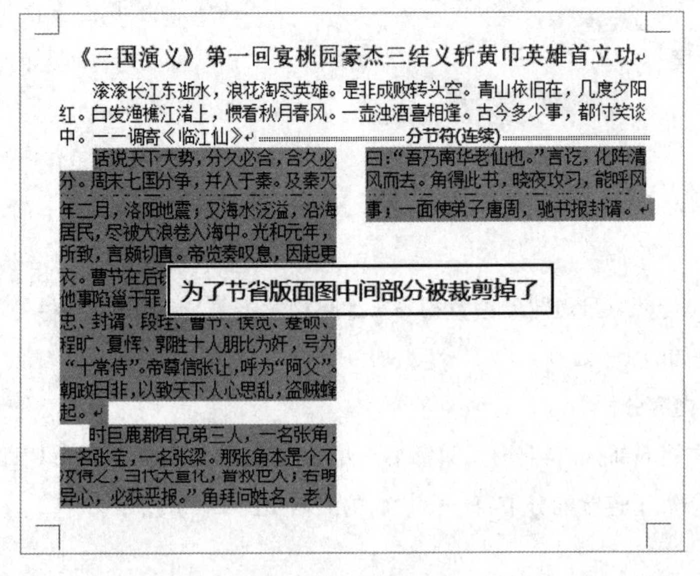
《三国演义》第一回宴桃园豪杰三结义斩黄巾英雄首立功

滚滚长江东逝水，浪花淘尽英雄。是非成败转头空。青山依旧在，几度夕阳红。白发渔樵江渚上，惯看秋月春风。一壶浊酒喜相逢。古今多少事，都付笑谈中。——调寄《临江仙》分节符(连续)

话说天下大势，分久必合，合久必分。周末七国分争，并入于秦。及秦灭
年二月，洛阳地震；又海水泛溢，沿海居民，尽被大浪卷入海中。光和元年，
所致，言颇切直。帝览奏叹息，因起更衣。
忠、封谞、段珪、曹节、侯览、蹇硕、程旷、夏恽、郭胜十人朋比为奸，号为"十常侍"。帝尊信张让，呼为"阿父"。朝政日非，以致天下人心思乱，盗贼蜂起。

时巨鹿郡有兄弟三人，一名张角，一名张宝，一名张梁。那张角本是个不
异心，必获恶报。"角拜问姓名。老人曰："吾乃南华老仙也。"言讫，化阵清风而去。角得此书，晓夜攻习，能呼风
事；一面使弟子唐周，驰书报封谞。

为了节省版面图中间部分被裁剪掉了

图 1 - 38

3）不能选中末尾段落标记。鼠标左键先点击一下开始位置，按下 Shift 键，左键再点击一下结尾处段落标记前面的位置。如图 1－39 所示。分栏后则被分栏的内容下面左右两部分对齐。

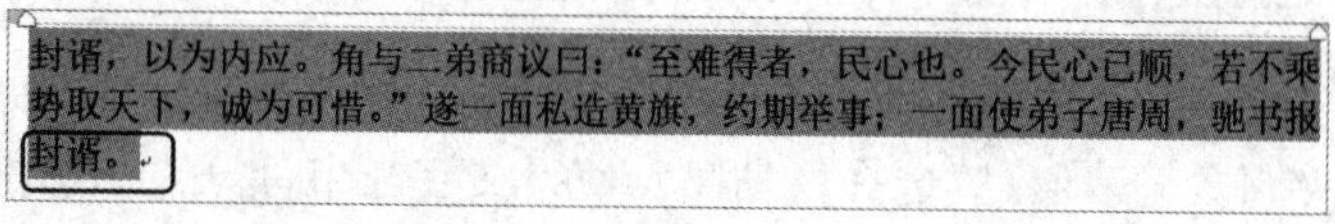

封谞，以为内应。角与二弟商议曰："至难得者，民心也。今民心已顺，若不乘势取天下，诚为可惜。"遂一面私造黄旗，约期举事；一面使弟子唐周，驰书报封谞。

图 1－39

第 4 课　基本应用（四）

1. 妙用拼音指南

利用 Word 的拼音指南不仅可以给文字注音，还可以识别不认识的生僻字。

(1) 利用拼音认识生僻字

采用复制或其他的输入法，把不认识的生字输入到 Word 文档中，再选中不认识的生字。在"开始"选项卡的"字体"组中，点击上方"拼音指南"的按钮，如图 1－40 所示。即得到了所有选中文字的拼音了。

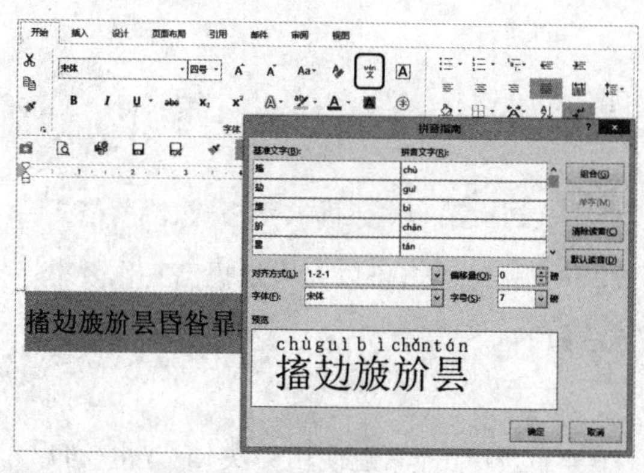

图 1－40

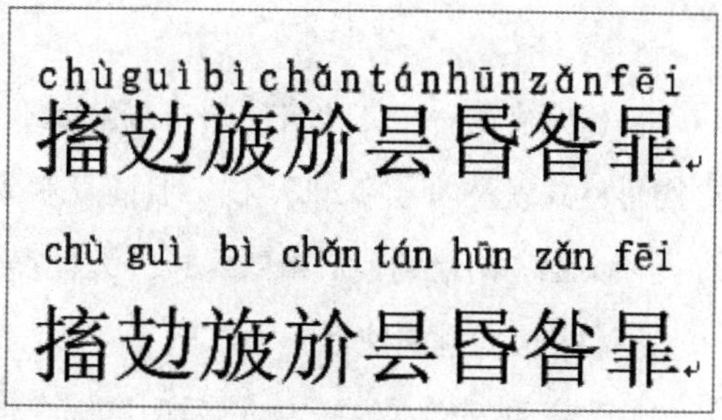

chùguìbìchǎntánhūnzǎnfēi
搐劶旇斺昙昬昝扉

chù guì bì chǎn tán hūn zǎn fēi
搐劶旇斺昙昬昝扉

图 1－41

(2) 给文字注音

利用上述方法可以给文字注音。如果文字较多，需要拖动滚动条才能看到所有文字的注音。

1）单击对话框右侧的“组合”按钮，将其显示为一排文字，以方便查看。点击“确定”文字即被注音。

2）图中的“对齐方式”，可以改变拼音字母的位置。“偏移量”可以改变字母与文字间的距离，“字体”是指拼音字母的字体，“字号”是指拼音字母的大小。图 1－41 是“对齐方式”为“居中”，“偏移量”为“5 磅”的汉字拼音与上面默认设置的比较。

3）文字与字母分离。通过“选择性粘贴”，使得文字与字母分离。选中“拼音指南”生成的文字和拼音，复制后，在“开始”选项卡的左边“粘贴选项”中，选择“无格式文本”，粘贴后文字与字母就分离了，分离效果如图 1－42 所示。

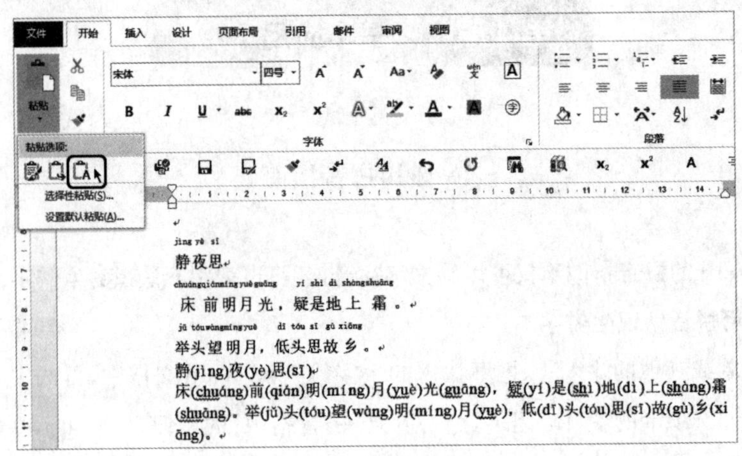

图 1－42

2. 格式刷的应用

格式刷是一个方便快捷的格式复制工具，能将文档中某一对象的文字格式、段落格式、图形格式以及编号格式等“刷”到（即复制到）文档的另一地方，可以大大地提高工作效率，且使文档中对象的前后格式保持一致。操作方法如下：

(1) 格式刷的使用

先设置好样本的格式，然后用鼠标点击一下样本。单击（只能使用一次）或双击（可以多次使用）格式刷，使“Ⅰ型”光标的旁边多了一把小刷子，即变为“ ”。

1）复制文本格式。当鼠标指针变成“ ”形状时，在目标文本上拖动光标即可。

2）复制段落格式。当鼠标指针变成“ ”形状时，在整个目标段落上拖动光标即可。

也可以移动鼠标指针到目标段落所在页面的左边距区域内，当鼠标指针变为“”形状时，在竖直方向上拖动，即可将格式复制到所选中的若干个段落上。

3）复制图形格式。将某一形状设置好格式（包括“形状轮廓”、“形状填充”等格式）以后，点击该图形，当鼠标指针变成“ ”形状时，在另一个需要改变格式的图片上点击一下即可。

4）除了复制一般格式以外，还可以把“项目符号”和“编号”中的各种符号及编号格式用格式刷进行复制。

要停止使用格式刷，单击“格式刷”图标或按“Esc”键，使其还原。

(2) 格式刷快捷键

格式刷有两组快捷键，分别是“Ctrl + Shift + C”和“Ctrl + Shift + V”，即格式的复制和格式的粘贴。光标置于源格式上按下快捷键“Ctrl + Shift + C”，然后光标置于目标格式上按下快捷键“Ctrl + Shift + V”，即可完成格式的快速复制。

3. 文档字数的统计

在“审阅”选项卡的“校对”组中，点击字数统计工具按钮，即可得到文档的统计信息，如果没有选中统计的文字，则统计的是文档的全部信息。如图 1－43 所示。

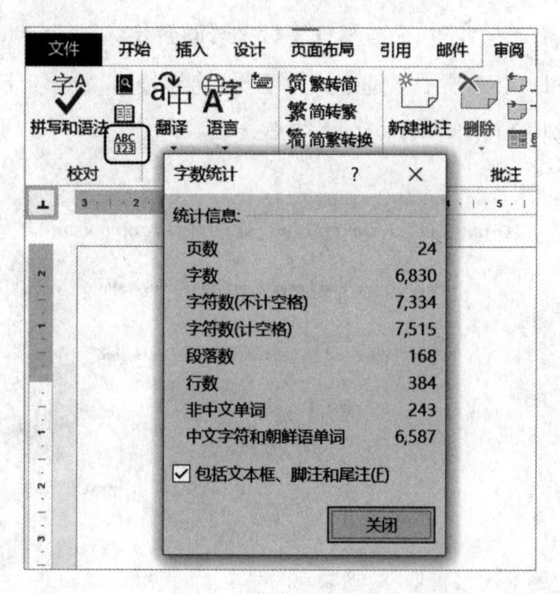

图 1－43

4. 其他操作方法

(1) 中文字简繁互相转换

我国大陆地区使用简体字,而台湾和香港地区则使用繁体字,Word 提供了中文简繁字体互相转换功能,转换方法如下:选中需要转换的文字,在“审阅”选项卡的“中文简繁转换”组中,点击“简转繁”即可将简体字转换为繁体字,如图 1－44 所示。反之亦然。

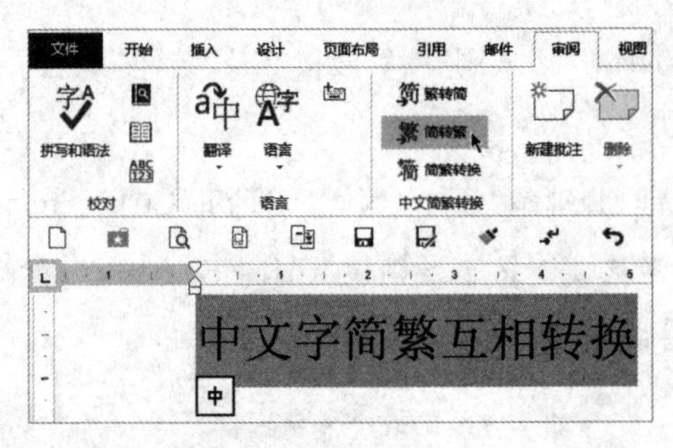

图 1－44

(2) 更改英文字母的大小写

在输入英文字母时,大小写的切换有时很不方便,特别是正在输入中文字符时,有时要加入一组英语字符,来回切换就显得不便,这时按下“Shift”,同时输入英文大写字母,然后按下“Shift + F3”,该单词在大写、小写和首字母大写间转化。直接输入大写字母时,各单词间要留有空格,如图 1－45A 所示。选中该段字母,连续按下“Shift + F3”时,字母分别转化成图 1－45B 的全部小写和图 1－45C 的首字母大写。

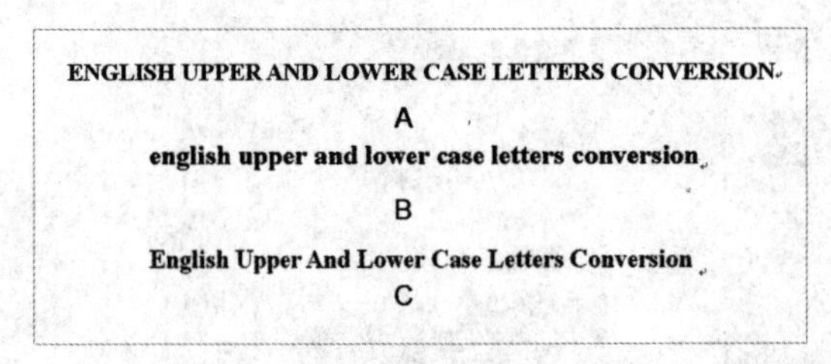

图 1－45

第 2 单元
编辑技巧

第 1 课　编辑技巧（一）

1. 段落的常用设置

文档的编辑过程中，段落的设置很重要，在“开始”选项卡的“段落”组中，点击右下角的对话框打开按钮（也可以通过“页面布局”选项卡，找到“段落”组，可见“段落”设置的重要性），得到“段落”对话框，如图 2-1 所示。其中有三个选项卡，分别介绍如下：

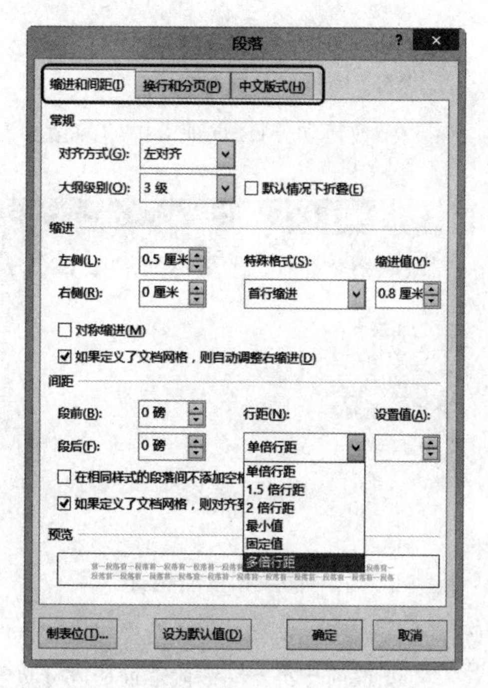

图 2-1

(1)“缩进和间距”选项卡

1）常规。“常规”项目中，显示的是该段落的对齐方式和大纲级别。“常规”中的项目一般不在此做修改操作。

2）缩进。“左侧”和“右侧”分别对应该段落与文档左边距和右边距的距离，一般为“0”，不需要在此设置。“首行缩进”指该段落第一行与该段落左边的距离，一般通过打空格键来改变。如果多个段落需要同时改变首行缩进，可以在此批量操作，也可以选中需要改变首行缩进量的段落后，拉动编辑页面标尺上的向下的小三角按钮来改变。如图 2-2 所示。

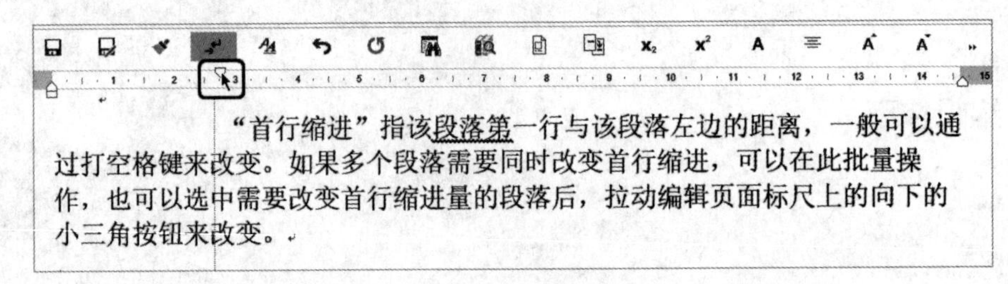

图 2-2

3）间距。设置"段前"和"段后"间距。有时某一段落，段前或段后需要与前面或后面的段落有一定的距离，而该距离又不是一行，不能通过打回车来获得，此时可以设置段前和段后的间距（常常用在标题行的设置）。行距。行距的设置使用较多，默认是单倍行距，有时单倍行距显得太小（如小四号字）或太大（如四号字），可以通过设置"固定值"或"多倍行距"来改变。"固定值"需要设置多少磅？可以输入数据试几次，多倍行距可以设置为小数，如四号字间距太大，可以设置 0.8 倍。注意：当间距设置为"固定值"时，嵌入式插入的较大的图片往往显示不全。

(2)"换行和分页"选项卡

在"换行和分页"选项卡中，有如图 2-3 所示的各项功能。

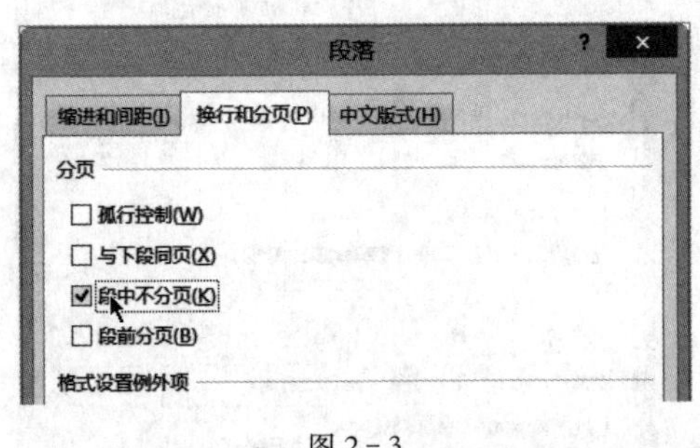

图 2-3

1）孤行控制。若下一页只有一行，选中"孤行控制"，则可以使下一页变为两行或三行，该段若有三行，则该段全部移到下一页。此项一般不使用。

2）与下段同页。防止该段落与后面一段分成两页。常常遇到某一段与前一段分为两页，往往是该段的"与下段同页"被选中了，此时若去掉"与下段同页"前面的"√"，则该段自动上升到与前段相接的位置。

3）段中不分页。防止将该段落分成两页，选中该项，该段落只在同页出现。

4）段前分页。在该段落前插入分页符。

(3) 解决文字间距过大的问题

1）文字间距过大。在编辑填空题时，若填空处的下划线靠近行的右边，如图 2-4A 所示，需要增大下划线的长度，光标置于下划线处，当打多个空格键时，常常不能分两行显示，且文字间距过大，如图 2-4B 所示。

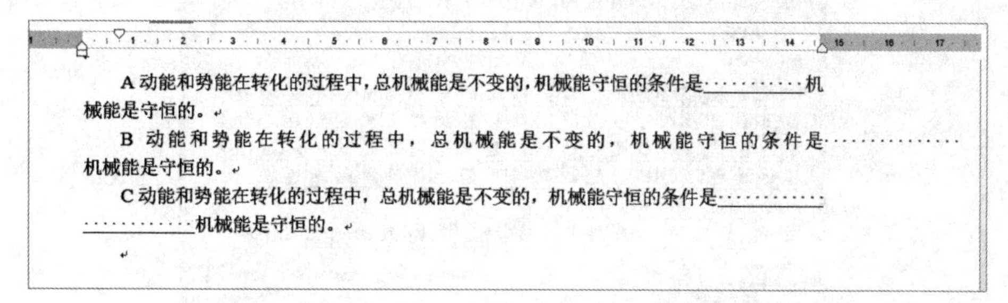

图 2-4

2）解决方法。出现这种情况时，可以进行如下设置。光标置于该段落中，点击图 2-3 中的“中文版式”选项卡，选中“允许西文在单词中间换行”，如图 2-5 所示，原来的下划线即变为图 2-4C 所示，即下划线在两行中显示。有时一个括号（或英语单词），若让括号内的空格增多，打空格键时也常常会让文字间距变大，都可以通过这种方法解决。

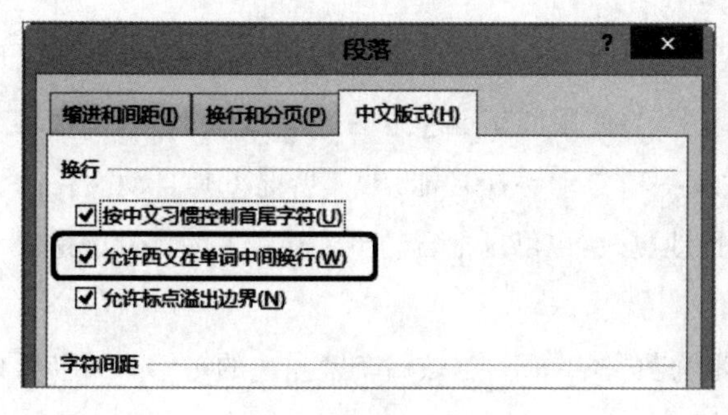

图 2-5

图 2-6

2. 利用插入符号输入生僻字

有些生僻字，一般的输入法中没有，可以借助插入符号的方法找到该字，然后插入。操作方法如下：

(1) 调出其他符号

先在 Word 中输入一个与生僻字偏旁相同，笔画相近的字。如要插入字“赟”，可以先输入类同的“赋”。选中该字，在“插入”选项卡的“符号”组中，点击“符号”，选中“其他符号”。如图 2-6 所示。

(2) 插入生僻字

在符号对话框中的显示“赋”字的附近找到“赟”，如图 2-7 所示。再点击“赟”字，点击“插入”即可。

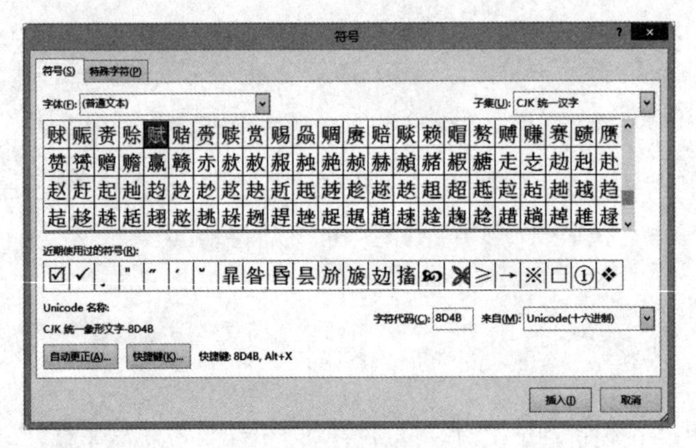

图 2-7

3. 文档中输入直引号“'”

文档编辑时常常需要输入“A'”、“F'”等上标是“'”(撇)的字符。在 Word 中默认情况下是不能直接输入“'”的,在英文状态下,当使用回车键左边的键输入“'”时,系统会自动变为“’”(逗号)。这是因为 Word 提供了一项自动替换功能,默认情况下是自动变化的。这个默认是可以更改的。既可以一次性地更改,也可以把自动更正功能关闭。方法是:

(1) 一次性输入

若只是偶尔使用“'”,在输入法为英文状态下,当按回车键左边的键输入“’”时,再按下“Ctrl + Z”组合键,则会自动变为“'”。

(2) 关闭自动更正功能

若要把自动更正功能关闭,点击左上角“文件”进入后台视图,再点击“选项”,在 Word 选项中,点击“校对”,再点击“自动更正选项”,在“自动更正”对话框中,选中“键入时自动套用格式”选项卡,在“键入时自动替换”栏中,把“直引号替换为弯引号”前面的“√”去掉即可。如图 2-8 所示。

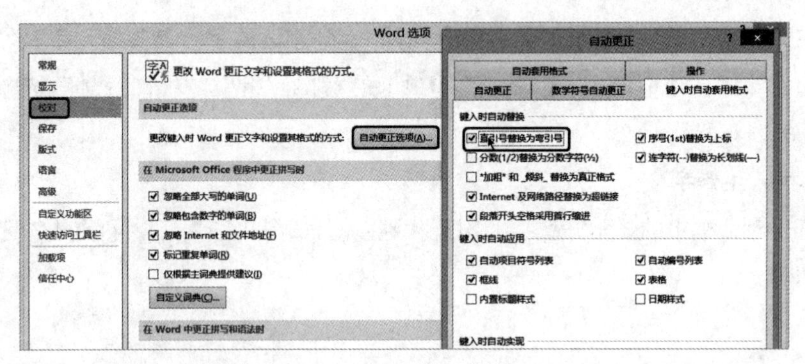

图 2-8

4. 方框里打钩和带圈的字符

有时在填表或编辑文档时，常常出现一个方框“□”，要求在方框里打上钩，变为“☑”。或需要插入带圈的字符。操作方法如下：

(1) 利用带圈的字符使方框打钩

1）输入字符“√”。在常见的中文输入法工具条中，右击鼠标，选中“数学符号”，如图2-9所示。在软键盘中插入符号“√”。如图2-10所示。

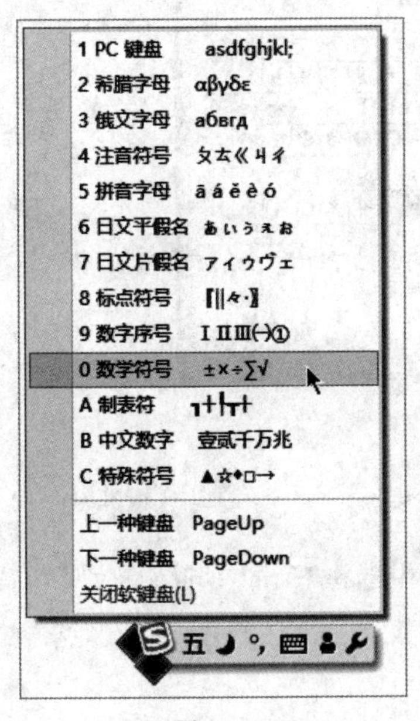

图2-9

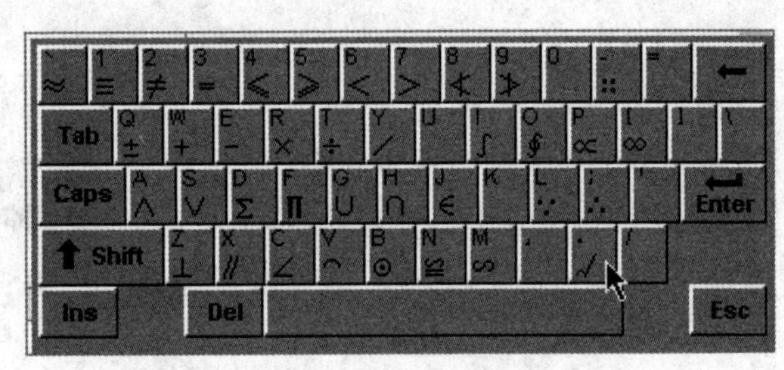

图2-10

2）字符加方框。选中插入的“√”，点击“开始”选项卡“字体”组中的“带圈字符”，如图2-11所示。选择“□”，如图2-12所示。点击“确定”即可得到“☑”。

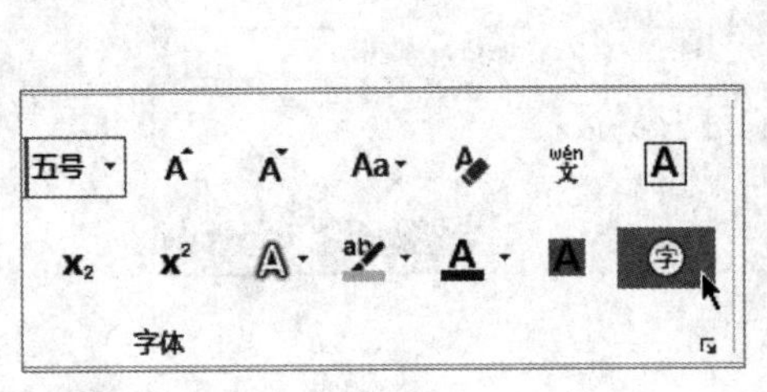

图2-11

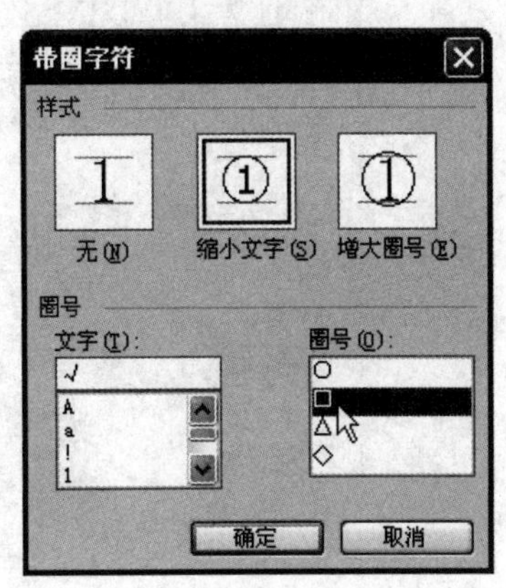

图2-12

(2) 直接插入☑

利用插入符号的方法，可以直接插入“☑”。在“插入”选项卡的“符号”组中，点击“符号”，在“符号”选项卡的“字体”中选择“Wingdings 2”。在此找到符号“☑”，插入即可。如图 2－13 所示。

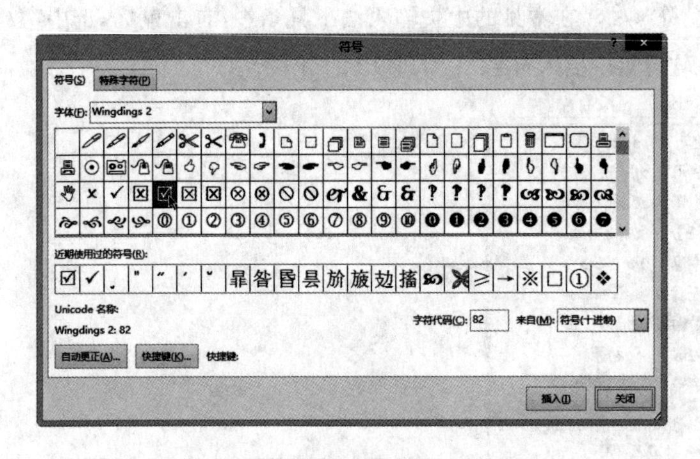

图 2－13

(3) 插入带圈的数字

在文档中插入带圈的数字，可以利用上图，在字体中选择“Arial Unicode MS”，在“子集”中选择“带括号的字母数字”。可以看到众多带圈的数字。如图 2－14 所示。点击插入即可。

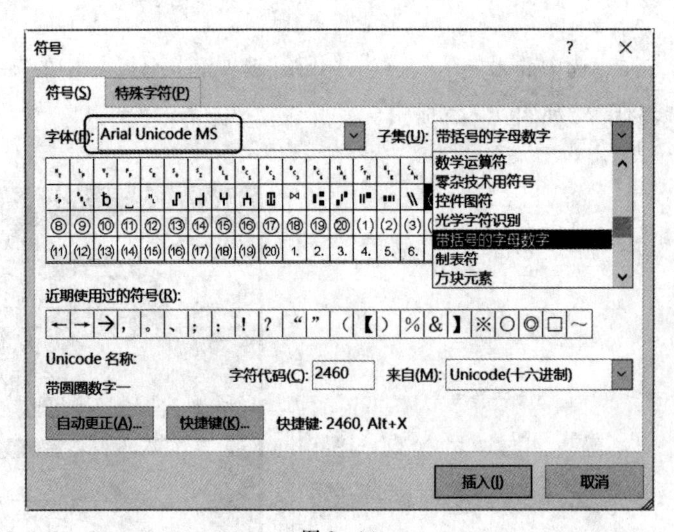

图 2－14

1. 文档的加密

(1) 文档全部加密

1）点击“文件”进入后台视图。在“信息”选项卡中，点击“保护文档”选项，点击“用密码进行加密”选项，如图 2－15 所示。

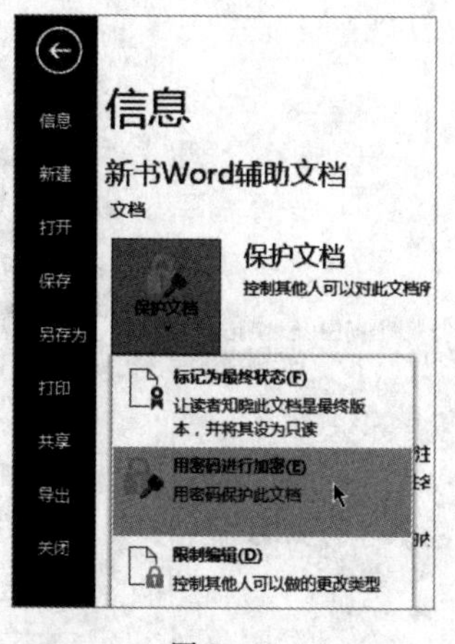

图 2－15

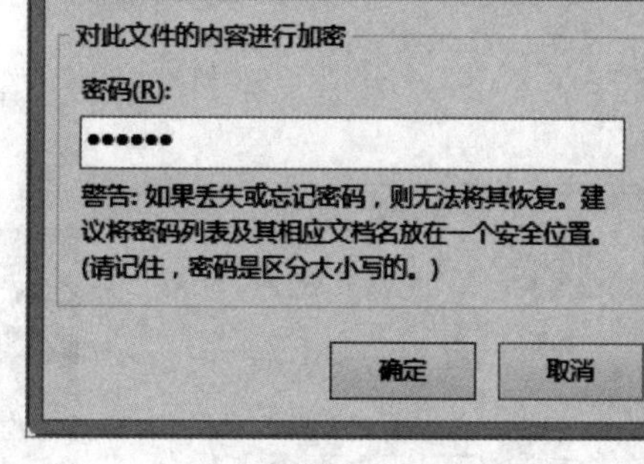

图 2－16

2）输入密码。输入文档的加密密码，点击“确定”，如图 2－16 所示。保存文档即可。如果要撤销密码保护，打开文档后，在此去掉密码后再保存即可去掉文档保护的密码。

3）利用“另存为”加密。

A. 也可以通过“另存为”对话框加密，在“另存为”对话框的下面，点击“工具”，选择“常规选项”，如图 2－17 所示。打开“常规选项”卡。

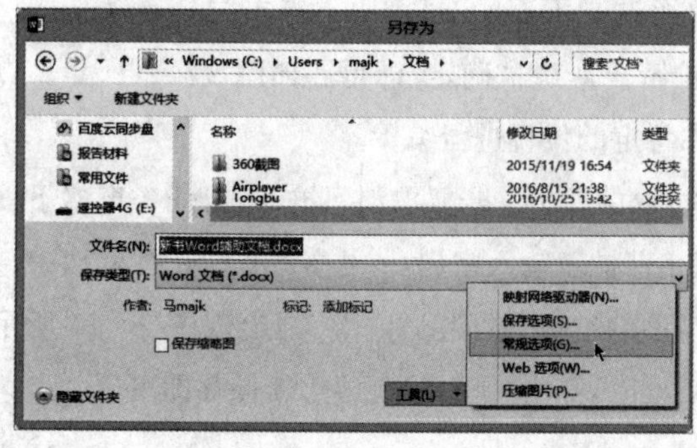

图 2－17

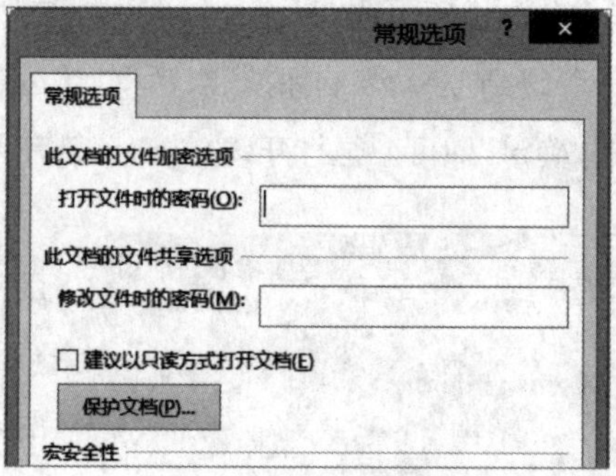

常规选项
此文档的文件加密选项
打开文件时的密码(O):
此文档的文件共享选项
修改文件时的密码(M):
建议以只读方式打开文档(E)
保护文档(P)...
宏安全性

图 2－18

B. 在“打开文件时的密码”和“修改文件时的密码”中键入自己的密码，如图 2－18，二者可以相同，也可以不同。只键入“修改文件时的密码”，则该文档可以打开，但是不能修改。单击“确定”即可。

解密的方法：与前面的加密方法类同，在“打开文件时的密码”和“修改文件时的密码”中，不输入任何数值，重新保存一次即可。

(2) 文档部分内容加密

有些文档只允许修改某一部分内容，如合同文本、设置好的表格等，设置方法如下：

1) 调出保护文档窗格。在“审阅”选项卡的“保护”组中，点击“限制编辑”，如图 2－19 所示。右边出现“限制编辑”窗格。

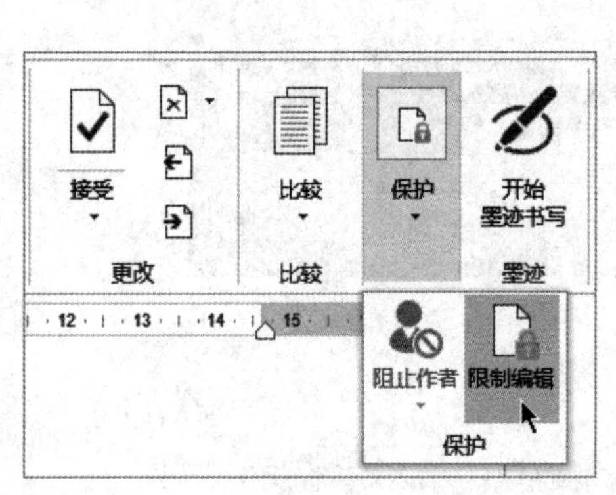

图 2－19

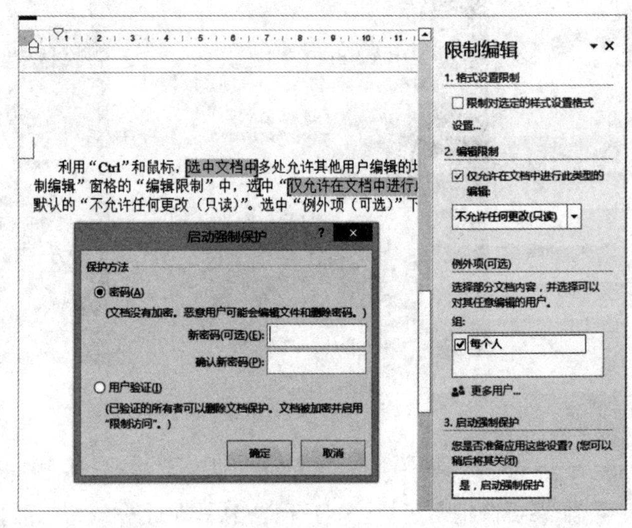

图 2－20

2) 设置保护。利用“Ctrl”和鼠标，选中文档中多处允许其他用户编辑的地方，在右边“限制编辑”窗格的“编辑限制”中，选中“仅允许在文档中进行此类型的编辑”，接受默认的“不允许任何更改(只读)”。选中“例外项(可选)”下面的“每个人”，点击“是，启动强制保护”，得到“启动强制保护”对话框，输入保护密码，点击“确定”即可。如图 2－20 所示。点击“确定”即可。再打开该文档时，只允许在特定的位置进行编辑。

3) 取消保护。若要取消保护，点击任务窗格下面的“停止保护”，输入密码，并去掉“仅允许在文档中进行此类型的编辑”前面的“√”。当出现图 2－21 所示的对话框时，点击“是”，然后再重新保存即可。

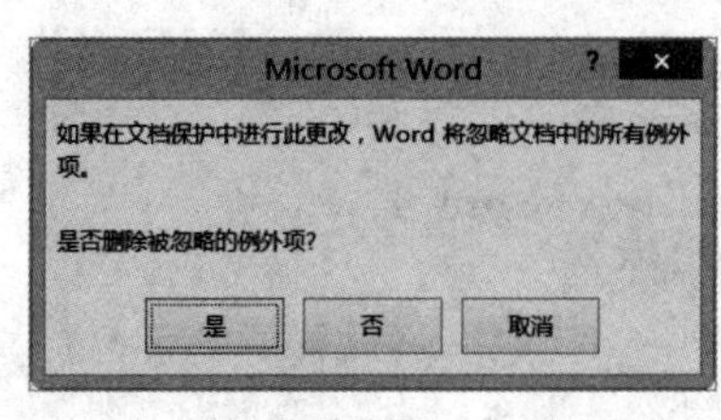

图 2－21

2. 导出文档中的图片

文档的图片可以利用另存为网页的方法，一次性地把文档中的图片全部导出来。

(1) 另存为网页

在“保存类型”中选择“网页”，如图 2-22 所示。点击保存。

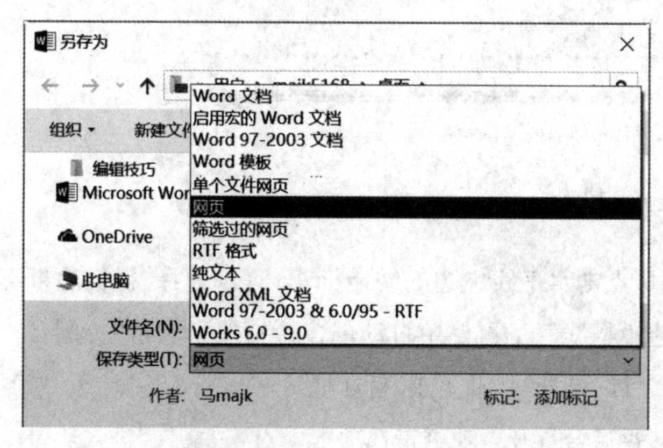

图 2-22

图 2-23

(2) 打开图片文件

保存的网页类型，在保存为网页的同时，有一个存放图片的文件夹，打开该文件夹即可看到文档中的图片。如图 2-23 所示。

3. 输入特殊横线

(1) 快速输入特殊横线

1）输入水平线。连续三次输入特殊符号可以画出不同的水平横线。画线方法如下：

A. 输入水平双实线。连续输入三个“=”(等号)，然后打回车键，可以画出一条水平双实线。

B. 输入水平单实线。连续输入三个“-”(减号)，然后打回车键，可以画出一条水平单实线。

C. 输入水平点画线。连续输入三个“*”(乘号)，然后打回车键，可以画出一条水平点画线。

D. 输入水平三实线。连续输入三个“#”(井字键)，然后打回车键，可以画出一条水平三实线。

E. 输入水平波浪线。连续输入三个“~”(波浪线)，然后打回车键，可以画出一条水平波浪线。

各种线条如图 2 - 24 所示。

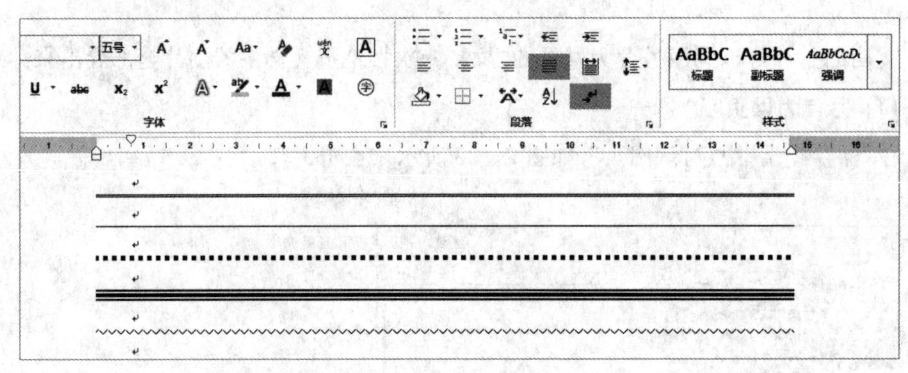

图 2 - 24

2）使用智能标记。水平线画出时，点击水平线左边的智能标记，可以选择“撤销边框线”（撤销此次操作）和“停止自动创建边框线”（不再使用自动创建边框线），点击“控制自动套用格式选项”，如图 2 - 25 所示。可以打开“自动更正”对话框。

3）打开自动更正选项卡。可以通过后台打开自动更正选项卡。点击“文件”进入后台视图，点击“选项”，在 Word 选项中，选中“校对”，点击“自动更正选项”，在“自动更正”对话框中的“键入时自动套用格式”选项卡中选中（或不选中）“键入时自动应用”下的“框线”选项，如图 2 - 26 所示。可以设置是否键入时自动套用框线。

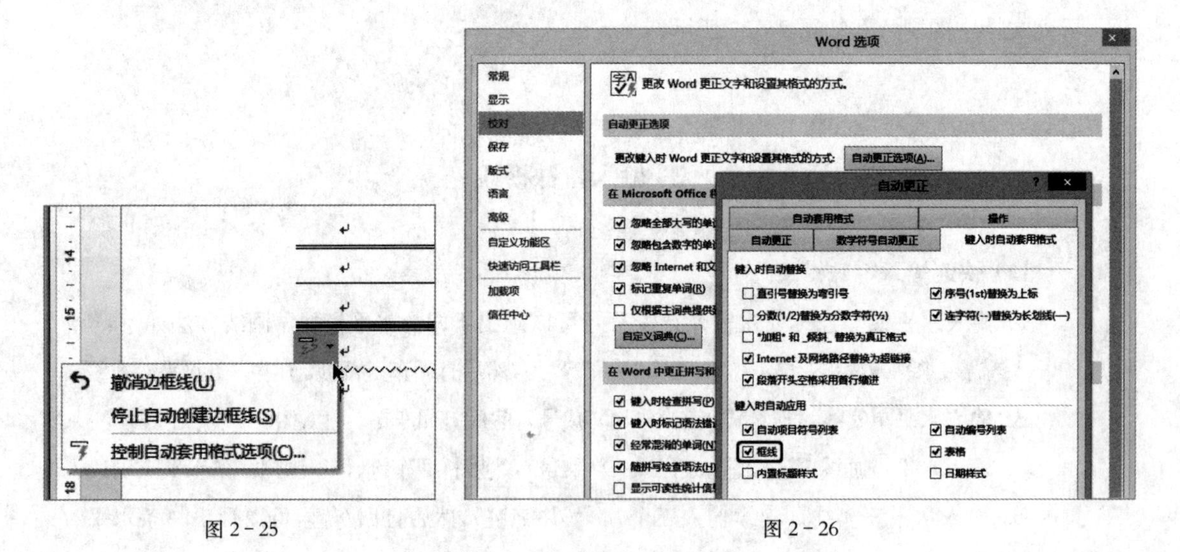

图 2 - 25　　　　图 2 - 26

(2) 利用边框和底纹制作横线

在文档编辑过程中，经常需要在文档中画出整行的横线，特别是在制作语文试卷时，常需要很多整行的横线。通常情况下是利用下划线，按下工具栏中的“下划线”按钮，然后按下大量的空格键，这种方法在需要很多整行横线时显得非常不便。利用边框和底纹可以迅速地制作出整行横线。制作方法如下：

1）插入横线。在需要制作横线处，连续按下几个回车键，再选中这几个段落标记，在“设计”选项卡的“页面背景”组中，点击“页面边框”，在“边框和底纹”对话框中的“边框”选项卡中，在“设置”中选择“自定义”，再选择合适的线型、颜色、宽度，在右边“预览”下面点击三条虚横线，“应用于”选择“段落”。如图 2－27 所示。点击“确定”即可。

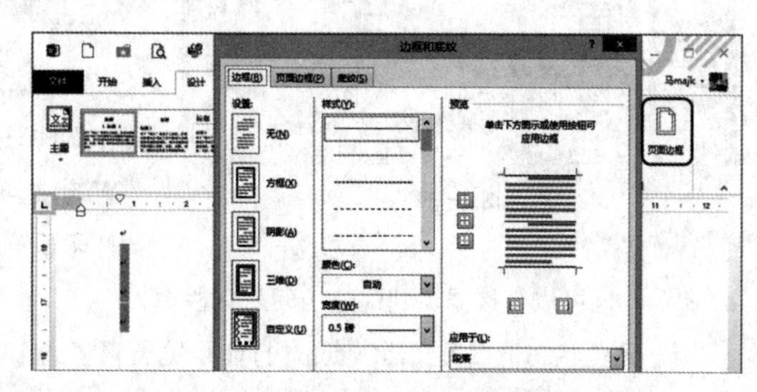

图 2－27

2）添加横线。文档里已经得到了整整齐齐的横线了。然后再打若干个回车键，需要多少条线就打多少个回车，得到如图 2－28 所示的横线。也可以先打回车键再选中段落标记，利用上述方法进行设置。横线间距可以通过字号大小进行设置，字号大的则间距宽。

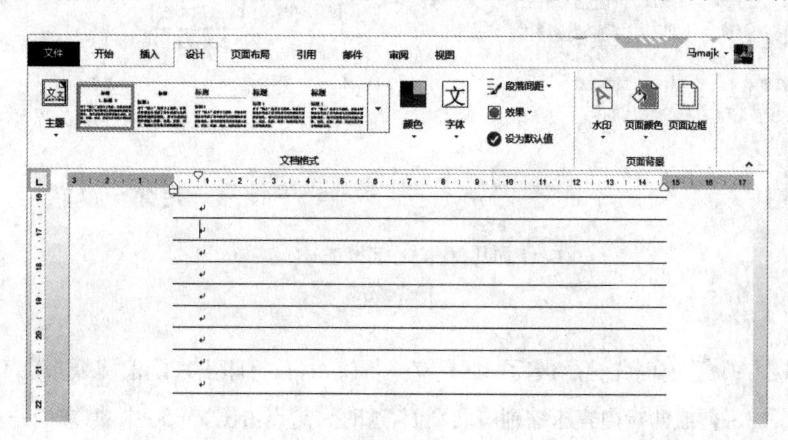

图 2－28

4. 打印预览与打印的设置

(1) 打印预览

1）常规打印预览。文档编辑好后，打印之前要预览一下，通常是通过点击左上方“文件”进入后台视图，再选中“打印”（也可以直接通过点击快速访问工具栏中的“预览”工具，进入预览状态），在右边可以看到打印的内容。图略。

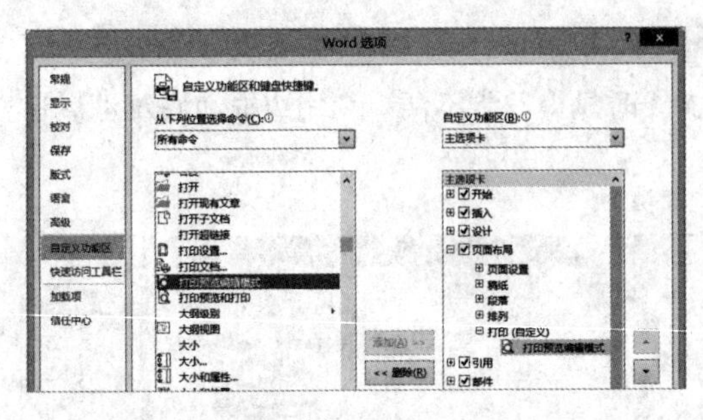

图 2-29

2）全屏打印预览。

在全屏编辑状态下预览文档。

A. 添加“打印预览编辑模式”工具。在文档上方的功能区中，一般不显示“打印预览编辑模式”工具按钮。可以通过点击“文件”进入后台视图，选中“选项”，在“Word 选项”的“自定义功能区”中，添加“打印预览编辑模式”工具按钮。如图 2-29 所示。也可以直接添加到快速访问工具栏中。

B. 预览状态下编辑文档。点击“打印预览编辑模式”工具按钮，进入打印预览编辑模式，默认状态下“放大镜”被选中，这样鼠标点击可以放大或缩小文档，如果“放大镜”不被选中，则可以对文档进行编辑。如图 2-30 所示。不过这种状态下的编辑是看不到常见的编辑符号的，如段落标记等。

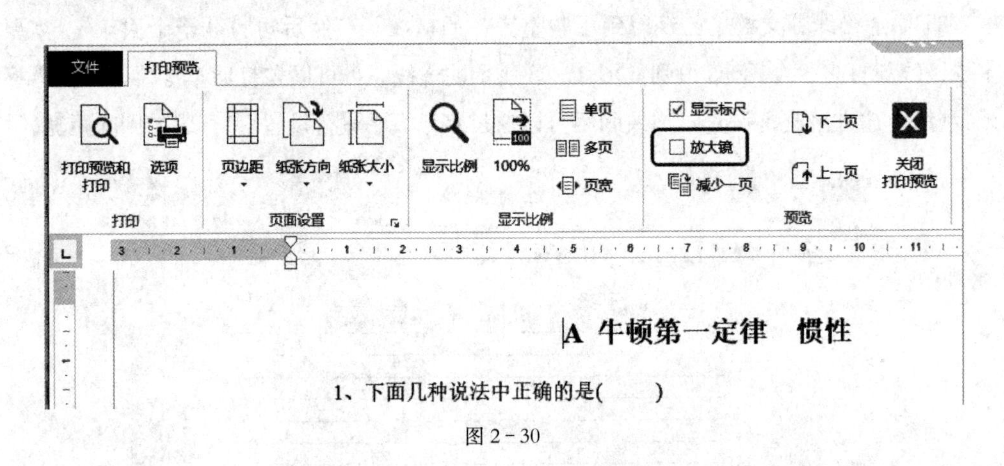

图 2-30

C. 减少一页。有时文档的最后一页只有一行或两行，打印出来既浪费纸张也不美观。可以把最后页的一行或两行内容压缩到前面页面，这时只需点击图 2-30 中的“减少一页”即可。

(2) 打印设置

1）一般设置。点击“文件”进入后台视图，在左边选中“打印”，右边可以看到若干选项，在“打印机”中可以选择不同的打印机，在“设置”中，点击“打印所有页”右边的下拉菜单，可以“打印当前页面”、“自定义打印范围”等。图略。

2）后台设置。在文档的编辑界面点击“文件”进入后台视图，点击“选项”，在“Word 选项”选择框中，选中左边的“显示”选项卡，找到“打印选项”，可以选择是否“打印在 Word 中创建的图形”。如图 2-31 所示。在“Word 选项”选择框中，选中左边的“高级”选项卡，找到“打印”选项，可以选择是否“逆序打印页面”。如图 2－32 所示。

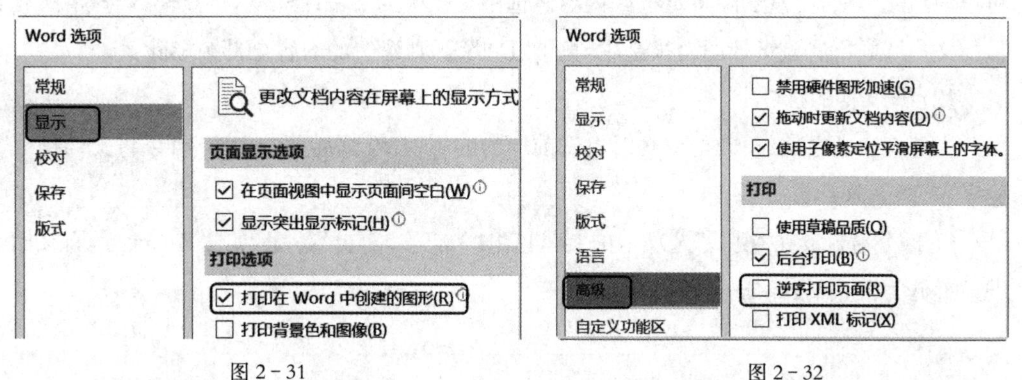

图 2－31　　　　　　　　　　图 2－32

第 3 课　编辑技巧（三）

1. 相似文档的删除及文档拆分

（1）选中删除相似文档

文档较长时，删除特定的内容，如删除文档中的所有图片、删除文档中某一级标题或段落文字等，都需要利用“选择格式相似的文本”的方法先选中这些特定的内容。

1）删除文档中的图片。点击文档中某一图片，在“开始”选项卡的“编辑”组中，点击“选择”按钮，再点击“选择格式相似的文本”，则所有图片被选中，如图 2－33 所示，按下“Del”键，全部图片被删除。同理选中一个图片下面的题注，点击“选择格式相似的文本”，则所有题注被选中，按下“Del”键则全部删除。

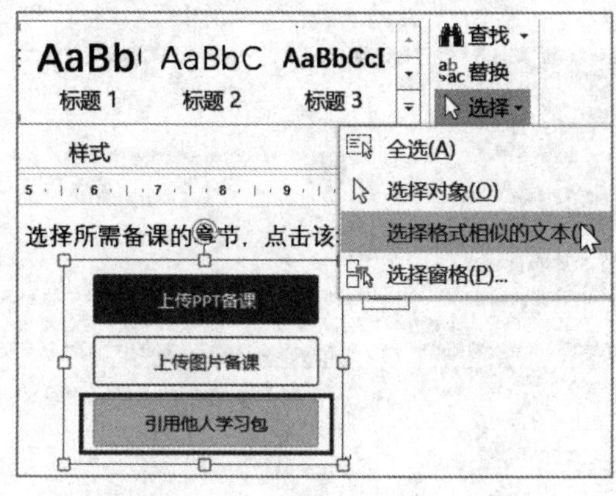

图 2－33

2）删除某一类型段落。如果文档设置了样式（参见第 8 单元第 3 课“样式的应用”），可以利用此方法，批量删除特定标题内容。选中文档中的某一级标题，再点击“选择格式相似的文本”，则所有该级标题全被选中，按下“Del”键，则选中的内容全部被删除。

(2) 长文档的拆分

当所编辑的文档较长时，要想既看到前面的内容，又看到后面的内容，可以将文档拆分为上、下两部分。

1）拆分窗口。在“视图”选项卡的“窗口”组中，点击“拆分”按钮，如图 2－34 所示，文档即被拆分为上、下两部分。

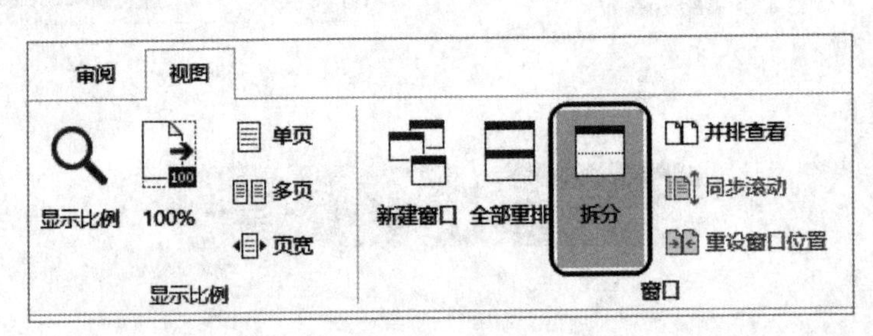

图 2－34

2）取消拆分。文档被拆分后，上面的“拆分”按钮变成“取消拆分”，点击“取消拆分”按钮，如图 2－35 所示，则可恢复原状。或者向上拖动分隔线到标尺处放手，或者双击该分隔线都可以使文档恢复原状。

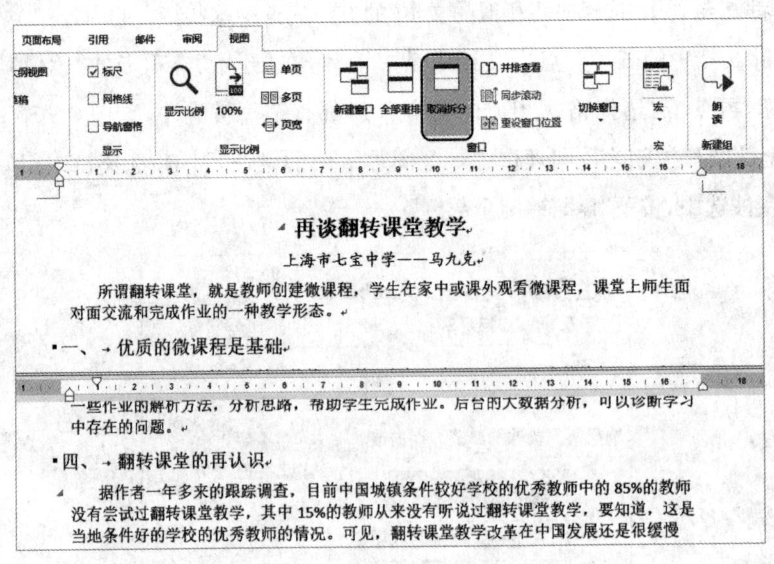

图 2－35

2. PDF 文件转换为 Word 文档

目前 PDF 文件基本都是利用 Word 另存为 PDF 格式方式而生成的，因此可以利用还原的方法将 PDF 文件转换为 Word 文档。

(1) 改变打开方式

在 PDF 文件图标上双击，一般都是用默认的 PDF 文件阅读器打开。要用 Word 程序打开，方法是：在 PDF 文件图标上右击鼠标，选择“打开方式”，再选择 Word 程序打开，如图 2-36 所示。当出现如图 2-37 所示的对话框时，点击“确定”即可，等待转换。转换后的文档与原文档比较，文档的格式常常会有所变化。

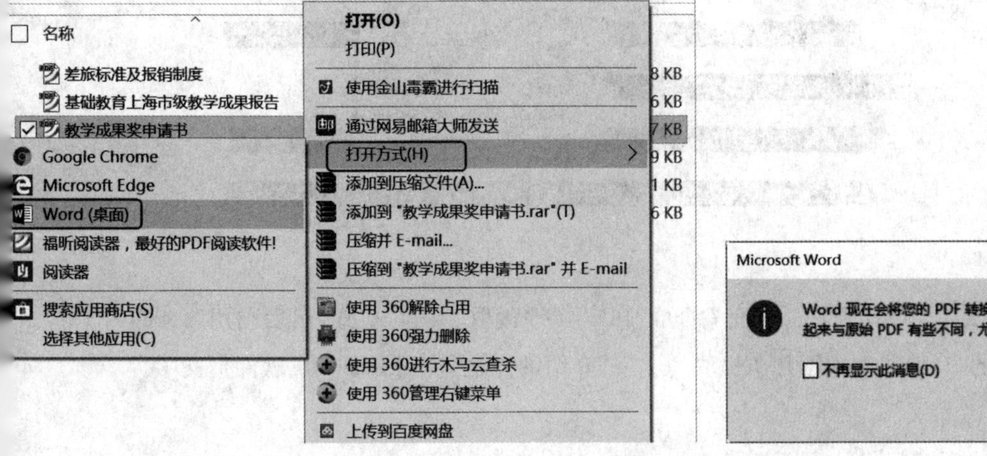

图 2-36

图 2-37

(2) 用 Word 程序打开

打开空白 Word 文档，选中左上角的“文件”按钮，或点击快速访问工具栏的按钮，进入后台视图。如图 2-38 所示。在“打开”中选中“计算机”，如图 2-39 所示。找到 PDF 文件后打开即可。

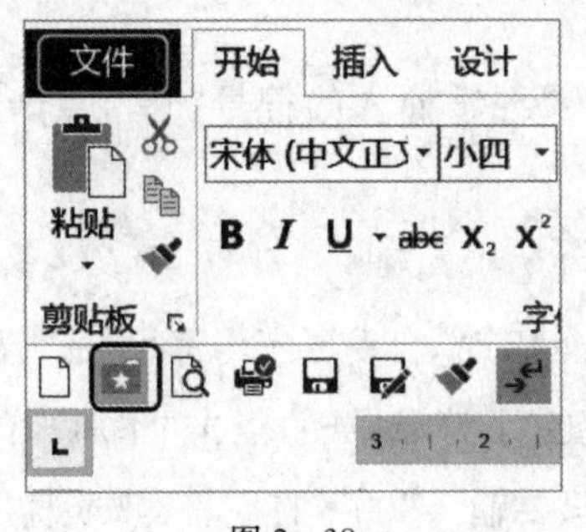

图 2-38

图 2-39

(3) 提取文字

如果用 Word 程序打不开 PDF 文件，可以把 PDF 文件中的文字提取出来。

1）复制文字的方法。以福昕 PDF 阅读器为例，打开 PDF 文件后，在上面工具栏中点击文本图标（拖动或复制文本，用以复制粘贴），然后选中文本，再鼠标右键单击，选中“复制到剪切板”，如图 2－40 所示。然后粘贴到 Word 文档即可。

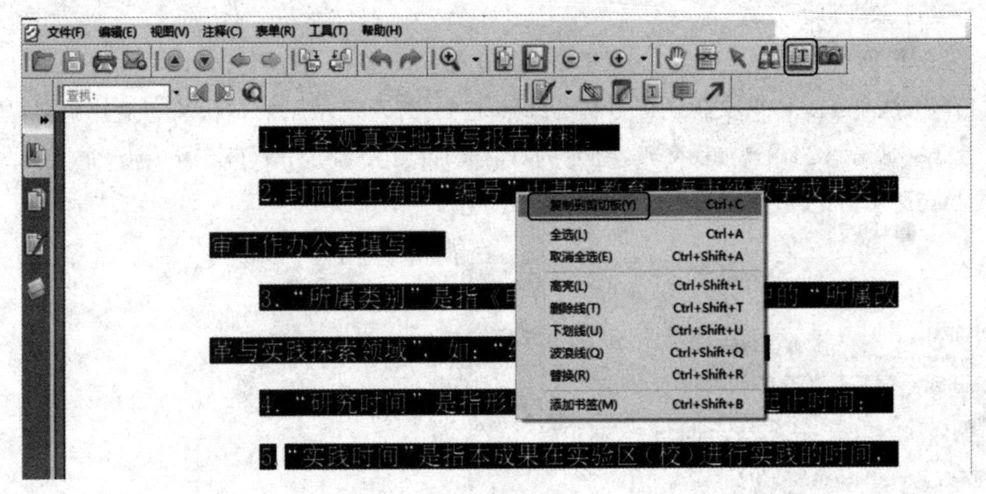

图 2－40

2）提取图片文字的方法。先把每页的 PDF 文件截取为图片格式，然后利用第 4 单元第 3 课中的“3. 快速整理图片中提取的文字”介绍的方法，应用 OneNote 软件把文字提取出来。

3. 利用自动更正快速输入文字

利用“自动更正”的方法，快速输入经常输入的符号，如将“→”进行“自动更正”设置，方法如下：

(1) 符号选项卡

在图 2－7 的“符号”对话框中，找到需要经常插入的符号“→”，点击下面的“自动更正”，如图 2－41 所示。

(2) 自动更正选项卡

在“自动更正”的选项卡中，如定义输入“00”时，自动更正为符号“→”，在“自动更正”对话框的“替换”中输入“00”，“替换为”中已经有了符号“→”，点击“添加”，再点击“确定”即可。如图 2－42 所示。以后在编辑文档时只要输入“00”，打空格键（或直接输入文字）后，则“00”会自动替换为“→”。若此次不需要替换，则按下“Ctrl + Z”即可返回“00”。

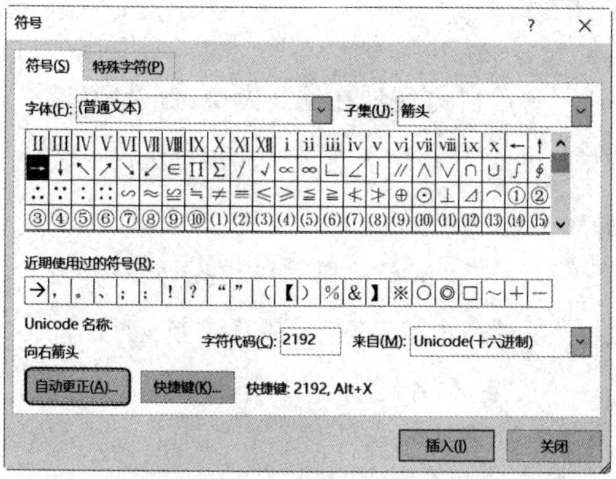

图 2 - 41

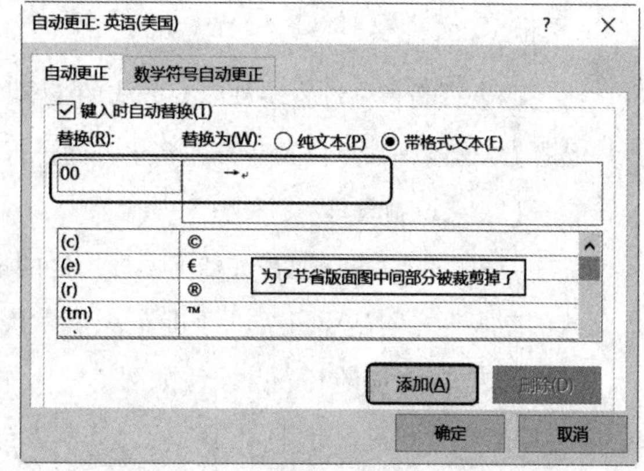

图 2 - 42

(3) 后台调出“自动更正”对话框

也可以在文档的编辑界面点击“文件”进入后台视图，点击“选项”，在“自动更正”对话框中的“自动更正”选项卡中，可以进行类同的操作。如图 2 - 43 所示。如用“111”(“替换”中输入)替换为“中华人民共和国”(“替换为”中输入)，当文档中输入“111”时，打回车或继续输入文字，则自动替换为“中华人民共和国”。

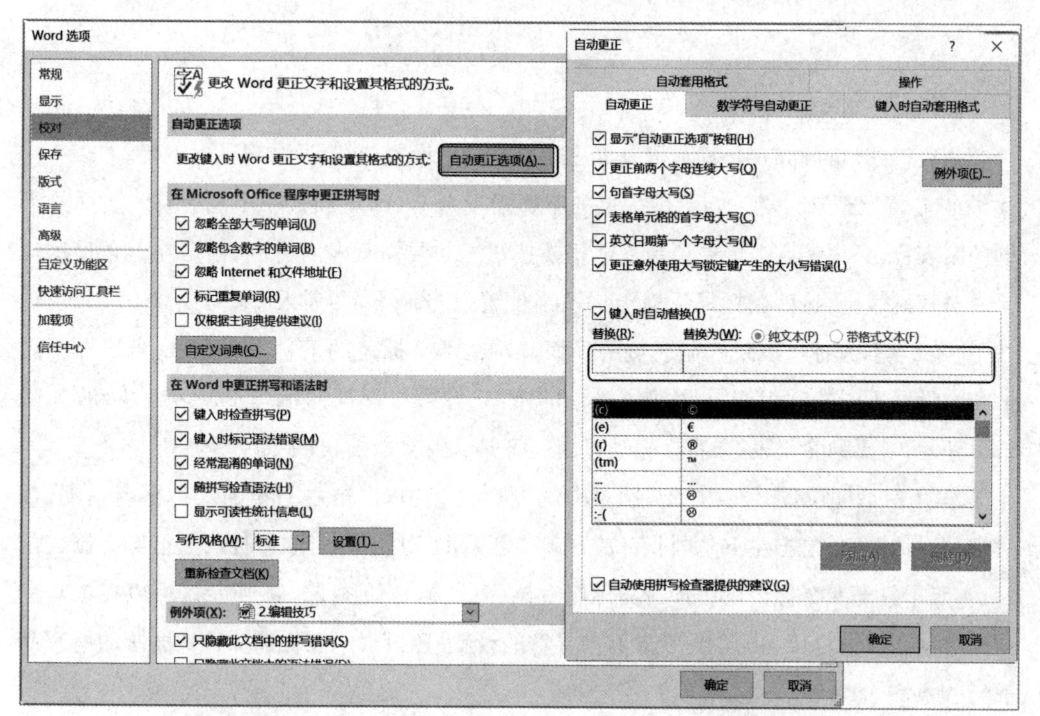

图 2 - 43

4. 制表符的应用

制表符是一种设置多种对齐方式的工具。利用它可以方便地在编号设置、目录制作、选择题对齐、小数点位置对齐等多个方面进行设置。下面介绍制表符及其应用方法：

(1) 认识制表符

制表符的设置按钮在文档上面标尺栏的最左端，多次单击该按钮，可以在不同对齐方式的制表符之间循环切换。打开新文档，默认的是“左对齐式制表符”。制表符有 5 种不同的对齐方式，对应的制表符按钮如图 2 - 44 所示：A 是左对齐制表符，B 是居中对齐制表符，C 是右对齐制表符，D 是小数点对齐制表符，E 是竖线对齐制表符。

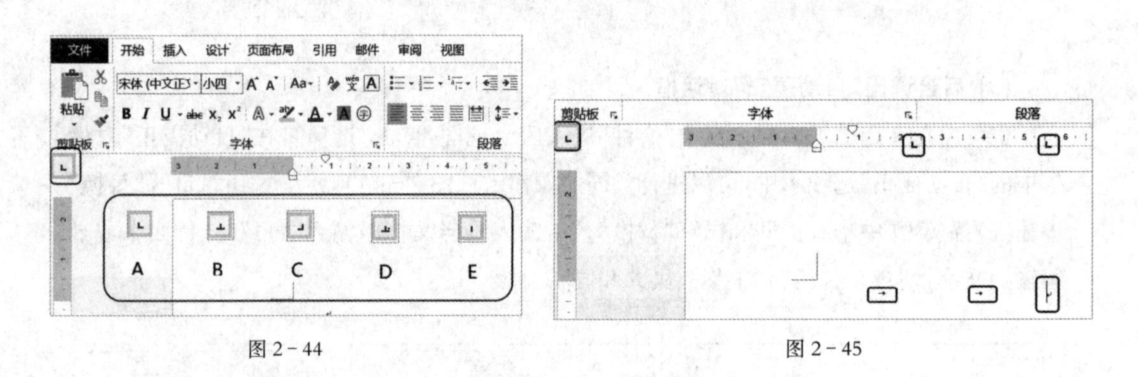

图 2 - 44　　　　图 2 - 45

(2) 设置制表位

制表符的位置称为制表位，可以直接在标尺栏上设置，或者通过对话框设置。

1) 在标尺栏上设置。在水平标尺的下边沿上单击，即可插入一个制表符。要插入不同的制表符，必须先点击最左边制表符切换按钮。如要插入左对齐制表符，左上角显示应是左对齐制表符，然后在标尺下边沿的适当位置点击一下，即插入了一个左对齐制表符。按下“Tab”键，光标可以跳到制表位的下面。再在水平标尺的下边沿上点击，可以在不同的位置设置不同的制表符，再次按下“Tab”键，光标可以逐渐向下一个制表位移动，如图 2 - 45所示。要删除制表符，直接拖动该制表符向下到文档处，放手即可。

2) 用对话框设置。在“开始”选项卡的“段落”组中，点击右下角的对话框启动器，在“段落”对话框中，单击左下角“制表位”，打开“制表位”对话框(若水平标尺上已经有制表位标记，双击任意一个标记，也可以打开“制表位”对话框)，如图 2 - 46 所示。可以在该对话框中对制表位进行精确的位置设置和前导符的设置，还可以一次性清除选中段落的所有制表符。

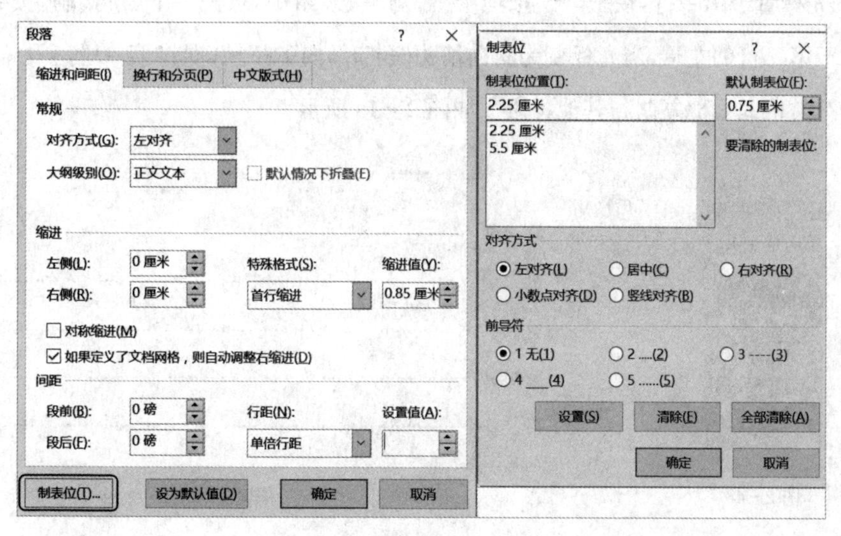

图 2－46

(3) 用制表符手工制作目录

1）在文档中输入有关内容，调整左上角，使其出现右对齐制表符，光标置于“第一章 1 页”文字中，在水平标尺下边沿的适当位置(如在约 14 厘米处)点击一下，插入一个“右对齐式制表符”，打开“制表位”对话框，在“制表位”对话框中，可以看到精确的制表符位置在 14 厘米，选中前导符的“5……”如图 2－47 所示。然后点击“确定”。

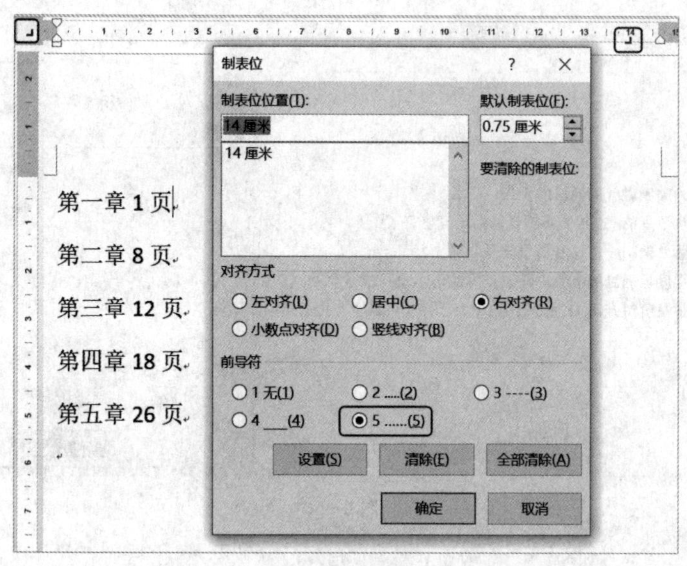

图 2－47

2）光标置于第一行，在“开始”选项卡的“剪贴板”组中，点击一下“格式刷”按钮，再将光标置于第二行的左端，当光标变为斜向箭头“ ”时，向下拉动，即将第一段落设置好了的有制表符的格式全部复制到其他各段。如图 2－48 所示。

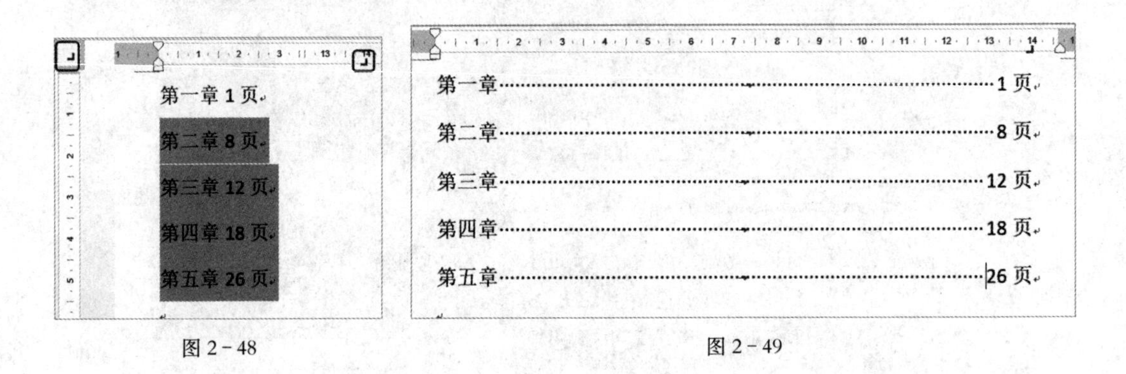

图 2－48　　图 2－49

3）将光标置于各段的“章”字后面，分别按下“Tab”键，得到如图 2－49 所示的整齐排列的目录文档。

(4) 制表符在试卷中的应用

1）判断题括号的对齐

A. 输入试题文字，光标置于第 1 个小题中，用制表位对话框设置右对齐制表符（或在标尺上点击），并设置前导符，如图 2－50 所示。

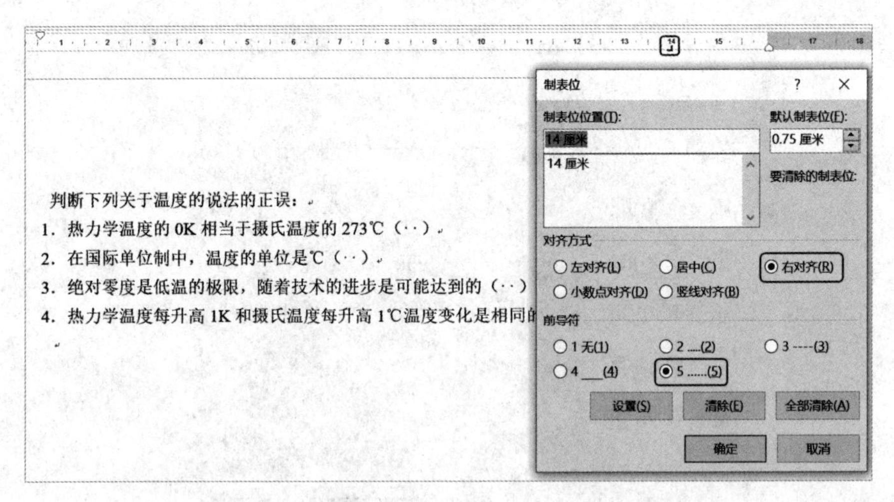

图 2－50

B. 复制格式。光标置于第 1 个小题中，点击“开始”选项卡“剪贴板”组中的格式刷，光标再在三个小题的左边下拉拖动，即把第 1 个小题的格式（包括制表符和前导符），复制到其他三个小题上了。如图 2－51 所示。

判断下列关于温度的说法的正误：
1．热力学温度的 0K 相当于摄氏温度的 273℃（··）
2．在国际单位制中，温度的单位是℃（··）
3．绝对零度是低温的极限，随着技术的进步是可能达到的（··）
4．热力学温度每升高 1K 和摄氏温度每升高 1℃温度变化是相同的（··）

图 2－51

C. 光标分别置于每个括号的左括号的左边，按下“Tab”键，所有括号右对齐。如图 2－52所示。

判断下列关于温度的说法的正误：
1．热力学温度的 0K 相当于摄氏温度的 273℃…………………………………（··）
2．在国际单位制中，温度的单位是℃……………………………………………（··）
3．绝对零度是低温的极限，随着技术的进步是可能达到的…………………（··）
4．热力学温度每升高 1K 和摄氏温度每升高 1℃温度变化是相同的…………（··）

图 2－52

2）选择题选项的对齐

常见有如图 2－53 所示的选择题型，各题的选项常常是通过打若干个空格键调整各选项间的距离。下面利用制表符快速整洁地对齐。

1.通过斜面理想实验，纠正维持物体运动需要力这种错误说法的科学家是（··）
A．牛顿········B．卡文迪许·····C．伽利略············D．亚里斯多德
2. 物理学中引入“平均速度”、“合力与分力”等概念，运用的科学方法是（··）
A．等效替代法····B．观察、实验法····C．控制变量法···D．建立物理模型法
3..下列各组共点力中,其合力不可能为零的是(··)
A．3N、6N、9N·····B．2N、5N、8N·····C．6N、7N、7N·····D．9N、8N、10N
4.下列能源中，不是“可再生能源”的是（）
A．太阳能····B．天然气·····C．风能·······D．潮汐能

图 2－53

A. 点击“开始”选项卡“字体”组中的删除格式按钮，删除原来的格式，利用替换功能，批量去掉小点(打空格键产生的)，再利用上面介绍的方法，利用右对齐制表符设置题干中括号的对齐，得到如图 2－54 所示的文档。

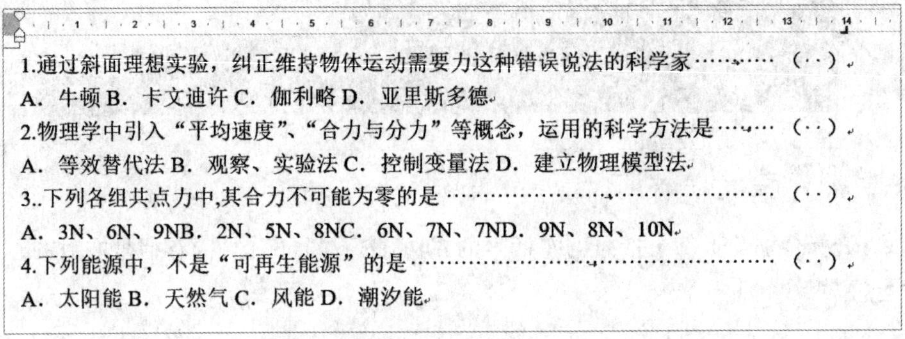

1.通过斜面理想实验，纠正维持物体运动需要力这种错误说法的科学家…… （ ）
A. 牛顿 B. 卡文迪许 C. 伽利略 D. 亚里斯多德
2.物理学中引入“平均速度”、“合力与分力”等概念，运用的科学方法是…… （ ）
A. 等效替代法 B. 观察、实验法 C. 控制变量法 D. 建立物理模型法
3..下列各组共点力中,其合力不可能为零的是…………………………………… （ ）
A. 3N、6N、9NB. 2N、5N、8NC. 6N、7N、7ND. 9N、8N、10N
4.下列能源中，不是“可再生能源”的是………………………………………… （ ）
A. 太阳能 B. 天然气 C. 风能 D. 潮汐能

图 2－54

B. 利用左对齐制表符设置选项的对齐。光标置于第 1 个小题的选项中，在适当位置设置四个左对齐制表符，再把第 1 个小题选项中的制表符格式复制到其他三个题中，然后光标分别置于 A、B、C、D 的前面，打“Tab”键，得到如图 2－55 所示的文档。

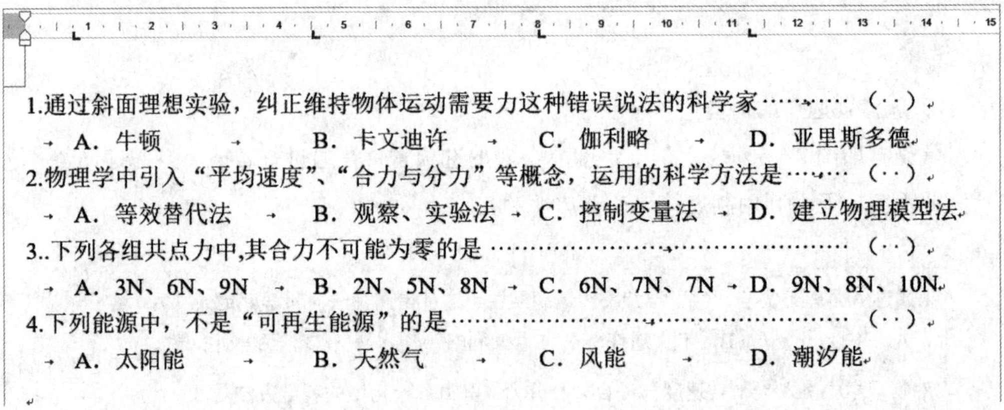

1.通过斜面理想实验，纠正维持物体运动需要力这种错误说法的科学家…… （ ）
A. 牛顿　B. 卡文迪许　C. 伽利略　D. 亚里斯多德
2.物理学中引入“平均速度”、“合力与分力”等概念，运用的科学方法是…… （ ）
A. 等效替代法　B. 观察、实验法　C. 控制变量法　D. 建立物理模型法
3..下列各组共点力中,其合力不可能为零的是…………………………………… （ ）
A. 3N、6N、9N　B. 2N、5N、8N　C. 6N、7N、7N　D. 9N、8N、10N
4.下列能源中，不是“可再生能源”的是………………………………………… （ ）
A. 太阳能　B. 天然气　C. 风能　D. 潮汐能

图 2－55

(5) 制表符让横线对齐

各种申请表封面文字的对齐除了应用表格对齐以外，还可以使用制表符让下划线对齐。

1) 分别输入标题文字，全部选中，拉动标尺上的首行缩进小三角形滑块，移动到适当位置。如图 2－56 所示。

2) 光标置于“课题名称”后面，在标尺的适当位置插入一个右对齐制表符，按下下划线键，添加一个下划线（此时看不到），再按下“Tab”键，自动显示整个下划线。如图 2－57 所示。

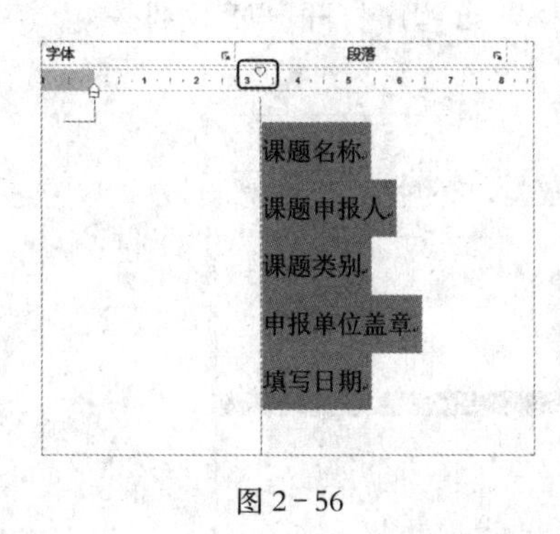

图 2－56

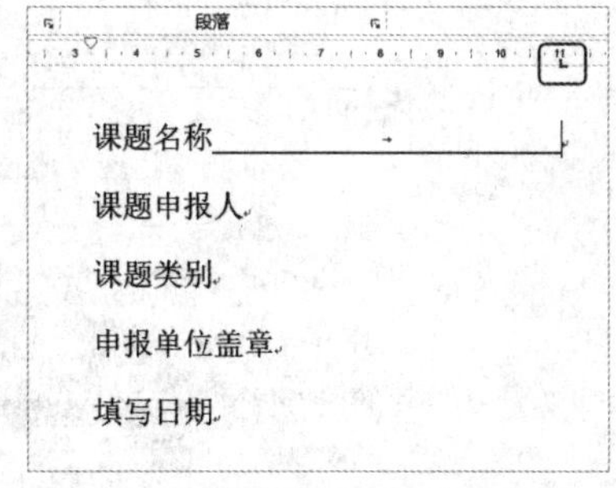

图 2－57

3）光标置于第一行，在“开始”选项卡的“剪贴板”组中双击格式刷，然后把段落的格式（主要是复制制表符格式）复制到下面各段（或用格式刷的快捷键“Ctrl + Shift + C”或“Ctrl + Shift + V”）。光标再分别置于各段的末尾，按下下划线键后再按下“Tab”键，即得到各段如图 2－58 所示的下划线。还可以在“开始”选项卡的“段落”组中，调出段落对话框，来调整各行文字的间距。

图 2－58

第 4 课　编辑技巧（四）

1. 保存为不同类型的文档

Word2003 的文档后缀名是“＊. doc”，而新版本的文档后缀名是“＊. docx”，文档在另存为时，可以保存为默认的“＊. docx”格式，也可以保存为“＊. doc”格式，还可以保存为常见的 PDF 格式等。保存方法如下：

(1) 保存为低版本文件

文档点击“另存为”后，在“保存类型”中，选择不同的文档类型，默认是上面的“Word 文档”，后缀名为“＊. docx”，如果选择保存类型为“Word 97－2003 文档”，则文档的后缀名为“＊. doc”（这样的文档可以在 Word 2003 版本中打开）。

(2) 保存为 PDF 格式。

选中“PDF”,则可以直接保存为“PDF”格式的文档。如图 2-59 所示。目前多数的 PDF 文件是通过这种方法生成的,所以可以用 Word 程序打开 PDF 文件。

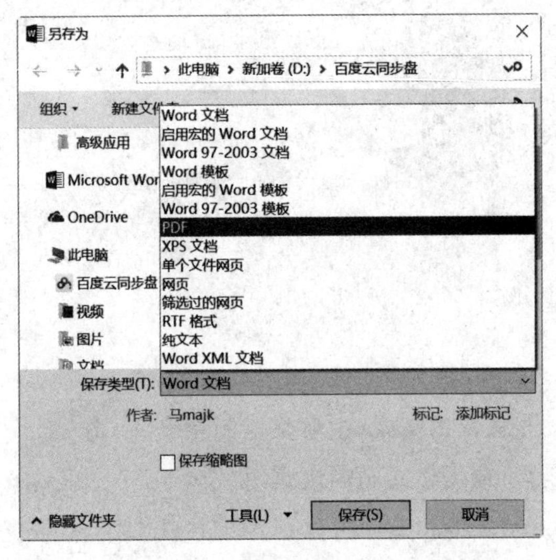

图 2-59

(3) 保存为其他格式

也可以保存为网页格式或模板格式等,网页格式可以把文档中的图片提取出来,模板格式可以作为以后的模板使用。

2. 文档的保存

常常由于各种原因,在没有保存文档的情况下,不小心关掉了 Word 程序或者重启了电脑。因此,平常要养成随手保存文档的习惯。

(1) 快速保存文档

新建文档时,不要立即打字,先把文档保存起来。在编辑过程中,要随时注意保存文档。文档的保存除了点击上面的保存按钮以外,还可以随时按下保存的快捷键“Ctrl+S”。

(2) 调整自动保存的时间

1) 点击“文件”进入后台视图,点击“选项”,在“Word 选项”中点击保存,设置“保存自动恢复信息时间间隔”,如图 2-60 所示。时间间隔短,由于保存频繁,会导致程序变慢。

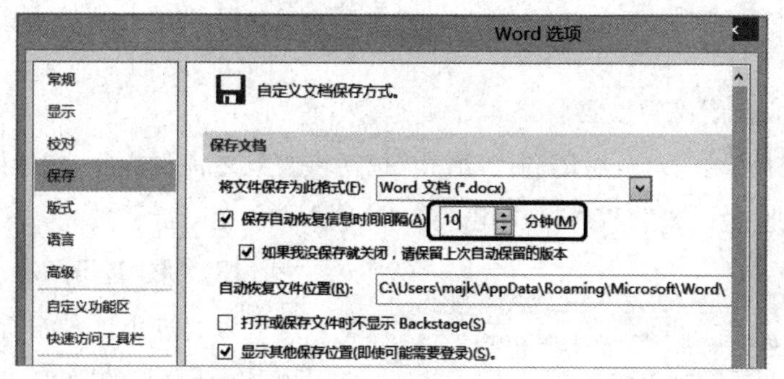

图 2 - 60

2）要同时选中“如果我没保存就关闭，请保留上次自动保留的版本”，这样，即使文档没有保存被意外关闭（如断电或程序崩溃），下次打开 Word 程序时（不是打开文档），在左侧可以选择恢复最近一次自动保存的文档。

（3）将文字嵌入到文档中

如果文档中使用了一般电脑中没有的字体，在保存时可以把这些字体嵌入到文档中，在别的电脑上打开该文档时仍可使用该字体。在另存为中，点击下面的“工具”，再选择“保存选项”。如图 2 - 61 所示。在“Word 选项”的“保存”选项卡中，选中“将字体嵌入文件”，下面两项也选中，可以减小文件的大小。如图 2 - 62 所示。

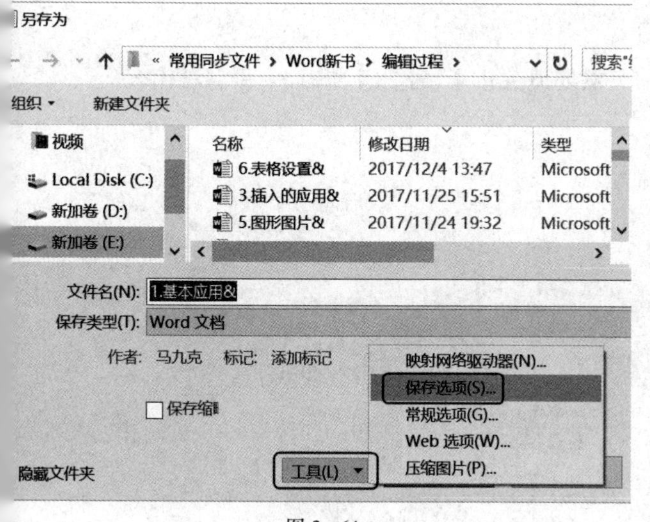

图 2 - 61

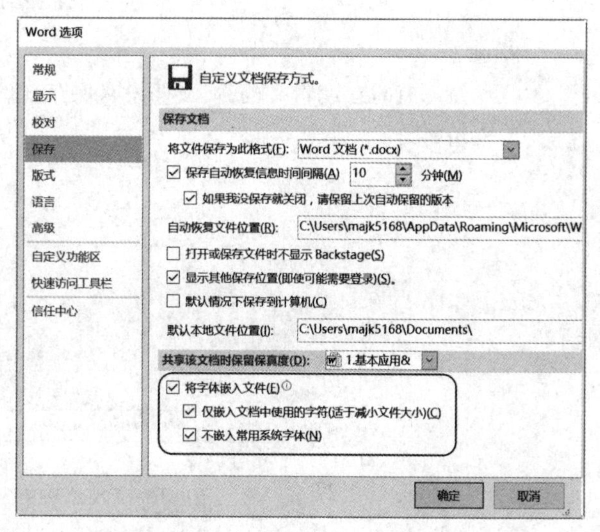

图 2 - 62

3. 保存错了如何恢复

有时按下了保存键后，突然发现刚才的修改是错误的，如何恢复呢？

(1) 利用"撤销"按钮恢复

如果本文档没有关掉，可以利用"撤销"按钮恢复到之前的操作，快捷键是"Ctrl + Z"(可以反复按此键)。如果 Word 程序已经关掉，这个方法就不行了。

(2) 创建备份副本

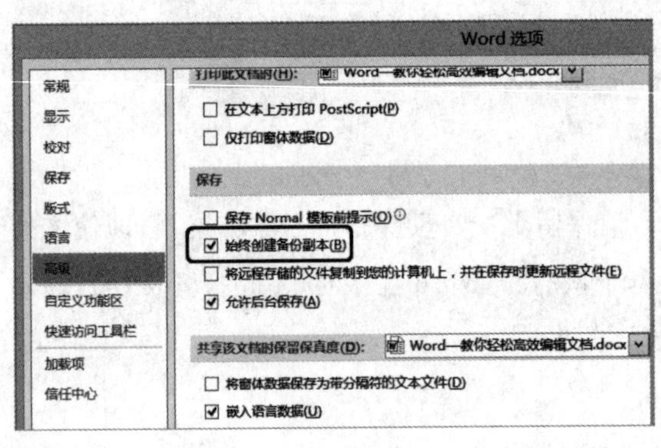

图 2 - 63

为了防止这种情况发生，可以利用 Word 自带的"始终创建备份副本"功能，在关闭文档时自动创建该文本的副本文件，以备不时之需。方法是，点击"文件"进入后台视图，点击"选项"，在"Word 选项"中，点击"高级"，在"保存"区域选中"始终创建备份副本"，如图 2 - 63 所示。这样每次编辑 Word 时，Word 都会自动保存一个副本文件，后缀名为"＊. wbk"。

4. 突然死机文档没有保存

有时在编辑文档时，文档没有保存，电脑突然崩溃关机了，若打开文档，一片空白什么也没有，一天的心血全白费了。

(1) 恢复文件

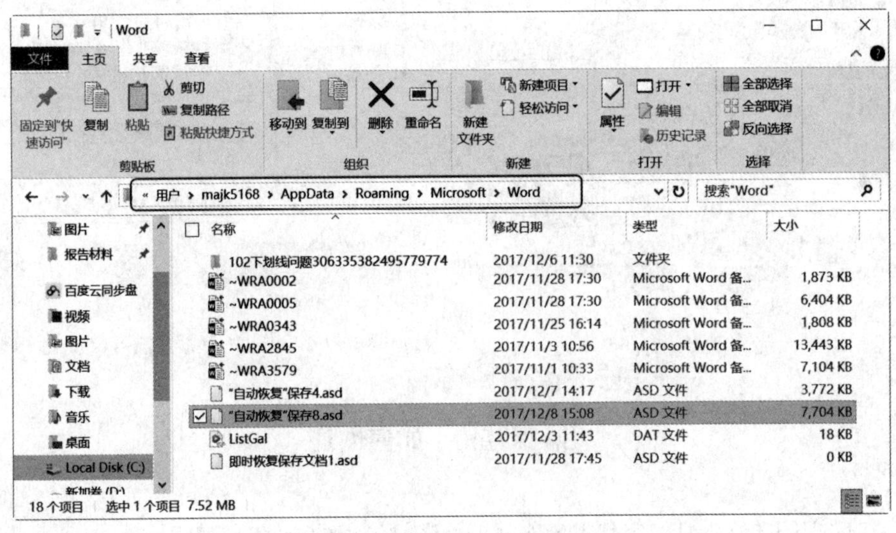

图 2 - 64

1）Word 程序有自动保存功能，自动保存为 asd 格式的文件，找到文件的保存位置。这个自动保存的文件路径一般是 C:\Users\用户名\AppData\Roaming\Microsoft\Word（在方框的右边点击一下，可以看到完整的路径）。根据日期找到文件。如图 2－64 所示。

2）打开文件。在图标上鼠标右键单击，点击“打开方式”，如图 2－65 所示。选择 Word 程序打开文件。文件打开后再另存为即可。

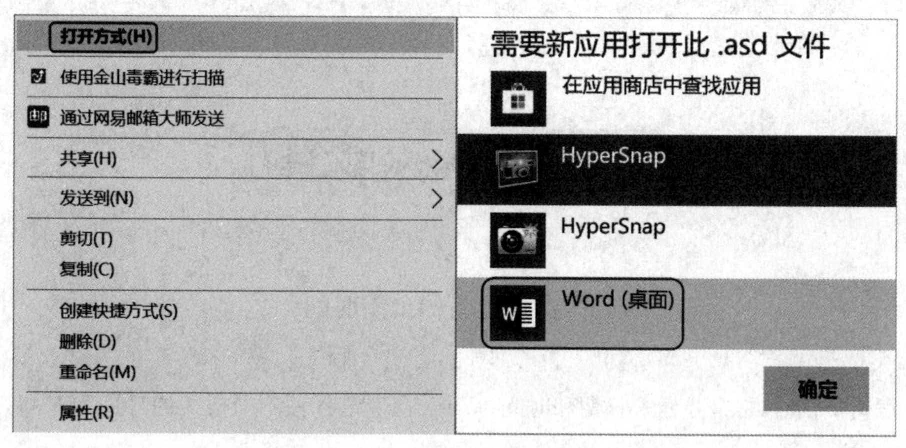

图 2－65

(2) 打开损坏的文件

如果文档损坏不太严重，可以通过打开的方式进行修复。选中要打开的文件，点击“打开”右边的下拉菜单，选择“打开并修复”，如图 2－66 所示。可以打开损坏不太严重的文件。

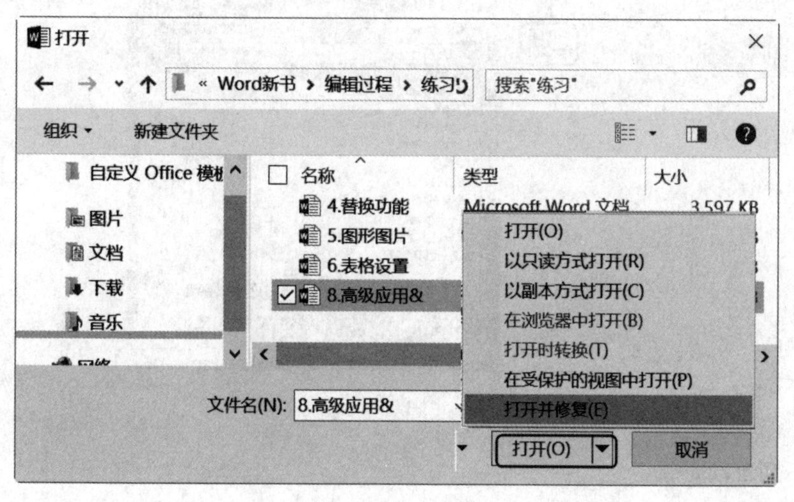

图 2－66

第3单元
插入应用

第1课 插入应用（一）

1. 自动更新的日期时间

编辑文档时，常常要插入日期和时间，Word自带了各种不同格式的日期和时间，插入方法如下：

(1) 插入日期

光标放在需要插入日期和时间的位置，在“插入”选项卡右边的“文本”组中，点击“日期和时间”按钮，在“日期和时间”选项卡中，选中需要的日期和时间的格式，如图3－1所示。点击“确定”即可。

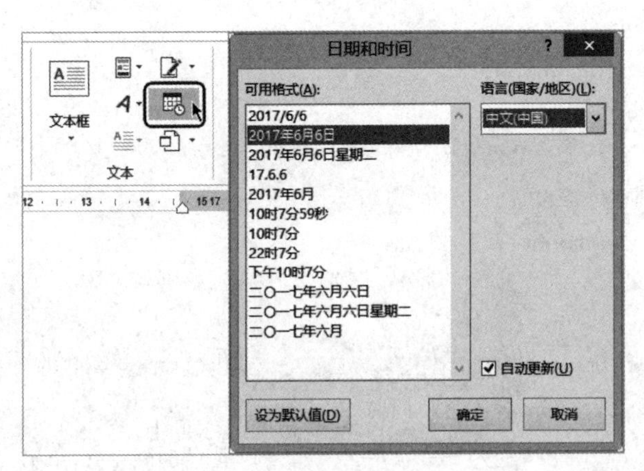

图3－1

(2) 日期自动更新

若每次插入的日期和时间都是这一种格式，则可以点击“设为默认值”，以后每次插入时都以这种格式的日期和时间进行插入。选中“自动更新”,则每次打开文档时,日期和时间则自动更新为最新的时间。

2. 特殊符号的插入

在文档编辑过程中,常常要输入一些比较特殊的符号,如“→、Ω、∞、¥、☆、∑”,这些符号的插入可以通过如下方法:

(1) 利用插入符号对话框

1) 插入符号。在“插入”选项卡右边的“符号”组中,点击“Ω 符号”,然后点击“其他符号”,在“符号”对话框的“符号”选项卡中,在右边的“子集”选项中,可以选择不同的项目,如箭头、数学运算符等,选取自己需要插入的符号,点击“插入”即可。如图 3-2 所示。

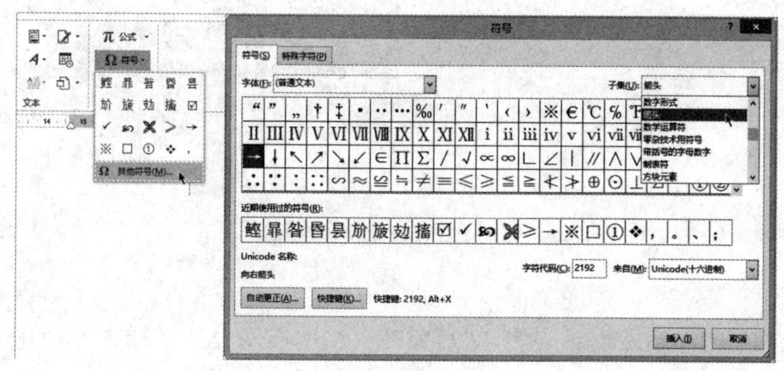

图 3-2

2) 设置快捷键。若经常使用某一个符号,可将其设置为快捷键,如把常用的箭头“→”设置为快捷键“Ctrl + J”,操作方法是:在图 3-2 中选中符号“→”,点击下方的“快捷键…”,进入“自定义键盘”对话框,在“请按新快捷键”中直接按下“Ctrl + J”,点击“指定”,再点击“关闭”即可。以后要插入这个符号,直接用该快捷键。如图 3-3 左边所示。要删除

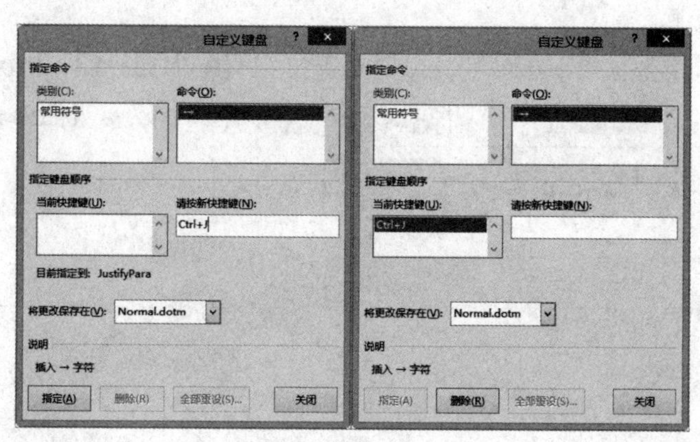

图 3-3

该快捷键，选中“当前快捷键”，点击“删除”即可。

(2) 利用“编号”插入带圈的字符

编辑文档时常常需要插入带圈的字符，如①、②等，在“插入”选项卡右边的“符号”组中，点击“编号”，在“编号”框中输入数字，再选择一种“编号类型”即可。如图 3－4 所示。

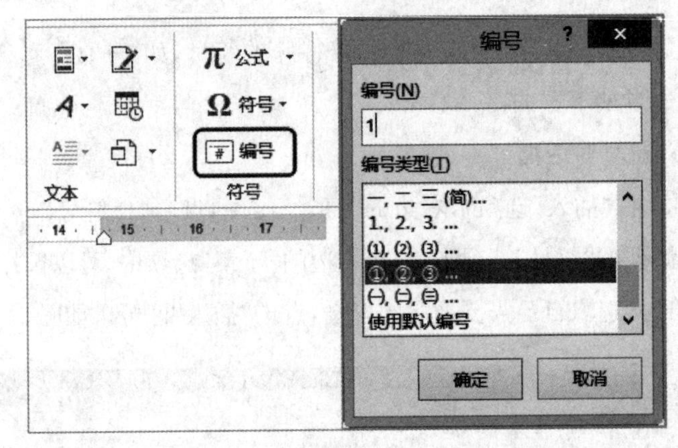

图 3－4

3. 公式的插入和编辑

在理科教学文档的编辑过程中，常常要在文档中插入公式。插入和使用公式的方法如下：

(1) 上下标直接标注法

对于一些较简单的公式，可以先录入字符，然后选中需要标注的文字(通常是数字)，在“开始”选项卡的“字体”组中，点击上标或下标按钮即可。如图 3－5 所示。也可以使用快捷键，下标的快捷键是“Ctrl＋＝”，上标的快捷键是“Shift＋Ctrl＋＝”。

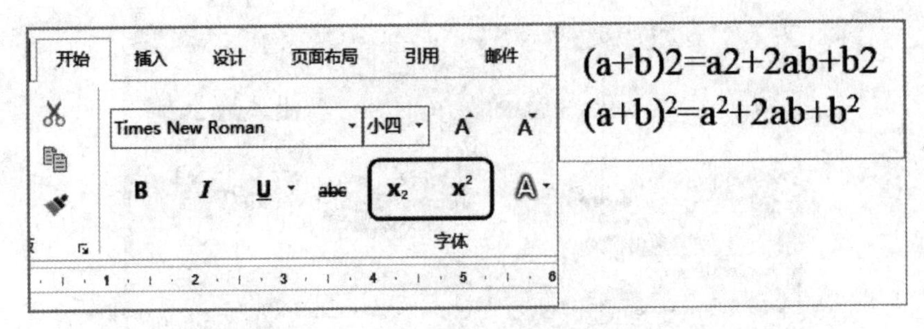

图 3－5

(2) 老版本公式编辑器

Word2013 的版本中仍然可以使用以前的"公式编辑器"。

1) 在"插入"选项卡的"文本"组中,点击"对象",在"对象"对话框的"新建"选项卡中选择"Microsoft 公式 3.0",打开公式编辑器。如图 3-6 所示。

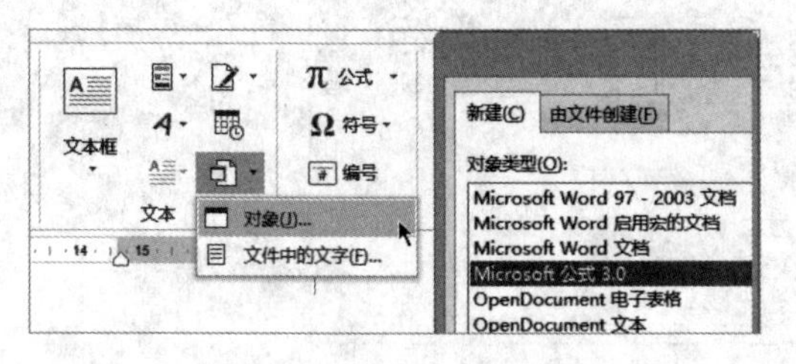

图 3-6

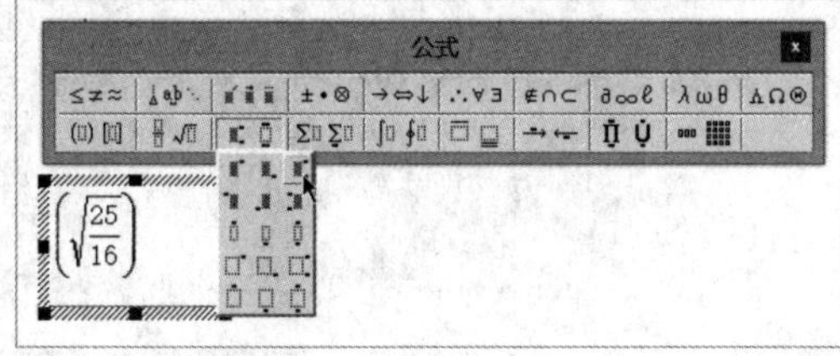

图 3-7

2) 公式编辑器的使用

A. 公式编辑器调出后,在出现的虚线框内直接输入文字和数字,利用公式编辑器中的各种工具,可以输入各种数字和数学符号。如图 3-7 所示。在输入的过程中,利用"Tab"键可以快速地切换光标的位置。编辑过程中,如果换行直接打回车键,如果插入空格,利用"Shift + Ctrl + 空格键"。

B. 在编辑上下标、分数、根号等符号时,要不停地移动光标位置,这时可以利用方向键快速移动光标的位置。

C. 由于插入的公式格式是嵌入式,因此公式会随着文字的移动而移动,若要改变公式的大小,光标置于该公式的右下角,直接用鼠标拉动即可。如果公式在文档中只显示下半部分,是因为该段落的"间距"设置成"固定值"了,改成"单倍行距"即可。

(3) 内置公式插入法

在 Word2013 及以后的新版本中,可以直接插入公式进行编辑。

1) 在"插入"选项卡右边的"符号"组中,点击"公式",可以看到内置有众多公式,点击一个即可插入到文档中。如图 3-8 所示。也可以点击下面的"插入新公式",插入一个空白公式编辑框,可以编辑任意公式。

2) 当公式插入后,上方自动显示出"公式工具"栏,在"设计"选项卡中,可以看到众

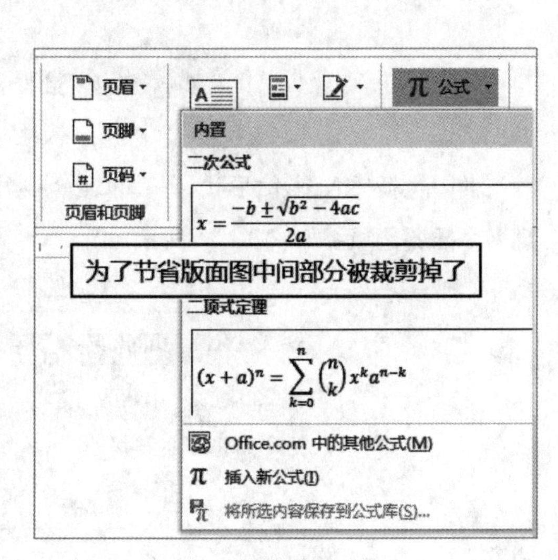

图 3-8

多公式的编辑工具，可以利用这些工具直接修改原来插入的公式。如图 3－9 所示。光标置于公式中，可以直接利用“开始”选项卡的“字体”组中的字号更改工具更改字符的字号。

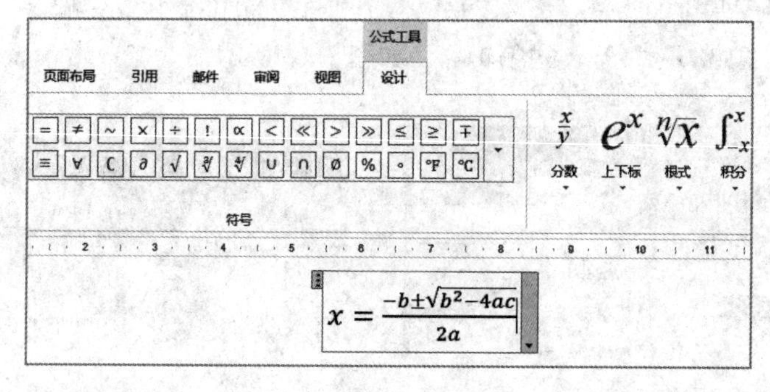

图 3－9

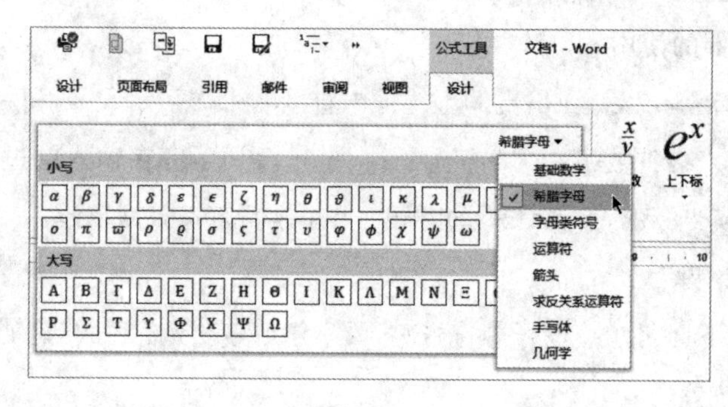

图 3－10

3）在“设计”选项卡中，点击三角形下拉菜单，可以看到除了“基础数学”工具外，还有很多字母和符号供选择使用。如图 3－10 所示。

4. 插图的应用

插图包括插入图片、形状、图表和屏幕截图等。在“插入”选项卡的“插图”组中，可以看到多个插图选项。如图 3－11 所示。

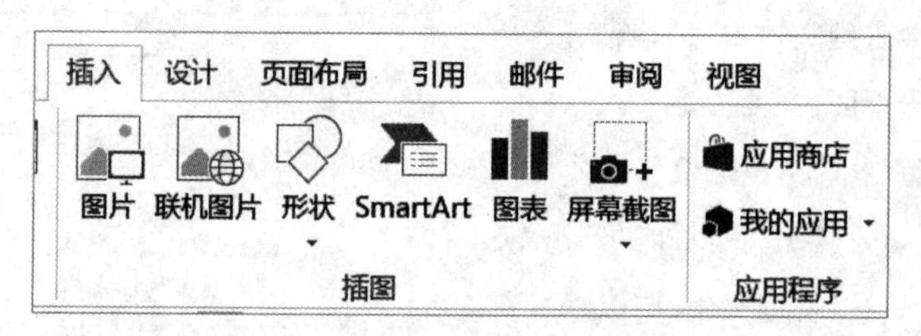

图 3－11

(1) 插入图片

在“插图”组中点击“图片”，在电脑中找到图片后，选中一幅或几幅图片，如图 3－12 所示，点击“插入”，选中的图片以嵌入型的方式插入到文档中。

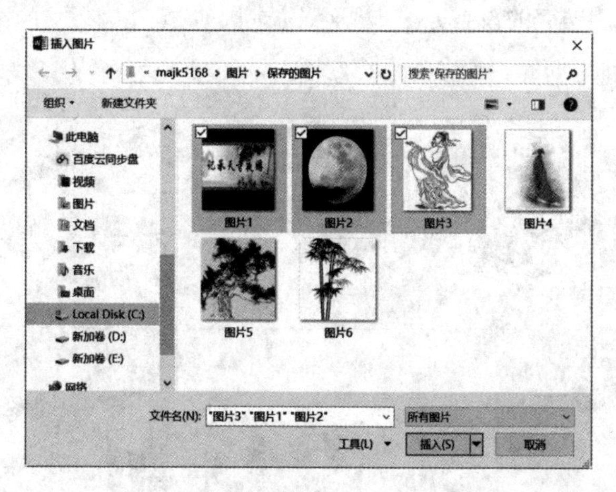

图 3－12

(2) 插入形状

插入“形状”即插入自选图形，在“插图”组中点击“形状”，鼠标点击任意一个图形，如图 3－13 所示。当光标变成十字型时，在文档上用鼠标拉动，即画出了一个图形。绘制图形参见第 5 单元第 1 课中的“1. 图形的绘制”。

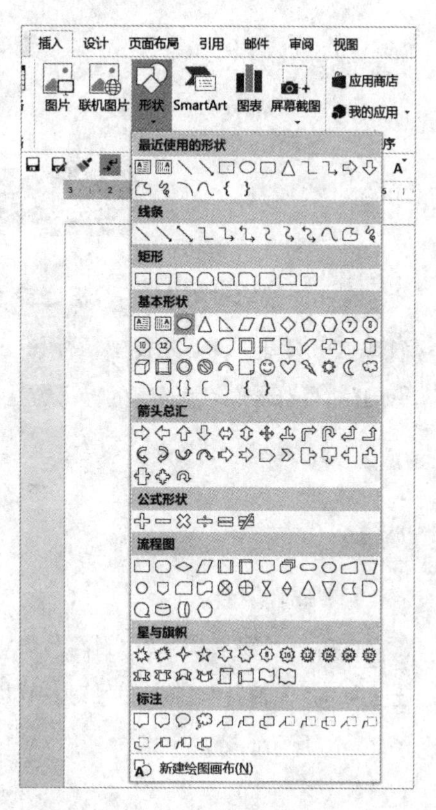

图 3－13

(3) 插入图表

1) 在“插图”组中点击“图表”，在“插入图表”对话框中，选择一个图表样式。如图3－14所示。“确定”即可。

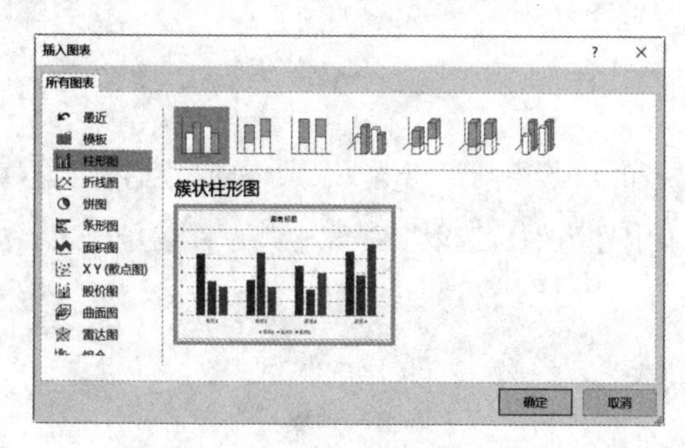

图 3－14

2）在得到的图表编辑界面的表格中输入相关数据，即可以自动生成图表。如图3－15所示。数据填好后关掉数据表即可。

3）要修改图表，在图表上双击可以重新进入图表的编辑状态，可以重新“编辑数据”、“更改图表类型”等。图表的设置方法与 Excel 类同。

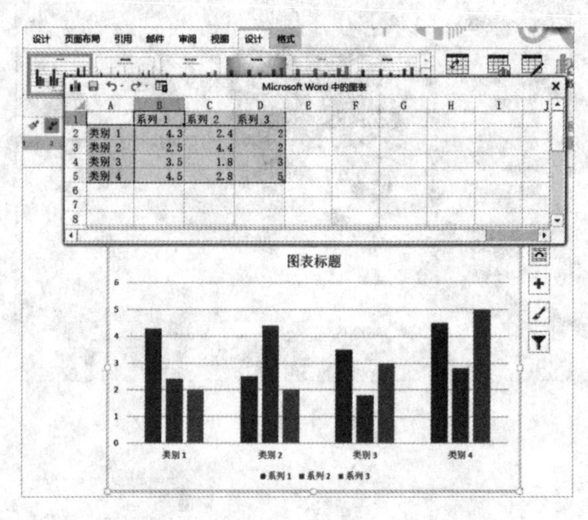

图 3－15

第 2 课　插入应用（二）

在文档编辑过程中，常常需要编号自动更新变化，如有几十道题的试卷中题目的编号，当试题在编辑修改的过程中，后面的试题编号随着前面的修改要能够自动更新。下面是常见的“项目符号”或“编号”的输入方法。

1. 手动插入项目符号或编号

(1) 插入编号

光标置于需要插入“项目符号”或“编号”的段落中，在“开始”选项卡的“段落”组中，点击上面的“项目符号”或“编号”按钮（以插入编号为例），选取“编号”中某一种编号样式。如图 3－16 所示。

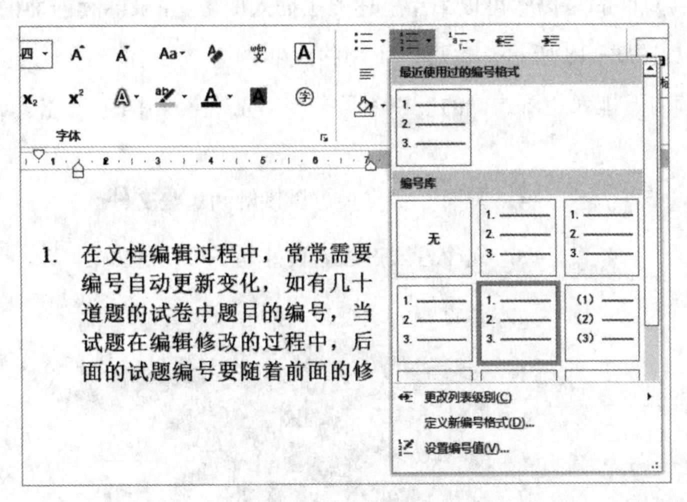

图 3 - 16

(2) 批量插入编号

对于已经编辑好了的试题,可以一次性地添加编号。操作方法是:

1）选中要添加编号的段落。选择一种编号样式,将选中的段落插入编号。如图 3 - 17 所示。

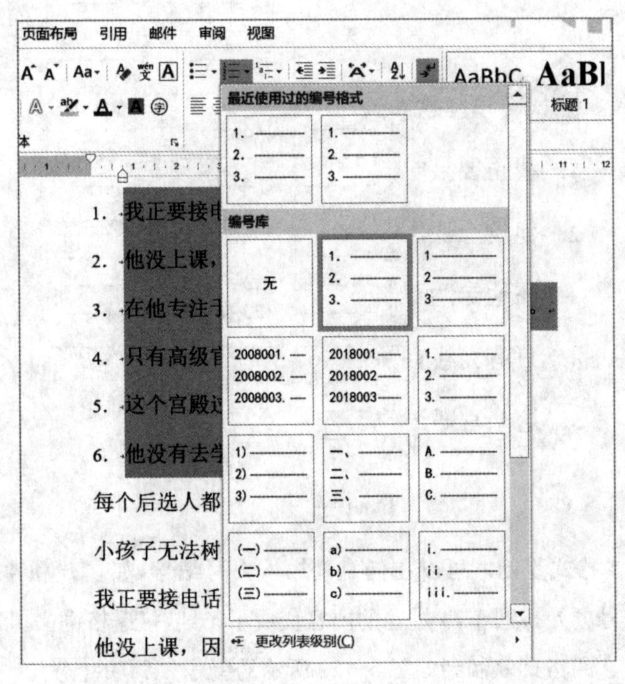

图 3 - 17

2）后面要添加编号，仍然可以采用上述方法插入即可，如果继续前面的编号，点击“继续编号”即可，如图 3－18 所示。也可以采用格式刷的方法，把前面编号的格式复制到下面，编号会继续向下排列。格式刷的应用参见第 1 单元第 4 课中的“2. 格式刷的应用”。

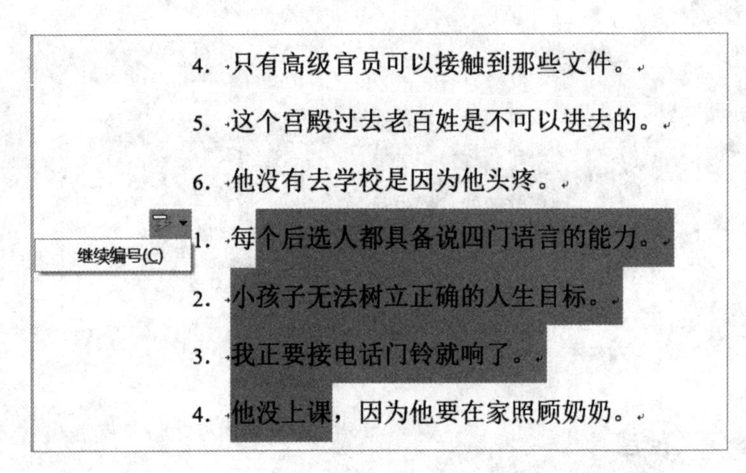

图 3－18

3）添加大写编号。也可以采用上述方法，添加大写的编号。如图 3－19 所示。

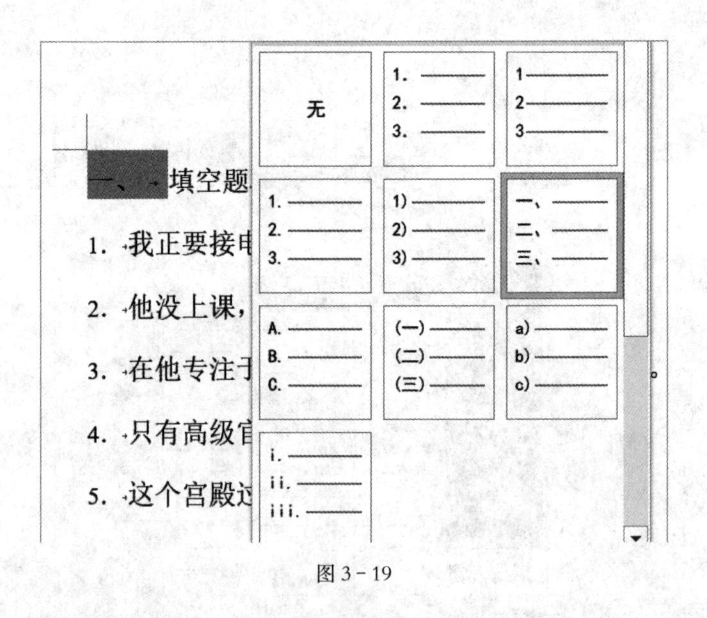

图 3－19

4）大写编号的格式复制。可以在任意处插入大写编号，如在 3 和 4 题之间插入大写编号，光标置于 4 号题处打回车，4 号题的内容变成了 5 号，打退格键去掉 4 号的编号，利用格式刷把大写“一、”的格式复制到如图 3－20 所示的编号“二、”的位置。

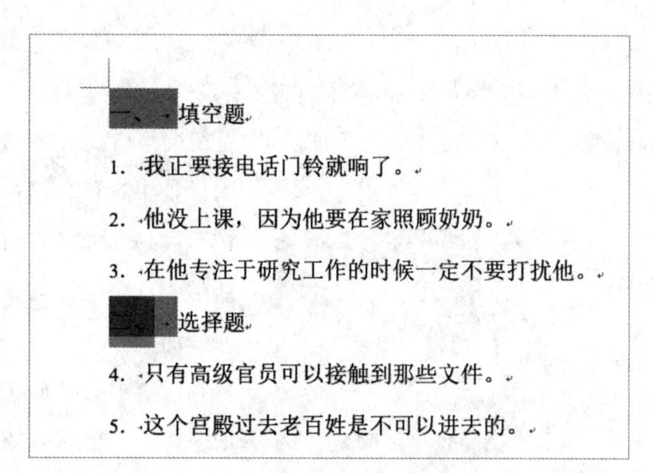

图 3 - 20

5）添加了这种编号，可以任意添加和删除内容，编号会自动更新。同时还可以对任意一个编号设置重新开始或继续编号。在任意编号上右击鼠标，可以选择“重新开始于 1”或者“继续编号”。如图 3 - 21 所示。

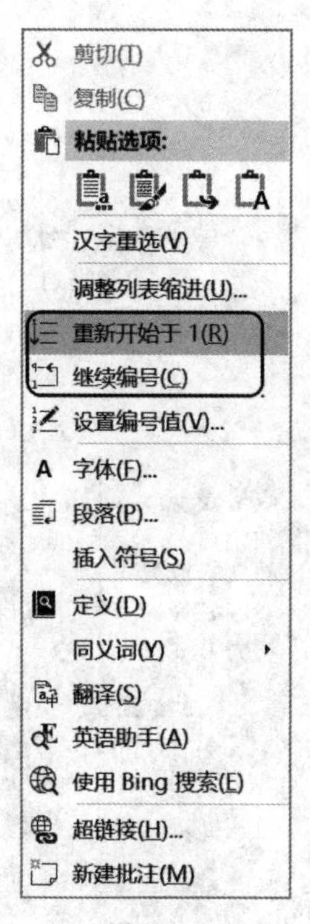

图 3 - 21

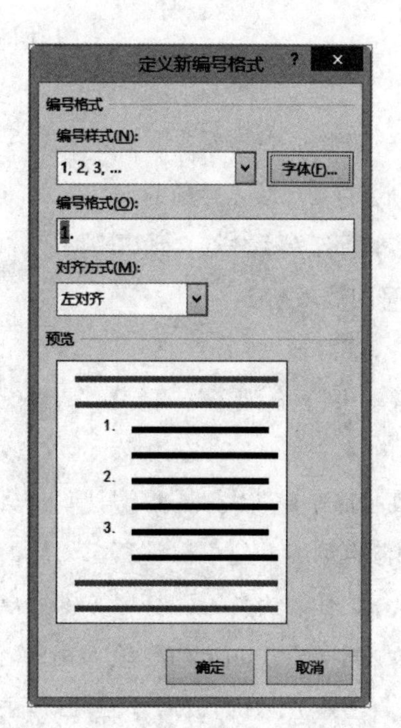

图 3 - 22

(3) 自定义编号格式

插入编号的格式常常不能满足要求,需要自定义。

1) 更改编号格式。在图 3 - 16 中点击下面的“定义新编号格式”,在“定义新编号格式”对话框中,可以设置“编号样式”、“字体”、“对齐方式”等内容。如图 3 - 22 所示。

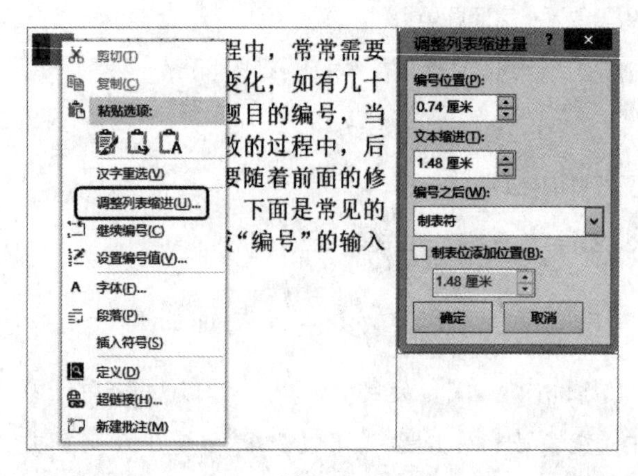

图 3 - 23

2) 更改编号缩进量。要调整编号在段落中的左右位置或与段落文字的左边距,鼠标右键单击某一编号,点击“调整列表缩进”,在“调整列表缩进量”选项中,设置“编号位置”以及“文本缩进”等。还可以通过“编号之后”,设置编号与后面文字的间距。如图 3 - 23 所示。

要删除编号,选中插入编号的段落,在图 3 - 16 中点击“无”,即可删除编号。

2. 自动插入编号

在文档的编辑过程中,常常是只要输入“一.”、“1.”或“A.”等编号,编辑了文字后打回车键,后面则会自动地续上类同的编号样式,但是要注意:第一个编号的后面必须有文字或标点符号,打回车键后才会自动出现编号。

(1) 编号的输入方法

输入“一、政治表现”后打回车键,自动出现“二、”接着输入“教学业务”,再打回车,继续输入相关的内容,如图 3 - 24 左边所示。在“政治表现”后面打回车键两次,自动编号消失(或打退格键删除自动编号),可以重新插入新的编号及内容,如“1. 政治学习”,打回车键后出现“2.”,输入内容,继续按回车键,输入相关内容。在“二、教学业务”后面按回车键两次,去掉了自动编号,要输入小写格式的编号,可以

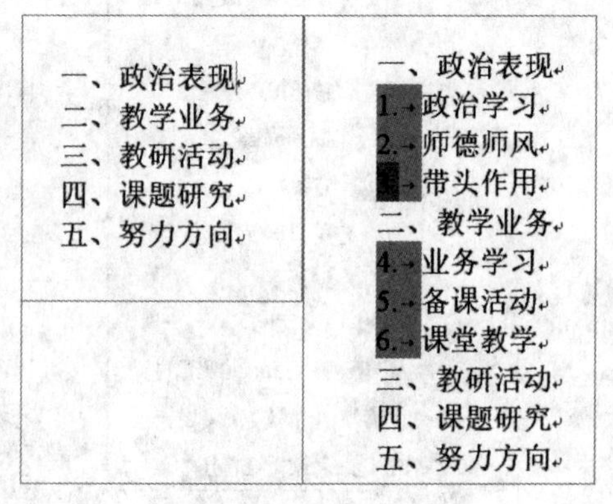

图 3 - 24

利用格式刷把上面的编号样式复制下来，输入相关内容，继续按回车键输入其他内容。如图 3－24 的右边所示。

(2) 调整编号格式

1）要调整编号的格式，如二级编号向右边缩进，在某一编号上鼠标右键单击，有多项内容供选择，常用的有“调整列表缩进”、“重新开始于 1”、“继续编号”、“设置编号值”等内容。如图 3－25 所示。

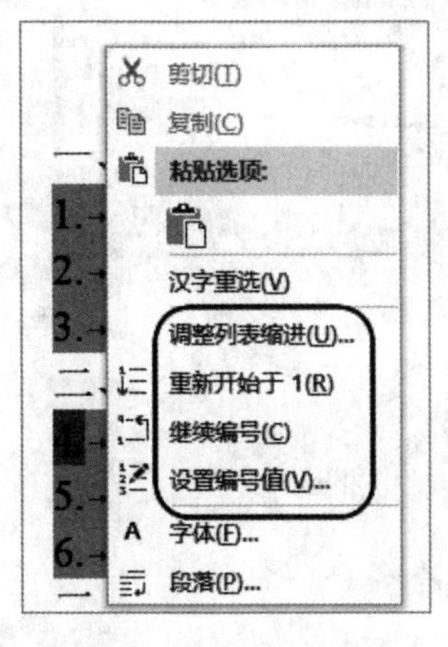

图 3－25

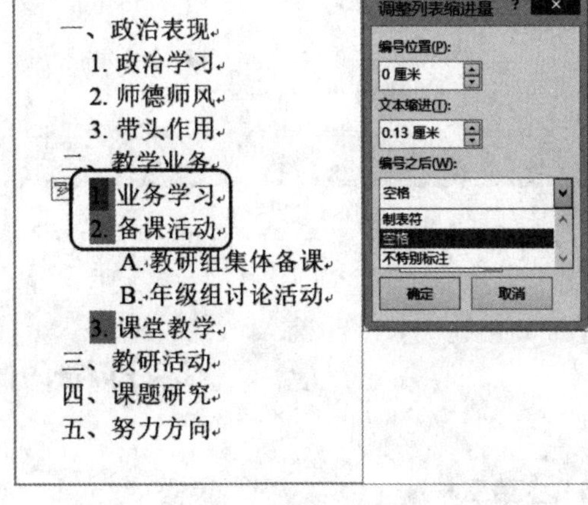

图 3－26

2）在编号格式的设置中，除了使用上面的调整工具以外，常常使用格式刷，利用格式刷的快捷键“Ctrl＋Shift＋C”和“Ctrl＋Shift＋V”，快速地把一种编号的格式复制到其他编号上使用，保持同级别编号格式相同。如“一、政治表现”和“二、教学业务”下面的小写数字二级编号，在设置好其中一个二级编号后，利用格式刷快速复制编号的格式。二级编号中，图中文字与编号间的距离较小（默认是制表符，间距较大），是因为在“调整列表缩进量”时，编号之后设置为“空格”。如图 3－26 所示。

(3) 编号自动出现的设置

如果在输入“一、”或“1.”等编号后（且有文字）打回车键，后面没有自动地续上类同的项目或编号，可以在后台进行设置。点击“文件”进入后台视图，点击“选项”，在“Word 选项”中点击“校对”，再点击“自动更正选项”，在“自动更正”对话框的“键入时自动套用格式”选项卡中，选中“自动项目符号列表”和“自动编号列表”。如图 3－27 所示。

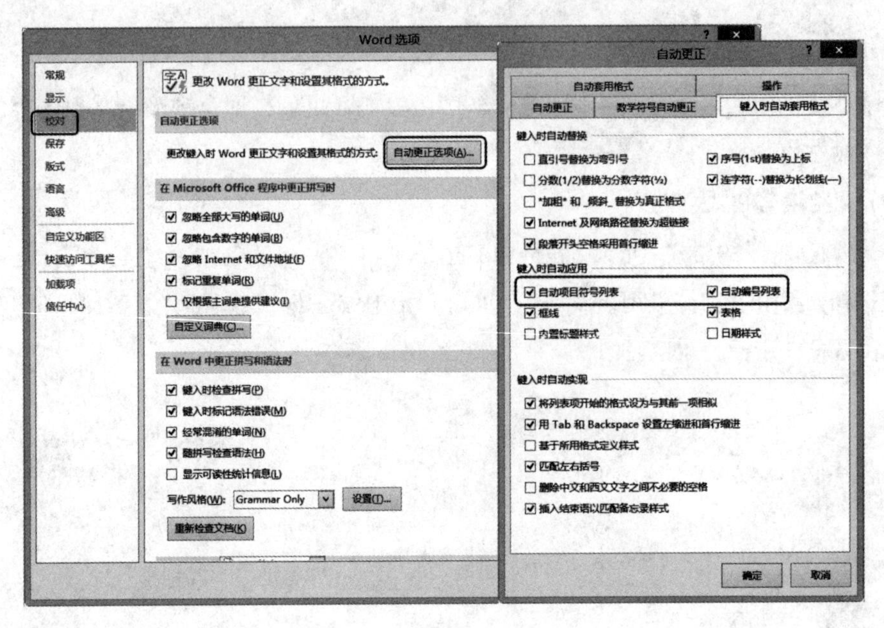

图 3-27

3. 分页符的插入

(1) 少用回车键

在文档编辑过程中，需要换页时，不少读者常常采用打多个回车键的方法，如图 3-28 所示，为了让“六、计算题”移到下一页(即页的顶端开始)，在“27”题的后面打多个回车，一直把“六、计算题”“逼”到下一页。这样做的弊端是，在第 6 页及以前的页面中添加或删除行时，都会影响到第 7 页，不能保证“六、计算题”处在页面的顶端。有时需要把一页的内容分为两页。这些都需要利用分页符来解决。

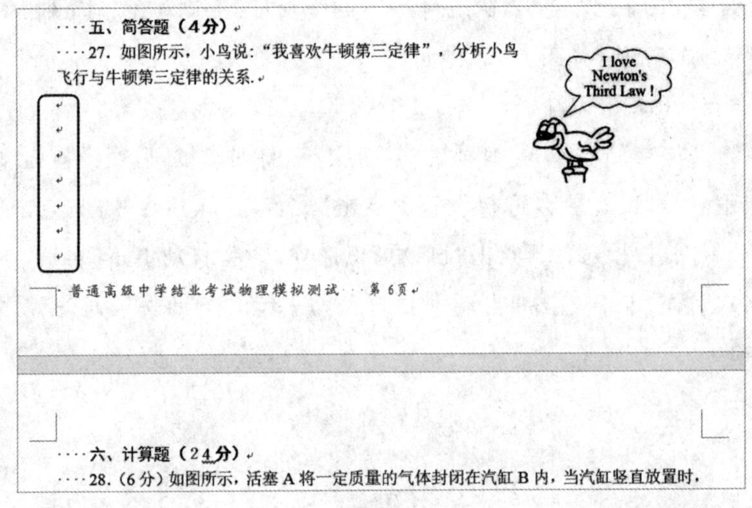
五、简答题（4分）
27. 如图所示，小鸟说：“我喜欢牛顿第三定律”，分析小鸟飞行与牛顿第三定律的关系.

普通高级中学结业考试物理模拟测试 第 6页

六、计算题（24分）
28.（6分）如图所示，活塞 A 将一定质量的气体封闭在汽缸 B 内，当汽缸竖直放置时，

图 3-28

(2) 使用分页符

光标置于需要分页的位置，在“页面布局”选项卡下面的“页面设置”组中，点击“分隔符”，选择“分页符”，如图 3－29 所示。页面上出现分页符字样，这样将两部分内容分隔在两个页面上，分页符前面内容的增减，不影响后面页面的编辑和排版。插入“分页符”的快捷方式是“Ctrl + 回车键”。

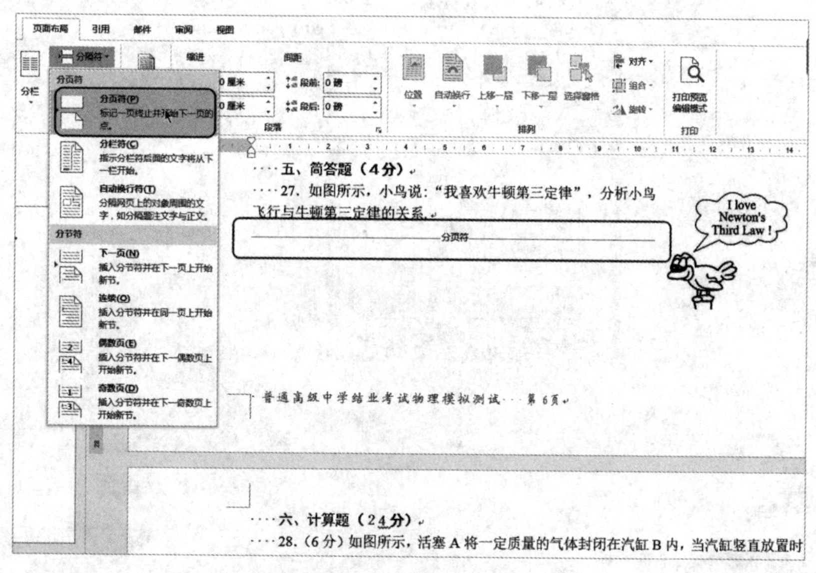

图 3－29

4. 分节符的插入和使用

在文档编辑的过程中，有“页”和“段落”的概念，“节”是又一个单元概念，同一个文档往往有不同的设置，如需要不同的页面设置（文档中间某一页是表格，纸张方向可能需要横向放置），不同的排版，不同的页眉和页脚等等，这些不同的设置可以通过插入“分节符”来实现，即把文档分成不同的“节”，操作方法如下：

(1) 分节符的插入

在图 3－29 中点击“分节符”类型中的“下一页”，可以使下一页与上一页具有不同的“节”；点击“连续”，使一页中的下一部分与上一部分具有不同的节。

(2) 某一页设置为横向

不同的节可以进行不同的设置，如将文档中的某一页设置为横向（文档中某一页有较宽的表格），需要把设置为横向的表格所在的页设置为单独一节。将该节页面设置为横向的方法是：先将文档分成若干节，在“页面布局”选项卡的“页面设置”组中，点击右下角的对话框启动器，在“页面设置”对话框的“页边距”选项卡中，“方向”选择“横向”，且“应用于”

“本节”。如图 3-30 所示。这样两个节就有不同的设置，设置后如图 3-31 所示。

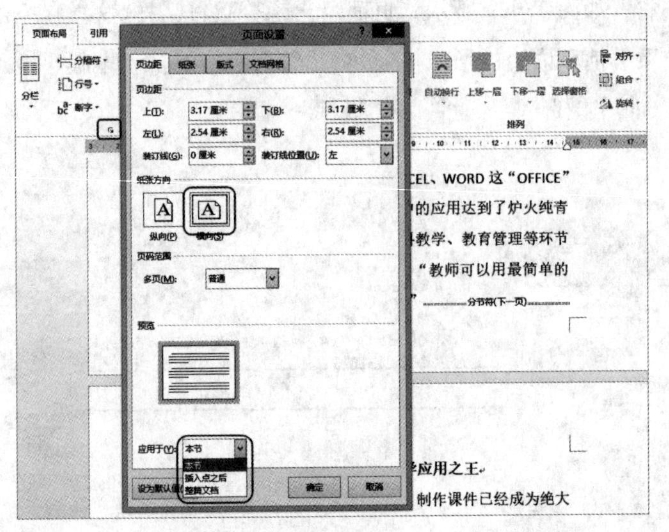

图 3-30

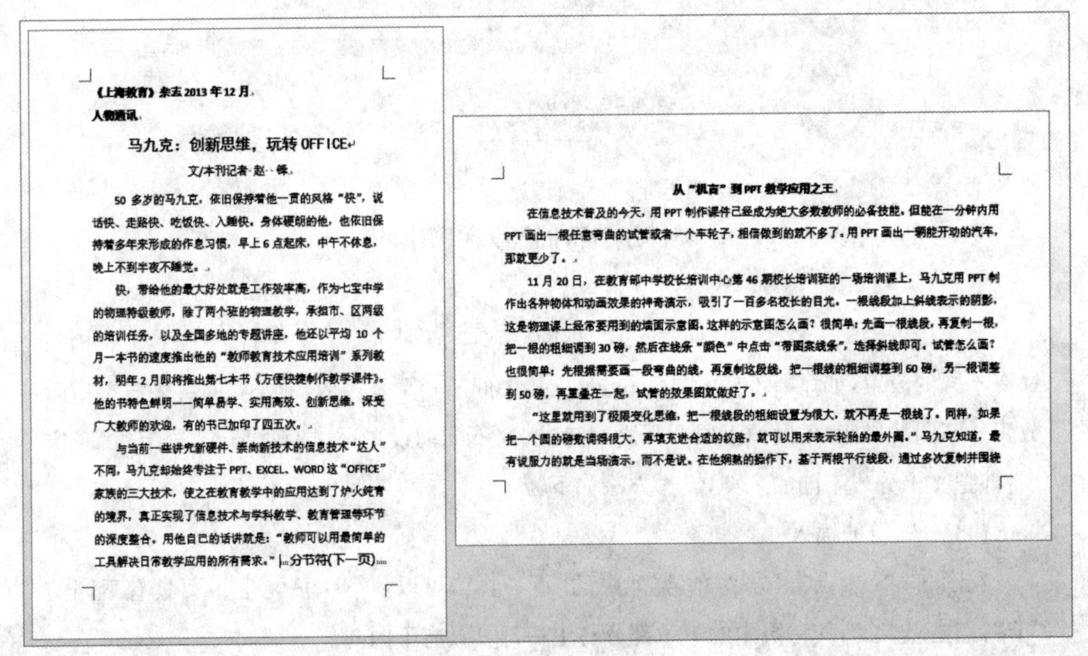

《上海教育》杂志 2013 年 12 月

人物通讯

马九克：创新思维，玩转 OFFICE

文/本刊记者 赵 锋

50 多岁的马九克，依旧保持着他一贯的风格“快”，说话快、走路快、吃饭快、入睡快。身体硬朗的他，也依旧保持着多年来形成的作息习惯，早上 6 点起床，中午不休息，晚上不到半夜不睡觉。

快，带给他的最大好处就是工作效率高，作为七宝中学的物理特级教师，除了两个班的物理教学，承担市、区两级的培训任务，以及全国多地的专题讲座，他还以平均 10 个月一本书的速度推出他的“教师教育技术应用培训”系列教材，明年 2 月即将推出第七本书《方便快捷制作教学课件》。他的书特色鲜明——简单易学、实用高效、创新思维，深受广大教师的欢迎，有的书已加印了四五次。

与当前一些讲究新硬件、崇尚新技术的信息技术“达人”不同，马九克却始终专注于 PPT、EXCEL、WORD 这“OFFICE”家族的三大技术，使之在教育教学中的应用达到了炉火纯青的境界，真正实现了信息技术与学科教学、教育管理等环节的深度整合。用他自己的话讲就是：“教师可以用最简单的工具解决日常教学应用的所有需求。”分节符(下一页)

从“机盲”到 PPT 教学应用之王

在信息技术普及的今天，用 PPT 制作课件已经成为绝大多数教师的必备技能。但能在一分钟内用 PPT 画出一根任意弯曲的试管或者一个车轮子，相信做到的就不多了。用 PPT 画出一辆能开动的汽车，那就更少了。

11 月 20 日，在教育部中学校长培训中心第 46 期校长培训班的一场培训课上，马九克用 PPT 制作出各种物体和动画效果的神奇演示，吸引了一百多名校长的目光。一根线段加上斜线表示的阴影，这是物理课上经常要用到的墙面示意图。这样的示意图怎么画？很简单：先画一根线段，再复制一根，把一根的粗细调到 30 磅，然后在线条“颜色”中点击“带图案线条”，选择斜线即可。试管怎么画？也很简单：先根据需要画一段弯曲的线，再复制这段线，把一根线的粗细调整到 60 磅，另一根调整到 50 磅，再重叠在一起，试管的效果图就做好了。

“这里就用到了极限变化思维，把一根线段的粗细设置为很大，就不再是一根线了。同样，如果把一个圆的磅数调得很大，再填充进合适的纹路，就可以用来表示轮胎的最外圈。”马九克知道，最有说服力的就是当场演示，而不是说。在他娴熟的操作下，基于两根平行线段，通过多次复制并围绕

图 3-31

(3) 文档的分节保护

1）文档分成若干节后，可以实现对某一节的内容实施保护。在“审阅”选项卡的右边“保护”组中，点击“限制编辑”，在右边的“限制编辑”窗格中，选中“仅允许在文档中进行此类型的编辑”，在下拉框中选中“填写窗体”，如图 3-32 所示。

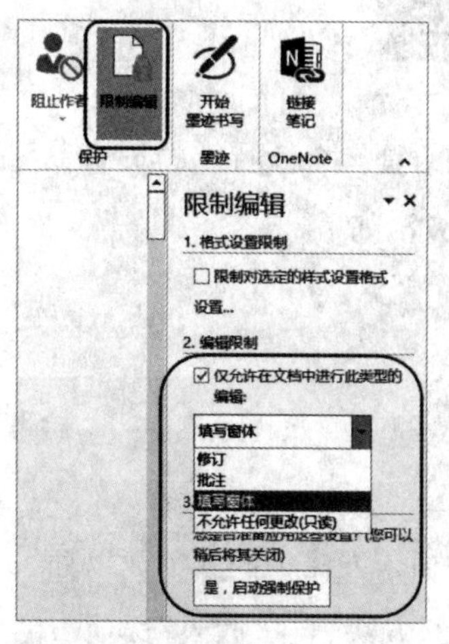

图 3－32

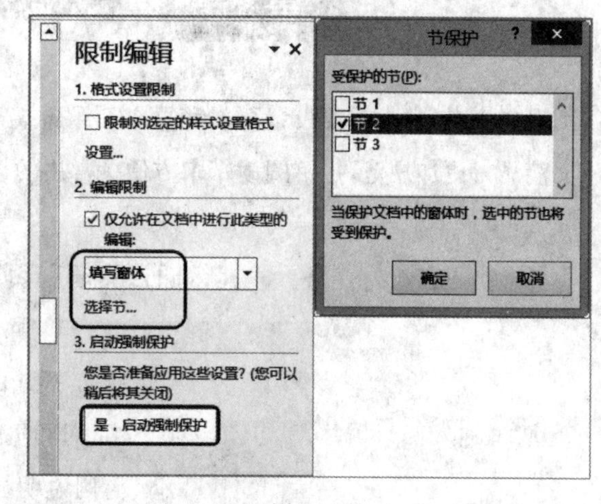

图 3－33

2）点击“填写窗体”下面的蓝色文字“选择节”，得到“节保护”对话框，选中需要保护的“节”，点击“确定”，再点击“是，启动强制保护”，然后输入保护密码，如图 3－33 所示。这样保护了“节 2”内容不被修改，“节 1”、“节 3”内容不受保护，可以编辑。

3）退出保护状态。重新回到右边的“限制编辑”窗格中，当文档受保护时，打开“限制编辑”窗格时，下面出现“停止保护”按钮，如图 3－34 所示。点击“停止保护”，输入密码，解除保护状态。

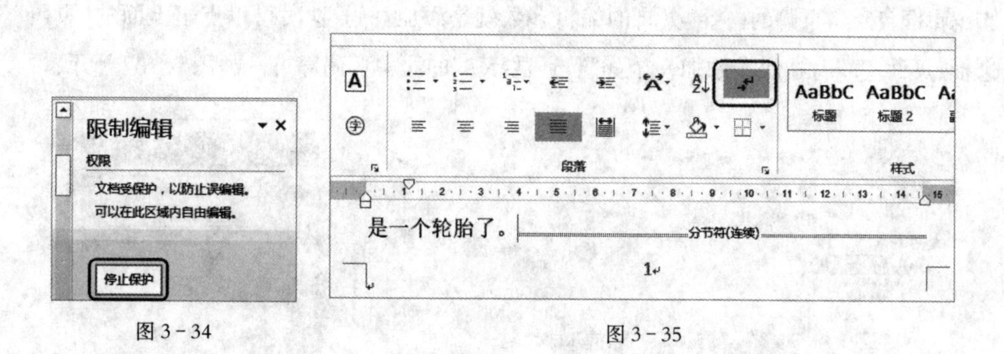

图 3－34　　　　图 3－35

(4) 删除看不见的分节符

使用分节符可以方便地将一篇长文档分隔成若干个节，然后对不同的节进行页面设置。但是有时又需要把分节符删除，删除分节符的方法如下：

要删除分节符就要先找到分节符的位置，找到了分节符的标记后，将光标置于分节符标记的前面，然后按下“Delete”(有的标为“Del”)键即可删除该“节”。如果看不到分节符，点击“段落”组中的“显示/隐藏编辑标记”按钮，如图 3－35 所示。如果设置了“分页符”也同时可以看到“分页符”的标记。也可以通过替换功能批量删除多个分节符。

第3课 插入应用（三）

编辑文档时，常常需要设置页眉和页脚。设置规范化的具有个性特点的页眉和页脚，会使文稿显得更加规范，也给阅读带来方便。常用的设置方法如下：

1. 插入页眉和页脚

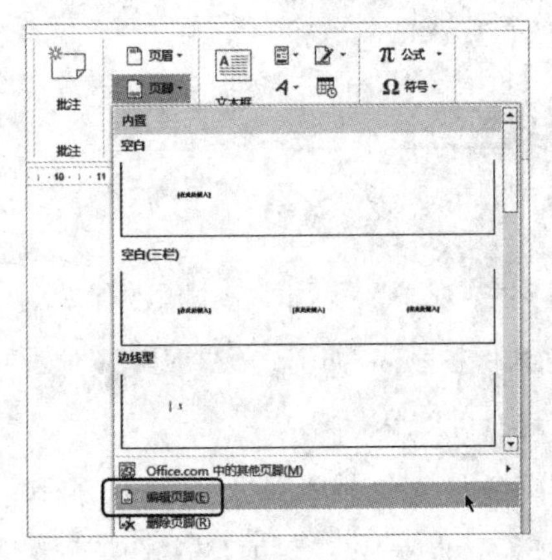

图 3－36

(1) 插入的方法

页眉和页脚的插入方法类同。下面以插入"页脚"为例说明插入的方法。在"插入"选项卡的"页眉和页脚"组中，点击"页脚"，可以看到多个内置的页脚模板，选择一个即可。一般可以选择"编辑页脚"，自定义页脚的内容。如图 3－36 所示。

(2) 设置格式

当插入页脚(或页眉)后，上面会自动出现"页眉和页脚工具"栏，"设计"选项卡的功能区中有多个页眉和页脚的编辑工具。一般可以在文档左下角的页脚编辑区自定义页脚的内容，页脚的编辑多数就是添加页码，这时可以点击上面的"页码"，选择"页面底端"，在底端添加一个如"普通数字 2"的居中页码即可。如图 3－37 所示。

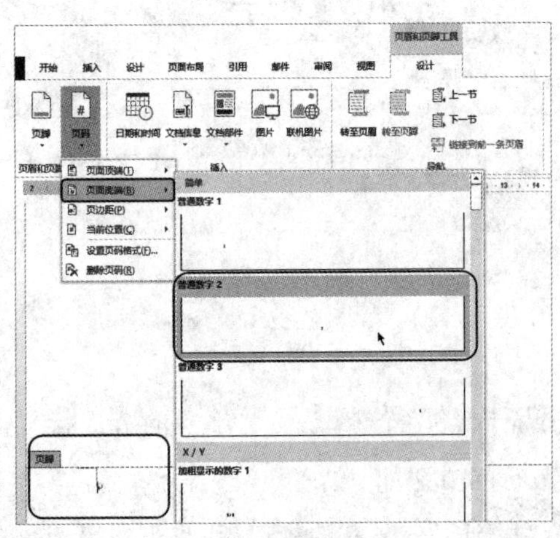

图 3－37

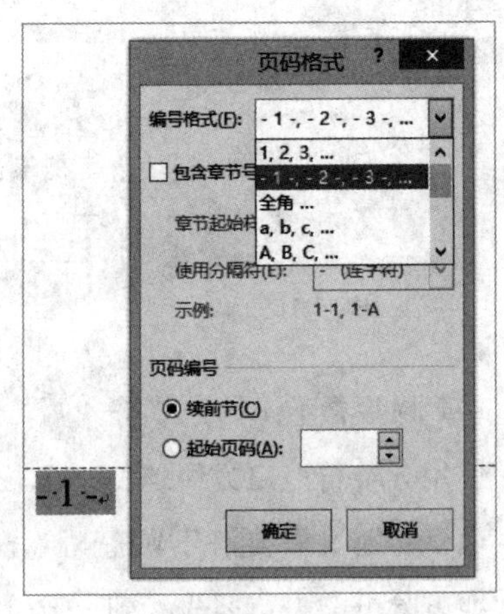

图 3－38

(3) 更改页码格式

页码字号和字体的改变，只需要选中某一个页码，用常规的方法调整字号和字体即可。

其他格式可以在图 3－37 中点击“设置页码格式”，在“页面格式”中，可以设置“编号格式”。默认页眉和页脚的编号是“续前节”的，即与前面一节的编号是连续着的。如图 3－38 所示。如果分节设置页码，则需要与前面的节断开，选择“起始页码”。

2. 如何设置第几页共几页

试卷的编辑过程中，页脚常常需要设置第几页共几页。设置方法如下：

(1) 插入页数域

文档编辑以后，插入一个空白页脚，自定义编辑。在页脚的适当位置输入“第页共页”。光标置于“第”和“页”之间，在“插入”选项卡的“文本”组中，在“文档部件”中，点击“域”。如图 3－39 所示。在域名中找到 page 命令，选择一种页码格式，按确认后，“第”字和“页”字之间就出现当前页数了。如图 3－40 所示。

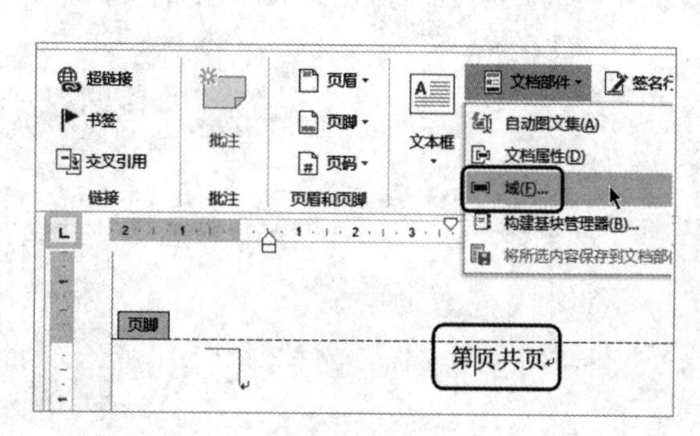

图 3－39

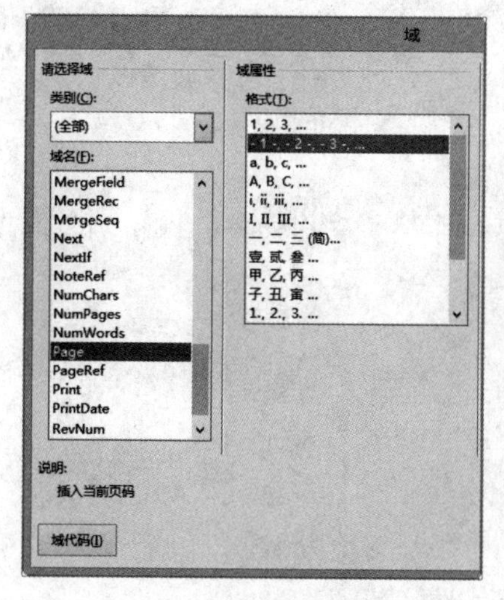

图 3－40

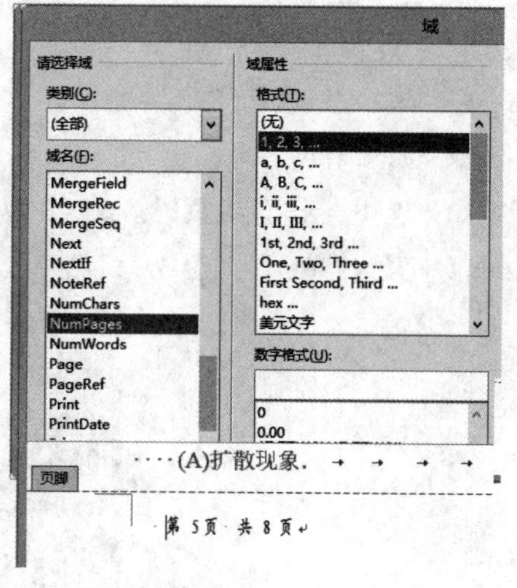

图 3－41

(2) 插入总页数域

再把光标放在“共”和“页”字之间，在域名中找到 NumPages 命令，选择一种页码格式，按“确定”后，“共”字和“页”字之间就出现了总页数了。得到的页脚如图 3－41 所示。

3. 在不同节上设置页码

文档中的封面往往不需要设置页码，页码往往是从正文开始的。利用前面设置“节”的方法，让封面单独设置为一节，即在封面和正文间插入“下一页”的分节符，封面所在的节不设置页码，正文所在的节设置页码。页眉和页脚的设置默认是各节连续的。要分别设置不同节的页眉和页脚，就要断开各节的链接，再分别设置各节的页眉和页脚格式。操作方法如下：

(1) 断开链接

若第1节不想设置页码，通过点击上面的“下一节”后，在第2节中进行操作，默认“设计”选项卡下面的“链接到前一条页眉”(也包含页脚)是选中的，点击一下，断开链接。如图3－42所示。

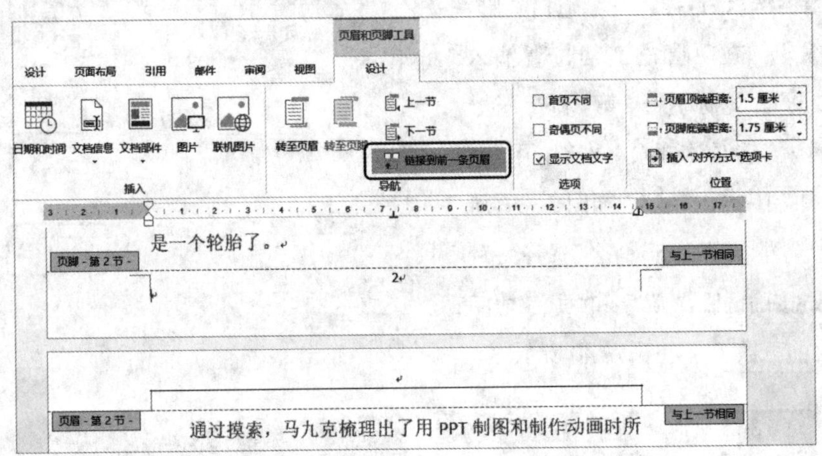

图3－42

(2) 设置页码格式

在图3－37中点击“设置页码格式”，在“页码格式”中，选中“起始页码”，并设置为“1”，即第2节页码从“1”开始。如图3－43所示。

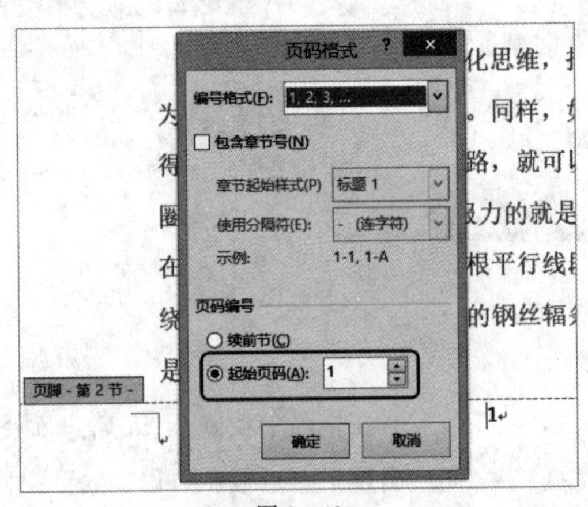

图3－43

4. 保护页眉和页脚

在文档编辑的过程中，为了使文档有统一的格式，通常要制作格式一致的页眉和页脚，为了防止别人随意修改，可以将页眉和页脚保护起来。操作方法如下：

(1) 插入分节符

按照前面的方法设置好“页眉”和“页脚”后，双击文档页面，退出页眉和页脚的编辑状态。将光标置于文档的首行，在“分隔符”中点击“连续”，可以插入一个“连续”的分节符。如图 3 - 44 所示。

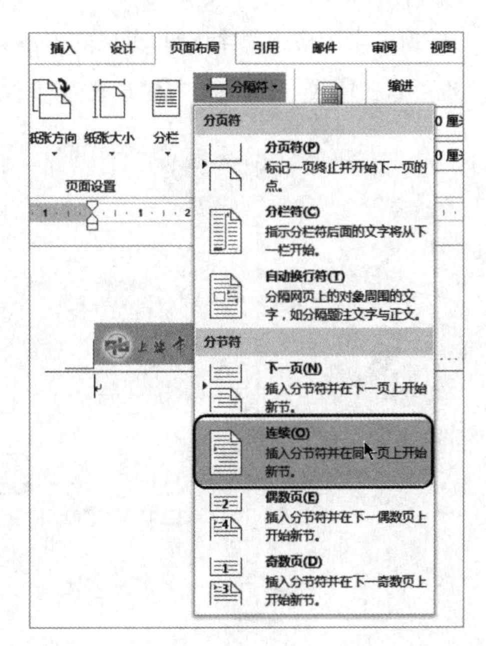

图 3 - 44

(2) 保护页眉和页脚

利用保护“节”的方法，实现对页眉和页脚的保护。退出页眉页脚的编辑状态，在“限制编辑”窗格的下面选中“仅允许在文档中进行此类型的编辑”，并选中下面的“填写窗体”，点击“选择节”，得到“节保护”对话框，选中“节 1”，不选“节 2”。如图 3 - 45 所示。点击“确定”即可。再点击任务窗格下面的“是，启动强制保护”，在得到的“启动强制保护”对话框中，输入文档保护密码即可。

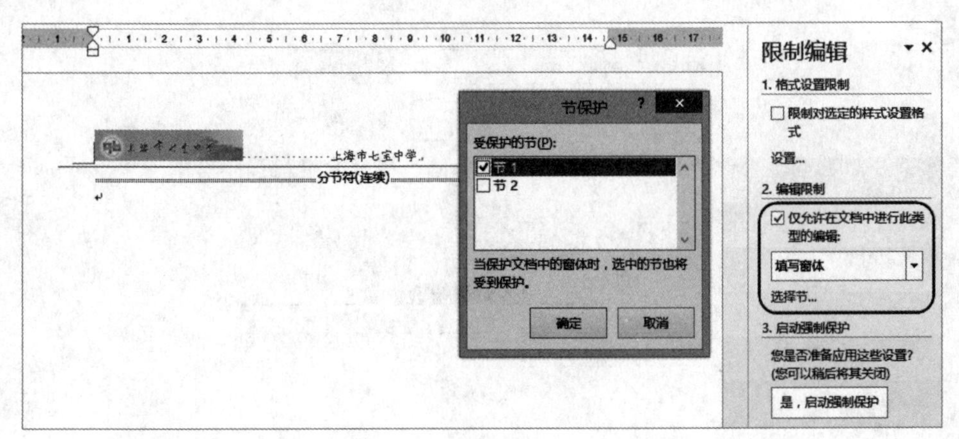

图 3 - 45

(3) 去掉页眉上的横线

在页眉编辑的过程中，默认有一条横线，如果不需要，有多种方法可以去掉。常见方法如下：

1）利用“边框”设置工具去除“横线”。把页眉上面文字全部选中，即“抹黑”，在“开始”选项卡的“段落”组中，点击“边框”按钮，如图 3－46 所示。点击“无框线”后，横线自动去掉。

2）利用删除“格式”去除“横线”。将光标选中页眉区域的文字，在“开始”选项卡的“字体”组中点击格式删除按钮，可以立即清除此处的格式，横线立即去除。如图 3－47 所示。也可以在样式中，将该处的样式改为“正文”，即将页眉的样式设置为“正文”样式。

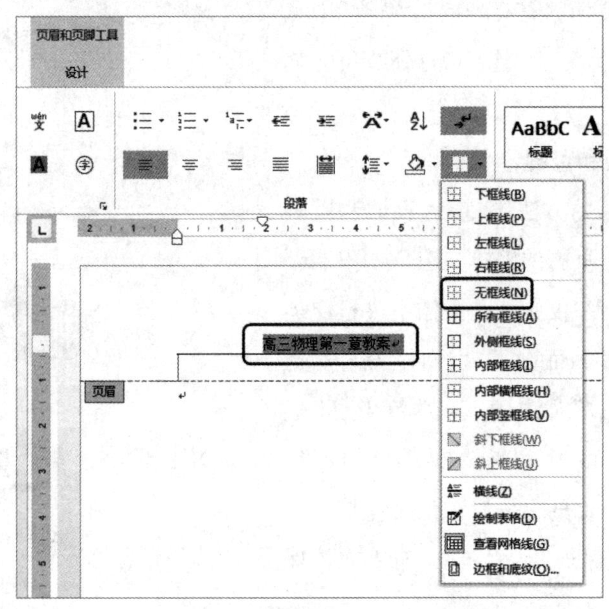

图 3－46

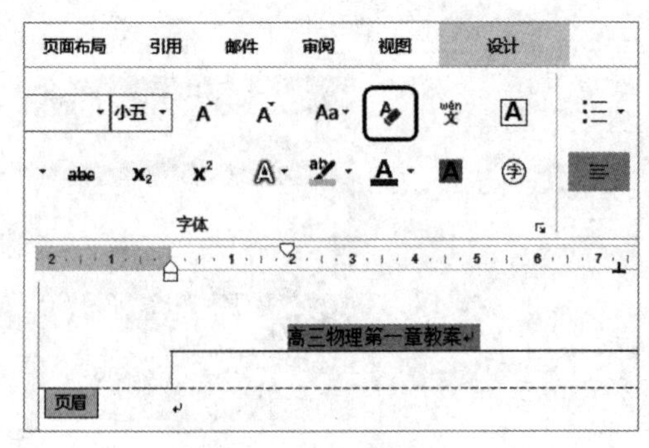

图 3－47

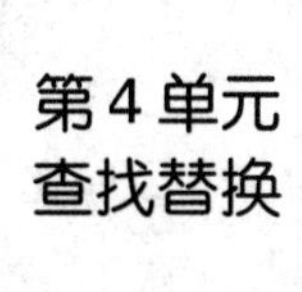

第1课 查找替换的一般应用

对于长文档,常常要查找文档中的某个字词,或文档中的图形、表格、公式等,可以利用"查找"功能方便地进行查找。

1. 查找字词图形和公式

(1) 查找字词

1) 窗格查找。在"开始"选项卡的"编辑"组中,如图4－1所示。点击"查找"按钮,在界面左边得到导航窗格(或直接按下"Ctrl＋F"也可以得到),在搜索框中输入要搜索的文字或词,可立即找到文档中该文字或词。

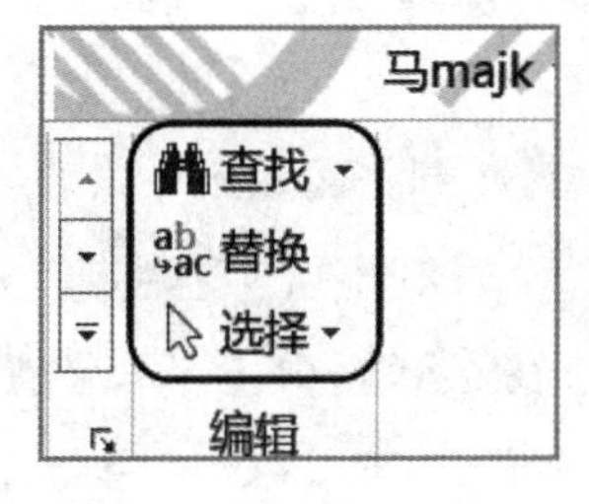

图4－1

2) 显示方式

在输入框中输入查找的文字后,下面有三种显示的方式。如图4－2所示。

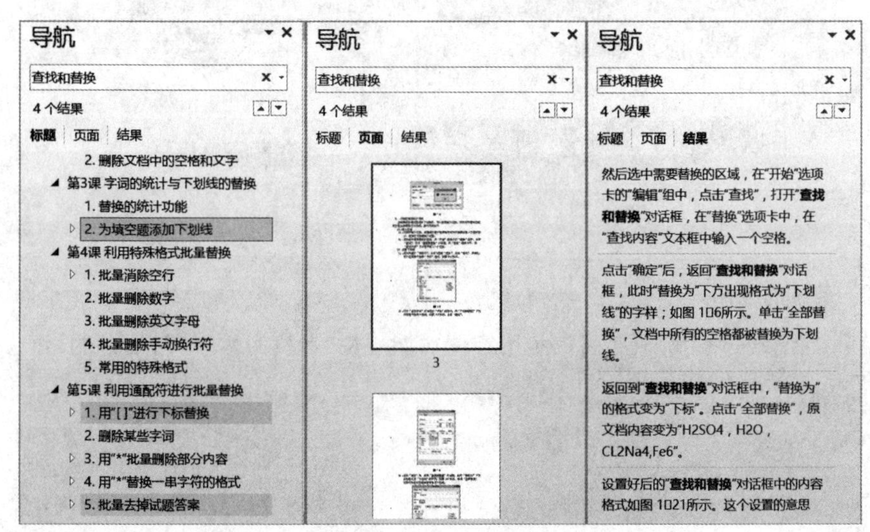

图4－2

A. 标题显示。可以显示查找的文字或词在哪一个章节。点击即可到达。前提是文档要设置好多级编号和应用样式。

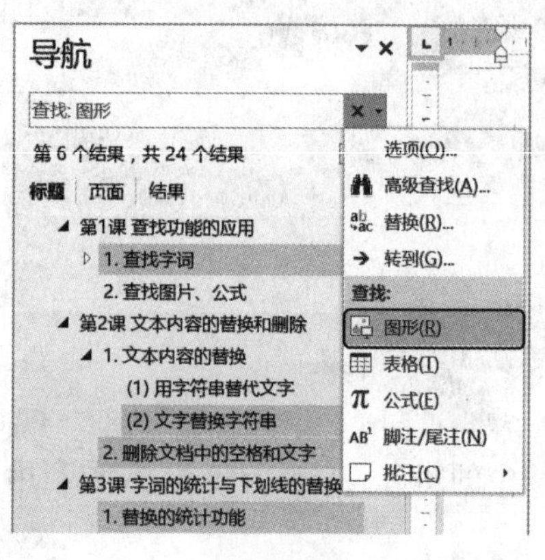

图 4-3

B. 页面显示。可以显示查找的文字或词在文档的哪一页。点击即可到达。

C. 结果显示。可以显示查找的文字或词在文档的哪一部分。点击即可到达。

(2) 查找图形、公式

对于较长文档，要查找文档中的图形、公式等项目，可以点击查找框右边的下拉菜单，选中需要查找的图形、公式以及表格等，可以立即把文档中的图形、公式以及表格找出来。如图 4-3 所示，查找的是文档中的图形，并立即显示出文档中有多少图形。

2. 高级查找和定位

(1) 高级查找

在图 4-3 中点击“高级查找”，或直接按下“Ctrl + H”，然后点击“查找”选项卡，在“查找内容”框中，输入需要查找的内容，点击“阅读突出显示”，选中“全部突出显示”，如图 4-4 所示。可以在文档中突出显示(并非选中)查找的内容。

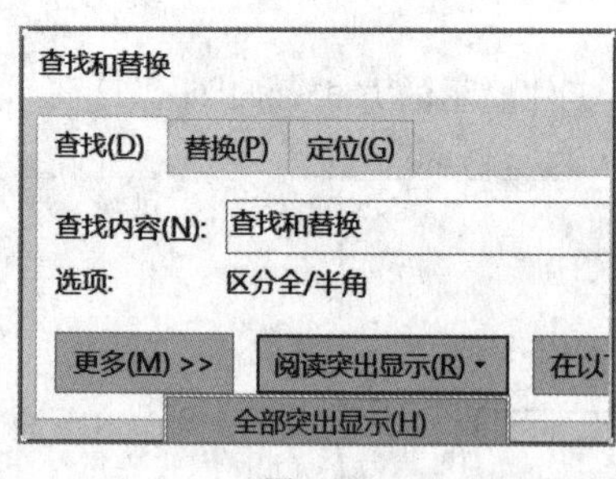

图 4-4

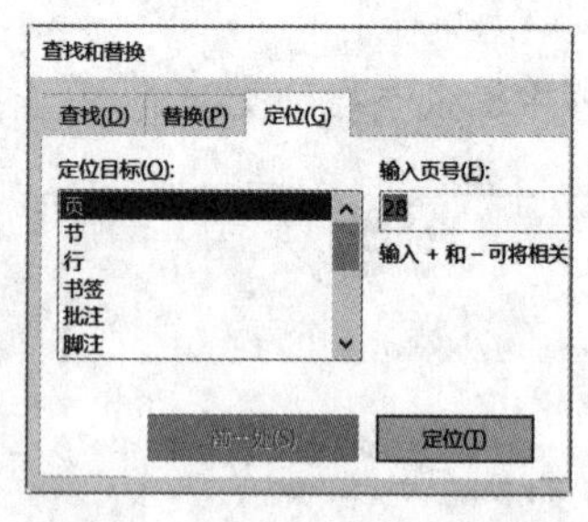

图 4-5

(2) 定位的应用

如果文档较长，查找不便，可以利用定位功能。在“查找和替换”对话框的“定位”选项卡中，直接查找某页或某节，如图 4-5 所示。

3. 批量删除空格和文字

(1) 删除空格和文字

如果文档中出现很多空格，则可以利用替换功能将其删除。操作方法如下：选中文本，在“开始”选项卡的“编辑”组中，点击“替换”，在“替换”选项卡中，在“查找内容”中，输入一个空格（或将原来的空格复制过来，保持格式不变），而在“替换为”框中什么也不用填写，点击“全部替换”，可以把文档中的空格全部删除。如图4-6所示。如果在“查找内容”中输入某一个字或词，在“替换为”框中不输入其他内容，点击“全部替换”后，可以一次性地把这些字或词全部删除。

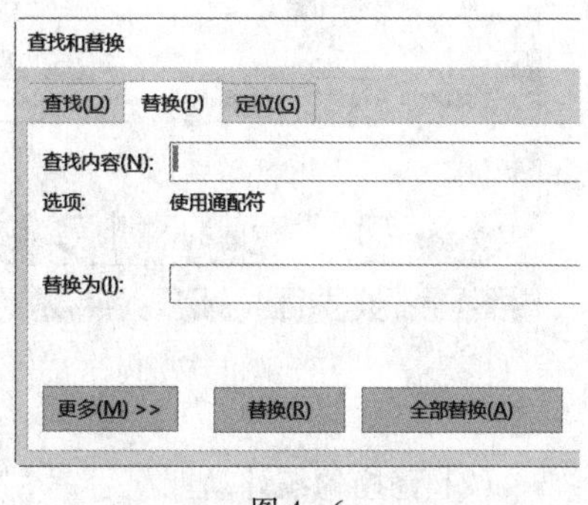

图4-6

(2) 可以批量删除任意内容

利用这种方法，可以批量删除文档中的任意内容，只要在“查找内容”中输入需要查找的各种字符以及文档的特殊格式符号，“替换为”中不输入任何内容，点击“全部替换”，都可以一次性地批量删除该内容或文档格式。

4. 文本替换和字、词的统计

(1) 文本内容的替换

利用替换功能不仅可以批量地替换文档中的内容，还可以利用替换功能快速地录入多次重复出现的字数较多的字段，以提高文字输入速度，如产品名称、单位名称和地址等，操作方法如下：

1）用字符串替代文字。在输入将要多次出现的字段时，直接用文档中不会出现的字符串来代替，如文档中多次出现“上海市闵行区红星机械设备厂”，可以先录入“××”。

2）文字替换字符串。在“开始”选项卡的“编辑”组中，点击“替换”工具按钮，打开“替换”选项卡（或直接按下“Ctrl + H”）。在“查找内容”框中，输入“××”，在“替换为”中输入“上海市闵行区红星机械设备厂”，点击“全部替换”即可。如图4-7所示。

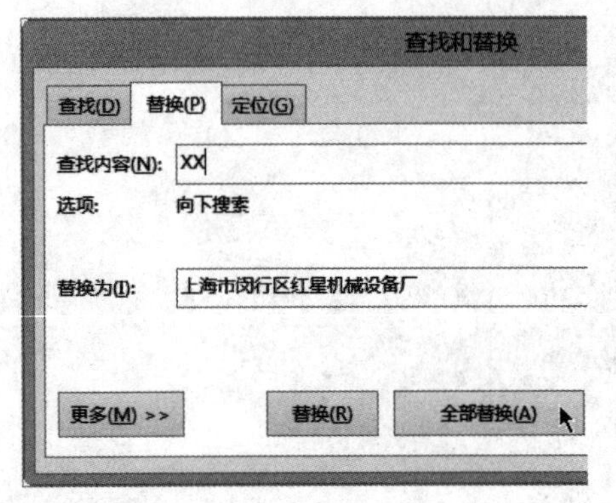

图 4-7

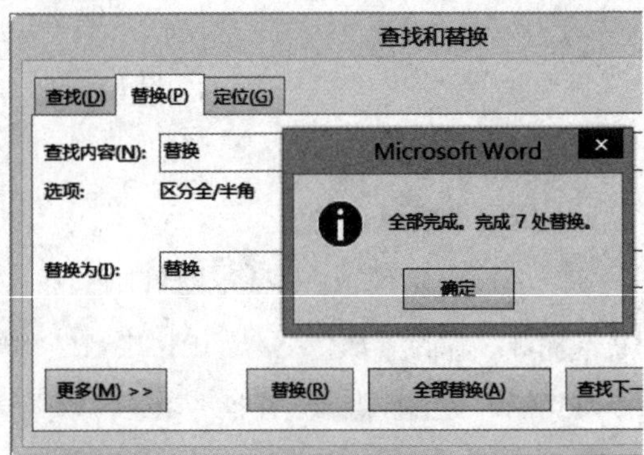

图 4-8

(2) 替换的统计功能

要统计文档中某一个字或词的多少，可以利用替换功能来完成，方法如下：在“查找内容”和“替换为”两个文本框中输入相同的内容，点击“全部替换”，即可看到文档中该字、词的个数。如图 4-8 所示。

第 2 课 格式的替换

在 Word 的编辑过程中，只要是重复操作的，一般都有批量操作的方法。利用替换功能可以快速批量的编辑、修改文档，批量删除文档内容，极大地提高工作效率。

1. 为填空题添加下划线

当编辑较多填空题遇到下划线时，可以直接输入空格，然后利用替换功能将空格全部替换为下划线，操作方法如下：

(1) 输入空格

根据填空题中需要填写的字符数确定输入空格的多少，直接打空格键输入空格。然后选中需要替换的区域，在“开始”选项卡的“编辑”组中，点击“查找”，打开“查找和替换”对话框，在“替换”选项卡的“查找内容”框中输入一个空格。

(2) 设置下划线

1) 将光标置于“替换为”，点击下面的“更多”，点击之后，该按钮变为“更少”。然后点击“格式”，在弹出的下拉菜单中选择“字体”选项，如图 4-9 所示。打开“查找字体”对话框的“字体”选项卡，在“下划线线型”下拉列表框中选择下划线，如图 4-10 所示。点击“确定”。

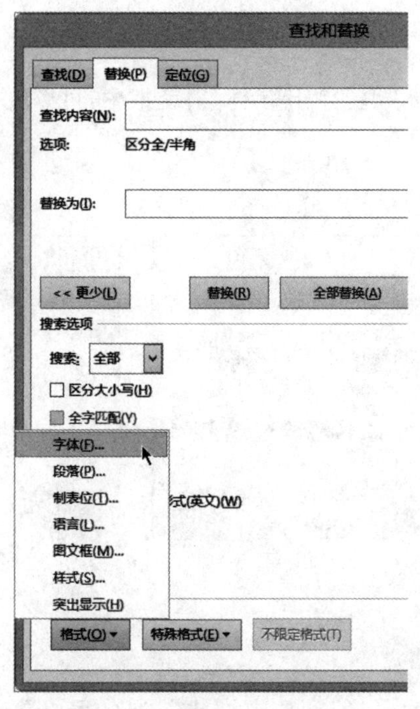

图 4－9

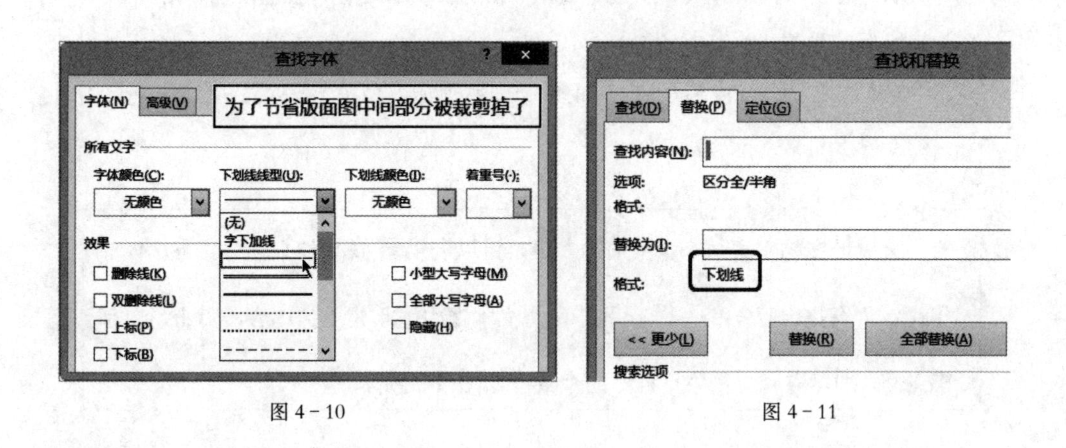

图 4－10　　　　图 4－11

2）点击“确定”后，返回“查找和替换”对话框，此时“替换为”下方出现格式为“下划线”的字样；如图 4－11 所示。单击“全部替换”，文档中所有的空格都被替换为下划线。

2. 批量更改文字格式

如果想把文档中某些特殊的字词改变字体、字号、颜色等格式，可以利用替换功能一次性地更改文字的格式。

(1) 设置文字格式

在图 4 - 9 中点击“字体”，在“替换字体”对话框中，可以设置字体，改变字号、字形等，如图 4 - 12 所示。

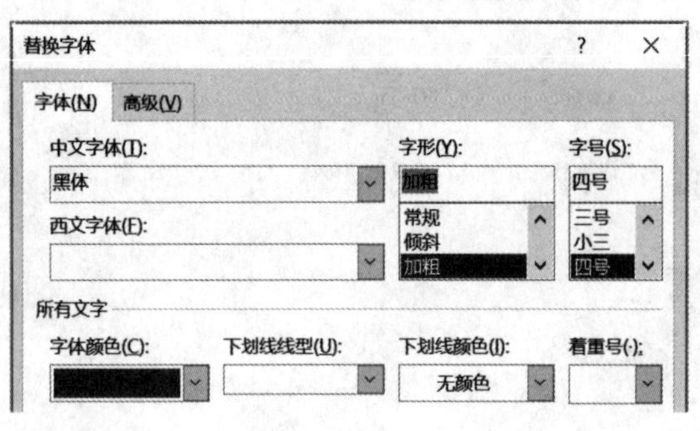

图 4 - 12

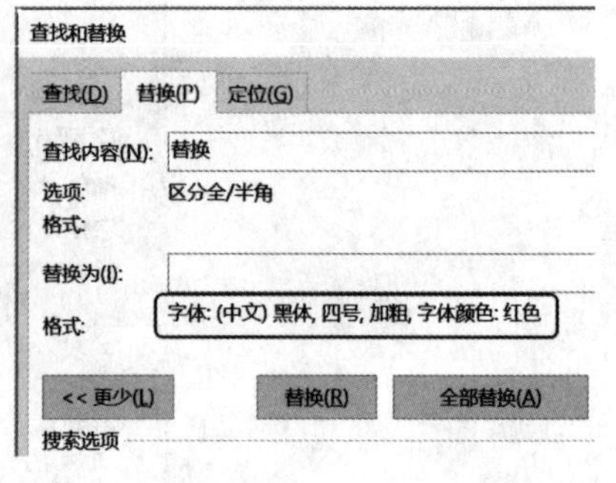

图 4 - 13

(2) 设置替换的文字格式

在“查找和替换”对话框“替换”选项卡的“替换为”中可以看到将要替换的文字格式。如图 4 - 13 所示。点击下面的“不限定格式”(图中未显示)，可以清除已经设置的格式。

(3) 替换后的效果

点击“全部替换”后，替换后的文字如图 4 - 14 所示。所有“替换”二字全部被改变了格式。

> 要统计文档中某一个字或词的多少，可以利用**替换**功能来完成，方法如下：在“查找内容”和“**替换**为”两个文本框中输入相同的内容，点击“全部**替换**”，即可看到文档中该词组的个数。如图·1-7 所示。

图 4 - 14

3. 样式的替换

如果想把特定的文字替换为某一样式，可以利用替换中的格式替换来解决。

样式在替换时，只需在图 4 - 9 中，选择“样式”即可。样式的具体替换可参见第 8 单元第 3 课中的“4. 普通文档替换为自定义样式”。

第 3 课　利用特殊格式批量替换

在“替换”选项卡中，点击左下角的“更多”，再点击“特殊格式”，可以看到众多选项（当使用通配符时选项内容不同）。如图 4－15 所示。在“特殊格式”中选择不同的选项，在“查找内容”或“替换为”中输入不同的项目符号，可以批量进行替换。

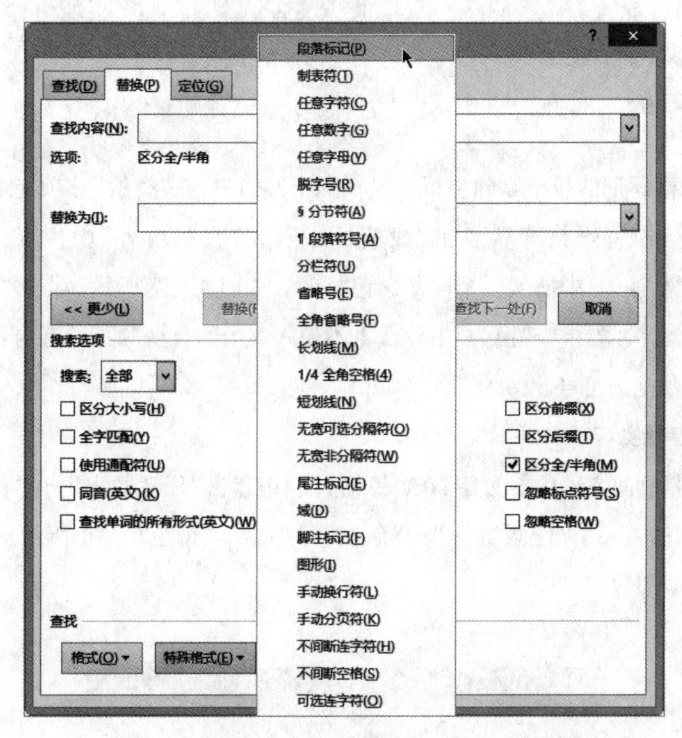

图 4－15

1. 批量删除的应用

(1) 批量消除空行

1）空行文档。文章中常常会有很多空行，如图 4－16 所示，在网上下载一篇文章，复制后利用“选择性粘贴”中“无格式文本”粘贴，常常也会出现很多空行。每个段落的后面有一个弯钩箭头“↵”，称为“段落标记”，空行有两个连续的段落标记，删除空行的思路是两个段落标记替换为一个段落标记。操作方法如下：

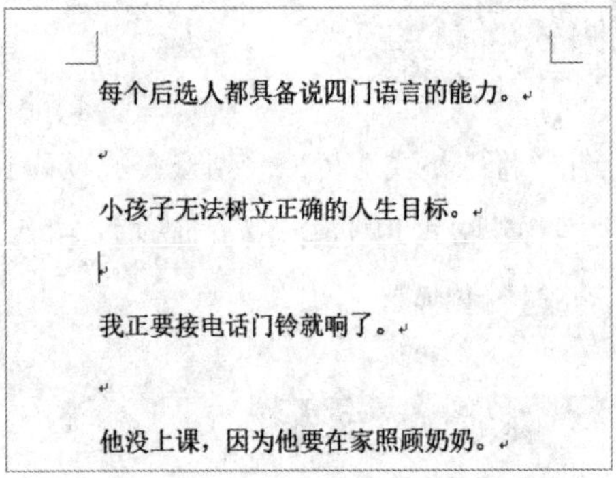

每个后选人都具备说四门语言的能力。

小孩子无法树立正确的人生目标。

我正要接电话门铃就响了。

他没上课，因为他要在家照顾奶奶。

图 4－16

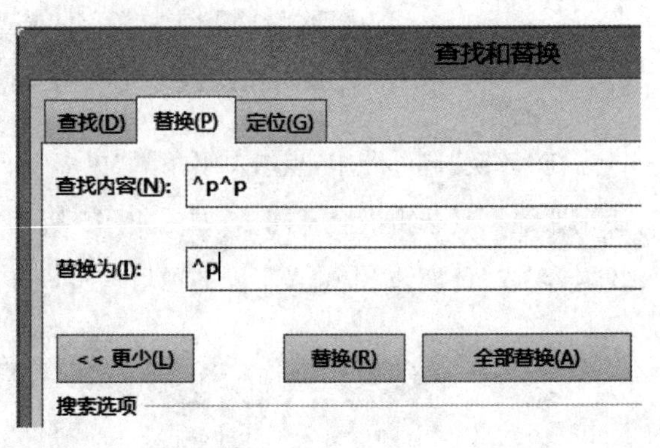

图 4－17

2）利用段落标记的替换删除空行。光标置于文档中，在“替换”选项卡中，点击左下角的“更多”，再点击“特殊格式”，点击“段落标记”，在“查找内容”中插入两个段落标记“^p ^p”，再在“替换为”中插入一个段落标记“^p”。如图 4－17 所示。点击“全部替换”后，所有空行全部删除。如果“替换为”中什么也不输入，“全部替换”后，所有内容将变为一段。符号“^p”是段落标记符号。

(2) 批量删除数字

如果想批量删除文档中的数字，在“特殊格式”中点击“任意数字”，在“替换”选项卡的“查找内容”中，插入一个“任意数字”的标记符号“^#”，如图 4－18 所示。点击“全部替换”，即删除了全部数字。

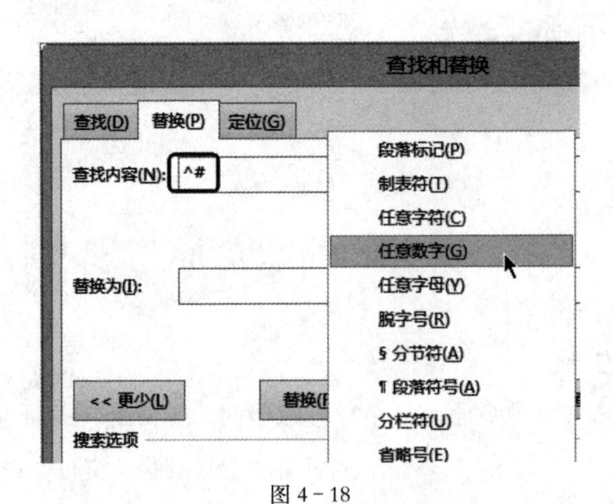

图 4－18

(3) 批量删除英文字母

如果想批量删除文档中的英文单词，在图 4－18 中点击“任意字母”，在“查找内容”中，插入了一个“任意字母”的标记符号“^$”。点击“全部替换”，即删除了全部英文字母。

(4) 批量删除手动换行符

下载的文档中，常常会出现很多手动换行符（即文档后面的向下箭头“↓”）。如果想批量删除文档中的手动换行符，在“特殊格式”中点击“手动换行符”，在“替换”选项卡的“查找内容”中，插入一个“手动换行符”的标记符号“^l（小写 L）”，如图 4－19 所示。点击“全部替换”，即删除了文档中的全部手动换行符。

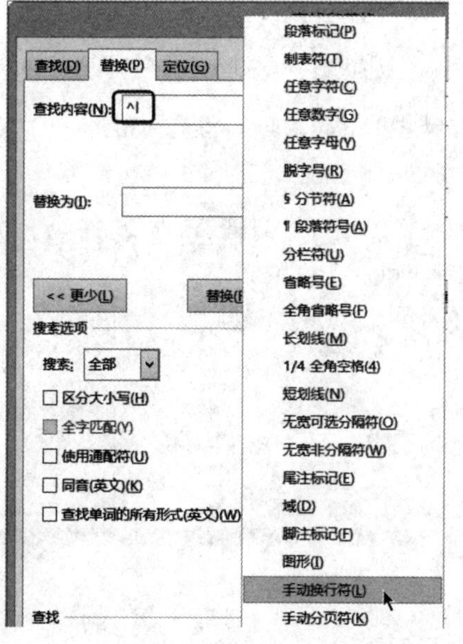

图 4－19

2. 替换为制表符便于 Excel 粘贴

把 Word 文档中的文字复制到 Excel 文档中。

(1) 选中文字直接复制

选中如图 4－20A 所示的 Word 中的文字，如果直接复制在 Excel 文档中，观察 Excel 的编辑框，可以看出所有文字都在一个单元格中。如图 4－20B 所示。

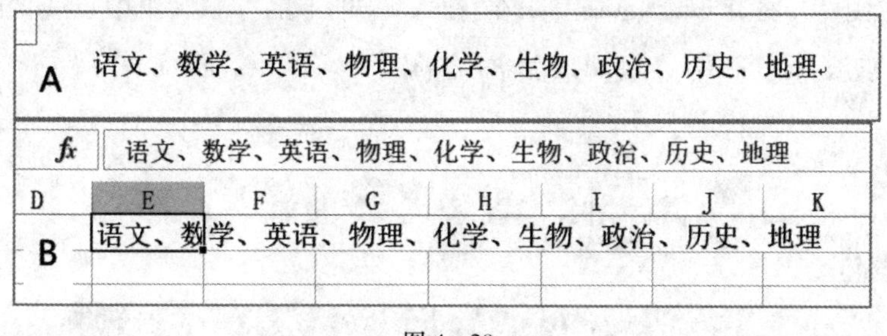

图 4－20

(2) 替换为制表符

如果把顿号“、”替换为制表符“→”，如图 4－21A 所示，则复制到 Excel 文档中时，以制表符为分隔符，每个词分别复制到一个单元格中，变为列标题。如图 4－21B 所示。

(3) 替换为段落标记

如果在 Word 中把顿号“、”替换为段落标记“^p”，如图 4－22A 所示，则复制到 Excel 文档中时，都变成行标题。如图 4－22B 所示。

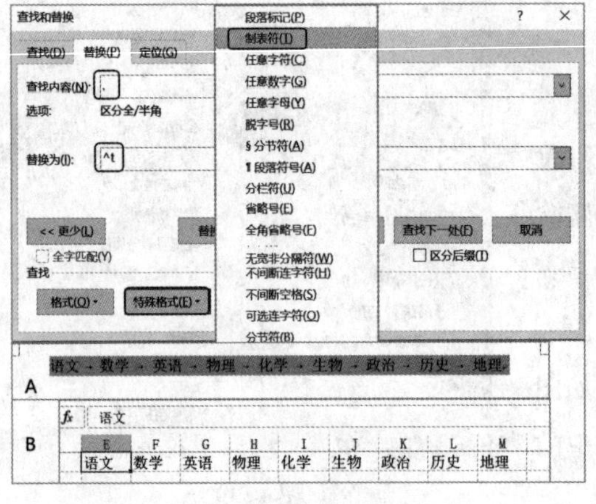

图 4－21

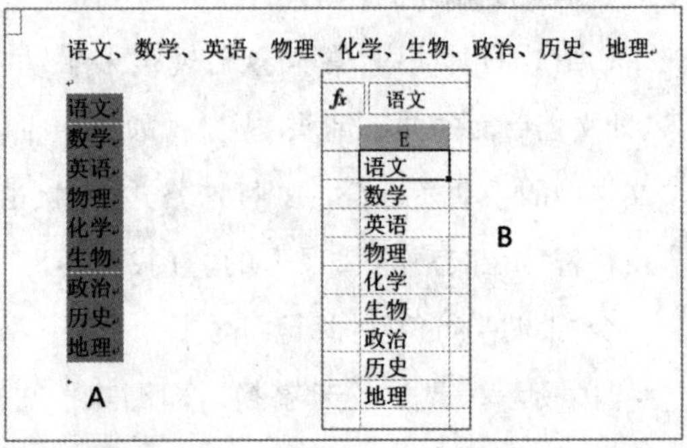

图 4－22

3. 快速整理图片中提取的文字

利用 Office2013 中的 OneNote 可以快速提取图片中的文字，再利用替换功能快速删除多余的符号。

(1) 提取图片文字

1）插入图片。打开 OneNote 程序，在“插入”选项卡的“图像”组中，点击“图片”按钮，如图 4－23 所示。找到电脑中要提取文字的图片。

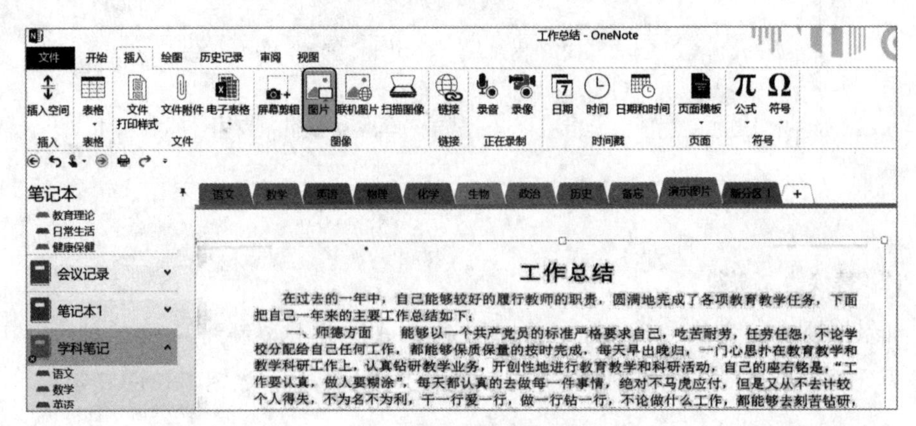

图 4－23

2）复制图片中的文字。对于插入的图片，即使手机拍照的背景有点暗，也没有太大关系，鼠标右击图片，然后点击“复制图片中的文本”，如图 4－24 所示。文字已经被复制到剪贴板中了。

（2）文字粘贴到文档中

1）复制文字。打开空白 Word 文档，按下“Ctrl＋V”键（即粘贴），所有文字全部被复制到 Word 文档中。如图 4－25 所示。不过字符间会出现很多表示空格的小点，且每行文字后面还会出现表示“手动换行符”的向下箭头。

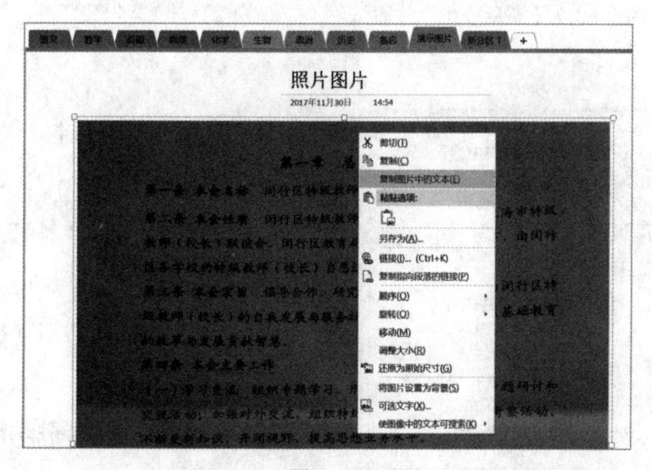

图 4－24

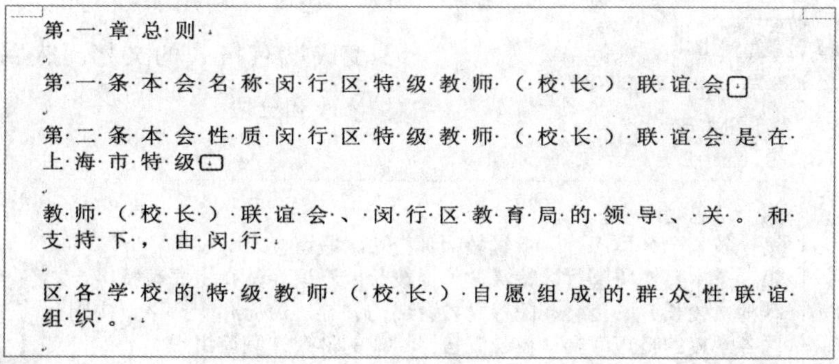

第·一·章·总·则··

第·一·条·本·会·名·称·闵·行·区·特·级·教·师·（·校·长·）·联·谊·会

第·二·条·本·会·性·质·闵·行·区·特·级·教·师·（·校·长·）·联·谊·会·是·在·上·海·市·特·级

教·师·（·校·长·）·联·谊·会·、·闵·行·区·教·育·局·的·领·导·、·关·。·和·支·持·下·，·由·闵·行··

区·各·学·校·的·特·级·教·师·（·校·长·）·自·愿·组·成·的·群·众·性·联·谊·组·织·。··

图 4－25

2）删除空格。按下“Ctrl＋H”，在“查找和替换”对话框的“替换”选项卡中，在“查找内容”中输入一个空格，“替换为”中什么也不输入，如图 4－26 所示，点击“全部替换”，则所有空格被全部删除。

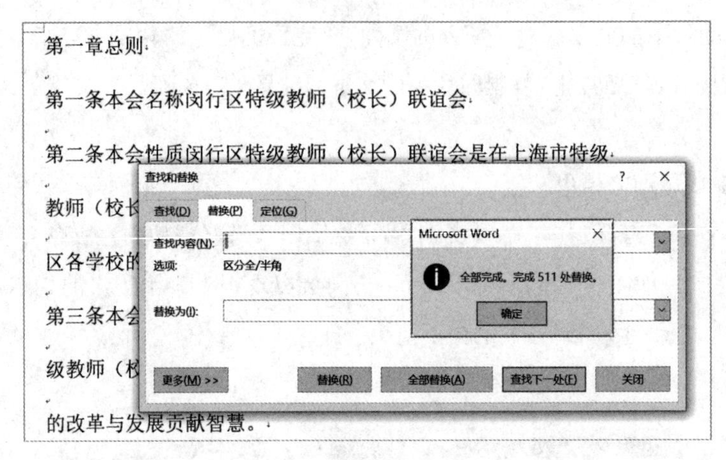

图 4－26

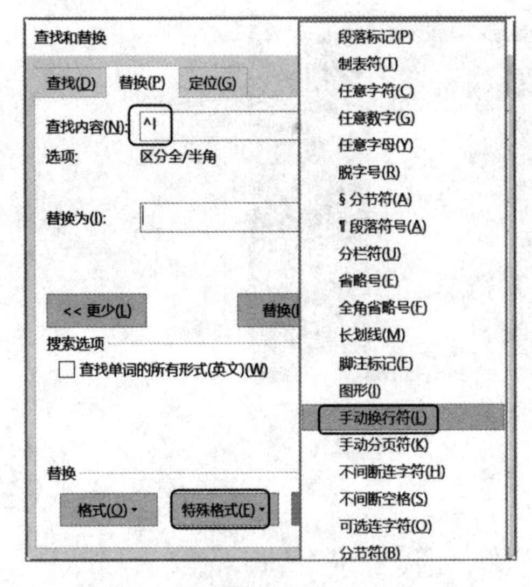

图 4－27

3）删除手动换行符。在“查找和替换”对话框的“替换”选项卡中，光标置于“查找内容”中，点击下面的“特殊格式”，再点击“手动换行符”，在“查找内容”中输入表示“手动换行符”的符号“^l”（也可以手动输入该字符），“替换为”中什么也不输入，如图4－27所示。点击“全部替换”，则所有手动换行符被全部删除。得到的文档如图4－28所示。还可以利用替换功能，去掉段落标记，变成没有格式的文档。然后再进行校对、修改和分段。

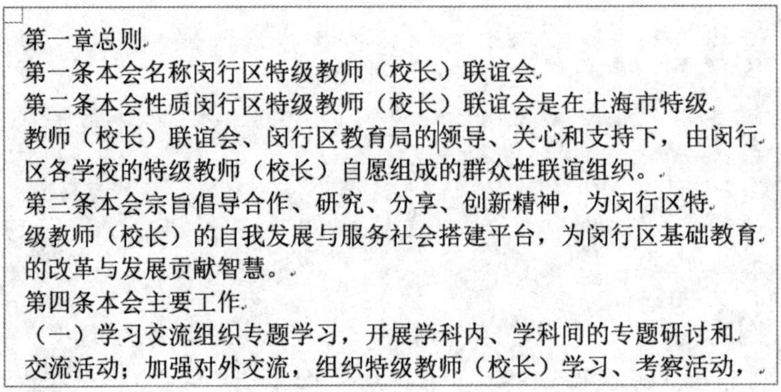

第一章总则
第一条本会名称闵行区特级教师（校长）联谊会
第二条本会性质闵行区特级教师（校长）联谊会是在上海市特级
教师（校长）联谊会、闵行区教育局的领导、关心和支持下，由闵行
区各学校的特级教师（校长）自愿组成的群众性联谊组织。
第三条本会宗旨倡导合作、研究、分享、创新精神，为闵行区特
级教师（校长）的自我发展与服务社会搭建平台，为闵行区基础教育
的改革与发展贡献智慧。
第四条本会主要工作
（一）学习交流组织专题学习，开展学科内、学科间的专题研讨和
交流活动；加强对外交流，组织特级教师（校长）学习、考察活动，

图 4－28

4. 其他替换的应用

(1) 使图片批量居中

可以采用替换的功能，让嵌入式图片批量居中。

1）插入图形标记。在“特殊格式”中点击“图形”，在“替换”选项卡的“查找内容”中，插入了一个“图片”的标记符号“^g”，如图 4－29 所示。如果想批量删除文档中的图片，点击“全部替换”，即删除了文档中的全部嵌入式图片。

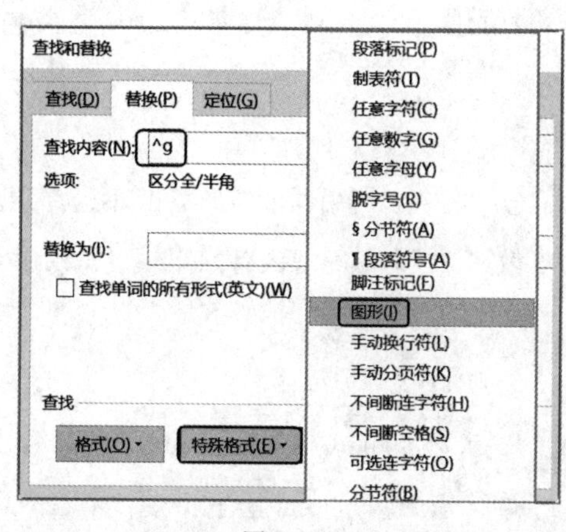

图 4－29

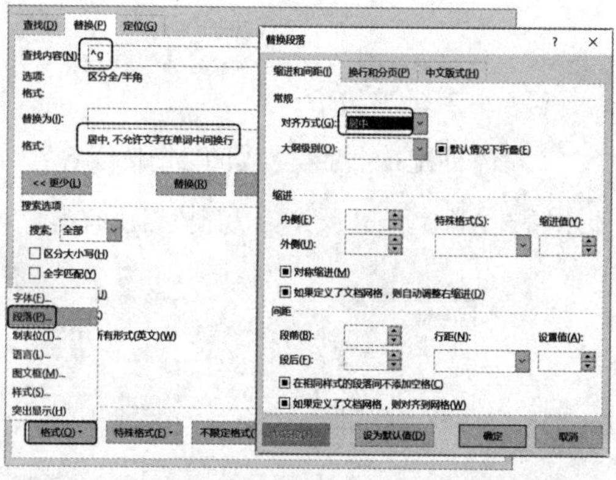

图 4－30

2）替换为格式。光标置于“替换为”中，点击左下角“格式”，点击“段落”，在“替换段落”对话框中的“缩进和间距”选项卡中，对齐方式选择“居中”，如图 4－30 所示。则所有嵌入式图片居中排列。

(2) 文字批量变为图片

如果想把文字替换为图片（苹果二字替换为苹果图片），先选中图片并复制，在“查找内容”中输入需要替换的内容如“苹果”，在“替换为”中输入“^c”，则所有文字被“苹果”图片替代。如图 4－31 所示。

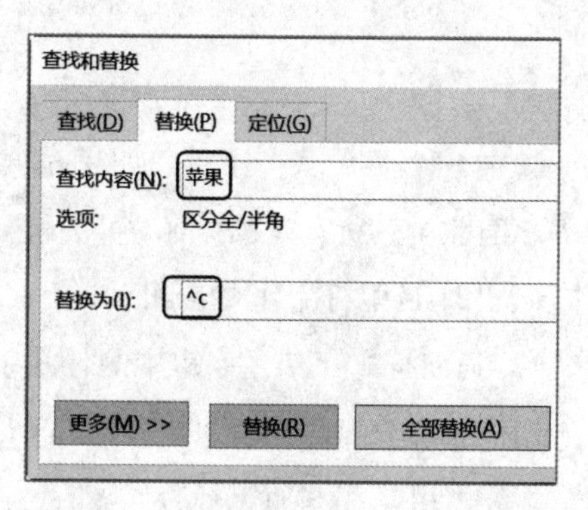

图 4－31

(3) 常用的“特殊格式”

在文档的批量替换中，常用到的除了上面的“段落标记”、“任意数字”、“任意字母”、“手动换行符”和“制表符”以外，还可以使用“分节符”、“手动分页符”等。

第4课　利用通配符查找和替换

在替换中不仅可以利用常规的方法进行字符的替换，还可以利用通配符进行更多的格式替换，常用的通配符有：“?”匹配单个字符；“*”匹配一串字符；“[ ]”匹配[ ]中字串中的任意字符；“( )”多个关键词的组合。下面几个是利用通配符进行格式替换的例子（注意：一般符号“?”、“[]”等字符的输入应在英文状态下）。操作方法如下：

1. 通配符的一般应用

(1) 通配符“?”的应用

1）“?”匹配单个字符。如在“查找内容”中输入“教?”，选中“使用通配符”，点击“阅读突出显示”的“全部突出显示”，可以查找出所有教育、教学、教案、教师、教材等内容，如图4－32所示。

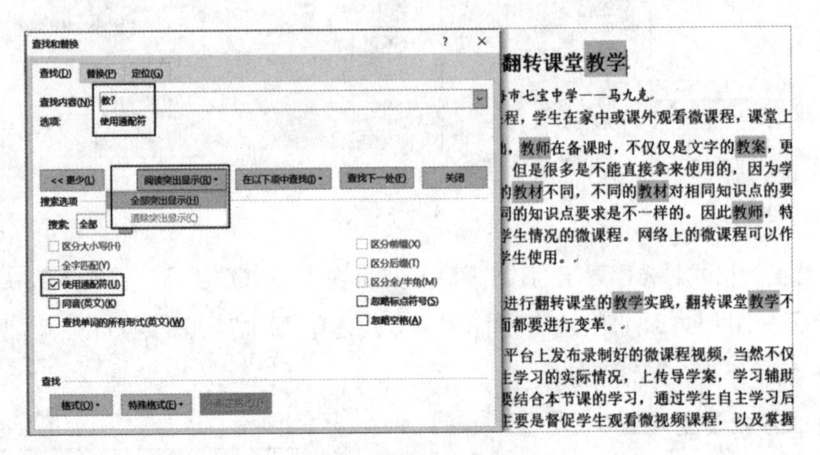

图4－32

2）“?”匹配多个字符。如果在“查找内容”中输入“?? 教学”，可以找到“课堂教学”、“教育教学”，所有“教学”前面都会带上任意两个字符。

(2) 通配符“[ ]”的应用

通配符“[ ]”表示字串中的任意字符。如在“查找内容”中输入“教[育学]”，则可以找出所有“教育”和“教学”的字符。

1）用“[ ]”进行下标替换

化学试卷中常常出现化学分子式，这些分子式常常有上标或下标。可以先不考虑上标和下标，输入完成后，再利用通配符进行批量替换。

A. 输入分子式时暂不考虑上、下标，直接输入如“H2SO4，H2O，CL2Na4，Fe6”。在“替换”选项卡下面的“搜索选项”中，选中“使用通配符”，在“查找内容”中输入“[246]”(因只含有 2、4、6 三个数字)。

B. 将光标置于“替换为”，点击下面的“格式”。在下拉菜单中选择“字体”选项，打开“替换字体”对话框的“字体”选项卡，在“效果”的下面选中“下标”，如图 4－33 所示。点击“确定”。

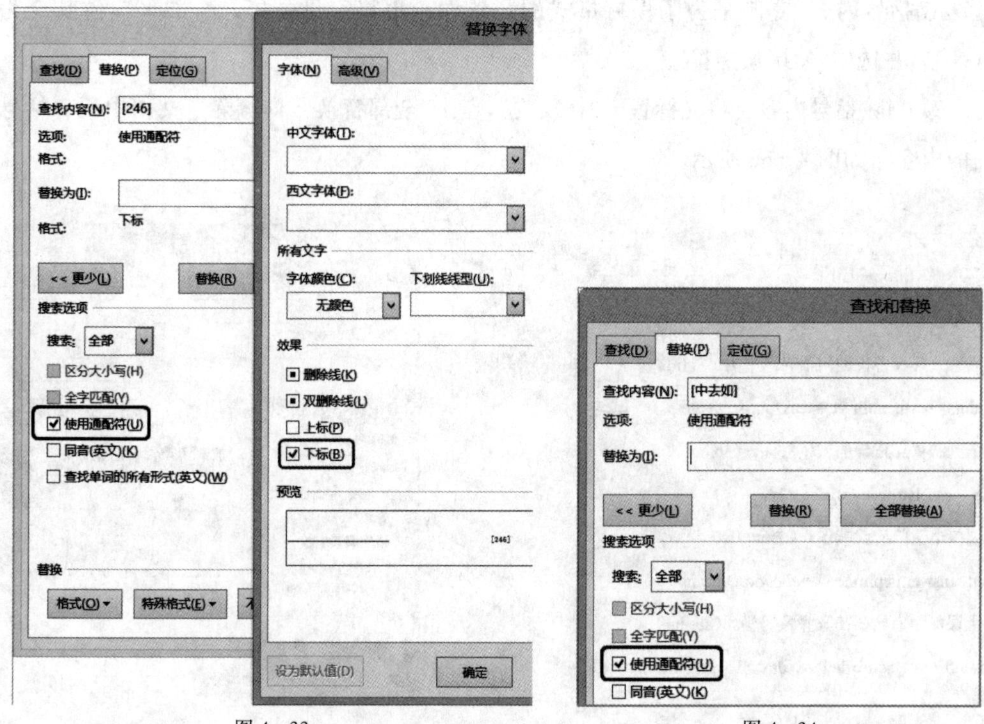

图 4－33　　　　图 4－34

C. 返回到“查找和替换”对话框，“替换为”的格式变为“下标”。点击“全部替换”，原文档内容变为“H_2SO_4，H_2O，CL_2Na_4，Fe_6”。

2) 删除某些字词。如果在“查找内容”中输入某些字，在“替换为”中不作操作，则可以将文档中的某些字全部去除。如图 4－34 所示，点击“全部替换”，文档中所有“中”、“去”、“如”三个字全部去掉。

2. 用“＊”删除内容和格式的替换

通配符“＊”表示所有字符，如在“查找内容”中输入“《＊》”，则可以找出所有包括书名号在内的所有字符。可以批量删除，也可以替换为其他格式。

(1) 用“ * ”批量删除部分内容

有数千道如图 4 - 35 所示的题型,每个题的后面都有一个带括号的单词。要一次性的全部删除括号及单词,操作方法如下:

1) 复制目标格式。选中第一个题的括号及内容“(ability)”(选择其他括号也可以),按下“Ctrl + C”,再按下“Ctrl + H”,在“替换”选项卡中,光标置于“查找内容”中,按下“Ctrl + V”复制括号内容(复制是为了保持格式的一致性),再将字母去掉,输入“ * ”,使其变为“(*)”,并选中“使用通配符”。

2) 删除括号内容。将光标置于“替换为”,点击“全部替换”,即删除了文档中所有括号内的内容。如图 4 - 36 所示。

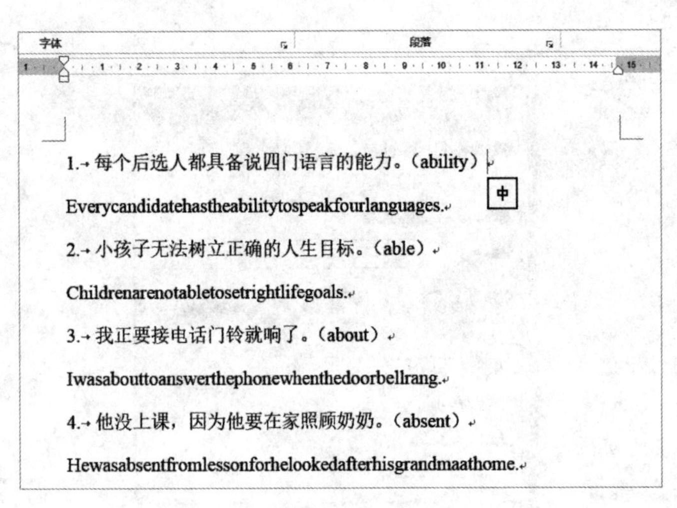

图 4 - 35

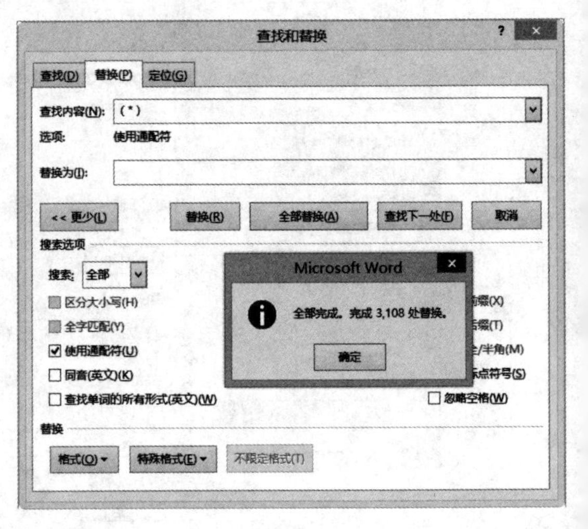

图 4 - 36

(2) 用“ * ”替换字符的格式

要将文档中所有括号内的内容都改为“红色”“黑体”“加粗”,以图 4 - 35 为例,操作方法如下:

1) 打开“替换”选项卡,把括号及内容“(ability)”复制到“查找内容”中,在“查找内容”中输入“ * ”号,使其变为“(*)”,并选中“使用通配符”。

2) 将光标置于“替换为”,点击下面的“格式”,选择“字体”选项,打开“字体”选项卡,在“字体;颜色”中选“红色”,在“字形”中选“加粗”,如图 4 - 37 所示。点击“确定”。

3) 在“替换”选项卡的“替换为”中,可以看到替换的格式为“字体: 加粗,下划线,字体颜色: 红色”,再点击“全部替换”。如图 4 - 38 所示。所有括号内的内容都变为“红色”“加粗”了。若点击图下面的“不限定格式”,可以把已经设置的格式去掉。

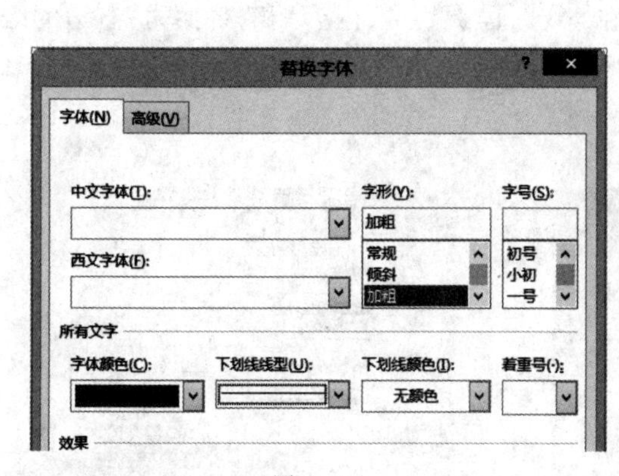

图 4－37

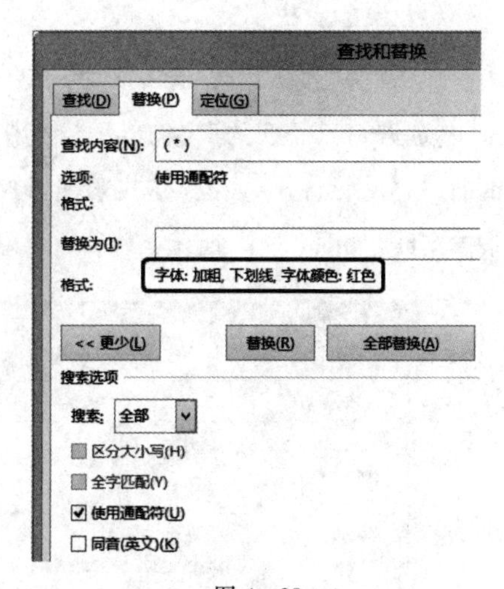

图 4－38

3. 批量去掉试题答案

有的试题内容较多，每个试题都有答案，要想去掉答案，一个个地去掉太麻烦，可以利用通配符一次性地去掉所有答案。如《PowerPoint 有效应用考试复习题》有 100 道试题，如图 4－39 所示，发下来的每道试题都有答案，为了练习的需要，想把答案去掉。操作方法如下：

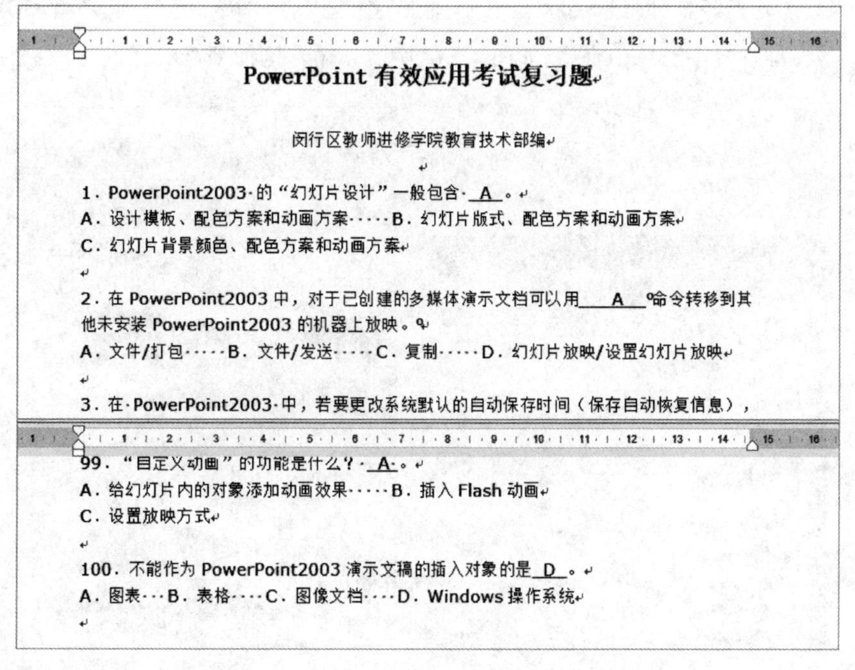

PowerPoint 有效应用考试复习题

闵行区教师进修学院教育技术部编

1. PowerPoint2003 的“幻灯片设计”一般包含 <u>A</u>。
A. 设计模板、配色方案和动画方案 B. 幻灯片版式、配色方案和动画方案
C. 幻灯片背景颜色、配色方案和动画方案

2. 在 PowerPoint2003 中，对于已创建的多媒体演示文档可以用 <u>A</u> 命令转移到其他未安装 PowerPoint2003 的机器上放映。
A. 文件/打包 B. 文件/发送 C. 复制 D. 幻灯片放映/设置幻灯片放映

3. 在 PowerPoint2003 中，若要更改系统默认的自动保存时间（保存自动恢复信息），

99. “自定义动画”的功能是什么？<u>A</u>。
A. 给幻灯片内的对象添加动画效果 B. 插入 Flash 动画
C. 设置放映方式

100. 不能作为 PowerPoint2003 演示文稿的插入对象的是 <u>D</u>。
A. 图表 B. 表格 C. 图像文档 D. Windows 操作系统

图 4－39

(1) 设置查找格式

在“替换”选项卡的“查找内容”选项中，输入“[ABCD]”，并且选中左下方的“使用通配符”复选框，在“替换为”中输入一个空格。光标分别置于“查找内容”和“替换为”右边的编辑框内，分别点击下面的“格式”，选择“字体”，在“字体”选项卡中，选择“下划线线形”的一条单实线，如图 4－40 所示。

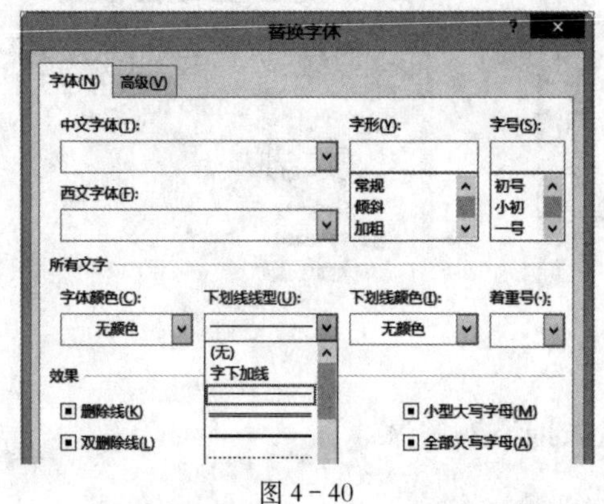

图 4－40

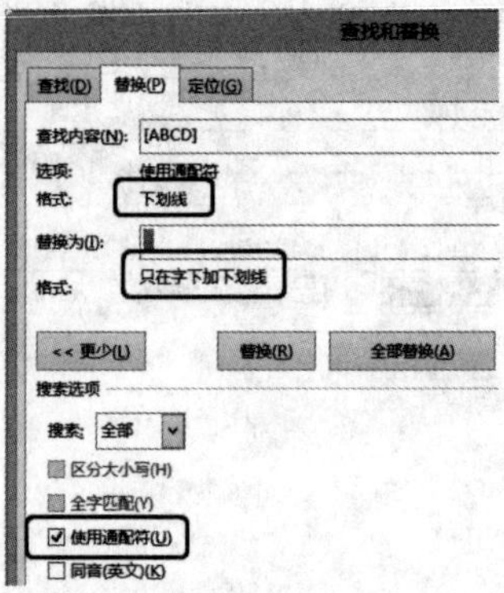

图 4－41

(2) 去掉答案

设置好后的“查找和替换”对话框中的内容格式如图 4－41 所示。这个设置的意思是：只要带有下划线的 A、B、C 或 D 都被替换为空格下划线。点击“全部替换”，所有答案项全部去掉。

(3) 其他形式答案的删除

如果每个题的答案都是采用双括号的，则在“查找内容”中输入“(*)”，“替换为”中输入“(　　)”，即括号中打几个空格，如图 4－42 所示。输入这种字符的意思是：括号内不论

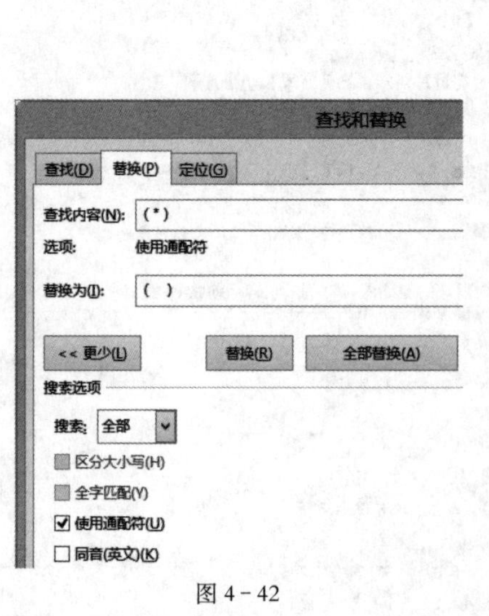

图 4－42

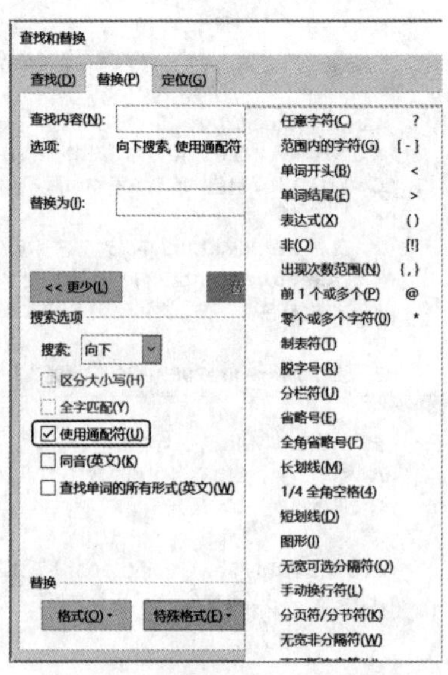

图 4－43

有多少字符，全部被替换掉，用一个或几个空格来代替。

当选中“使用通配符”时，“特殊格式”中的项目与图 4 - 19 不同。如图 4 - 43 所示，为选中“使用通配符”时“特殊格式”中的选项。

4. 替换功能的其他应用

(1) 批量删除多个空行段落

前面介绍的利用两个段落标记替换为一个段落标记的方法，可以一次性地删除一个多余空行，利用通配符可以一次性地删除多个空行。在“查找和替换”对话框中，光标置于“查找内容”中，输入符号“^13{2,}”(英语状态下输入)，“^13”是使用通配符时的段落标记，“{2,}”的意思是查找至少连续两个段落标记。选中“使用通配符”，在“替换为”中，可以使用“特殊格式”输入段落标记符号“^p”(也可以直接输入)，如图 4 - 44 所示。点击“全部替换”，即一次性删除所有空行。

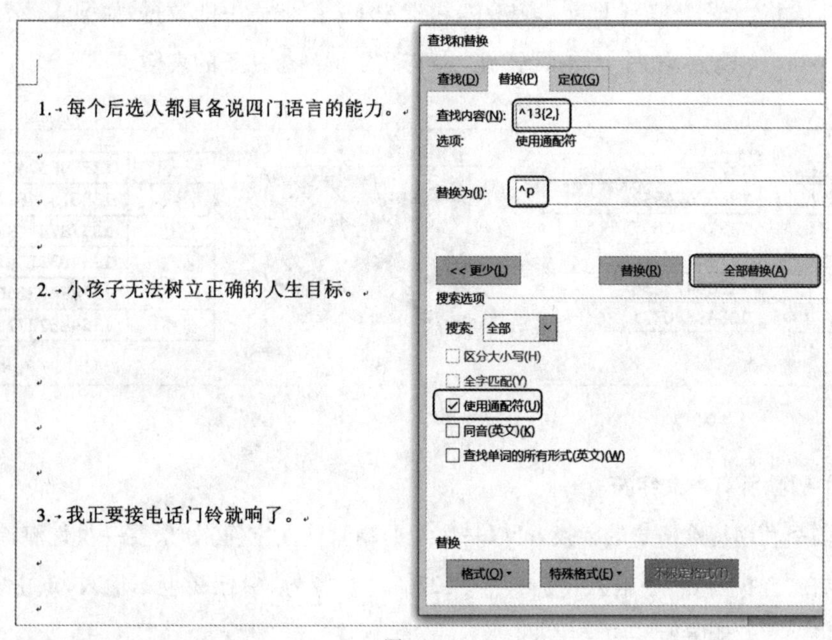

图 4 - 44

(2) 替换功能提取字符和数字

利用替换功能可以提取出字符和数字。如既有电话又有姓名的若干数据。

1) 删除数字。在“查找和替换”对话框的“查找内容”中输入“[0—9]”(表示 0 到 9 之间的所有数字)，“替换为”中什么也不输入。如图 4 - 45 所示，点击全部替换，则所有数字被删除。

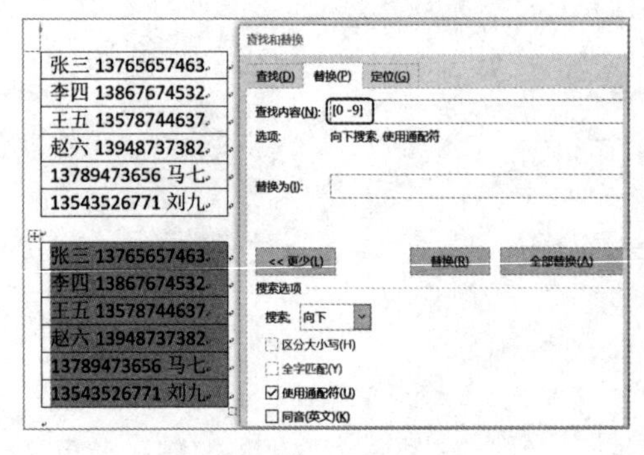

图 4-45

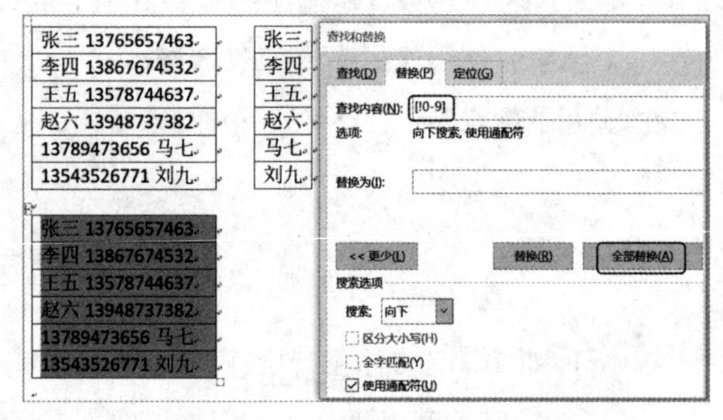

图 4-46

2) 删除字符。在“查找和替换”对话框的“查找内容”中输入“[！0—9]”(表示非 0 到 9 之间的所有数字),“替换为”中什么也不输入。如图 4-46 所示,点击“全部替换”,则所有非数字字符被删除。

3) 合并。经过上述操作,分别得到了两个单列表格,如图 4-47A 所示,分别选中图 A 中的两个表格,分别复制到 Excel 表格中,再选中 Excel 表格中的数据,如图 4-47B 所示。复制到 Word 文档中,如图 4-47C 所示。就得到了两列合并了的表格。

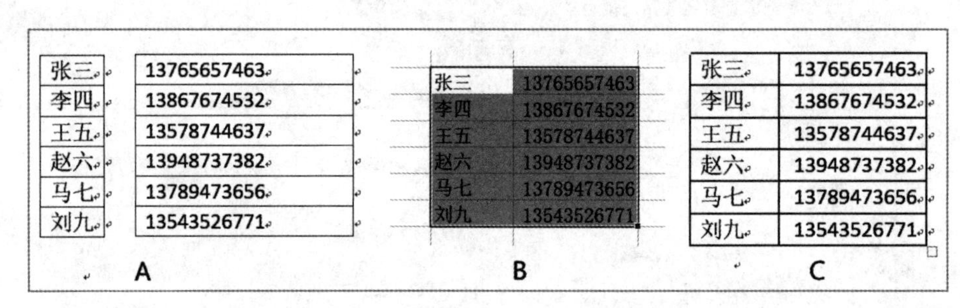

图 4-47

(3) 删除所有中文字符

在前面利用特殊格式的替换,可以一次性的删除英文字符,如果要一次性删除中文字符,可以在“查找内容”中输入“[！^1—^127]”,“替换为”中什么也不输入,点击“全部替换”,可以一次性删除所有中文字符。

在利用通配符查找和替换时,常会有:“^”表示任意;“$”表示字母,“#”表示数字;“!”表示非;“^$”表示任意个字母,若在“查找内容”中输入“[A—Z]”,则可以一次性去掉所有大写英文单词,[！^1—^127]表示的就是中文字符。

第5单元 图形图片

在 Word2003 版本中，绘制的图形称为自选图形，在 2007 以上的版本中，自选图形称为形状，绘制图形称为绘制形状。并且在没有选中图形时，在上面看不到图形的格式编辑工具选项卡，只有选中了绘制的图形后，才可以看到如图 5－1 所示的图形格式的设置功能区。在“绘图工具”的“格式”功能区中，在左边的“插入形状”组中，不仅可以继续添加形状，或插入文本框，还可以利用上面的“编辑形状”按钮，对图形的边框形状进行编辑修改。利用“形状样式”组和“艺术字样式”组，可以分别对图形和文字的格式(填充、边框以及艺术效果等)进行全面的设置。在“排列”组中，可以对绘制的图形进行“对齐”排列、“组合”、“翻转”等操作。在“大小”组中可以精确地设置图形的大小。

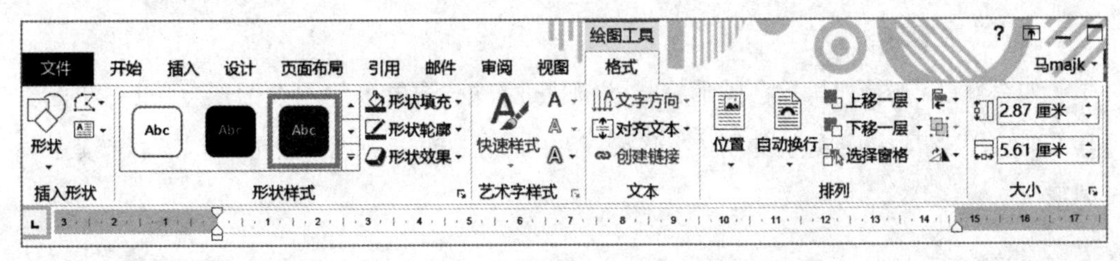

图 5－1

第 1 课 图形及格式的设置

1. 图形的绘制

(1) 绘制图形

要绘制一个图形(“图形”即“形状”，下同)，如果文档中没有图形，可以在“插入”选项卡中的“插图”组中，点击“形状”，可以看到很多预设的图形，如图 5－2 所示。选中一个形状，用鼠标拉动即可绘制出一个图形。

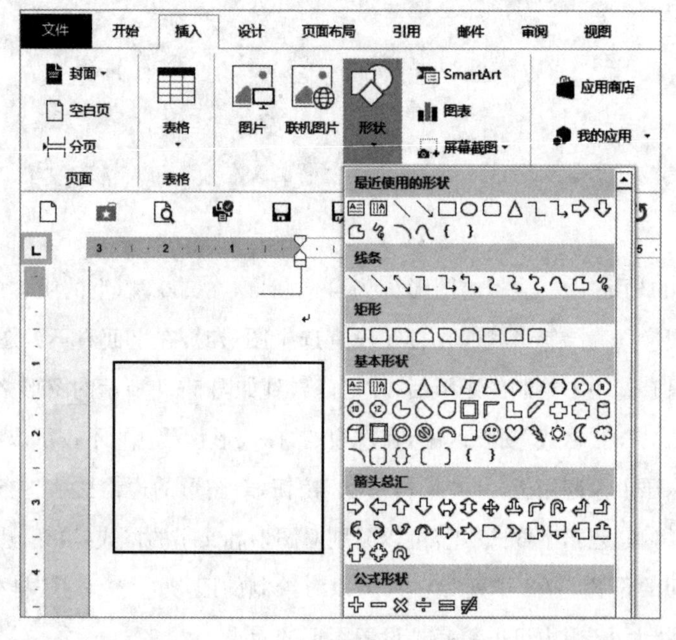

图 5－2

(2) 添加图形

如果在选中图形时，且在图形格式的设置过程中，需要添加一个图形，可以在绘图工具的“格式”选项卡中左边的“插入形状”组中，如图 5－1 所示，点击“形状”，继续添加图形。

2. 图形的格式设置

对于绘制的图形，常常要设置图形的填充、边框、艺术效果等格式。画出图形后，用鼠标点击一下图形(即选中图形)，文档的上面就会出现“绘图工具”栏，点击“绘图工具”栏下面的“格式”，就可以调出“格式”选项卡(或双击图形，“格式”选项卡自动出现)。图形格式最简单的设置方式是，在出现的“格式”选项卡中的“形状样式”组中，点击小三角下拉菜单，看到很多已经预设好的图形样式，选择一个即可。如图 5－3 所示。

(1) 填充和线条

图形格式设置中，系统提供的一些图形的格式常常不能满足需要，往往需要自主设置图形的填充和线条等格式。

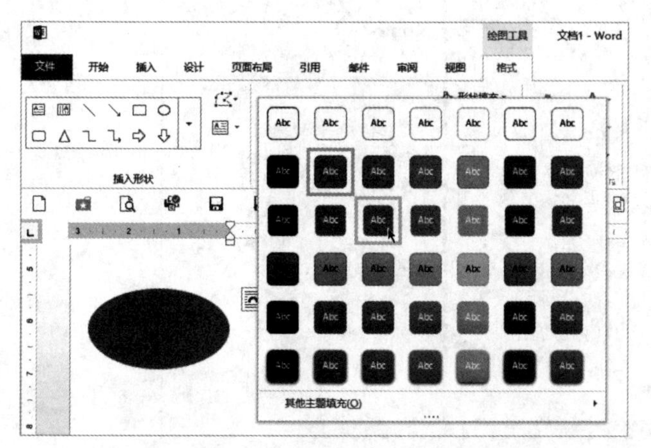

图 5 - 3

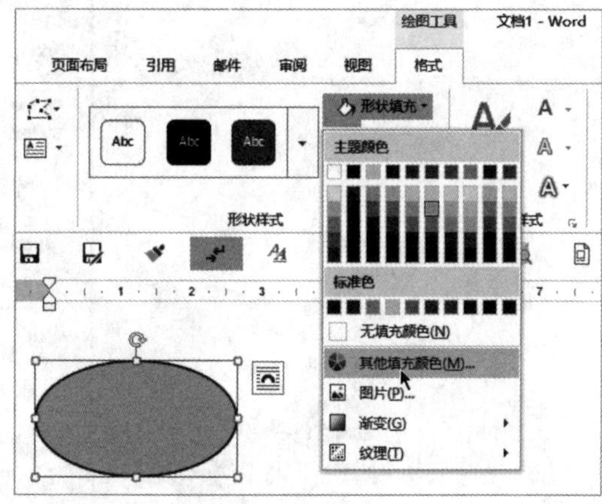

图 5 - 4

1）图形的填充。点击“形状样式”组上面的“形状填充”，可以得到如图 5 - 4 所示的显示卡，可以选择不同的填充颜色，也可以选择“无填充颜色”，或者“其他填充颜色”，还可以选择“图片”填充、“渐变”填充以及“纹理”填充等。

2）图形边框。图形的边框在此称为“形状轮廓”。点击“形状样式”组上面的“形状轮廓”，可以得到如图 5 - 5 所示的显示卡，可以选择不同的轮廓颜色，也可以选择“无轮廓”，或者“其他轮廓颜色”，还可以选择轮廓的线条粗细以及虚、实线等。

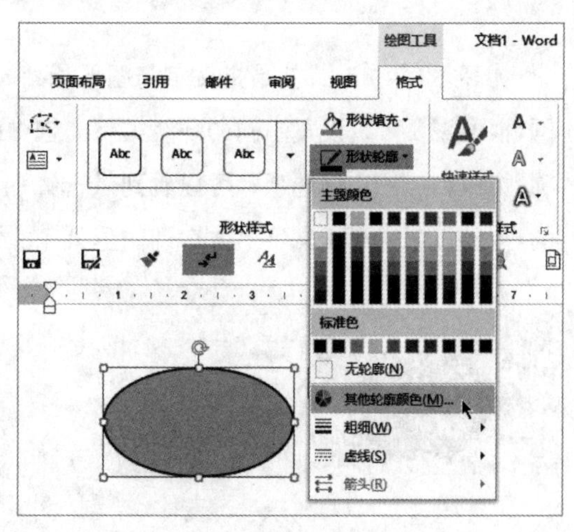

图 5 - 5

(2) 图形格式的更多设置

要更加详细地设置图形的格式，可以点击“形状样式”组右下角的格式设置窗格启动器，在右边得到的“设置形状格式”窗格中有“填充线条”、“效果”和“布局属性”三个选项。左上角“填充线条”选项中的内容与前面的“形状样式”组中的“形状填充”、“形状轮廓”中的内容类同，中间的“效果”选项中，可以利用“三维格式”、“三维旋转”等工具更详细地设置图形的艺术效果。右边的“布局属性”，可以精确设置图形的大小。如图 5 - 6 所示。

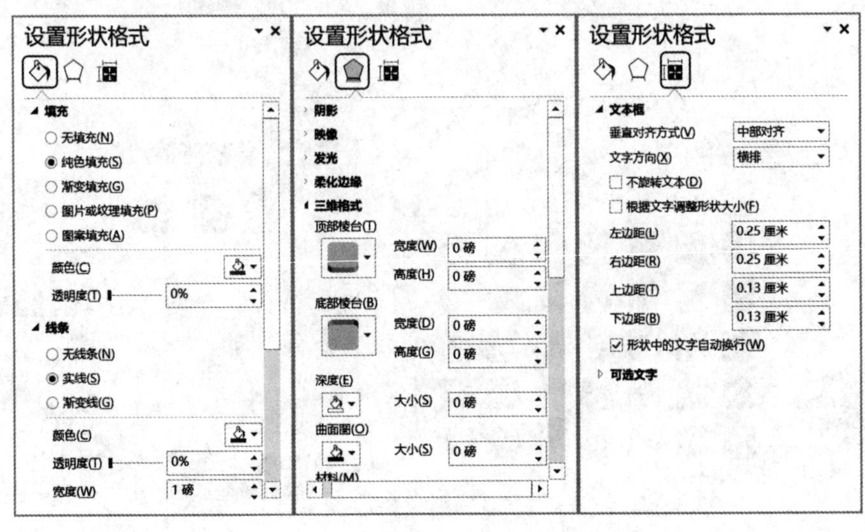

图 5－6

3. 图形的存在形式

图形的存在形式就是指文字与图形相处时的关系，文字是在图形的下方还是两边或周围，根据需要可以设置不同的环绕类型。选中绘制的图形，在右上角可以看到一个“布局选项”按钮，点击“布局选项”，可以看到供选择的各种图形环绕方式。一般绘制的图形，默认的环绕方式是“浮于文字上方”，即图形处于文字的上方。如图 5－7 所示。

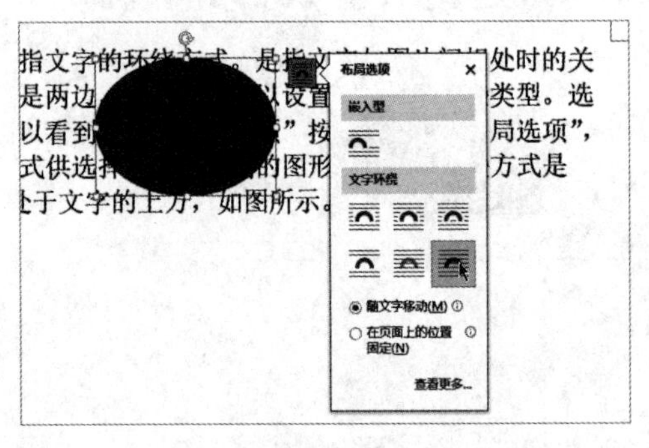

图 5－7

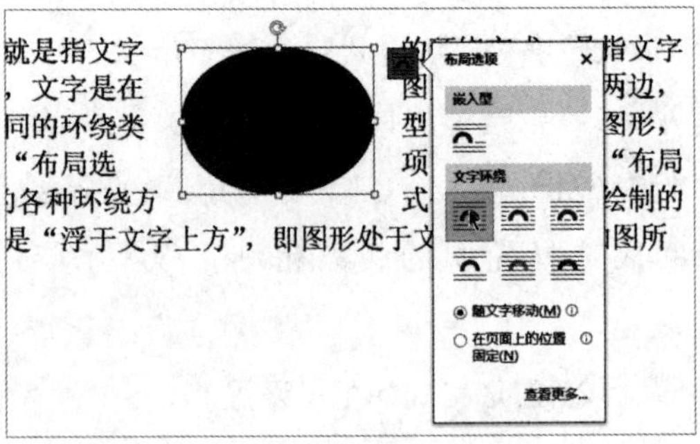

图 5－8

(1) 四周环绕型

在文档编辑过程中的插图，一般使用“四周环绕型”，即文字出现在图形的四周，任意移动图形的位置时文字总是在图形的周围变化，如图 5－8 所示。特别是在教案和试卷编辑时，常常使用这种环绕方式。

(2) 上下型环绕

若点击“上下型环绕”，则文字只在图片的上下出现，如图 5－9 所示。有时图片较宽，图片的两边不需要再出现少量的文字，则可以选择这种“上下型环绕”。

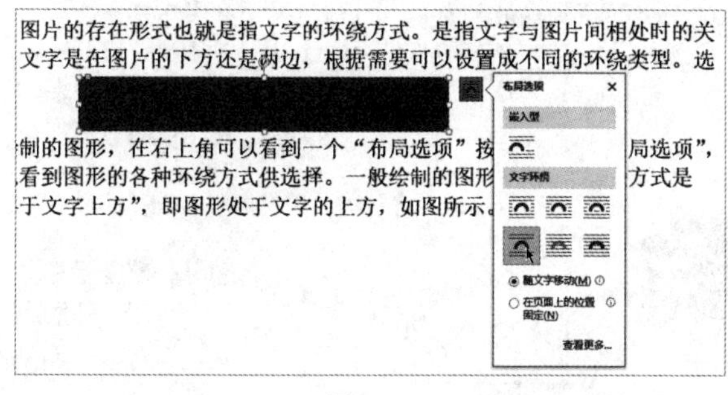

图 5－9

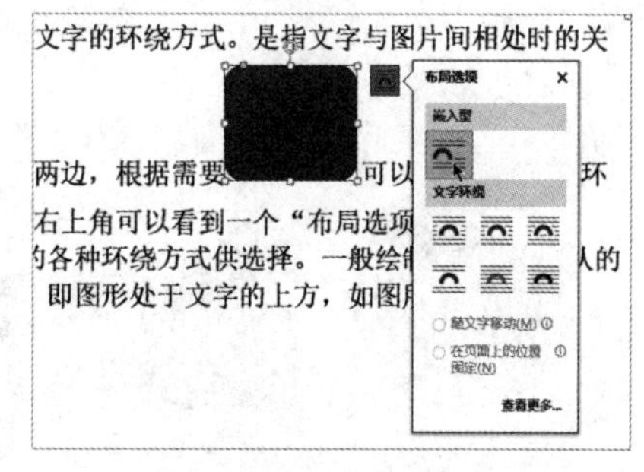

图 5－10

(3) 嵌入型

为了使图形位置固定在某个字符的前后，可以选择“嵌入型”，图形以“嵌入型”方式出现时，图形只作为一个字符，在编辑过程中图形随着文字的移动而移动。如图 5－10 所示。一般利用“插入”选项卡“插图”组中的“图片”工具插入的图片，或复制到文档中的图片，都默认是“嵌入型”的。如果图片设置为嵌入型时，图片上边部分被遮盖，可以设置“段落”格式中的“行距”为“单倍行距”。

4. 图形的移动和固定

编辑文档中使用的环绕方式一般是“四周环绕型”和“上下环绕型”，在使用“文字环绕”方式时，下面默认“随文字移动”被选中，这样，在图形的前面任意处插入或删除文字时，图形都会随文字的移动而移动。如果在图 5－9 中的右下角选中“在页面上的位置固定”，则图形被固定在文档某处，只有鼠标拖动图形才可移动。

1. 图形的基本操作

(1) 多个图形的选中

要选中一个图形，只需要鼠标点击一下即可。如何选中多个图形对象？

1）利用 Ctrl 键选中多个图形。按下 Ctrl 键，用鼠标分别点击图形，可以选中多个非嵌入型图形。如图 5－11 所示。

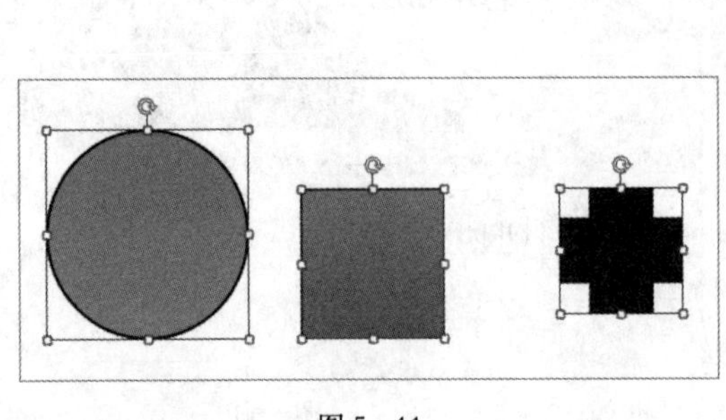
图 5－11

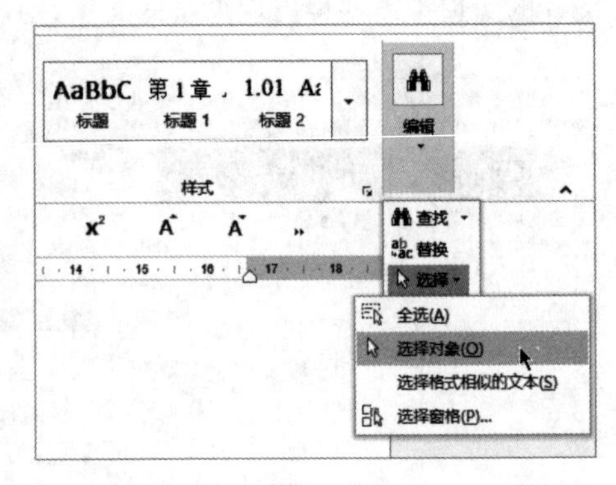

图 5－12

2）利用“选择对象”工具选中多个图形。在“开始”选项卡右边的“编辑”组中，点击“选择”，再点击“选择对象”。如图 5－12 所示。鼠标在文档中变成斜向实心箭头，然后按下鼠标左键，从图片的左上角拉到右下角，将几个图片“框”起来。放手后几个图形被选中，再进行相关操作。

(2)“组合”和“取消组合”

利用“组合”工具可以将几个图形组合在一起，防止文本在编辑过程中各图形间发生相对移动，选中所有图形后，点击绘图工具中的“格式”选项卡，在“排列”组中，点击右边的“组合”按钮，可以把多个图形组合在一起。选中组合后的图形，点击“取消组合”可以将其拆散。选中组合的图形后，可以对所有图形进行格式的设置。

2. 图形的对齐

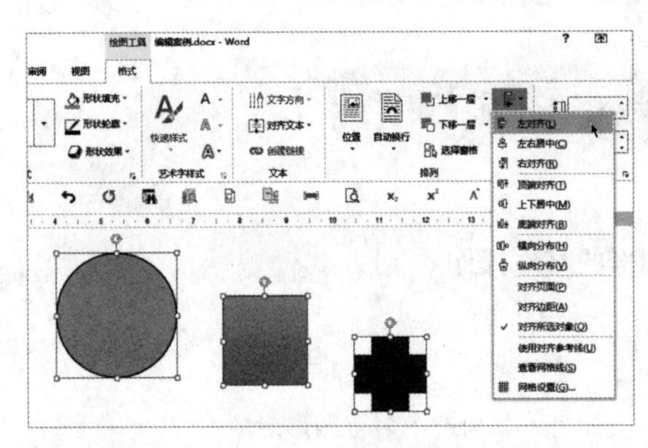
图 5－13

要对齐多个图形，需要将图形的环绕方式改为非嵌入型的，然后进行对齐或均匀分布排列等操作。方法是，先选中要进行对齐排列的几个图形，然后点击绘图工具中的“格式”选项卡，在“排列”组中，点击右上角的“对齐”按钮，可以看到有如图 5－13 所示的多个对齐选项供选择。

(1) 常用对齐

1）左对齐。以选中的图形中最左边的图形为基准，所有图形向左对齐。

2）右对齐。以选中的图形中最右边的图形为基准，所有图形向右对齐。

3）上对齐。以选中的图形中最上边的图形为基准，所有图形向上对齐。

4）下对齐。以选中的图形中最下边的图形为基准，所有图形向下对齐。

(2) 居中对齐

1）左右居中。选中所有要对齐的图形，在对齐选项中，点击“左右居中”，则所有图形以最左边图形的左边和最右边图形的右边的二者中线为基准，所有图形排列在该基准线（该线条不显示）的左右两边。如图 5－14 所示。

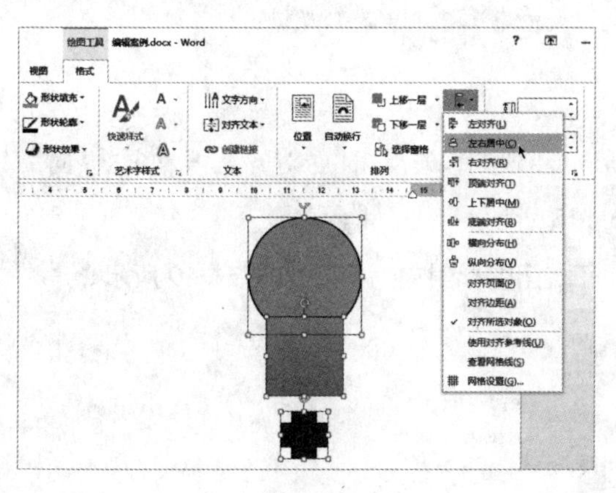

图 5－14

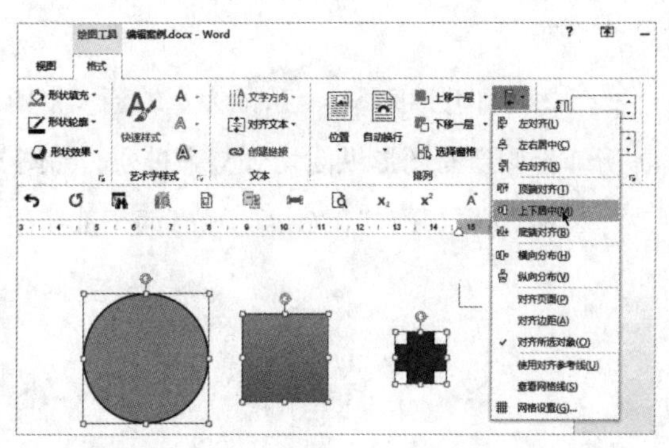

图 5－15

2）上下居中。选中所有要对齐的图形，在对齐选项中，点击“上下居中”，则所有图形以最上边图形的上边和最下边图形的下边的二者中线为基准，所有图形排列在该基准线（该线条不显示）的上下两边。如图 5－15 所示。

3）这两个对齐按钮常常一起使用，可以让所有图形的中点重合。如图 5－16 所示，三个图形的中点重合。

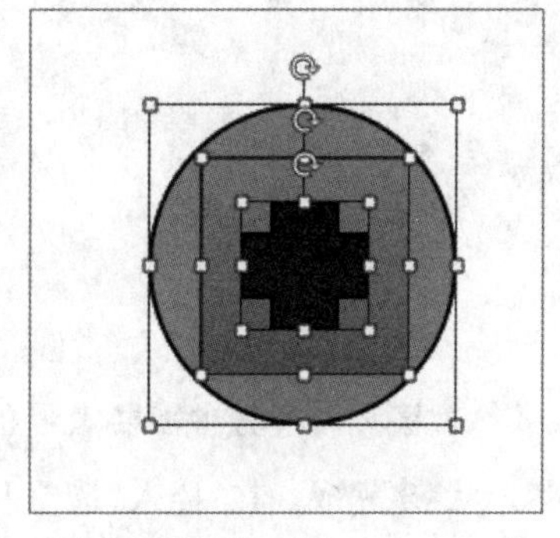

图 5－16

(3) 均分对齐

1）横向分布。对于杂乱无章的若干个图形，全部选中，先点击“顶端对齐”，再点击“横向分布”，则所有图形横向均分整齐排列。如图 5－17 所示。

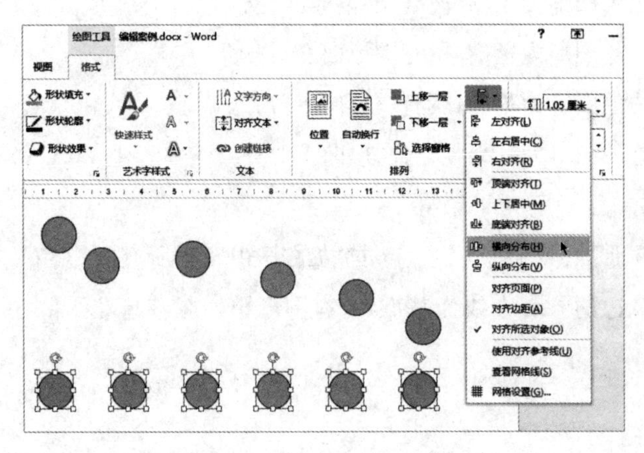

图 5－17

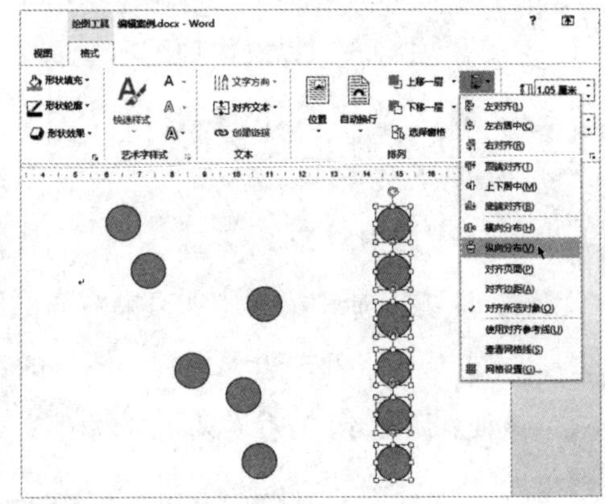

图 5－18

2）纵向分布。对于杂乱无章的若干个图形，全部选中，先点击“右对齐”，再点击“纵向分布”，则所有图形纵向均分整齐排列。如图 5－18 所示。

3）“横向分布”和“纵向分布”两个都使用，可以让图形斜向对齐。如图 5－19 所示。

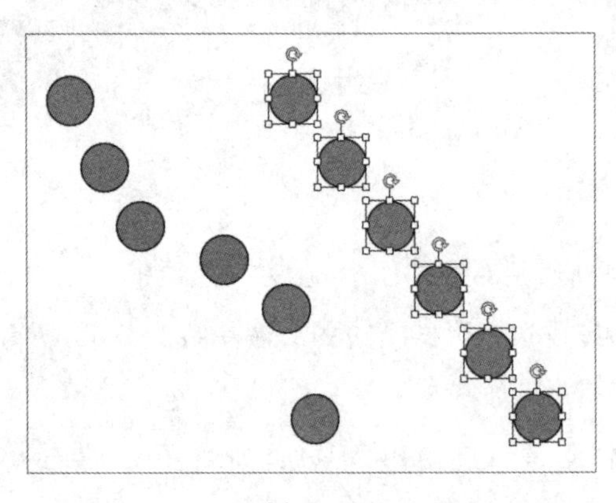

图 5－19

3. 图形的绘制和旋转

教案编写过程中需要大量的图形，而绝大部分的图形都可以通过绘图工具中的插入“形状”来完成。在“插入”选项卡的“插图”组中，点击“形状”，可以看到如图 5－20 所示的各种预设的图形。

(1) 绘图的基本规律

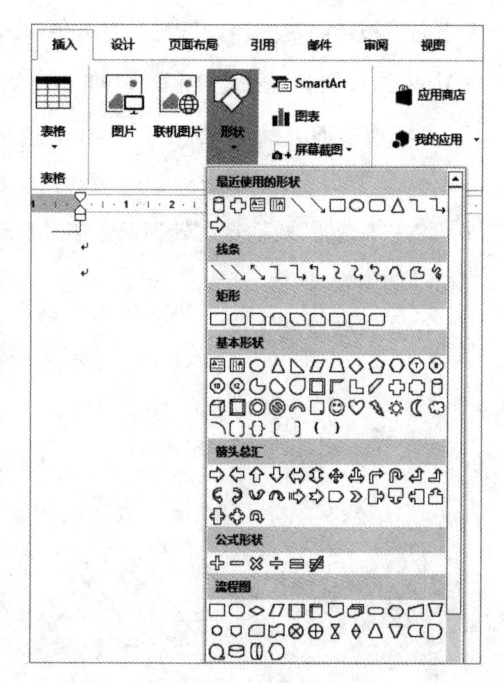

图 5－20

图形的绘制有一定的规律，掌握了这些规律，可以给图形的绘制带来方便。

1）按下“Shift”键时，所有图形都以左上角为基准点等比例向右、下或者左、上缩放。即绘制的图形都是圆形、正方形，即一切“正”的图形。

2）按下“Ctrl”键时，所有图形以中心为基点，向上、下或者向左、右等比例缩放。

3）同时按下“Shift”和“Ctrl”键，所有图形以中心为基点，向四周等比例缩放。

4）当绘制出的图形出现小黄方块时，拉动小黄方块，可以改变该图形的形状。

5）转动图形上面的小圆形转动柄，可以使图形转动。如图 5－21 所示。

(2) 基本规律的运用

利用绘图基本规律，不仅可以利用“形状”中的“椭圆”和“矩形”工具，绘制出“圆”和“正方形”图形，还可以设置出很多其他图形。

1）绘制任意圆弧线

可以利用“基本形状”中的“弧形”画出四分之一圆弧线。在“基本形状”的左下角，点击一下“弧形”，再按下 Shift 键，鼠标拉动，可以绘制出一个四分之一圆弧线，拉动弧形线上的小黄方块，可以画出任意角度的圆弧线。如图 5－22 所示。还可以添加填充颜色。

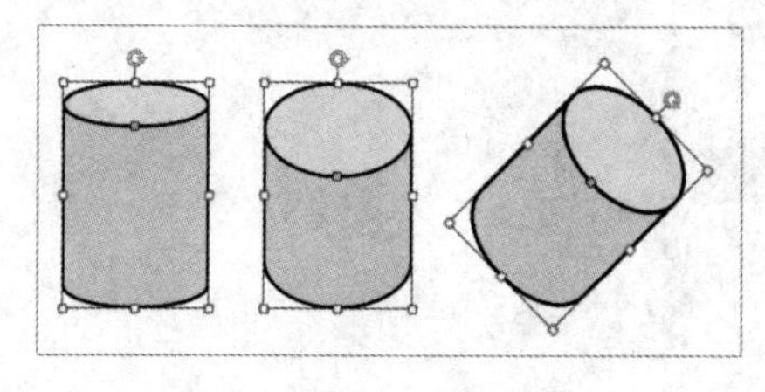

图 5－21

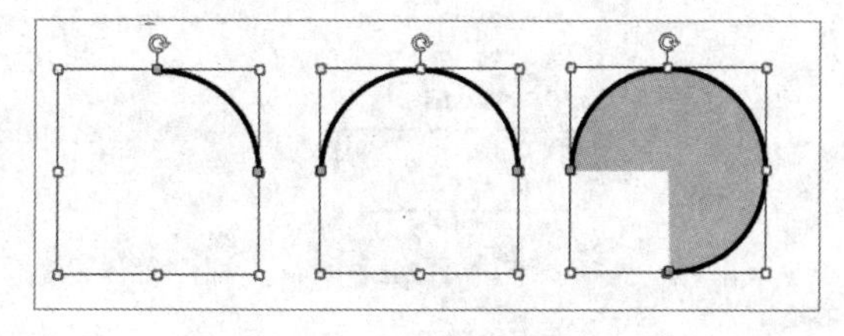

图 5－22

2）改变图形的形状

绘制一个正立方体(图 A)，用鼠标向里推动小黄方块，可以得到薄板图形(图 B)，在图

A 中向下拉动小黄方块，可以把“立方体”变成“立方棒”(图 C)，图 C 中再左右拉动大小的调节柄，可以变成“薄板”(图 D)。如图 5－23 所示。

(3) 图形的旋转

1）图形的一般旋转。可以直接利用旋转工具，对图形进行“向左旋转 90°”、“向右旋转 90°”、“水平翻转”、“垂直翻转”以及自由旋转等。选中图片，在“格式”选项卡“排列”组的“对齐”选项中，根据需要，点击某一个翻转方式。如图 5－24 所示，点击“向右旋转 90°”，可以将图片右转 90°。

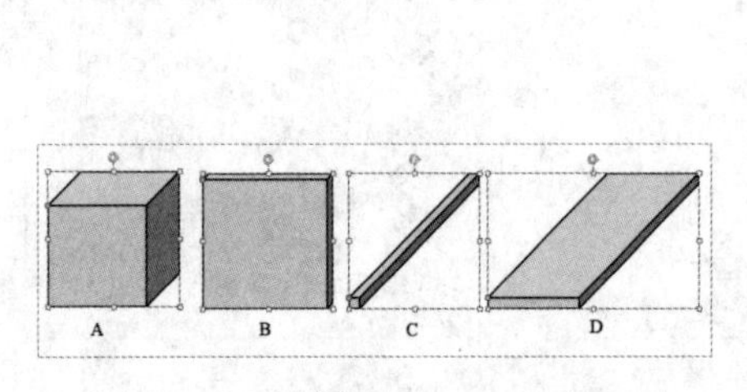

图 5－23

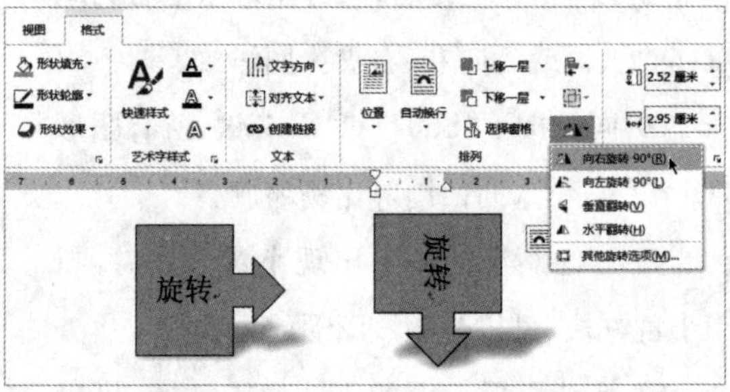

图 5－24

2）图形任意角度的旋转

A. 利用“布局”选项卡。要使图形作任意角度的旋转，可以在图 5－24 的右边点击“其他旋转选项”，在“布局”对话框的“大小”选项卡的“旋转”项目中，输入任意角度值，如图 5－25所示，图形顺时针旋转 20°角。如果在上图的右上角点击“大小”(图中未显示)组右下

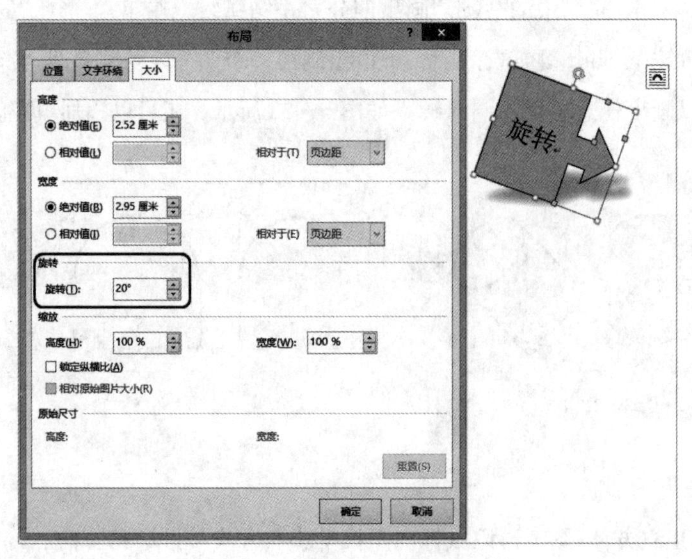

图 5－25

角的“布局”选项卡对话框启动按钮，也可以得到“布局”对话框。

B. 拖动旋转柄旋转。每个图形的上方都有个圆形的旋转拖动柄，按下 Shift 键，用鼠标选中该圆形柄，拖动着旋转，每次可以旋转 15°。

C. 利用方向键旋转。按下 Alt 键，再分别按下键盘右下角的左、右方向键，每按下一次，可以逆时针或顺时针转动 15°。

4. 绘图中其他技巧

(1) 更改图形的叠放次序

利用“格式”选项卡“排列”组中的“上移一层”和“下移一层”按钮，可以改变不同图片间的叠放次序。选中需要改变叠放次序的图片，点击需要的按钮。如图 5－26 所示，将“正方体”置于“圆”的下方。对于多个图形，可以分别选择“上移一层”、“置于顶层”和“下移一层”、“置于底层”等。

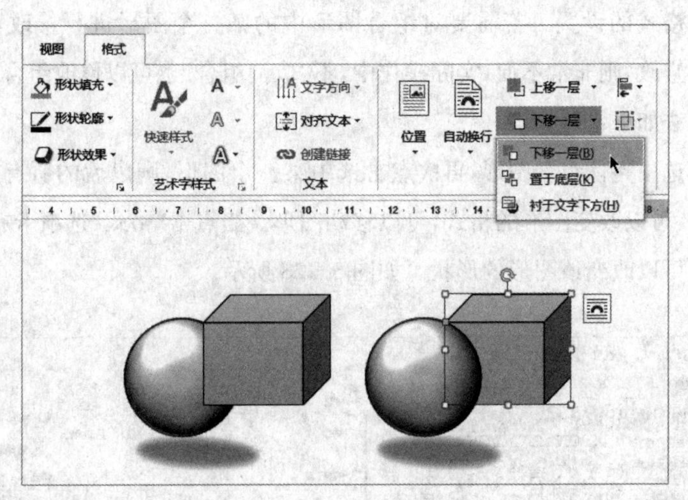

图 5－26

(2) 设置图形和线条的默认效果

为了方便以后绘制图形，可以将已经设置好图形的“形状填充”、“形状轮廓”等格式“存储”起来。方法是：选中设置好格式的图形，右击鼠标，选择“设置为默认形状”，以后绘制的图形就会按照设置好的图形格式了。对于线条和图形要分别设置。如图 5－27 所示。

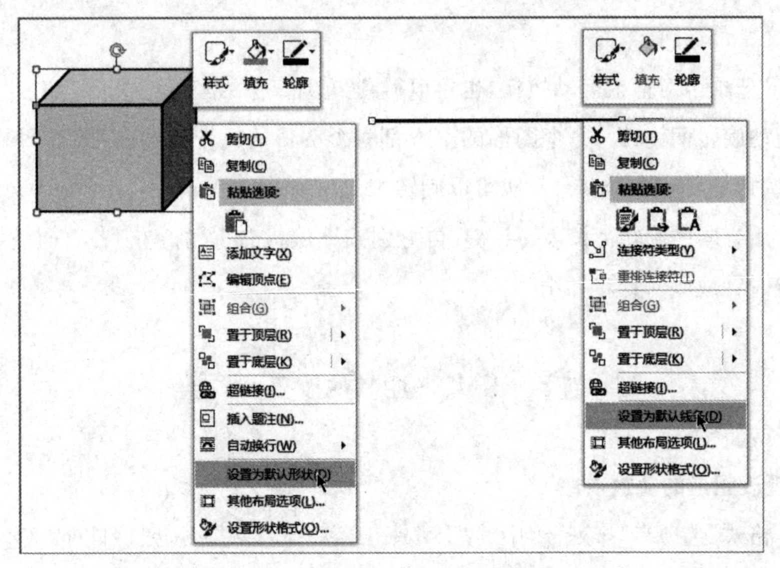

图 5 - 27

(3) 组合图形中单一图形的修改

对于由多个图形组合成的组合图形，如果点击一下选中该组合图形，则可以对组合的所有图形进行格式的设置。若需要对组合图形中的某一个图形进行修改，如果“取消组合”，分解后再修改，则非常不便，实际操作中，不“取消组合”也可以修改组合图形中的某个图形。操作方法如下：

点击一下选中整体组合图形，再次点击选中某一个图形，则以后的所有操作只对该选中的图形有效，可以改变图形的格式，可以移动图形。当点击“格式”选项卡右边的“更改形状”按钮时，还可以改变该图形的形状。如图 5 - 28 所示。

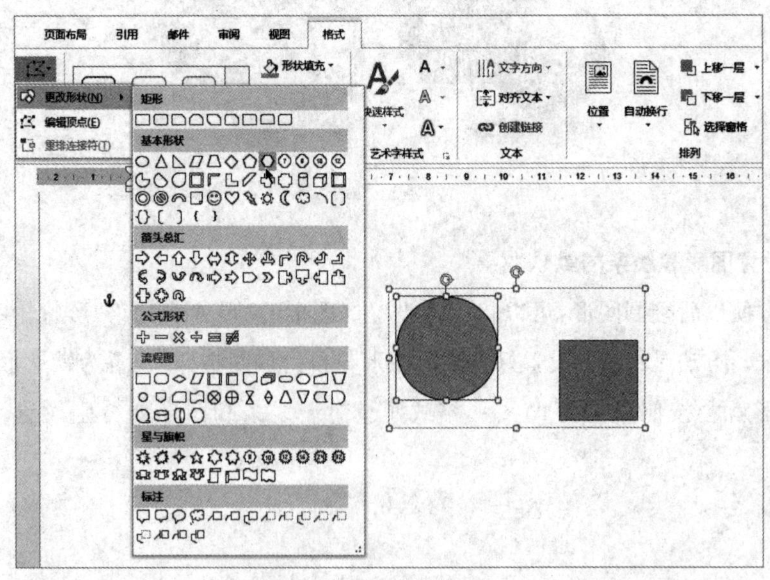

图 5 - 28

(4) 图形转换为图片

绘制的图形默认的是“Microsoft Office 图形对象”，要转换成 JPG(或称 JPEG)图片，可以利用选择性粘贴的方法。选中绘制的图形复制后，在“开始”选项卡的“剪贴板”组中，点击“粘贴”，选择“选择性粘贴”，在“选择性粘贴”对话框中，选中需要的图片格式(如 JPEG 格式)，点击“确定”即可。如图 5－29 所示。绘制的图形是不能裁剪的，图形转换成图片后，可以方便地裁剪。

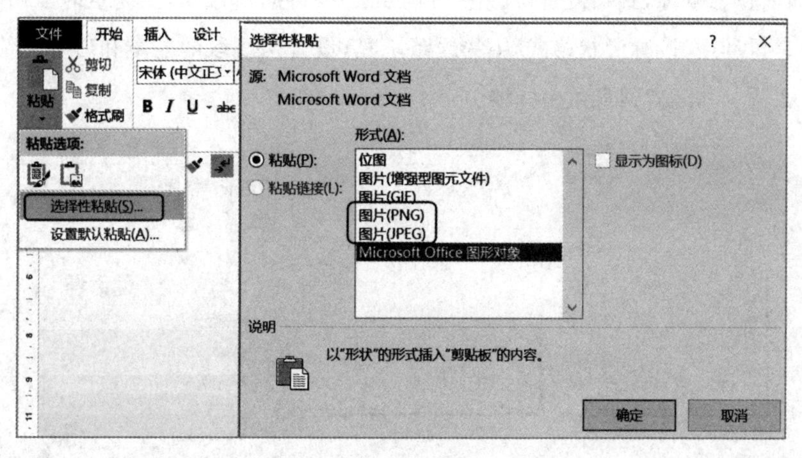

图 5－29

第 3 课　常见图形的画法

在教学过程中需要大量的图形，掌握了基本方法后，可以绘制出各种各样的图形。

1. 任意折线图的画法

在“形状”中的“线条”选项上点击“任意多边形”按钮，光标变成“十”字形，用鼠标左键点击一下图线的起点如 A 点，左键放手后拉动鼠标在需要转折的 B 点再点击一下左键后放手，再拉向 C 点，点击后拉到 D 点，到最后一个位置 D 点时双击退出，得到如图 5－30 所示的折线。

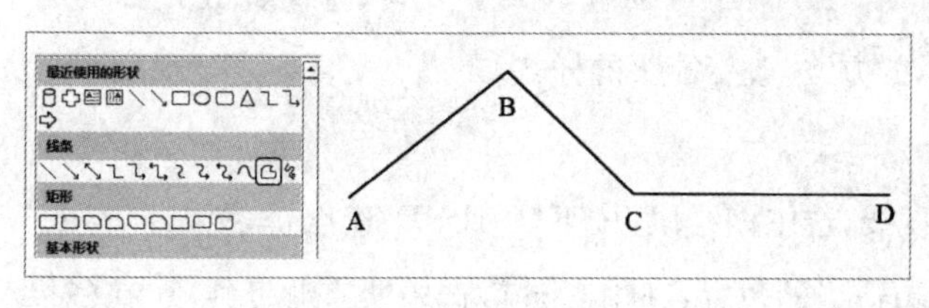

图 5－30

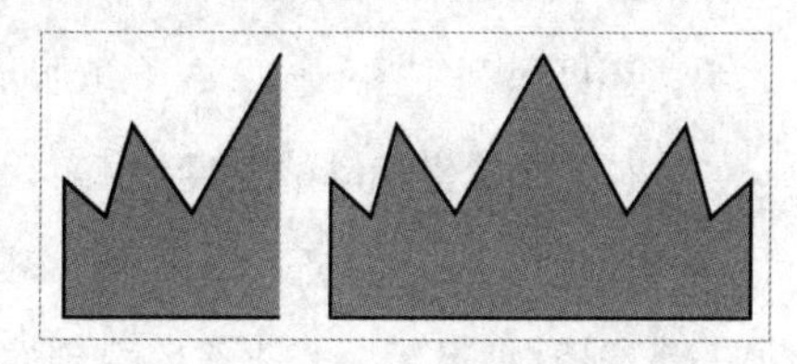

图 5－31

(1) 利用复制转动绘制对称图形

常常要绘制左右或上下对称的图形，这时，可以先绘制图形的一半，然后将其复制，再翻转后对齐，组合起来即为所需要的图形。如图 5 - 31 所示。

(2) 绘制坐标轴

点击“任意多边形”工具，光标变成“十”字形，按下“Shift”键，用鼠标左键点一下上端点后松开，向下拉动鼠标，到某位置时点击一下再松开，再向右拉动，到终点时双击。即得到直角线段。再利用“设置形状格式”中的线条工具，设置两线段的前端和后端的箭头格式。如图 5 - 32 所示。即得到直角坐标轴。

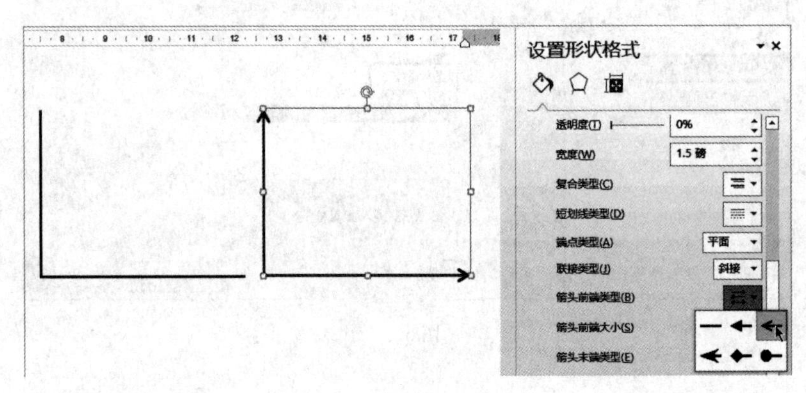

图 5 - 32

2. 坐标刻度及刻度值的标注

理科教学中，常常用到相互垂直的两个坐标轴线，除了利用前面的任意多边形工具的方法绘制坐标轴外，还可以利用两条线段绘制坐标轴，并在坐标轴上标出相应的刻度值。绘制的方法如下：

(1) 两条线段绘制坐标轴

点击“形状”中的“箭头”，按下“Shift”键，用鼠标从左到右画出带箭头的线段作为横坐标，再从下到上画出线段作为纵坐标，用“文本框”分别输入文字“x”和“y”，如图 5 - 33 所示。还可以利用图 5 - 32 右下角所示的方法，改变箭头的样式。

(2) 设置坐标轴的刻度线

1）画一条短的竖直线段表示刻度线，选中该线段，按下“Ctrl + D”组合键，复制出若干个小线段，把最后一个小线段拉到右边适当的位置，利用 Ctrl 键选中所有刻度线段，在“对齐”工具中点击“顶端对齐”，再按下 Ctrl 键点击纵坐标，即选中纵坐标，再利用“对齐”工具中的“横向分布”，将刻度线段和纵坐标一起横向均分排列。如图 5－34 所示。

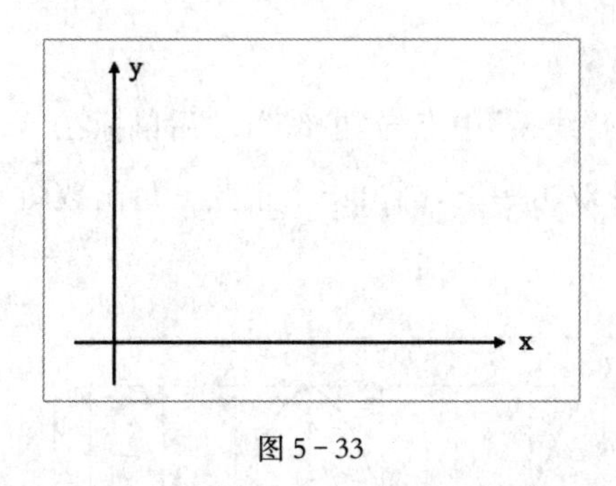

图 5－33

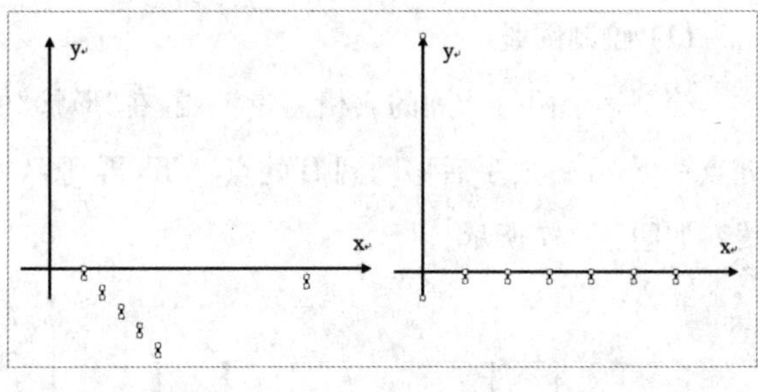

图 5－34

2）选中均分后的 6 条短线(不含纵坐标轴)，“组合”起来，将其组合为一个整体。然后“复制”、“粘贴”后，再点击“绘图工具”的“格式”选项卡中的“旋转”按钮，“向左旋转 90°”，然后移动图形到纵坐标轴附近的适当位置，即得到了要求的刻度线。如图 5－35 所示。也可以通过拉动组合后的刻度线图片，改变图片的长和宽，来改变刻度线的间距和刻度线的长短。

(3) 刻度值的标度方法

1）水平坐标刻度值的标度方法。插入文本框后复制，分别输入“1”、“2”、“3”、“4”、“5”、“6”，将“1”和“6”小文本框放置在适当位置，选中 6 个文本框，利用“格式”中的“对齐”工具，分别“顶端对齐”和“横向分布”。这样 6 个文本框横向均匀分布排列。

2）竖直坐标刻度值的标度方法。选中横坐标轴下面已经均分好且组合了的 6 个小文本框，复制后向上移动到适当位置，左转 90°，如图 5－36 所示左边图形，取消组合后再整体(拆分后的所有文本框)顺时针旋转 90°，然后再组合起来，即得到右边图形。

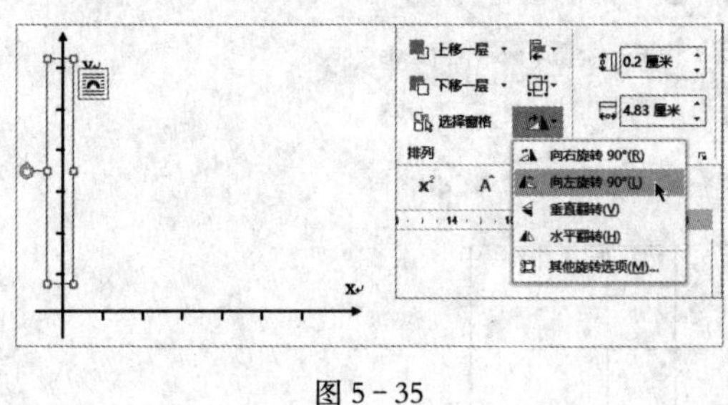

图 5－35

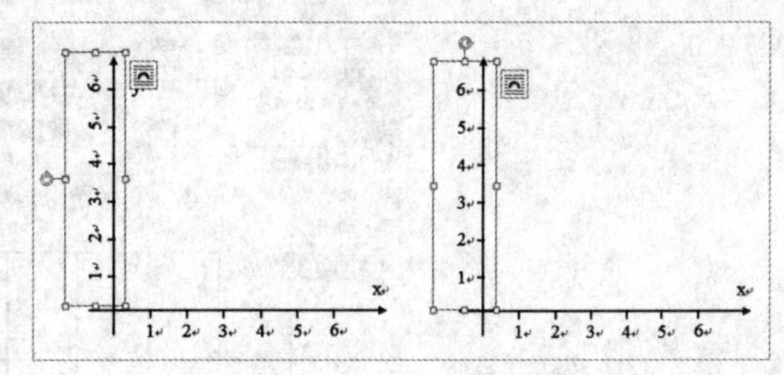

图 5－36

3）水平坐标刻度值的另一种标度方法。在横向文本框内输入“1”，打三个(根据刻度线间距大小确定打回车键的个数)回车键，分别输入“2”、“3”、“4”、“5”等。将这些刻度数值输入好以后，再绘制刻度线，利用对齐方法来确定刻度线的位置。

3. 三角函数图像的画法

三角函数图像是理科教师经常要用到的图形，利用“自选图形”中的线条可以画出各种三角函数图线。操作方法如下：

(1) 绘制图线

绘制一个两行八列的表格为参考线，在“形状”的“线条”中点击“曲线”，然后鼠标在 A 处点一下，左键放手后移动到 B 处点一下，再到 C 处双击一下，画出半个正弦三角函数图线。如图 5－37 所示。

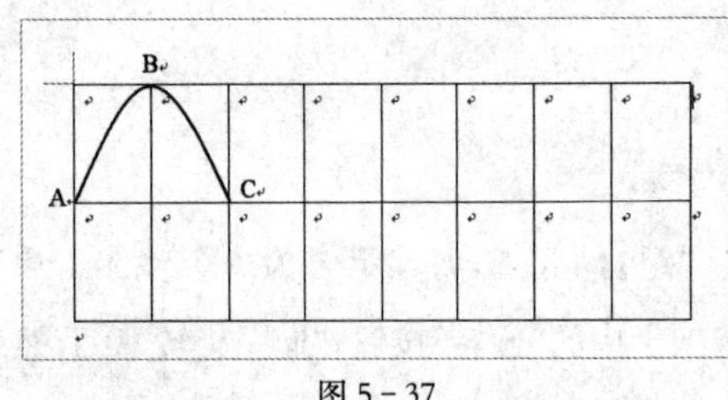

图 5－37

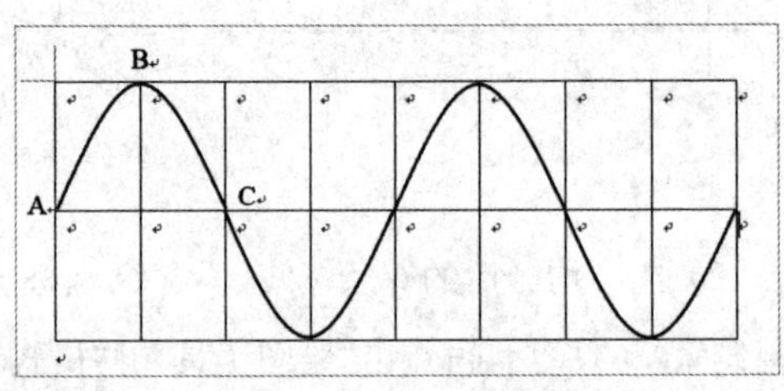

图 5－38

(2) 复制旋转

选中 ABC 图形，利用“复制”和“粘贴”，可以得到另一半三角函数图线，利用“格式”选项卡中的“旋转”工具，将其“垂直翻转”，并放置到适当位置，将二者组合，然后再“复制”后“粘贴”，调整位置，将其组合，得到如图 5－38 所示的三角函数图像。

(3) 删除表格参考线

由于表格上有图形很难直接删除表格，可以先把组合了的函数图形移动离开表格，光标置于表格中，在表格工具的“布局”选项卡中，在左边的“删除”工具中，点击“删除表格”即可。如图 5－39

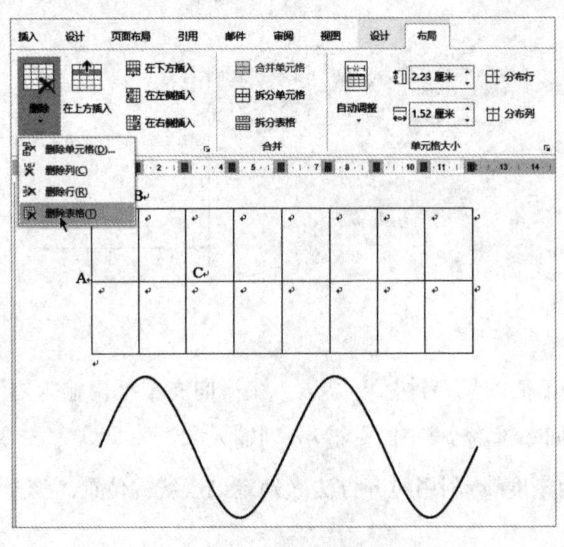

图 5－39

所示。添加坐标轴后,即得到三角函数图线。

(4) 余弦函数图线

若要得到余弦曲线,可以把绘出的图形改变格式后,利用图片工具栏中的“裁剪”工具,裁去图片的一部分,即可得到任意初相位的三角函数图线。方法是,先把绘制的图形改变格式为图片(绘制的图形是不能裁剪的)。

1) 改变图形格式。选中正弦三角函数图线,“剪切”或“复制”后,点击“开始”选项卡左边的“粘贴”,点击“选择性粘贴”,在“选择性粘贴”对话框中,选中“图片(增强型图元文件)”,如图 5-40 所示,点击“确定”。即改变了图形的格式,变为可以裁剪的图片了。

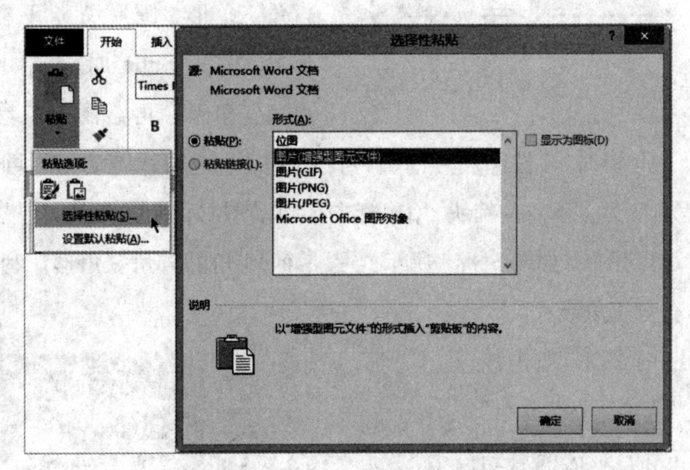

图 5-40

2) 裁剪图片。双击图片,出现图片工具栏,在“格式”选项卡的右边点击“裁剪”工具,图片四周则出现虚线框,光标置于图片左边中间的裁剪线上向右拖动到适当位置,可以得到任意初相位的三角函数图线,如图 5-41 所示。添加坐标轴后得到图 5-42 所示的三角函数图线。

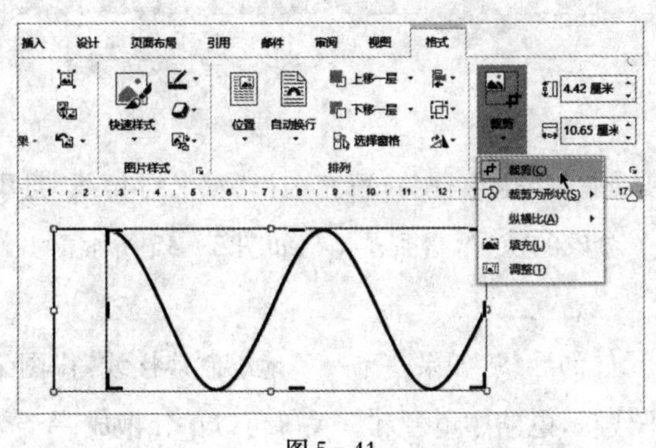

图 5-41

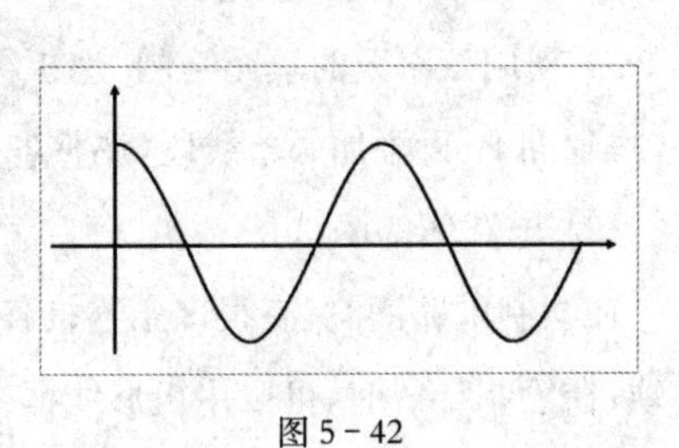

图 5-42

4. 常见物理图形的画法

(1) 斜面上的物体

理科教学中常常要绘制三角图形，可以利用“基本形状”中的“直角三角形”工具，绘制出任意角度的直角三角形。操作的方法是，先绘制一个直角三角形，然后利用参考线调整三角形的角度。方法如下：

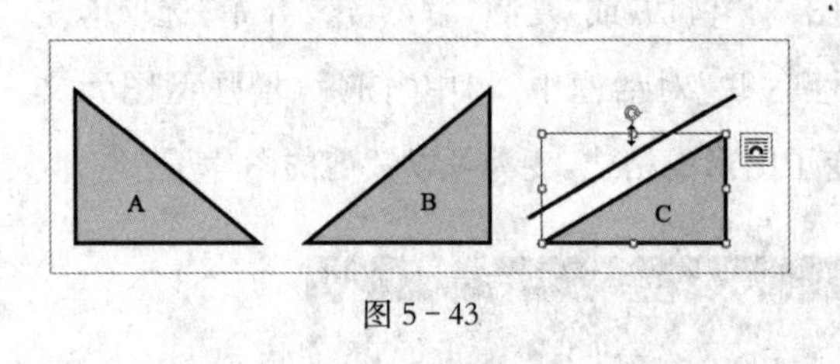

图 5－43

1）在“形状”中，点击“基本形状”中的“三角形”工具，绘制一个任意角度的三角形 A，通过旋转工具，可以得到任意放置的直角三角形。图形 A 水平翻转后，得到图形 B。按下“Shift”时，绘制出的是 45°角的直角三角形。再绘制一条参考水平线，选中水平线，按下 Alt 键时，再按向左方向键，每按下一次，逆时针转动 15°，再将光标置于图 C 的上边缘，使其变为上下双向箭头，用鼠标向下拉动图 C 的上边框线，使三角形斜边与参考直线段平行，得到图 C，如图 5－43 所示。是一个 30°角的直角三角形。利用此法可以得到任意角度的直角三角形。

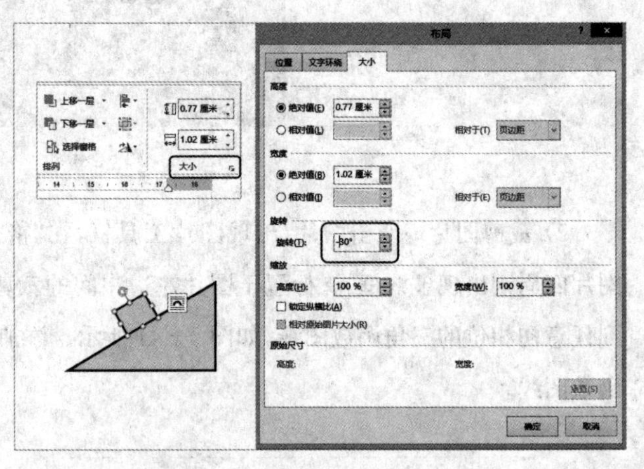

图 5－44

2）再画出一个矩形，双击该矩形，在“格式”选项卡的“大小”组中，点击右下角的对话框启动器，在“布局”对话框的“大小”选项卡中，把“旋转”项目中的“旋转”设置为“－30°”（或 330°），然后放置在适当位置。如图 5－44 所示。也可以通过 Alt 键加方向键，或按下 Shift 键时鼠标拖动图形上方的转动柄转动图形等其他方法让图形旋转一定的角度。

3）利用带图案的填充绘制“地板”。画一条矩形框 A，填充选择“宽上对角线”且无线条，得到图 B，再添加一条线段，调整各个对象的位置，得到图 C。如图 5－45 所示。

(2) 电路图的画法

在绘制电路图时，有很多条连接各元件的导线，如果一条一条地绘制连接线，作图十分麻烦，在绘制导线时，可以用矩形线框来代替，电路中电源和开关等可以单独做成一个个小图片，利用上面的图形遮盖下面图形的方法可以快速地绘制出电路图，最后利用文本框填写文字。制作方法如下：

1）导线电阻等图形的制作。绘制大矩形线框 A，填充色为“白色”，选中 A，再按下“Ctrl”键，用鼠标左键拉出（即复制）一个较大线框 B，并调整大小，再按下“Ctrl”键，用鼠标左键拉出小线框，并调整大小，再复制得到多个表示电阻的图形 C。滑动变阻器的绘制方法是再复制一个矩形框 D，置于底层，并绘制小箭头放置到适当位置。再将各图形都调整到适当位置。如图 5－46 所示。

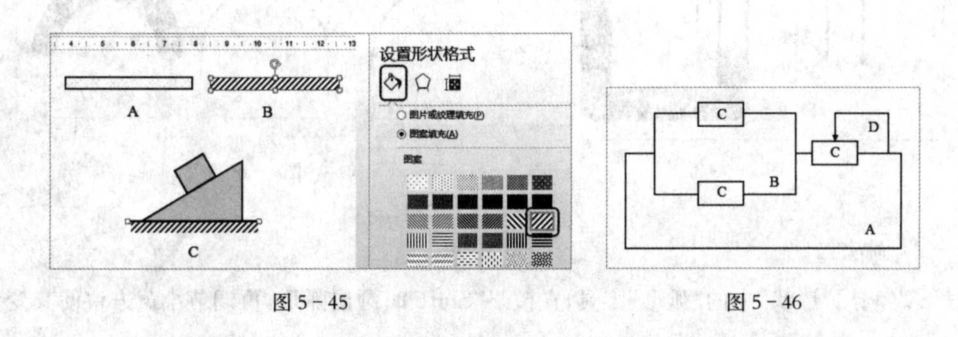

图 5－45　　图 5－46

2）电源、开关图形的制作。电源图形是由两条线段和一个白色矩形框组成，为图 A，无边框的白色矩形框置于两条线段的底层，组合成表示电源的图形 B。开关是由置于底层的白色无框矩形和一个两端均是圆形箭头的线段所组成，为图 C。电源、开关与电阻组合后的图形如图 5－47 所示。组合后的电源和开关图形还可以复制到其他电路图中独立使用。

(3) 试管图形的绘制

在理科教学中常常需要绘制试管图形。下面介绍试管图形的绘制方法：

1）画法一

A. 在“形状”中，利用“任意多边形”工具，按下“Shift”键，用鼠标画出一个“U”字形的折线图，在右边的“设置形状格式”窗格中的“填充线条”选项中，设置线条的粗细为“25 磅”。如图 5－48 所示中的图 A。再设置“连接类型”为“圆形”。得到图 B。

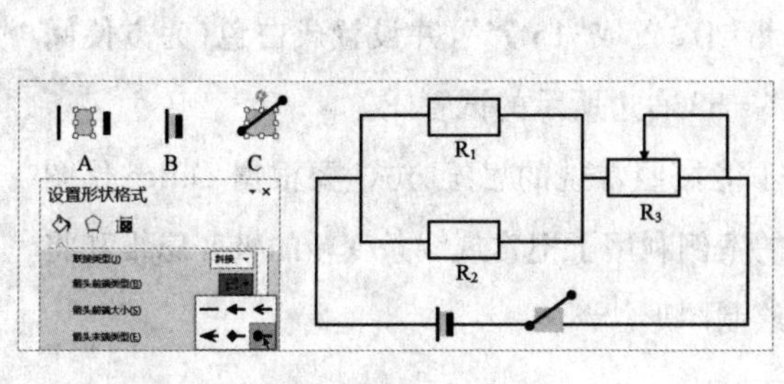

图 5－47

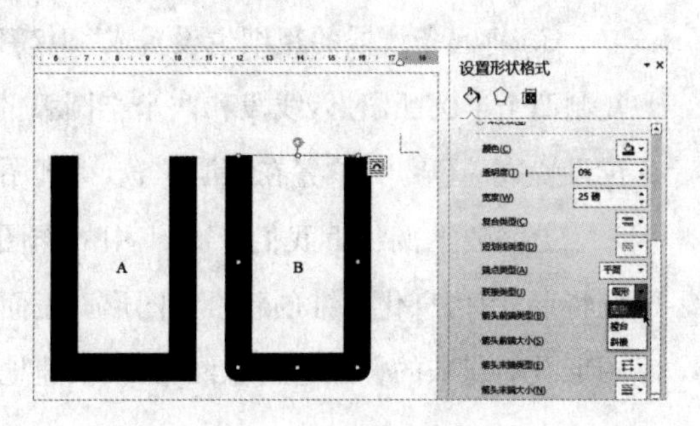

图 5－48

B. 利用线条进行填充，将长度适当，宽度为 18 磅，颜色为白色的线条，放置在适当位置。对于高度的标注，可以用一个完整的双向箭头，中间放置一个白色填充（为方便阅读设置成灰色）的文本框，输入 H。如图 5－49 所示。再将各对象组合起来。

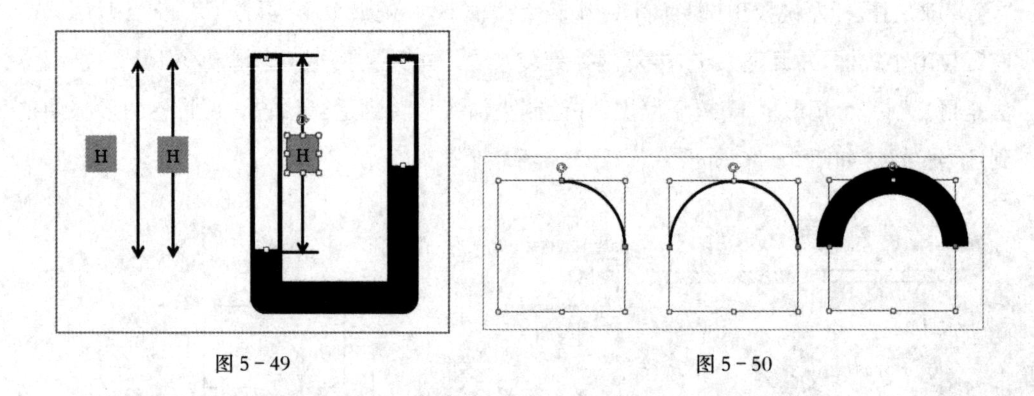

图 5－49　　图 5－50

2）画法二

A. 利用“形状”中的“弧形”工具，在按下“Shift”时画出弧形，再调节小黄方块使其变为半圆，并设置线的粗细为“20 磅”。如图 5－50 所示。

B. 选中半圆弧，将半圆弧图形复制后上下翻转，在适当位置绘制三条线段，如图 5－51 所示。

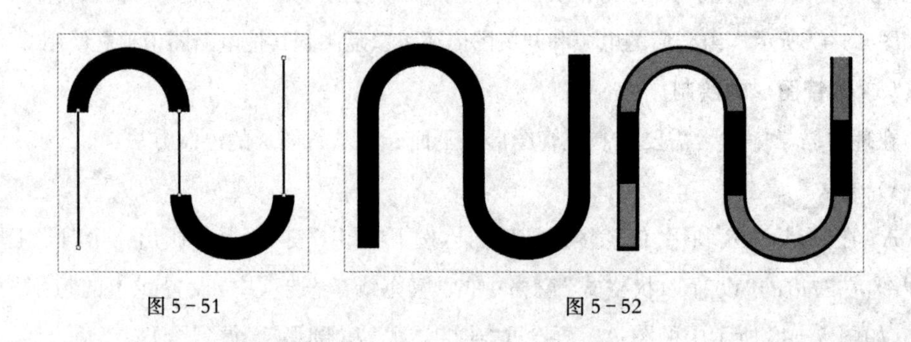

图 5－51　　图 5－52

C. 将三条线段的粗细也设置成“20 磅”，如图 5－52 所示左边。画出两条竖直线段，再复制两个半圆弧图形，线段和两个半圆弧的粗细设置成“15 磅”，并设置成白色（为方便阅读设置成灰色），并放置在适当位置，得到图 5－52 右边所示的试管图。

上面的案例告诉我们，Office 中的作图不能按照常规的思维方式，要根据 Office 作图的特点，用信息化思维创新绘制图形。上面的案例利用了把常规线条变粗的极变思维和将图形叠加起来的叠加遮盖思维，方便快速地绘制图形。

第4课 图片及其应用

1. 图片的插入

图形和图片不同，在文档中利用绘图工具绘制的形状称为图形，从外部插入的称为图片，如插入的照片、网页上复制过来的图片，这些都称图片。要在文档中插入图片，有以下方法：

(1) 直接复制

在其他程序或网页中直接复制图片，然后粘贴到文档中。

(2) 插入图片

在“插入”选项卡的“插入”组中，点击“图片”按钮，如图5-53所示，找到电脑中的图片，插入即可。

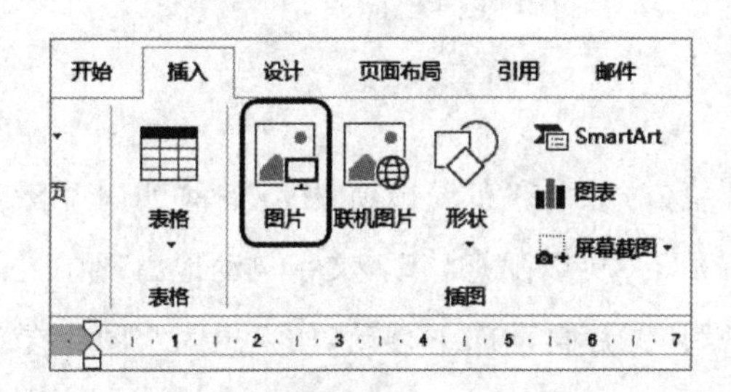

图5-53

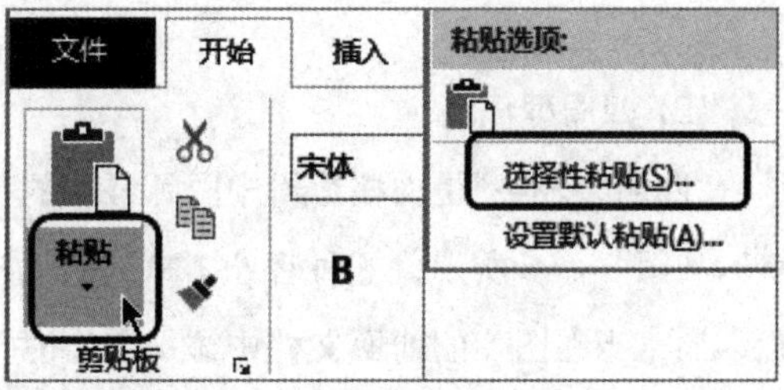

图5-54

(3) 利用“选择性粘贴”

复制图片后，在“开始”选项卡的“剪贴板”组中，点击“粘贴”工具，点击“选择性粘贴”。如图5-54所示。可以选择一种格式插入图片。

一般用后两种方式添加图片较好，这样可以避免直接复制粘贴图片有时会创建该图片与其他地方有链接的现象。有时网络上的图片直接复制粘贴，还粘贴不上去(看不到粘贴的图片)，只能采用“选择性粘贴”的方法。

2. 图片的存在形式

插入了图片后，常常会把原来的文档搞乱，要避免这种情况，先要搞清楚图片在文档中的存在形式。插入的图片与前面绘制的图形的存在形式基本相同。

(1) 嵌入型

插入的图片,一般默认的方式是"嵌入型"的,即光标置于文档中某处,插入的图片以字符的形式出现在该处。选中"图片",在右上角的"布局选项"中,可以看到图片的存在形式为"嵌入型"。如图 5-55 所示。

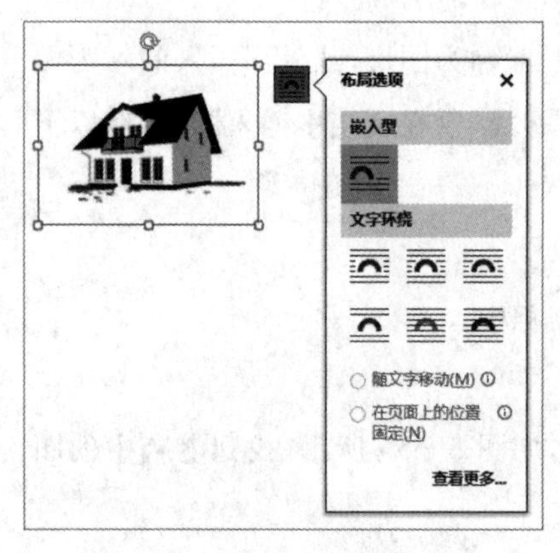

图 5-55

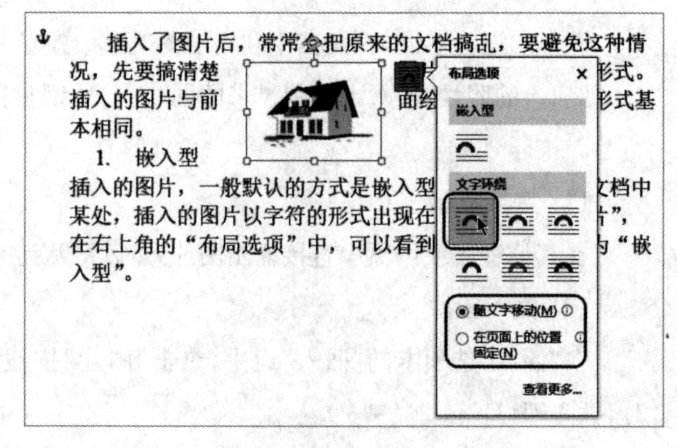

图 5-56

(2) 四周型环绕

"四周型环绕"是文档编辑中图片常用的环绕方式。在"布局选项"中,选择"四周型环绕",如图 5-56 所示。这种环绕方式,鼠标拖动图片可以随意移动,文字自动地出现在图片四周。当在图片的前面文档中添加文字时,默认图片自动向下移动,如果想固定图片在文档某处不动,可以选中图右下角的"在页面上的位置固定"。

3. 图片的移动和固定

(1) 图片的选中

要移动图片首先要选中图片,有时图片很小,或者图片相互重叠,或者图片"衬于文字下方"时,很难被选中,这时在"开始"选项卡的右边"编辑"组中,点击"编辑",再点击"选择窗格"。如图 5-57 所示。在"选择窗格"点击右边的"眼睛"图标,可以选择或不选择图片。

(2) 图片的移动方式

文档中常常需要移动图片,图片的多种移动方法可供选择。

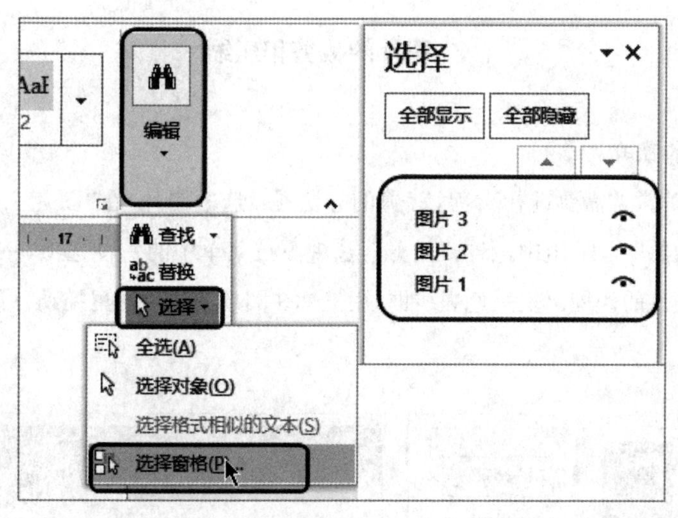

图 5－57

1）改变图片的布局。把“布局选项”设置为非嵌入型的环绕方式，这样鼠标拖动图片可以灵活地移动图片到任意位置。

2）利用方向键移动。如果微调图片位置，可以利用“Ctrl＋方向键”的方法，微调图片的位置。

3）利用图片左边的“锚”图案。图片移动过程中，常常看到“锚”的图案出现在图片的左边（图形中也出现“锚”图案），如图 5－56 左上角所示，这个“锚”图案称为“对象位置”，只有当图片（或图形）设置为非嵌入型布局选项时，才会出现。锚和图片总是处在同一页面，在页面内移动锚，图片不会移动，若锚被移动到下一页，则图片也会移动到下一页。如果不希望出现这种情况，可以将锚和图片固定在一起，方法是：在图 5－56 中点击下面的“查看更多”，在“布局”对话框的“位置”选项卡中，选中下面的“锁定标记”，如图 5－58 所示。这时锚图案旁边会出现一个小锁标记，这时锚无法被选中，图片只可以在本页内移动，无法移动到下一页。

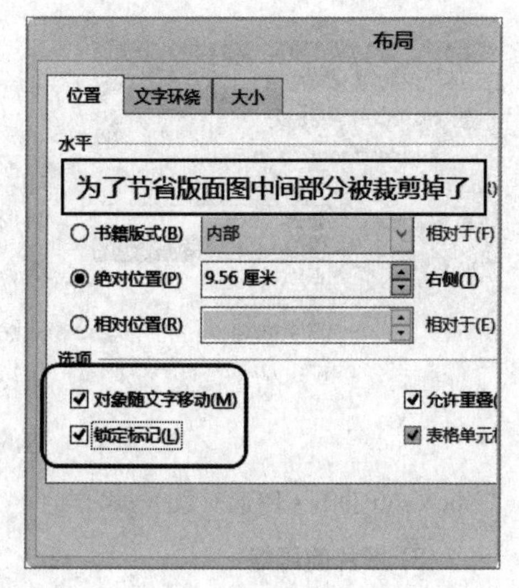

图 5－58

4. 图片的裁剪和压缩

(1) 图片的裁剪

插入的图片常常需要进行裁剪，裁剪的方法是：选中图片，在“图片工具”栏中的“格式”选项卡右边的“大小”组中，点击“裁剪”，选中下拉菜单中的一种选项，一般选择上面的“裁剪”工具，图片的四周出现黑色虚线框，用鼠标在图片的边上向里拖动，可以自由地裁剪图片。如图 5-59 所示。

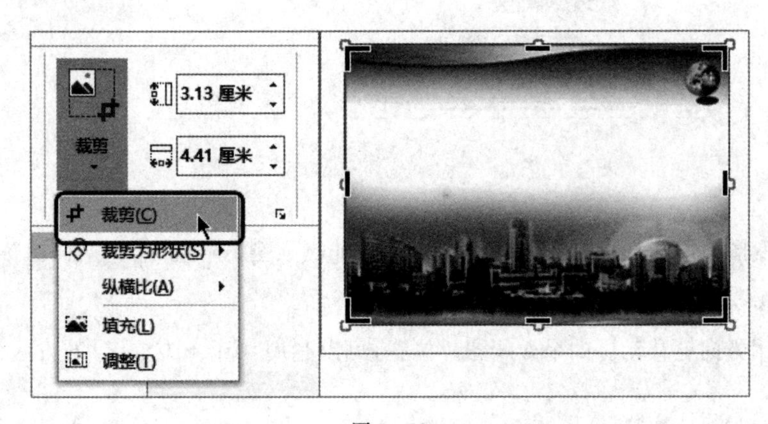

图 5-59

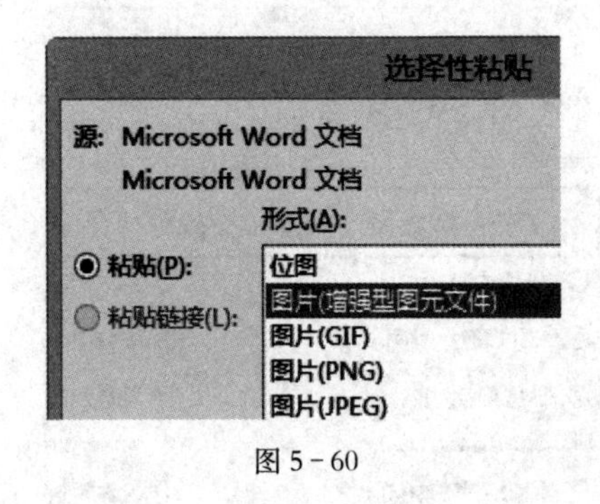

图 5-60

(2) 绘制图形的裁剪

绘制的图形是不能够直接裁剪的，要裁剪绘制的图形，需要把图形转变成图片。转换的方法是：选中图形复制(或剪切)后，在“开始”选项卡的“剪贴板”组中，点击“粘贴”工具，点击“选择性粘贴”。在“选择性粘贴”对话框中，选中“图片(增强性图元文件)”(或其他格式)，如图 5-60 所示。这样图形就变成了可以裁剪的图片了。如果直接“粘贴”，则图形为原来默认的“Microsoft Office 图形对象”格式。

(3) 图片的压缩

插入的图片过多且像素过高，会使得文档很大，打开和运行文档时都不流畅。这时可以把图片压缩，使得文档变小。方法是：在图片“格式”选项卡的左边“调整”组中，点击“压缩图片”按钮，在“压缩图片”选项中，一般选择“电子邮件(96 ppi)：尽可能缩小文档以便共享”，可以让文档变得很小。如图 5－61 所示。

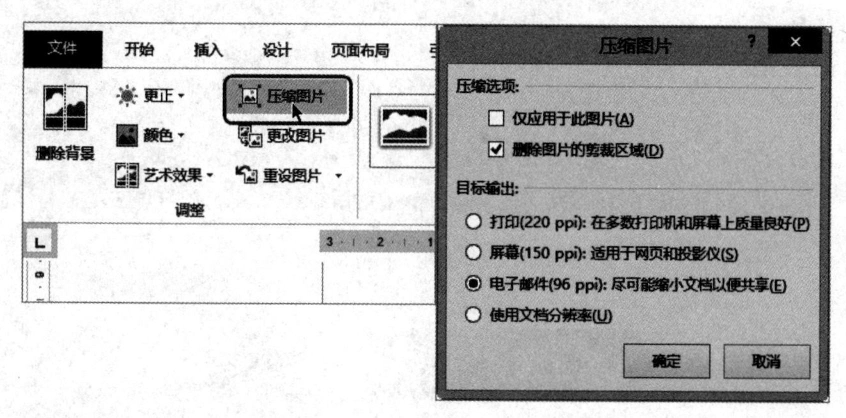

图 5－61

(4) 图片样式的设置

只有选中图片，才能够看到上面出现的图片工具栏，在“格式”选项卡中，有多个工具供设置图片的格式使用。在“图片样式”组中，可以直接选中一种图片的样式，如图 5－62 所示。也可以点击右边“图片边框”，自定义图片的边框样式，点击“图片样式”组中右下角的对话框启动器，可以在右边出现的“设置图片格式”窗格中进一步设置图片的格式。

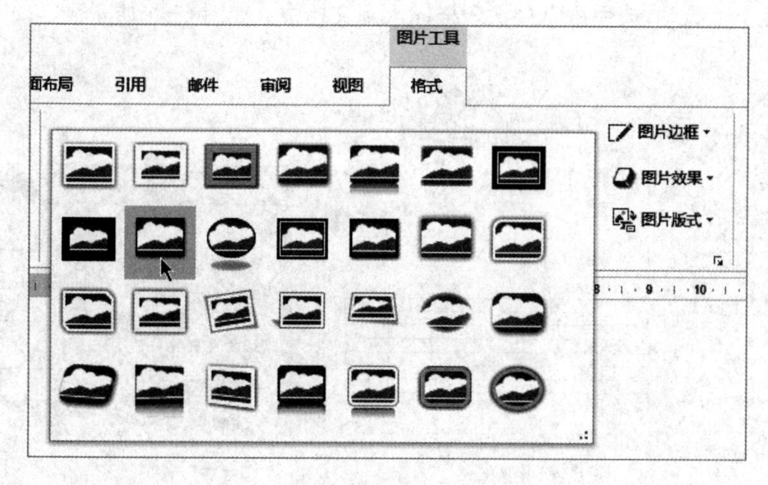

图 5－62

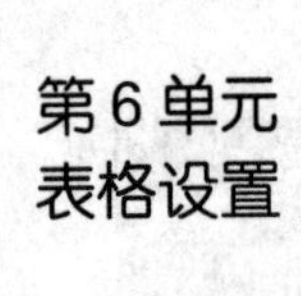

第6单元 表格设置

第1课 表格的基本操作

1. 表格及行列的选中

(1) 表格及行列的添加和删除

1) 插入表格

A. 要在空文档中插入表格，在“插入”选项卡下面的“表格”组中，点击“表格”按钮，用鼠标直接在上面拉动，放手后直接把表格插入到文档中。如图6-1所示。

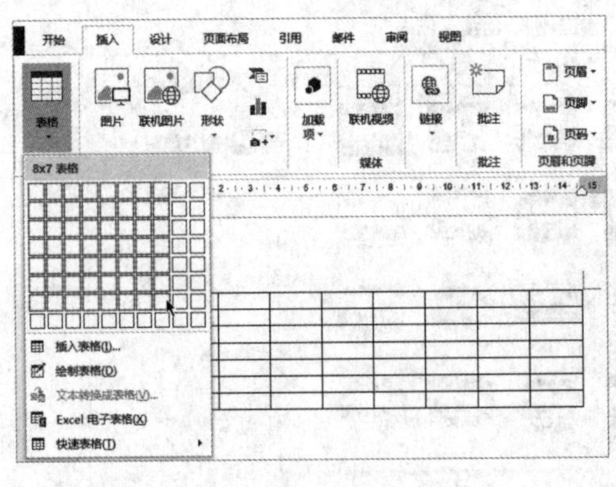

图6-1

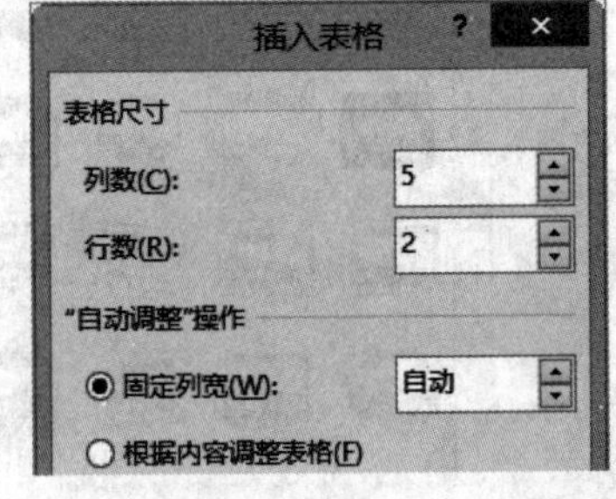

图6-2

B. 在上图中左边点击“插入表格”按钮，在“插入表格”选项卡中，可以设置列和行的数值，如图6-2所示。如果插入的表格是在文档的最上边第一行，即上边没有空行，不能在表格上方输入文字，这时光标置于左上角的第一个单元格内，打回车后，表格上面自动添加一个空行。

2）插入行和列

A. 方法一。光标置于表格中，选中需要添加的列数和行数，在上面“表格工具”的“布局”选项卡中的“行和列”组中，选择要插入的行和列的位置即可。如图 6－3 所示。

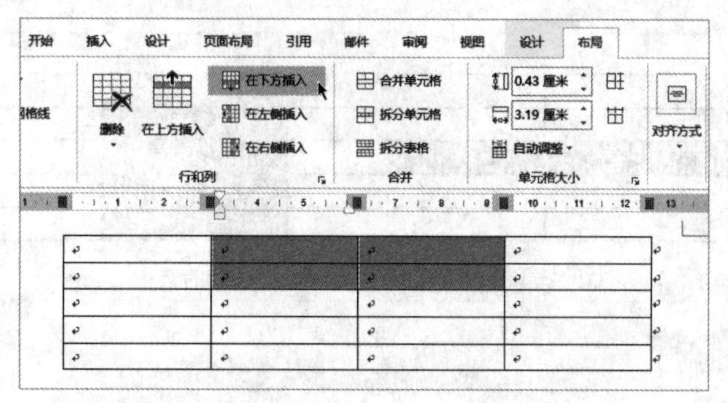

图 6－3

B. 方法二。鼠标右击选中的单元格，在“插入”选项中，选择需要插入的行或列的位置即可。图略。

C. 方法三。沿某条横线，光标移动到最左边的竖线上时，当出现一个小加号时，点击一下，即可插入一行。沿某条竖线，光标移动到最上边的横线上时，当出现一个小加号时，点击一下，即可插入一列。如图 6－4 所示。

D. 方法四。表格中添加一行的快速方法，光标置于某一行的最右端表格外，打回车即可插入一行。

3）删除行、列或表格

光标置于欲删除的行、列中，在上面“表格工具”的“布局”选项卡中的“行和列”组中，点击“删除”，根据需要选择删除的项目。如图 6－5 所示。也可以直接将表格全部删除。

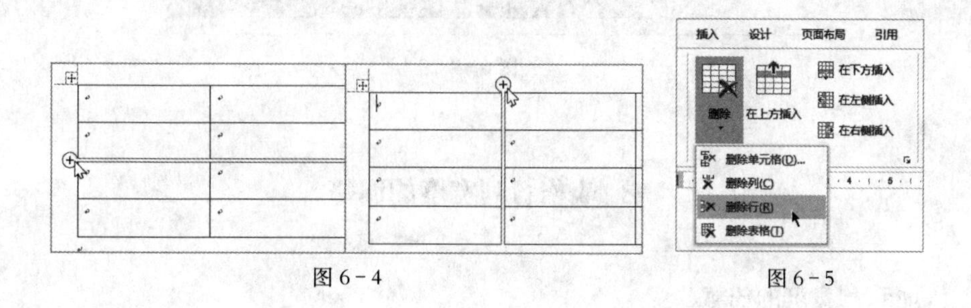

图 6－4　　　　图 6－5

(2) 行、列及表格的选中

1）行、列的选中

A. 行的选中。当光标在行的左边框外边变为空心斜箭头“↗”时，单击可以选中一行，上下拉动可以选择多行。

B. 列的选中。当鼠标在列的上边框外变为实心向下的箭头“⬇”时，单击可以选中一列。鼠标左键按下后左右拖动，可以选择多列。如图 6-6 所示。

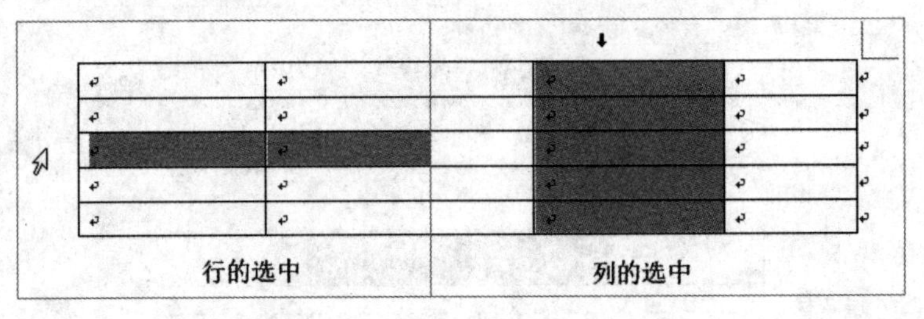

图 6-6

2) 选中表格。光标置于任意单元格中，在上面“表格工具”的“布局”选项卡中的“表”组中，点击“选择”，点击“选择表格”即选中了全部表格。如图 6-7 所示。也可以在此选择行或列。

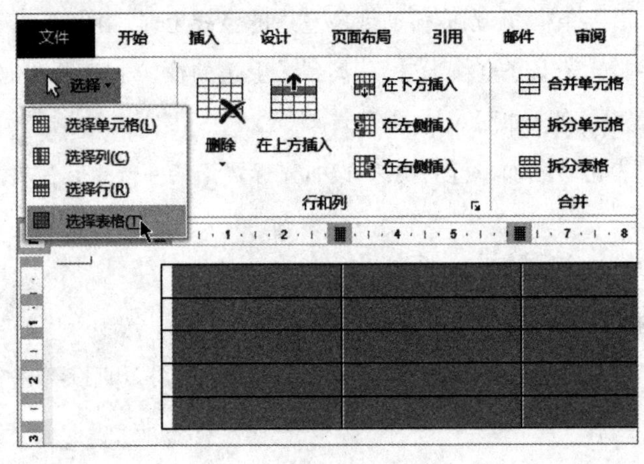

图 6-7

2. 表格行列宽度的调整

(1) 行、列宽度的任意改变

1) 当鼠标移动到某一横线或者竖线上时，按下鼠标左键，光标处出现“÷”或“+||+”时拖动鼠标可以任意改变“行”或“列”的宽度。若先按下“Alt”键，光标再移动到某一竖线上时，在上面标尺上可以精确地显示出列宽的数值。如图 6-8 所示。

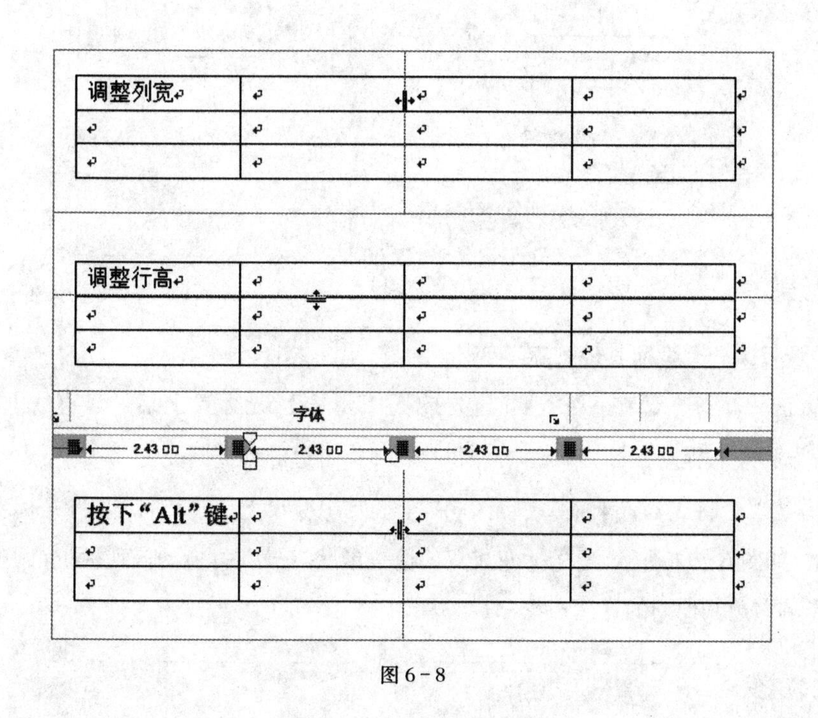

图 6-8

2）等比调整行高和列宽。画出表格后，光标置于表格的右下角，当光标变为斜双向箭头时，左右或上下拉动，即可等比的改变行高和列宽。如图 6-9 所示。

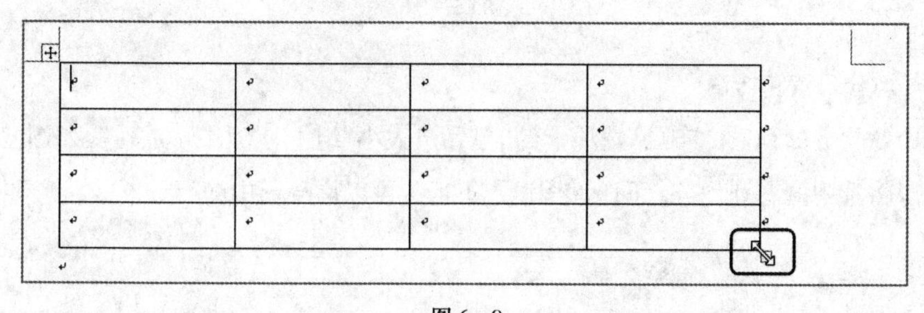

图 6-9

3）精确调整行、列的高度和宽度。要精确调整行、列的高度和宽度，光标置于某一单元格中，或选中行或列（可以多选），在“表格属性”对话框的“行”选项卡中，可以设置行高。同理在“列”选项卡中可以设置列宽。也可以在“布局”选项卡的“单元格大小”组中，设置行高和列宽。如图 6-10 所示。

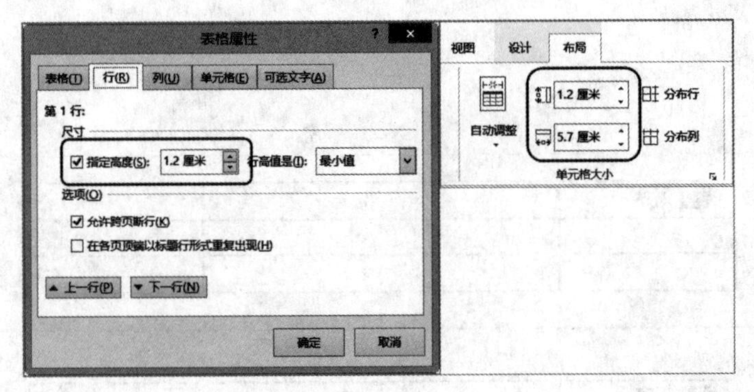

图 6－10

(2) 调整某一列宽而其他列宽不变

1）方法一。当改变某一列宽度时，先按下“Shift”键，光标置于某一竖直线上，当光标变成“+‖+”时，左右拖动鼠标，当该列的宽度改变时，右边的列宽不变。

2）方法二。将光标置于某一单元格中，上面水平标尺上出现列标记，将光标移到某个列标记上，如图 6－11 所示，当光标变成双向箭头形状“⟷”时，拖动该列标记，调整该列宽度则不影响右边其他列的宽度。

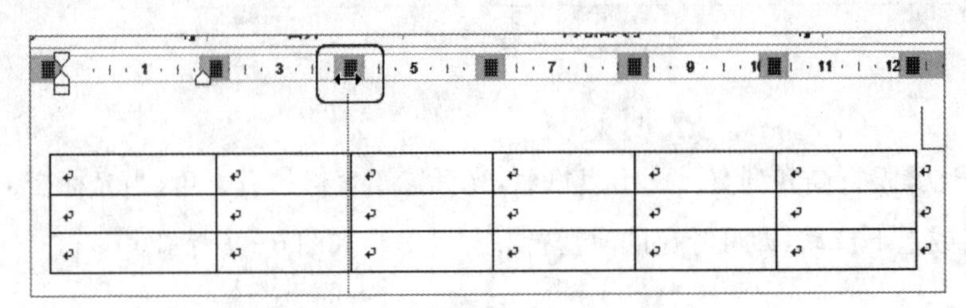

图 6－11

(3) 均分列宽和行高

选中欲均分的列，在“布局”选项卡的“单元格大小”组中，点击“分布列”，如图 6－12 所示。可以将选中的各列均分。同理利用“分布行”，可以均分选中的行。

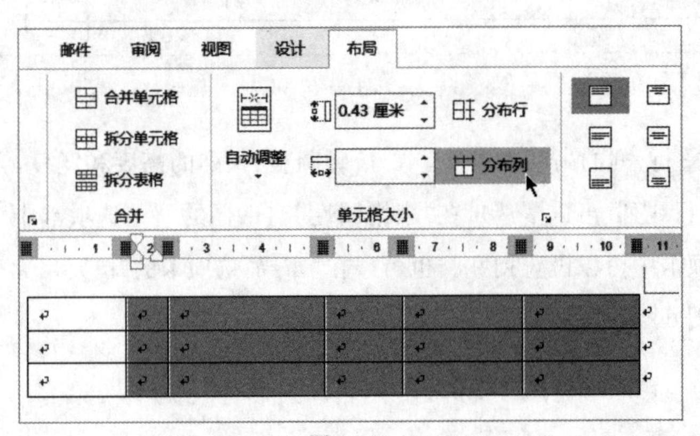

图 6－12

3. 表格的拆分

一个表格根据需要可以拆分成上下两个或者左右两个表格，操作方法如下：

(1) 拆分为上下两个表格

光标置于需要拆分的行中，在“布局”选项卡的“合并”组中，点击“拆分表格”，如图 6－13 所示。即可将表格上下一分为二。也可以用快捷键的方法，将光标置于分开后为第二个表格的第一行任意一个单元格内，然后按下“Ctrl + Shift + 回车键”，即可将表格一分为二。若要将上下两个表格合在一起，将光标置于两个表格之间，点击“Del”键即可。

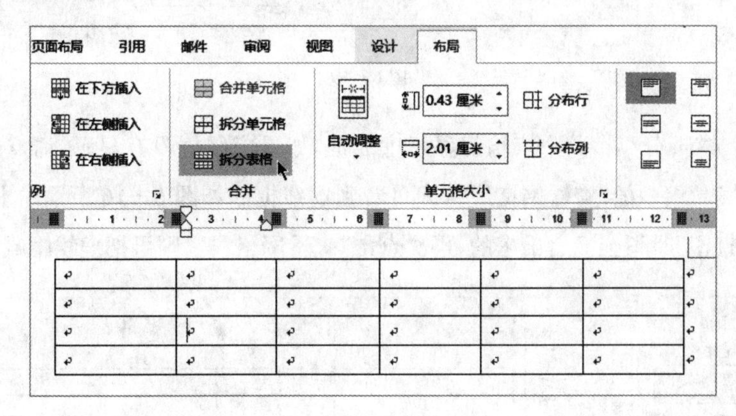

图 6－13

(2) 表格拆分为左右两个

可以通过去掉部分边框线的方法，间接地将一个表格变为左右两个，方法是：

1）选中需要拆分的列，在“设计”选项卡的“边框”组中，点击右下角的对话框启动器，如图 6－14 所示。

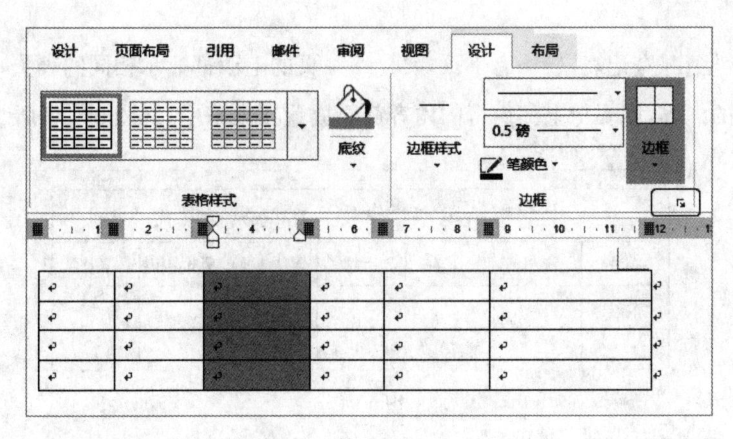

图 6－14

2）设置边框。在得到的"边框和底纹"对话框的"边框"选项卡中，在右边的预览中，鼠标分别点击三条横线，即将原有的横线去掉。如图 6－15 所示。

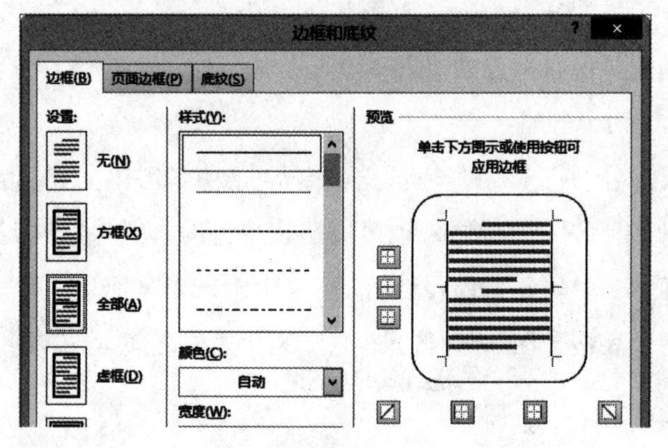

图 6－15

3）表格被"拆分"后，两个表格间显示虚线框，如果虚线框没有显示，请点击"布局"选项卡左边的"表"组中的"查看网格线"，即可看到虚线框。如图 6－16 所示。虚线框在"打印预览"和"打印"时不会显示出来的，再次点击"查看网格线"，则可把虚线隐藏起来。

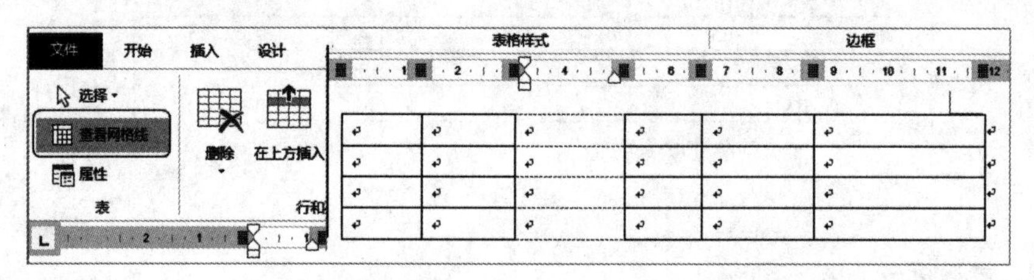

图 6－16

4. 每页有相同的标题行

学生入学情况登记表，表格有多页，要让每一页的上面都显示相同的表头，如显示表格中上面两行的内容，就要把上面两行的内容都要放置在表格中，如图 6－17 所示。

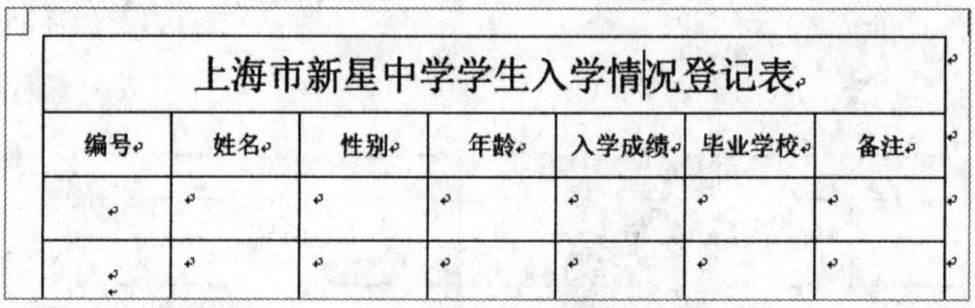

上海市新星中学学生入学情况登记表						
编号	姓名	性别	年龄	入学成绩	毕业学校	备注

图 6－17

(1) 去掉标题表格线

1）第一行文字“上海市新星中学学生入学情况登记表”一般不显示在表格中，可以把该单元格中的左、右、上边框去掉。鼠标在第一行的左边单击（或鼠标拉动选中该行中的文字）选中标题所在的行，在“表格工具”栏中的“设计”选项卡中的“边框”组中，点击右下角的对话框启动器。如图 6－18 所示。

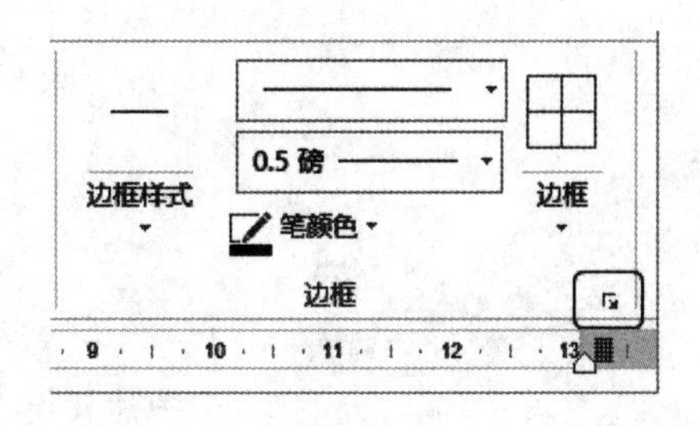

图 6－18

2）在“边框和底线”对话框中的“边框”选项卡中，通过右边的“预览”，去掉左、右和上边框线。如图 6－19 所示。这样“上海市新星中学学生入学情况登记表”一行字打印出来就没有边框了。

(2) 设置重复标题行

选中上面两行，在“布局”选项卡的右边的“数据”组中，点击“重复标题行”。如图6－20 所示。这样每页都有了相同的标题行。

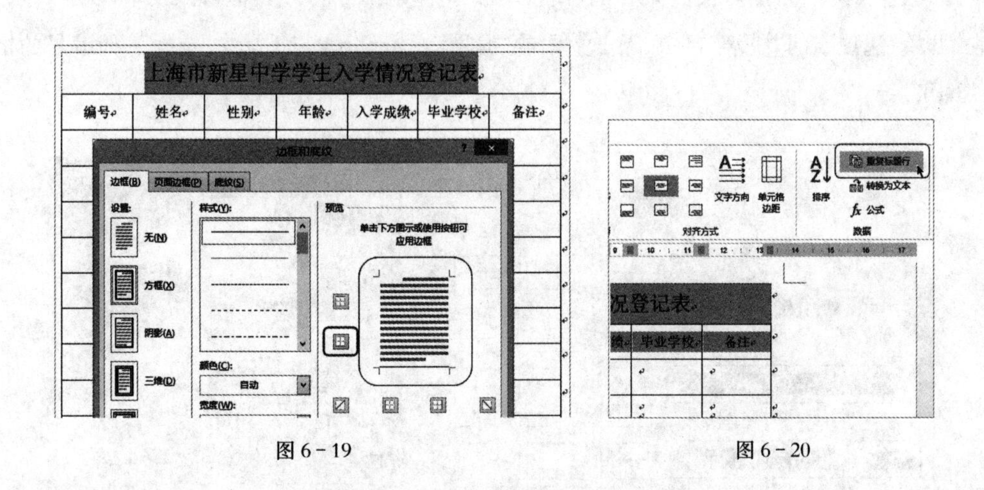

图 6－19　　图 6－20

第 2 课　表格中编号的填充

表格中常常要填充很多编号，如果手工一个一个地填充，不仅仅是慢，更主要的是当去掉某一单元格的编号时，其他编号不能够自动地更新变化，给编辑文档带来很大的不便。可以采用填充“编号”的方法对单元格中的编号进行自动填充。

1. 设置居中对齐

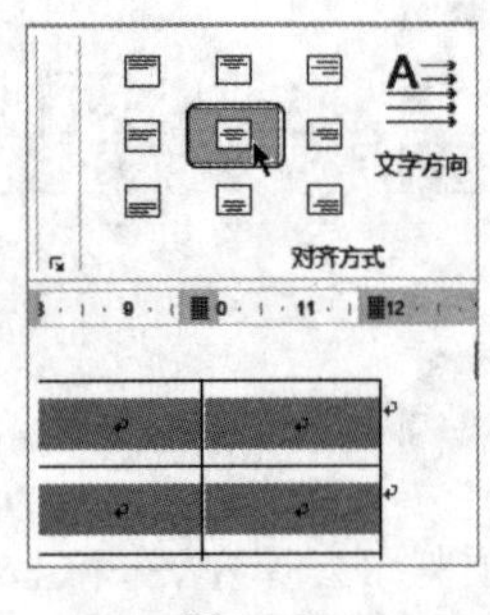

图 6－21

绘制的表格中默认文字的对齐方式是在单元格中左上角对齐。一般单元格中的编号应该水平和竖直都居中对齐。用鼠标选中需要设置格式的单元格。在“布局”选项卡的“对齐方式”组中，选择中部的“水平居中对齐”。如图 6－21 所示。这样输入的文字或编号就水平和竖直居中了。

2. 填充编号

(1) 选中单元格

填充编号先选中单元格，如果需要选中的单元格是连续的，直接用鼠标拉动全部选中单元格即可，如果选中的单元格是不连续的，如需要选中第一行和第三行，方法是：先用鼠标拉动选中第一行，然后按下 Ctrl 键，接着用鼠标拖动第二行(或其他行以及单元格)，然后在“开始”选项卡的“段落”组中，点击上面的“编号”。如图 6－22 所示。选择一种编号的格式即可。

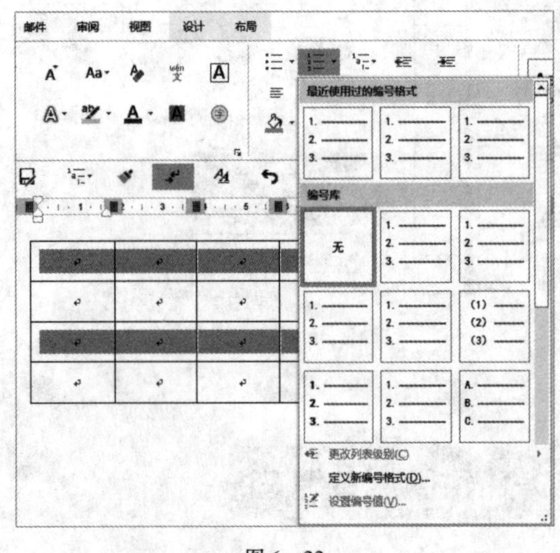

图 6－22

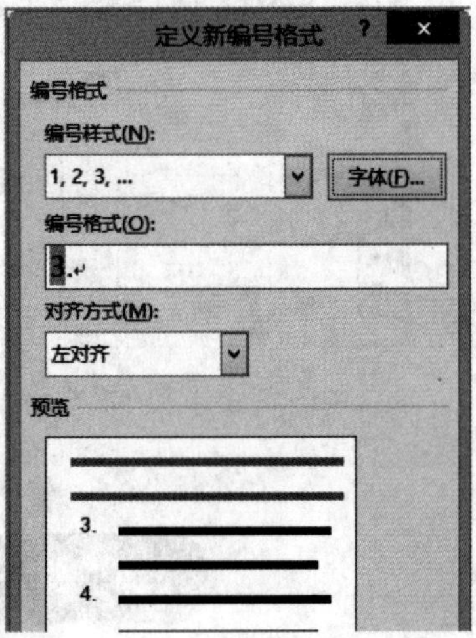

图 6－23

(2) 设置编号的格式

要设置编号的格式，在图 6－22 中点击下面的“定义新编号格式”，在得到的“定义新编号格式”对话框中，可以设置“编号样式”以及“对齐方式”。如图 6－23 所示。点击“字体”按钮，在得到的字体选项卡中，可以设置字体的格式。

3. 编号的缩进设置与删除

(1) 设置编号缩进量

常常需要在表格的左边一列插入连续编号。选中该列，在“开始”选项卡的“段落”组上面点击“编号”按钮，则该列自动插入编号，插入的编号常常需要调整缩进量，点击某一个编号，右击鼠标，点击“调整列表缩进”，在“调整列表缩进量”对话框中。“编号位置”可以设置编号的左右位置，“文本缩进”可以设置第二行与编号间的相对位置。如果需要编号数值进一步居中，“编号之后”可以选择“空格”。如图 6－24 所示。

(2) 删除插入的自动编号

如果是手工添加的编号，选中该列，按下 Del 键可以批量删除。而插入的编号是一种格式，要删除添加的编号，一种方法是删除格式，选中该列，在“开始”选项卡的“字体”组中，点击格式删除按钮，如图 6－25 所示，则可以去除该列的编号数字。另一种方法是，直接在编号库中点击“无”，如图 6－22 所示。

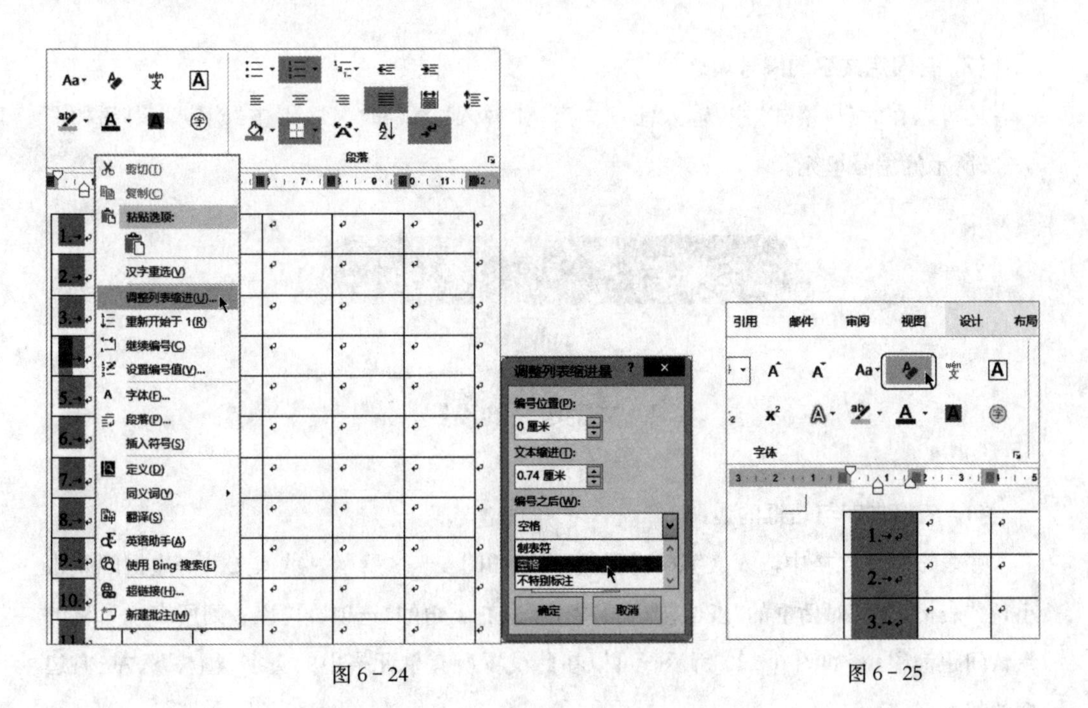

图 6－24　　　　图 6－25

4. 编号添加固定文字

在编号填充时，常常有一些固定的数值和文字，可以通过设置编号格式来解决。

(1) 有固定数值的编号填充

选中要插入编号的列，在“开始”选项卡的“段落”组中，点击“编号”，点击下面的“定义新编号格式”，如图 6－22 所示。在“定义新编号格式”选项卡的“编号格式”项目中添加上相关数值，如“201800”，后面带阴影的编号会自动变化。如图 6－26 所示。

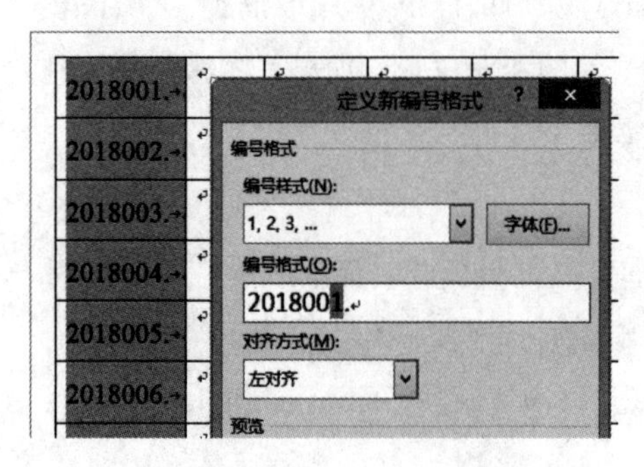

图 6－26

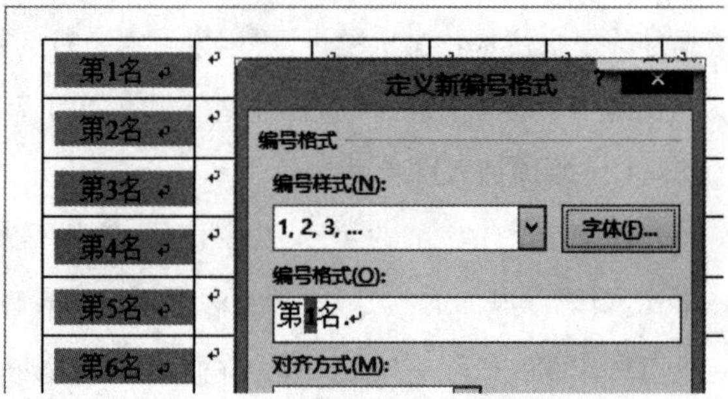

图 6－27

(2) 有固定文字的编号填充

还可以在“编号格式”中，输入任意文字，如输入“第”和“名”，点击“确定”，得到如图 6－27所示的编号填充。

第 3 课 单元格格式的设置

1. 文字边距的设置

(1) 表格文字与边框的边距

在表格的单元格中输入文字(或复制进去)，如图 6－28 所示。默认文字与边框间距很小，在“表格属性”对话框的“表格”选项卡中，点击右下角的“选项”，可以看到所有单元格的默认间距都很小，如图 6－29 所示。可以在此设置所有单元格中的文字与上、下、左、右边框的间距。

表格如果较小，周围需要环绕一些文字，绘制的表格默认是无环绕的，即不论表格大小，表格左右两边是没有文字的，相当于图形中的“上下型环绕”。当表格较小时，表格周围需要添加一些文字，不过表格的环绕不是四周型的，如“居中”是左边、右边和下面有文字。
表格如果较小，周围需要环绕一些文字，绘制的表格默认是无环绕的，即不论表格大小，表格左右两边是没有文字的，相当于图形中的“上下型环绕”。当表格较小时，表格周围需要添加一些文字，不过表格的环绕不是四周型的，如“居中”是左边、右边和下面有文字。

图 6-28

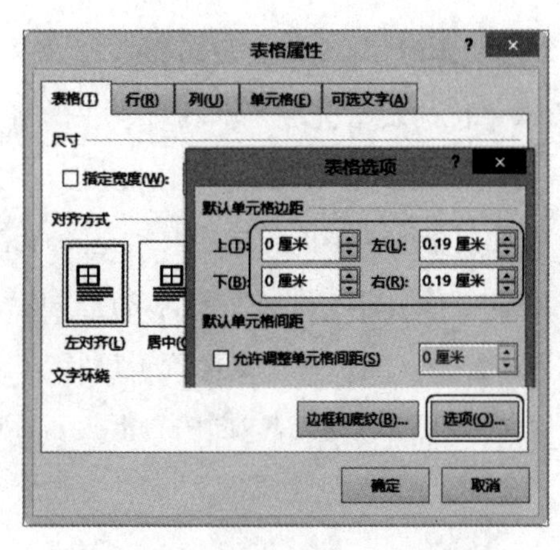

图 6-29

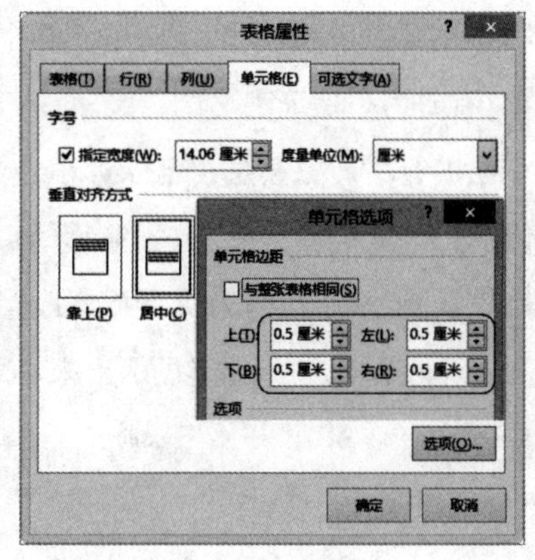

图 6-30

(2) 某单元格中文字与边框的间距

如果只需要改变某一单元格的文字与边框的间距，选中“单元格”选项卡，点击右下角的“选项”，在“单元格选项”对话框中，设置单元格的文字边距。如图 6-30 所示。

(3) 边距设置前后的比较

设置了边距的单元格中的文字与下面默认单元格中文字边距的比较。如图 6-31 所示。

表格如果较小，周围需要环绕一些文字，绘制的表格默认是无环绕的，即不论表格大小，表格左右两边是没有文字的，相当于图形中的“上下型环绕”。当表格较小时，表格周围需要添加一些文字，不过表格的环绕不是四周型的，如“居中”是左边、右边和下面有文字。
表格如果较小，周围需要环绕一些文字，绘制的表格默认是无环绕的，即不论表格大小，表格左右两边是没有文字的，相当于图形中的“上下型环绕”。当表格较小时，表格周围需要添加一些文字，不过表格的环绕不是四周型的，如“居中”是左边、右边和下面有文字。

图 6-31

2. 文字的对齐与行高的固定

(1) 文字对齐的设置

单元格中文字位置默认是顶端左上角对齐，要改变文字在单元格中的位置，在表格工具的“布局”选项卡的“对齐方式”组中，有九种对齐方式，选择一种对齐方式即可。如图6－32所示。

(2) 固定单元格的行高

表格绘制好以后，默认的是向单元格中复制文本时，单元格的行高会随着内容的多少自动调整，有时为了保证表格的行高不变（通常单位的表格模板要求具有统一的格式），就要固定表格的行高。方法是：光标置于该单元格中，在“表格属性”对话框的“行”选项卡中，行高设置为“固定值”，如图6－33所示。上面表格中两个单元格中文字是一样多的，第一行行高默认是“最小值”，第二行行高设置为“固定值”，即不论文字多少，行高固定。要保证第二行高不变而让文字全部显示出来，需要调整文字的字号。鼠标置于该行左端（即选中该行中的文字），利用“开始”选项卡“字体”组中的字号调整工具（图中右下角），逐磅调整字号，直到满意为止。

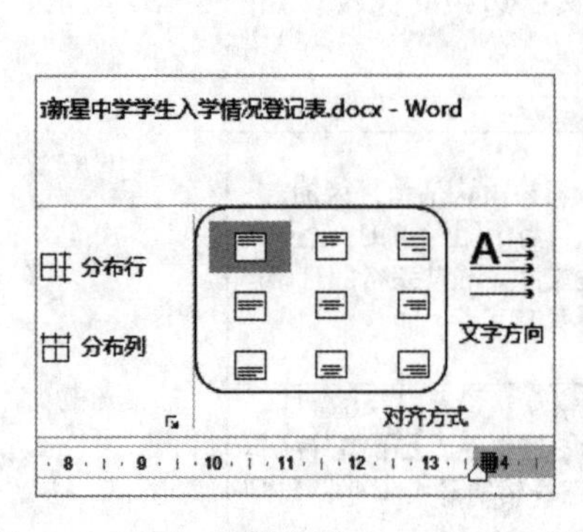

图6－32

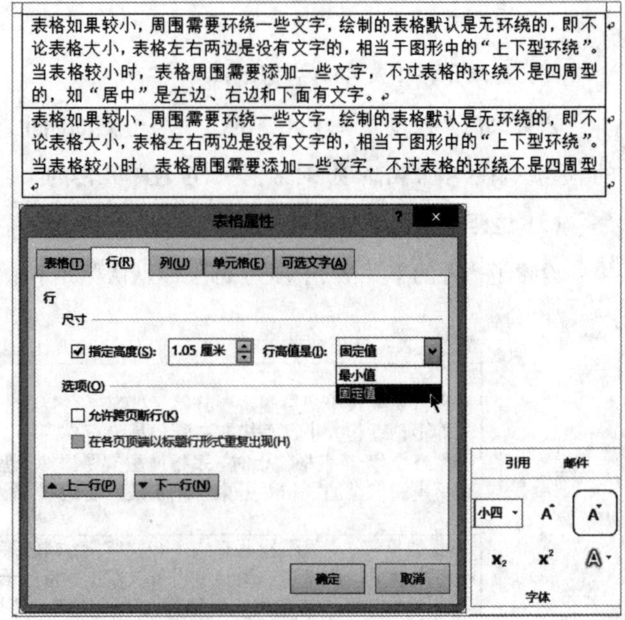

图6－33

3. 单元格间距的调整

(1) 设置单元格间距

在“表格工具”的“布局”选项卡中的“对齐方式”组中，点击“单元格边距”，在“表格选项”中，选中“允许调整单元格间距”，设置数值。如图 6－34 所示。设置后的单元格间距如图 6－35 所示。

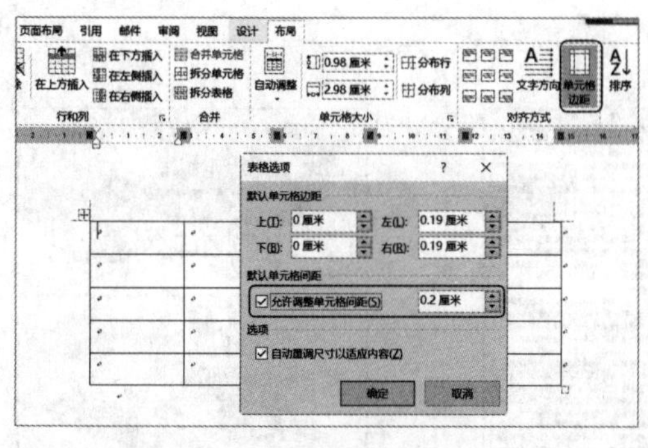

图 6－34

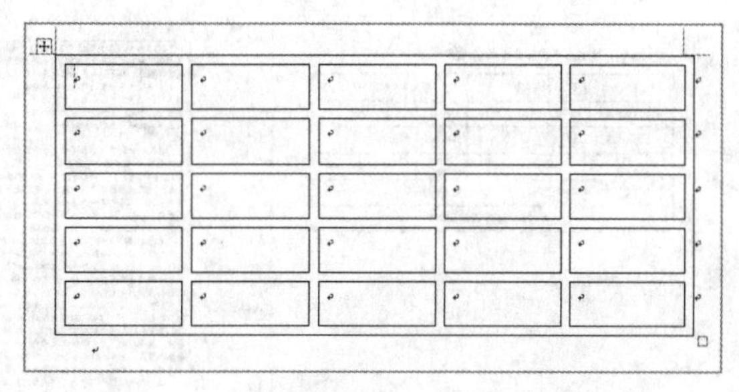

图 6－35

(2) 去掉边框

单元格间距设置后，如果要去掉边框，可以利用“边框”工具。

1) 去掉单元格边框。选中单元格，在“设计”选项卡的“边框”组中，点击“无边框”，即可去掉某些单元格的边框。如图 6－36 所示。

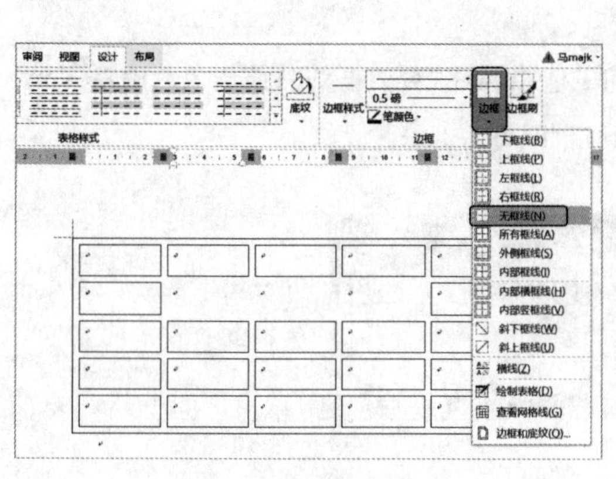

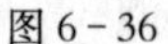
图 6－36

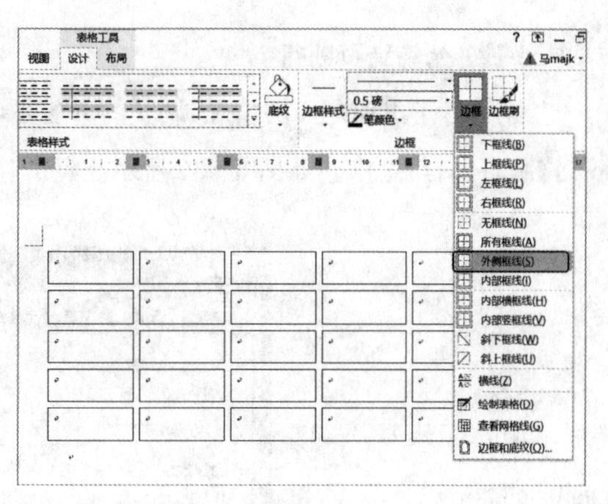

图 6－37

2) 去掉表格边框。选中表格或全部单元格，点击“外侧框线”，即可去掉表格的外边框，如图 6－37 所示。如制作学生座位表格，可以使用这种方法。

4. 允许跨页断行的使用

(1) 表格常常被拆开

在表格的编辑过程中，有时单元格内容太多，该单元格会自动跳转到下一页。第二页单元格内容过多，同时该单元格中又插入了较大的图片，所以该单元格又被拆分到第三页上面，如图 6－38 所示。

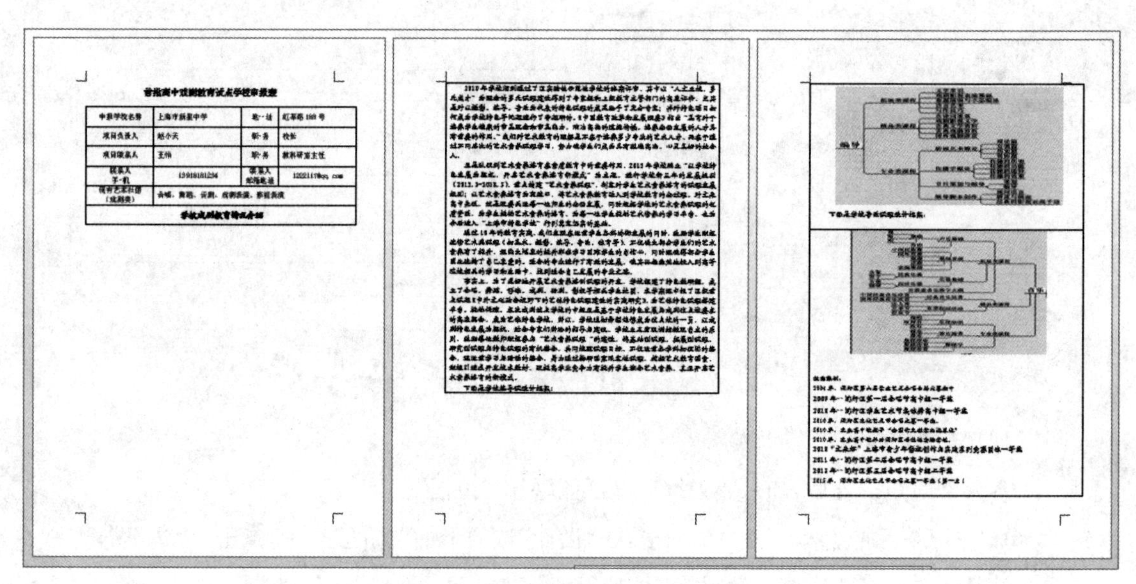

图 6－38

(2) 允许跨页断行

1) 对于出现上面的情况，调整的方法是，在“表格属性”对话框的“行”选项卡中，将“允许跨页断行”选中。如图 6－39 所示。点击“确定”即可。

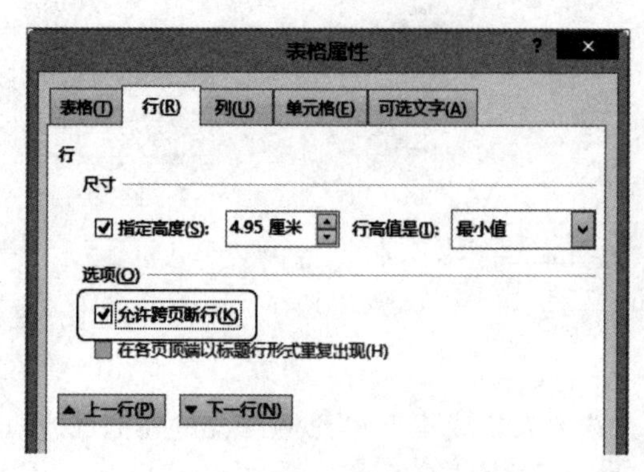

图 6－39

2）选中“允许跨页断行”后的表格如图 6 - 40 所示。单元格根据文字自动跨页断行。

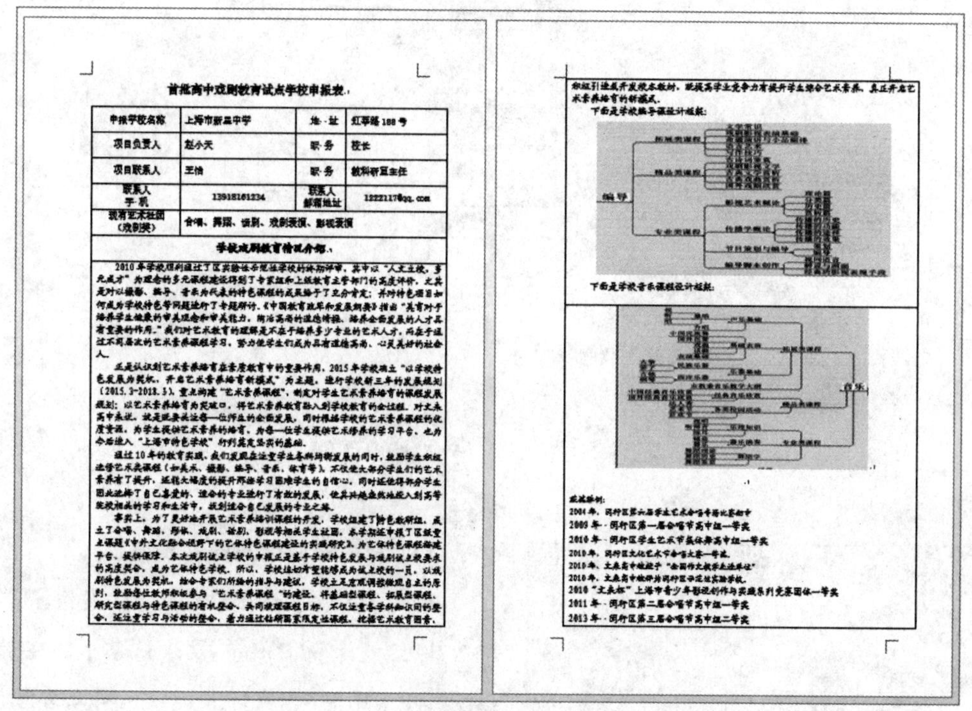

首批高中戏剧教育试点学校申报表

申报学校名称	上海市新星中学	地　址	红枣路 188 号
项目负责人	赵小天	职　务	校长
项目联系人	王怡	职　务	教科研室主任
联系人手　机	13918161234	联系人邮箱地址	1222117@qq.com
现有艺术社团（戏剧类）	合唱、舞蹈、话剧、戏剧表演、影视表演		
学校戏剧教育情况介绍			

2009 年　闵行区第一届合唱节高中组一等奖
2010 年　闵行区学生艺术节集体舞高中组一等奖
2011 年　闵行区第二届合唱节高中组一等奖
2013 年　闵行区第三届合唱节高中组二等奖

图 6 - 40

第 4 课　表格的其他操作

1. 单元格的合并和拆分

(1) 单元格的合并和拆分

若将几个单元格合并为一个，只需选中这几个单元格，在“布局”选项卡中的“合并”组中，点击“合并单元格”即可。如图 6 - 41 所示。如果要将一个或多个单元格拆分，则在选中该单元格后，点击“拆分单元格”即可。

(2) 手动绘制线条拆分单元格

要拆分某个单元格，也可以手动绘制添加线段。在“插入”选项卡的“表格”组中，点击“绘制表格”，这时光标变成“铅笔”状，直接在单元格中绘制任意竖线或横线即可。在“设计”选项卡右边的“边框”组中，可以设置“铅笔”绘制线条的颜色和粗细等格式。如图6 - 42 所示。双击鼠标，可以退出“铅笔”的绘图状态。

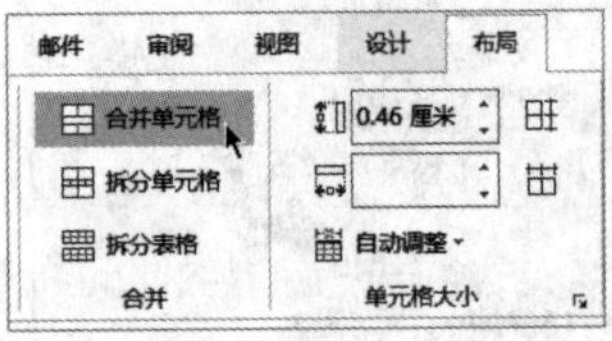

图 6-41

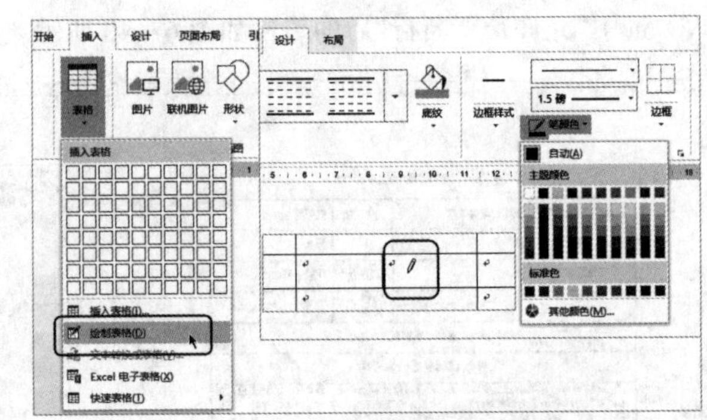

图 6-42

2. 样式的应用与文字的环绕

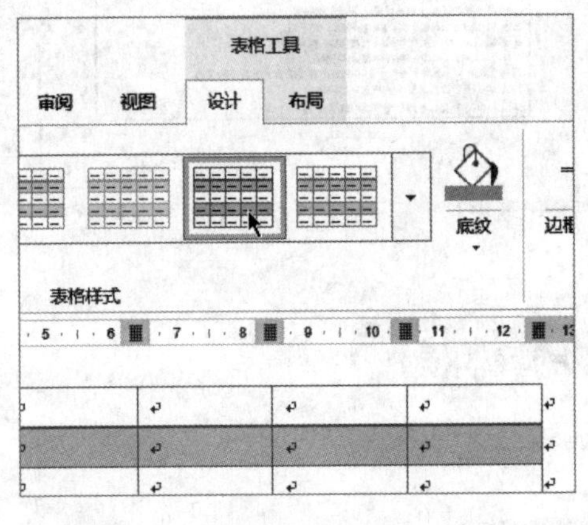

图 6-43

(1) 利用表格样式设置表格

插入表格后，上面自动出现“表格工具”栏，并有“设计”和“布局”两个选项卡。在“设计”选项卡中的“表格样式”组中，有众多预设的表格样式，点击某一个合适的样式，则表格立即更改为该格式。如图 6-43 所示。

(2) 表格的文字环绕

表格如果较小，周围需要环绕一些文字，绘制的表格默认是无环绕的，即不论表格行列多少，表格左右两边是没有文字的，相当于图形中的“上下型环绕”。当表格较小时，表格周围需要添加一些文字，不过表格的环绕不是四周型的，如“居中”是左边、右边和下面有文字。设置表格环绕的方法是：先确定表格想要插入的段落，因表格插入后一般不可随意地移动，光标置于该段落的前端，然后插入表格，表格插入后，光标置于单元格中，在“布局”选项卡左边点击“属性”，在“表格属性”对话框的“表格”选项卡中，在“文字环绕”中，选择“环绕”，“对齐方式”选择一种，如“居中”，如图 6-44 所示。环绕后的文档如图 6-45 所示。

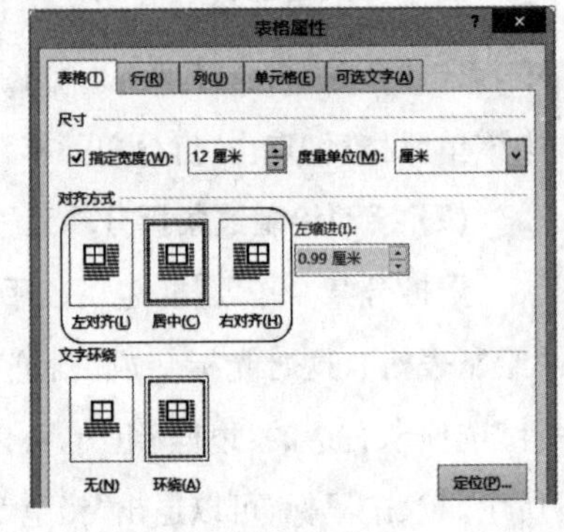

图 6-44

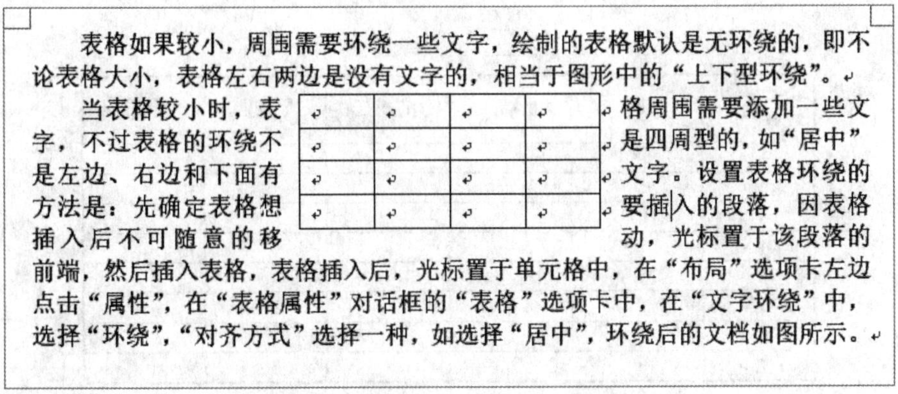

表格如果较小，周围需要环绕一些文字，绘制的表格默认是无环绕的，即不论表格大小，表格左右两边是没有文字的，相当于图形中的“上下型环绕”。

当表格较小时，表格周围需要添加一些文字，不过表格的环绕不是四周型的，如“居中”是左边、右边和下面有文字。设置表格环绕的方法是：先确定表格想要插入的段落，因表格插入后不可随意的移动，光标置于该段落的前端，然后插入表格，表格插入后，光标置于单元格中，在“布局”选项卡左边点击“属性”，在“表格属性”对话框的“表格”选项卡中，在“文字环绕”中，选择“环绕”，“对齐方式”选择一种，如选择“居中”，环绕后的文档如图所示。

图 6－45

3. 调整局部列宽及添加斜线

(1) 调整单元格局部列宽

绘制的表格，每一列各行的宽度都是相同的，表格编辑时常常需要局部调整某一单元格的列宽。方法是，用鼠标拉动选中需要调整宽度的线段的两边单元格，光标移动到该线段处，使光标变为“+‖+”时，左右拖动，即可调整单元格的列宽。图 6－46 下面是局部调整后的列宽。

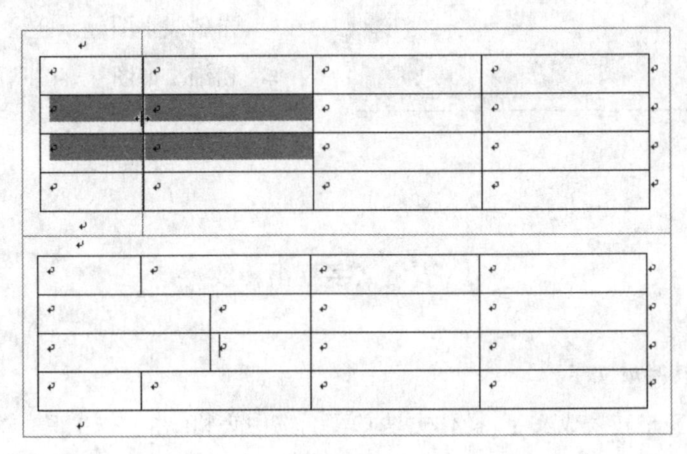

图 6－46

(2) 单元格中添加斜线

1）有时单元格中需要添加斜线，如图 6－47 所示课程表。

星期 课程	星期一	星期二	星期三	星期四	星期五
1.					
2.					
3.					
4.					
5.					
6.					
7.					

图 6－47

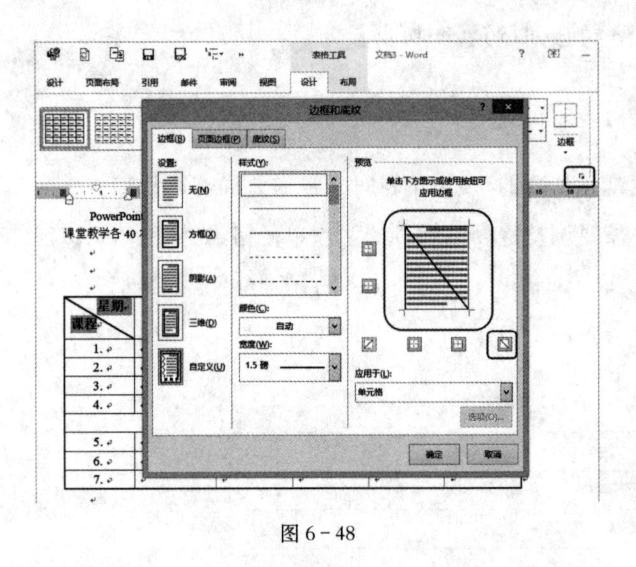

图 6－48

2）添加的方法是，选中该单元格（可以在该单元格中先输入几个字，然后选中文字），在“表格工具”栏“设计”选项卡中的“边框”组中，点击右下角的对话框启动器。在“边框和底纹”对话框的“边框”选项卡中，在右边“预览”中的右下角，点击斜线小图标。并设置不同边框的粗细。如图 6－48 所示。即得到了需要添加的斜线。

4. 表格文字互相转换

(1) 表格转换成文字

有时要把表格转换成文字，操作方法如下：选中表格，在表格工具的“布局”选项卡中，点击右边的“转换为文本”按钮，在得到的“表格转换成文本”对话框中，选择文字分隔符的类型，如选择默认的“制表符”。如图6－49所示。转换成的文字格式如图 6－50 所示。

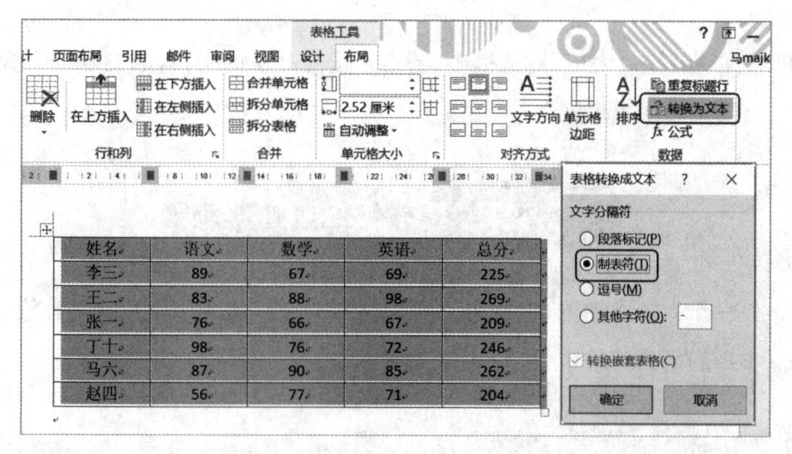

图 6 - 49

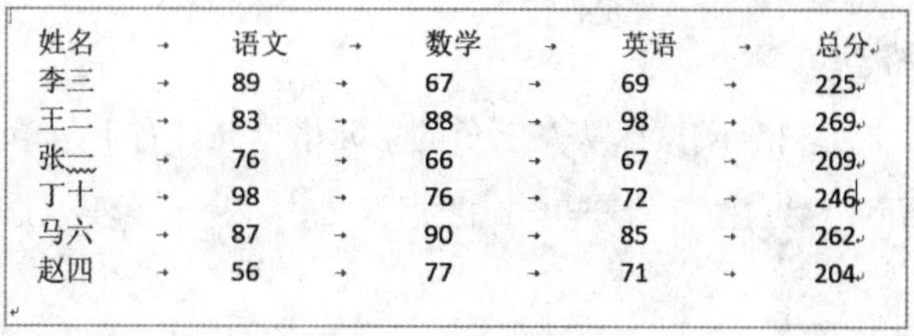

姓名	语文	数学	英语	总分
李三	89	67	69	225
王二	83	88	98	269
张一	76	66	67	209
丁十	98	76	72	246
马六	87	90	85	262
赵四	56	77	71	204

图 6 - 50

(2) 文字转换成表格

如果要把文字转换成表格，要先把文字设置成规范的格式，文字间要用统一的符号分隔开，分隔符号可以是空格、逗号、制表符等。如把图 6 - 50 中的文字转换为表格，操作方法如下：

1）选中需要转换为表格的文字，在“插入”选项卡的“表格”组中，点击“表格”，点击“文本转换成表格”。如图 6 - 51 所示。

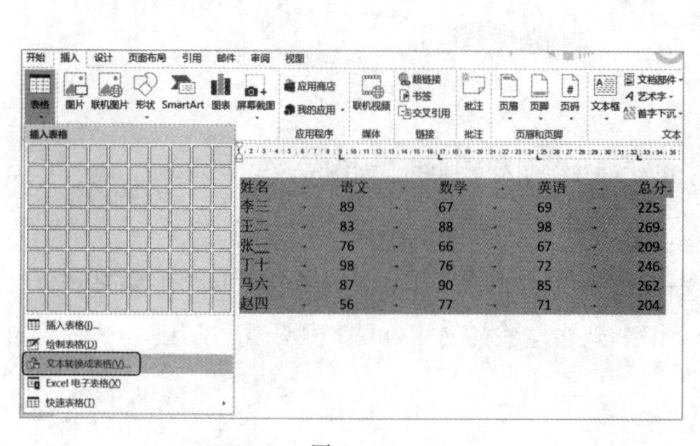

图 6 - 51

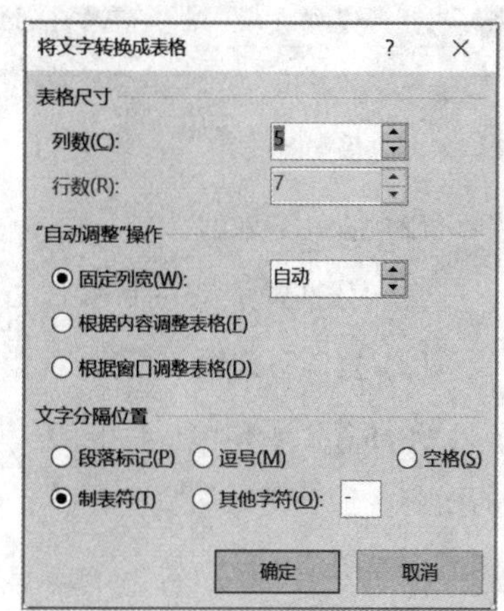

图 6 - 52

2）在“将文字转换成表格”对话框中，基本是按照默认的操作，如图 6－52 所示。点击“确定”即可将文字转换成表格。

第 5 课　表格的创新应用

表格不仅仅作为表格使用，常常可以利用表格对齐一些文档，然后让表格线不显示。打印出来看不出表格的效果。

1. 填空题的制作

(1) 选中单元格

绘制一个表格，选中表格(或鼠标从左上角的单元格拉动到右下角单元格，全部选中单元格)。如图 6－53 所示。然后在“开始”选项卡的“段落”组中，利用“编号”工具插入自动“编号”。

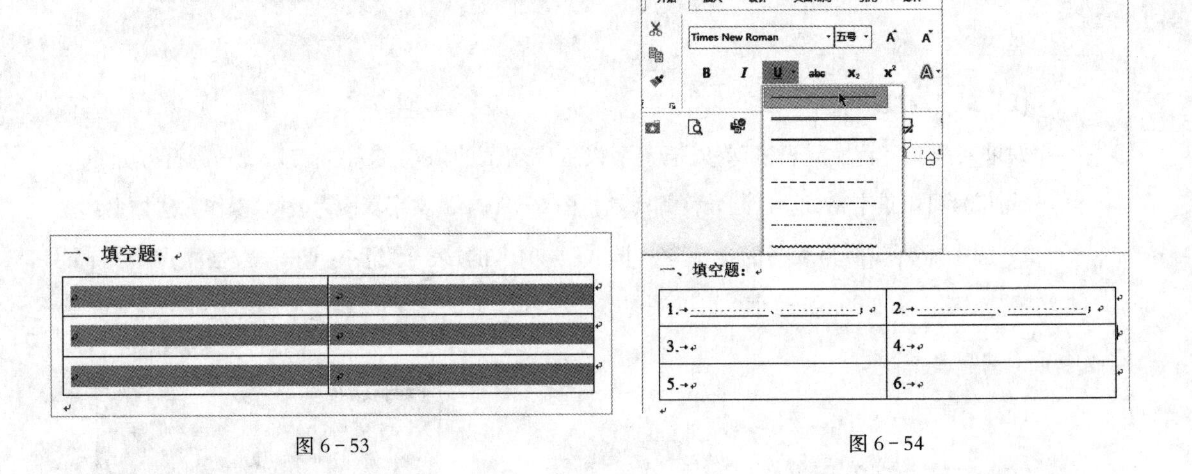

图 6－53　　图 6－54

(2) 插入下划线

光标分别置于第一个和第二个单元格中，插入下划线。如图 6－54 所示。

(3) 复制下划线

光标置于表格第一行左边外侧，点击一下，选中第一行，按下“Ctrl + C”键，复制第一行的内容。然后光标从“3”拉到“6”单元格，选中这些单元格，再按下“Ctrl + V”键。粘贴后如图 6－55 所示。

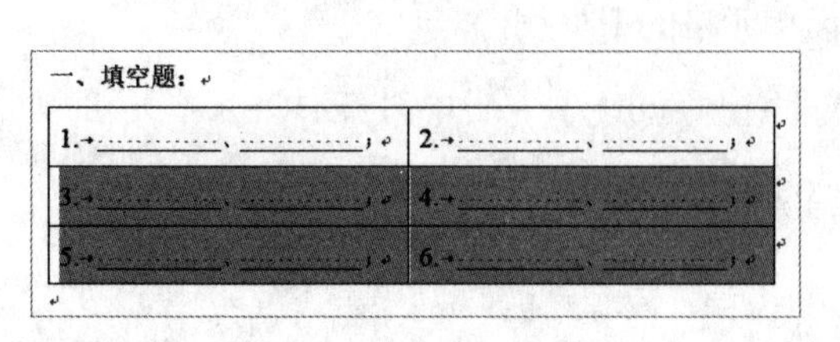

图 6－55

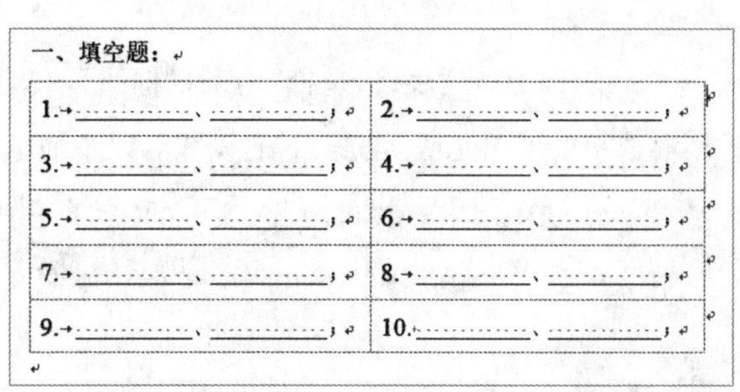

图 6－56

(4) 表格中添加行

光标置于表格某一行的右端外面打回车，可以快速添加一行，表格中各行会自动添加上编号，采用上面方法复制下划线。再去掉表格的所有边框。得到如图 6－56 所示表格。

2. 封面内容的对齐

在论文或申请表的封面常常要填写如图 6－57 所示的内容，但是各项目的填写，很难对齐。利用表格可以方便地解决这个问题。

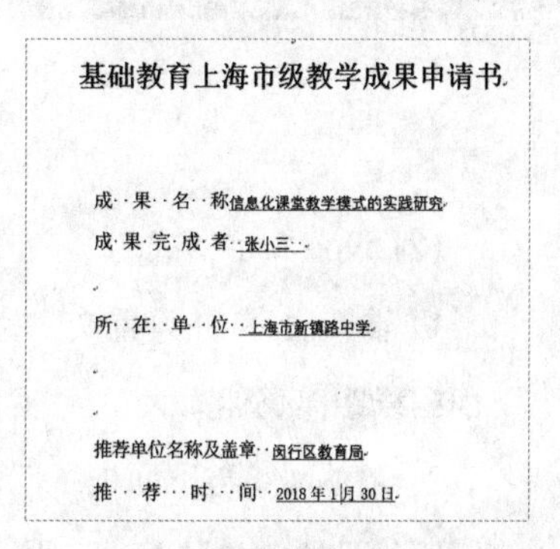

图 6－57

(1) 设置表格

1）设置表格无边框。插入 5 行 2 列表格，然后选中表格，在“设计”选项卡的“边框”组中，点击“边框”按钮，选中“无框线”，去掉了表格的所有线框。如图 6－58 所示。

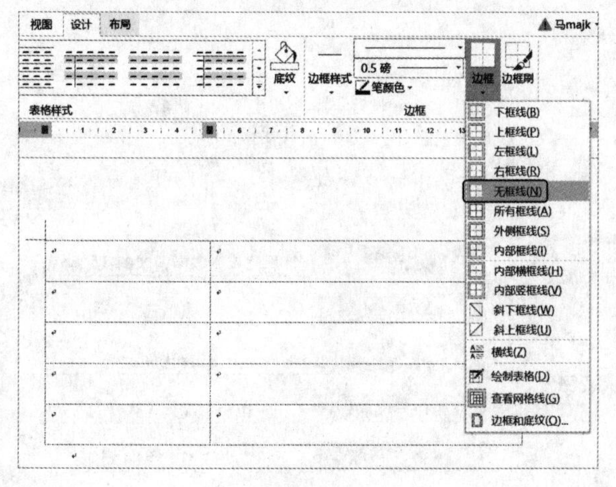

图 6－58

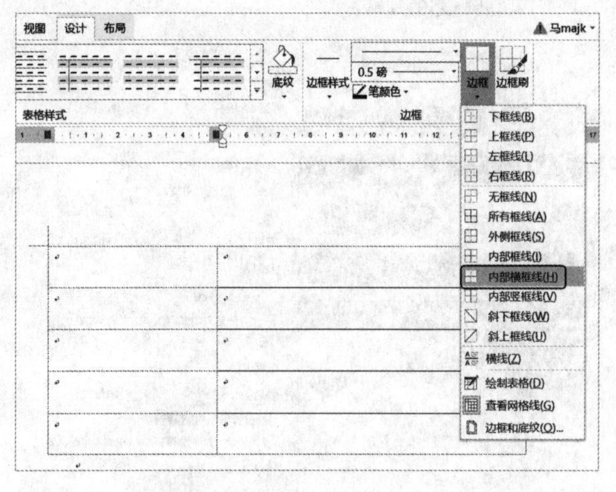

图 6－59

2) 选中右列表格，选择“内部横框线”，右边单元格就只有下面框线。如图 6－59 所示。再选中右下单元格，点击“下框线”，可以添加下面单元格的下框线。

3) 选中表格，在“布局”选项卡的“对齐方式”组中，点击“靠下居中对齐”按钮，单元格中所有文字在单元格的下方居中排列。如图 6－60 所示。

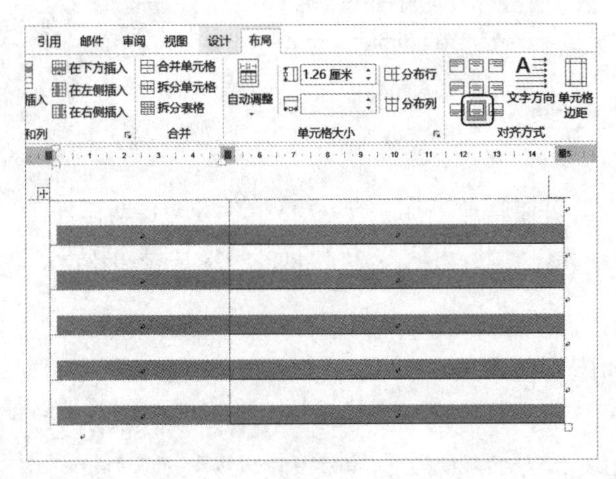

图 6－60

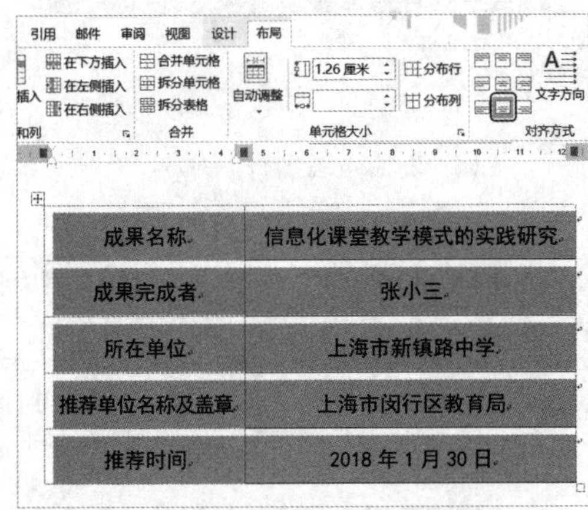

图 6－61

(2) 设置文字格式

1) 输入文字，并设置文字格式。如图 6－61 所示。图中为四号黑体文字，但是文字离下面框线距离仍然太大。

2) 调整文字与下面框线间距。在“开始”选项卡的“段落”组中，打开“段落”选项卡，改变行距的设置。如图 6－62 所示，“行距”改为“固定值”“23 磅”。这样文字与下面框线的间距就变小了。

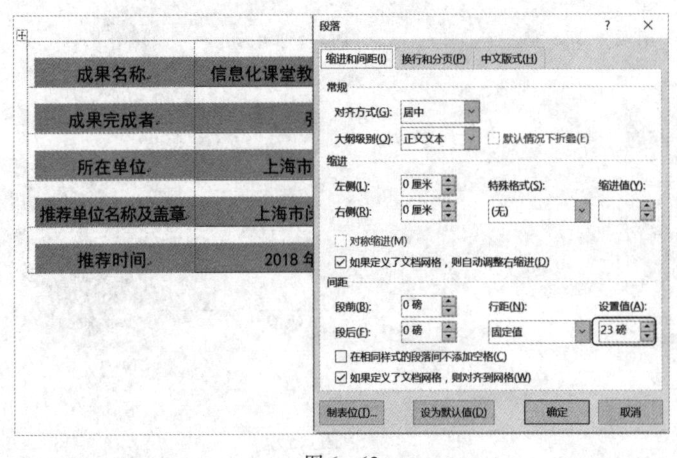

图 6－62

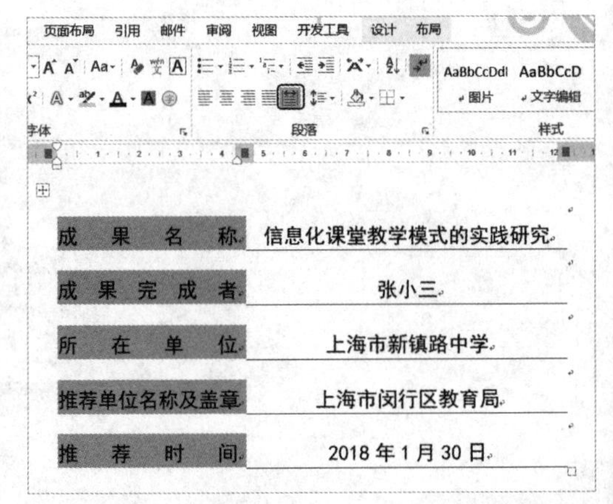

图 6－63

3）设置文字的对齐。选中左列，在“开始”选项卡的“段落”组中，点击“分散对齐”按钮，如图 6－63 所示，左列文字分散对齐。

(3) 整体效果

拖动表格左上角的双十字图标，可以把表格放置在页面的任意位置，在页面上添加相关内容即可，如图 6－64 所示。如果页面开始就插入了表格，上面没有添加文字的地方，需要把光标置于左上角第一个单元格中，打回车后，上面就出现了空行，再输入标题文字。这种利用表格对齐的方法，可以方便地调整行间距。

成果名称	信息化课堂教学模式的实践研究
成果完成者	张小三
所在单位	上海市新镇路中学
推荐单位名称及盖章	上海市闵行区教育局
推荐时间	2018 年 1 月 30 日

图 6－64

3. 利用表格编辑英语文档

有数千道如图 6－65 所示格式的英语文档，需要制作出如图 6－66 所示的文档。设置方法如下：

1.→每个后选人都具备说四门语言的能力。(ability)
Everycandidatehastheabilitytospeakfourlanguages.
2.→小孩子无法树立正确的人生目标。(able)
Childrenarenotabletosetrightlifegoals.
3.→我正要接电话门铃就响了。(about)
Iwasabouttoanswerthephonewhenthedoorbellrang.
4.→他没上课，因为他要在家照顾奶奶。(absent)
Hewasabsentfromlessonforhelookedafterhisgrandmaathome.
5.→在他专注于研究工作的时候一定不要打扰他。(absorb)
Dontinterrupthimwhenheisabsorbedinhisresearch.

图 6－65

1. 每个后选人都具备说四门语言的能力。	英译： 纠正： 重点：
2. 小孩子无法树立正确的人生目标。	英译： 纠正： 重点：
3. 我正要接电话门铃就响了。	英译： 纠正： 重点：
4. 他没上课，因为他要在家照顾奶奶。	英译： 纠正： 重点：

图 6－66

(1) 批量删除无用内容

1）利用“替换”功能批量删除所有括号(参见第 4 单元第 4 课中的“2. 用‘ * ’删除内容和格式的替换”)。如图 6－67 所示。

2）利用替换功能批量删除手工输入的编号数值(参见第 4 单元第 3 课中的“1. 批量删除的应用”)。如图 6－68 所示。数值删除后，再将第一个题目前面的小点和水平小箭头(制表符)一起复制到“替换”选项卡的“查找内容”中，利用替换功能全部删除掉。

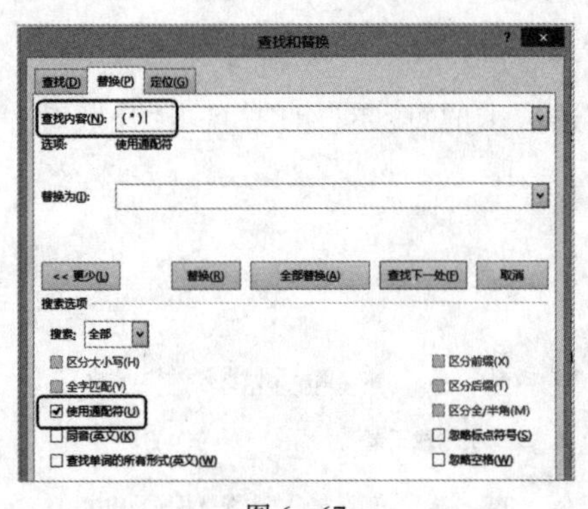

图 6－67

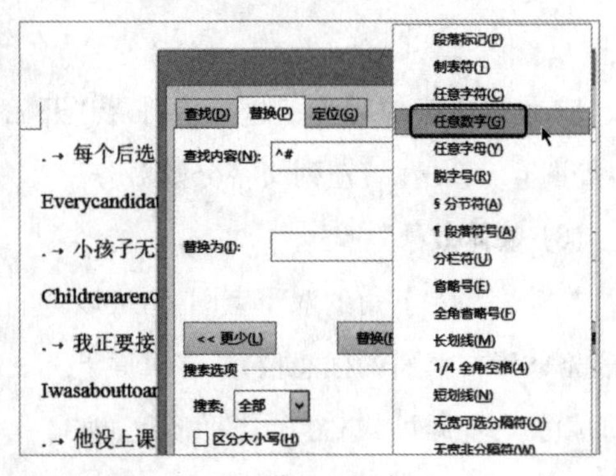

图 6－68

3）利用“替换”功能将所有英语单词全部替换掉。如图 6－69 所示。再将某个题下面的小点，复制到“替换”选项卡的“查找内容”中(复制是为了保持格式的一致性)，全部替换掉。

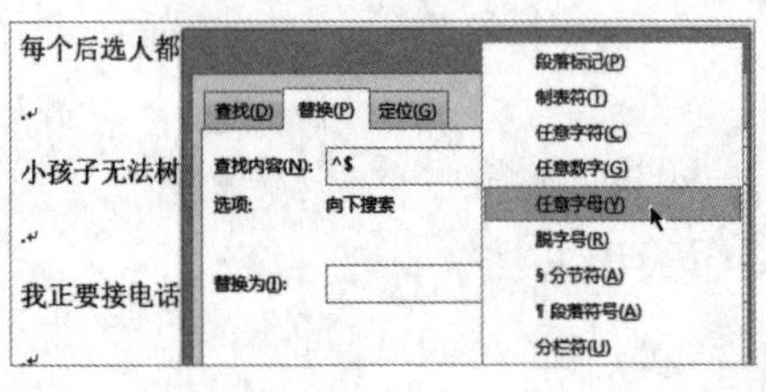

图 6－69

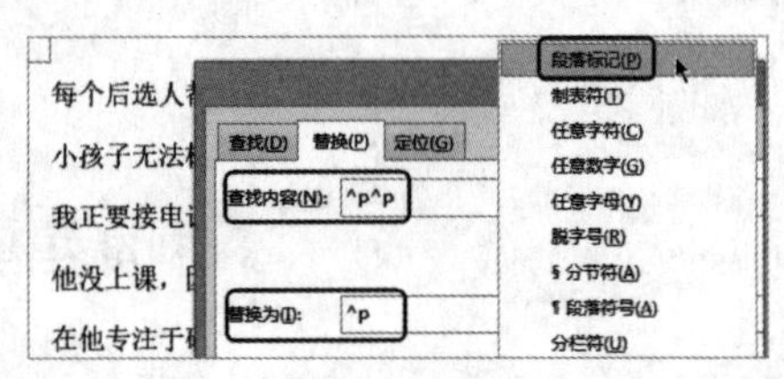

图 6－70

4）利用替换段落标记的方法，将全部空行一次性去掉。即两个段落标记替换为一个段落标记。如图 6－70 所示。

(2) 文本转换成表格

1）利用 Shift + A 选中所有文字，在插入选项卡的“表格”组中，点击表格，再点击下面的“文本转换成表格”。如图 6－71 所示。

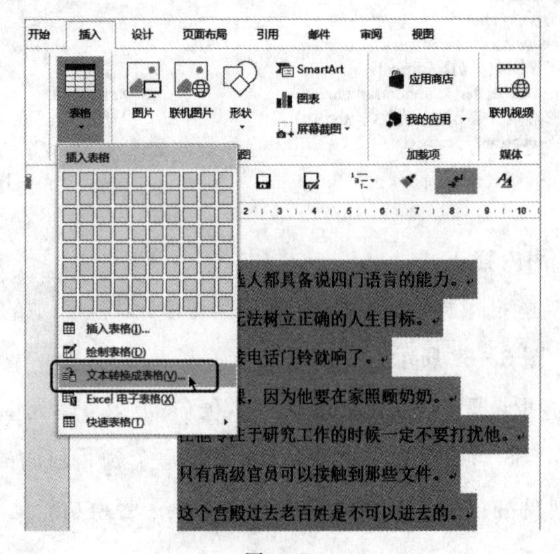

图 6－71

2）在“将文字转换成表格”对话框中，“列数”默认“1”，“固定列宽”默认“自动”，“文字分隔位置”按默认的“段落标记”。“确定”后，所有文档以段落为标记全部自动转换成表格。如图 6－72 所示。

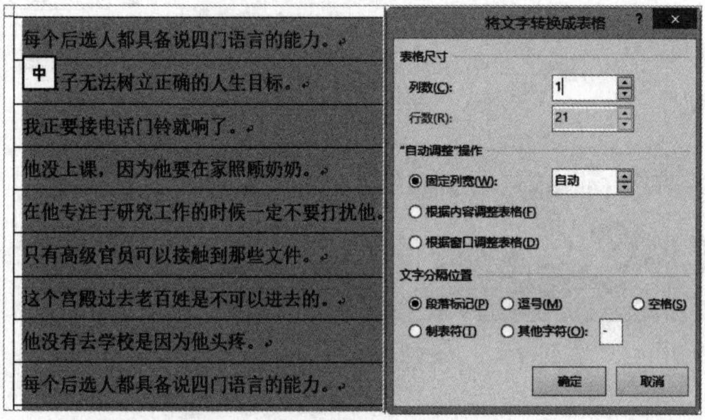

图 6－72

3）文字转换成表格后，用鼠标将右边框线向左拖动，然后再在右边插入一列，并在第一单元格中输入相关内容。如图 6－73 所示。由于第一行文字较偏上，可以通过在“开始”选项卡的“段落”组中，点击右下角的对话框启动器，调出“段落”选项卡(图略)，设置第一行的段前为 6 磅。

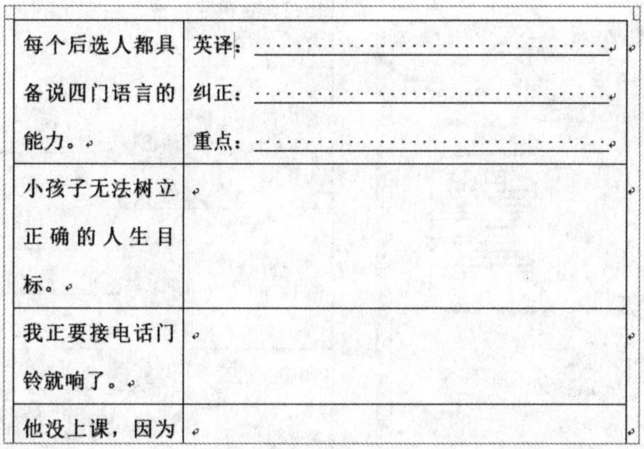

图 6－73

4）在如图 6－73 中的右上单元格中，光标置于第一个“英”字的前面，用鼠标向右拖动，直到单元格外端，即选中整个单元格。如图 6－74 所示。按下“Ctrl＋C”键，复制该单元格，光标再置于该列顶端，选中该列，按下“Ctrl＋V”键，所有单元格都填充上了相同的内容。

5）选中左边的列，插入编号，并调整编号的缩进量（参见图 6－24），并调整该列的段落间距，得到的文档格式如图 6－75 所示。

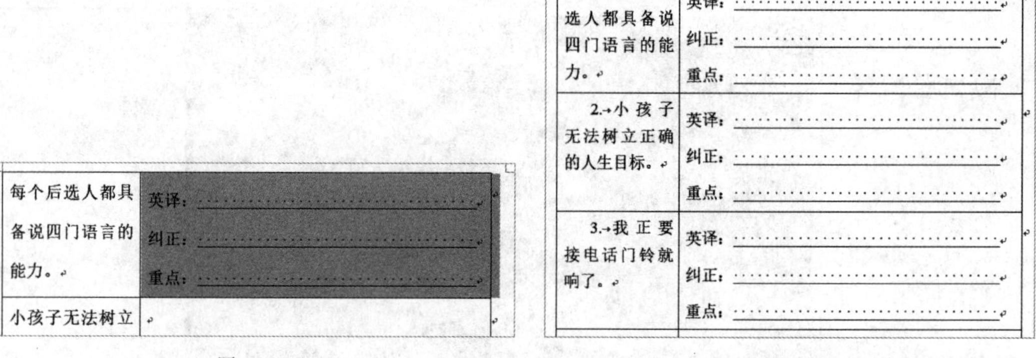

每个后选人都具备说四门语言的能力。	英译： 纠正： 重点：
小孩子无法树立	

图 6－74

1. 每个后选人都具备说四门语言的能力。	英译： 纠正： 重点：
2. 小孩子无法树立正确的人生目标。	英译： 纠正： 重点：
3. 我正要接电话门铃就响了。	英译： 纠正： 重点：

图 6－75

6）调整边框。选中右边的列，在“表格工具”栏的“设计”选项卡中的“边框”组中，设置该列的边框，即去掉上、下和右边框线。如图 6－76 所示。得到的表格如图 6－77 所示。

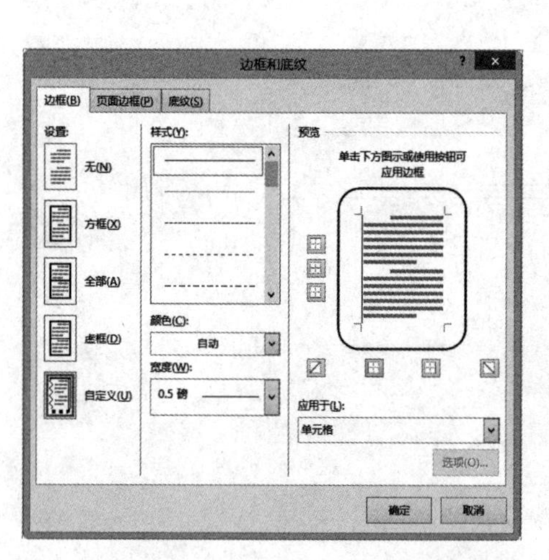

图 6－76

1. 每个后选人都具备说四门语言的能力。	英译： 纠正： 重点：
2. 小孩子无法树立正确的人生目标。	英译： 纠正： 重点：
3. 我正要接电话门铃就响了。	英译： 纠正： 重点：
4. 他没上课，因为他要在家照顾奶奶。	英译： 纠正： 重点：

图 6－77

4. 隔行删除

利用表格可以对文档进行隔行删除操作，操作方法如下：

(1) 文字转换成表格

选中文档的内容，在“插入”选项卡的“表格”组中，点击“表格”按钮，点击“文本转换成表格”，在“将文字转换成表格”对话框中，“列数”选择“2”。如图 6－78 所示。

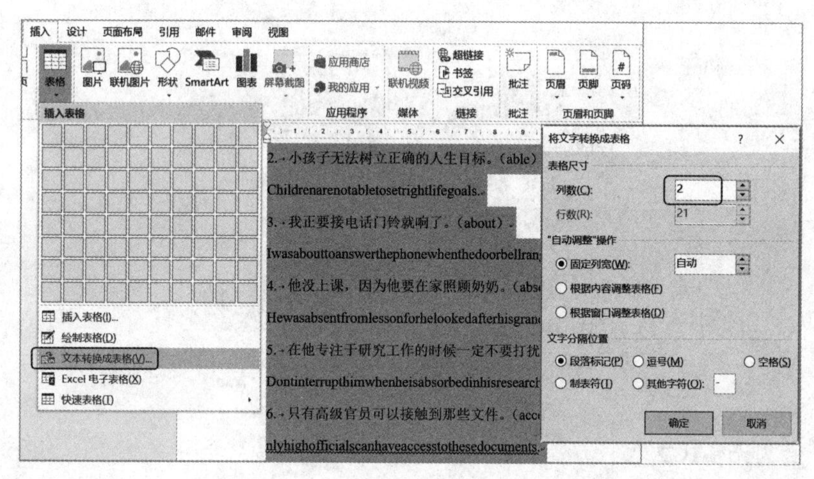

图 6－78

(2) 删除右边列

将文档转换成两列的表格，鼠标在右边列的上方点击一下，选中右边列，再点击“删除”按钮，点击“删除列”，如图 6－79 所示。即删除右边列。

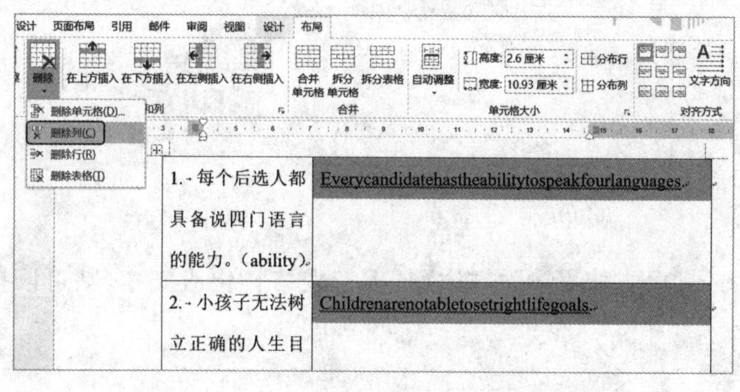

图 6－79

(3) 表格再转换成文本

重新将表格转换成文本。在"表格工具""布局"选项卡的右边,点击"转换为文本",在"表格转换文本"对话框中,默认选中"段落标记"。如图 6－80 所示。确定后表格即转换成文本格式。

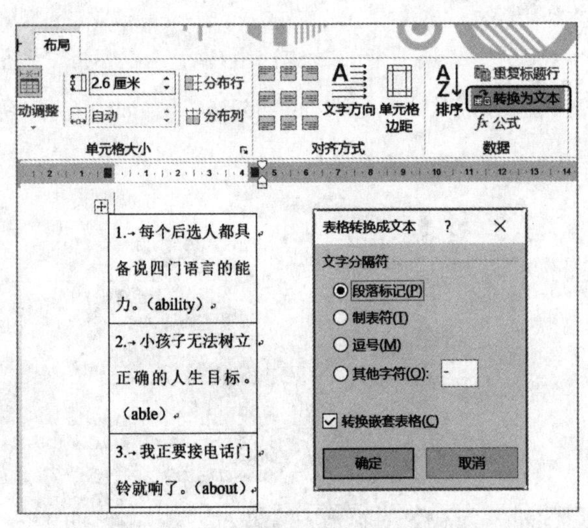

图 6－80

(4) 变为无格式文本

当转换成文本后有边框的格式时,可以按下"Ctrl + X"剪切,再按下"Ctrl + V"粘贴,在右下角可以看到"粘贴选项"图标,点击该图标,选择右边的只保留文本按钮。如图 6－81 所示。即转变成了纯文本的文档。

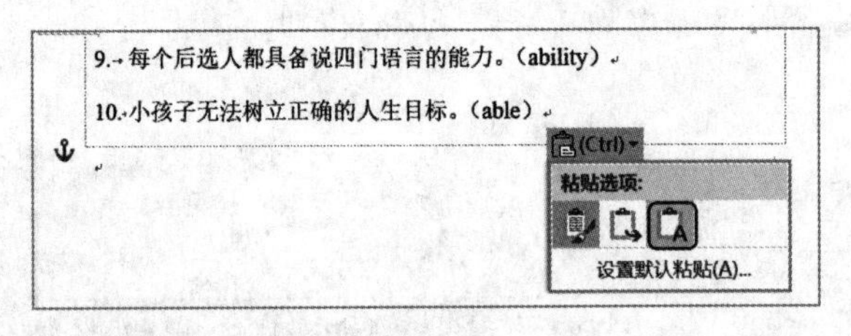

图 6－81

同理,在图 6－79 中,如果删除左边列,再把表格转化成文本,则可以把图 6－78 中每一行的中文字符全部删除。

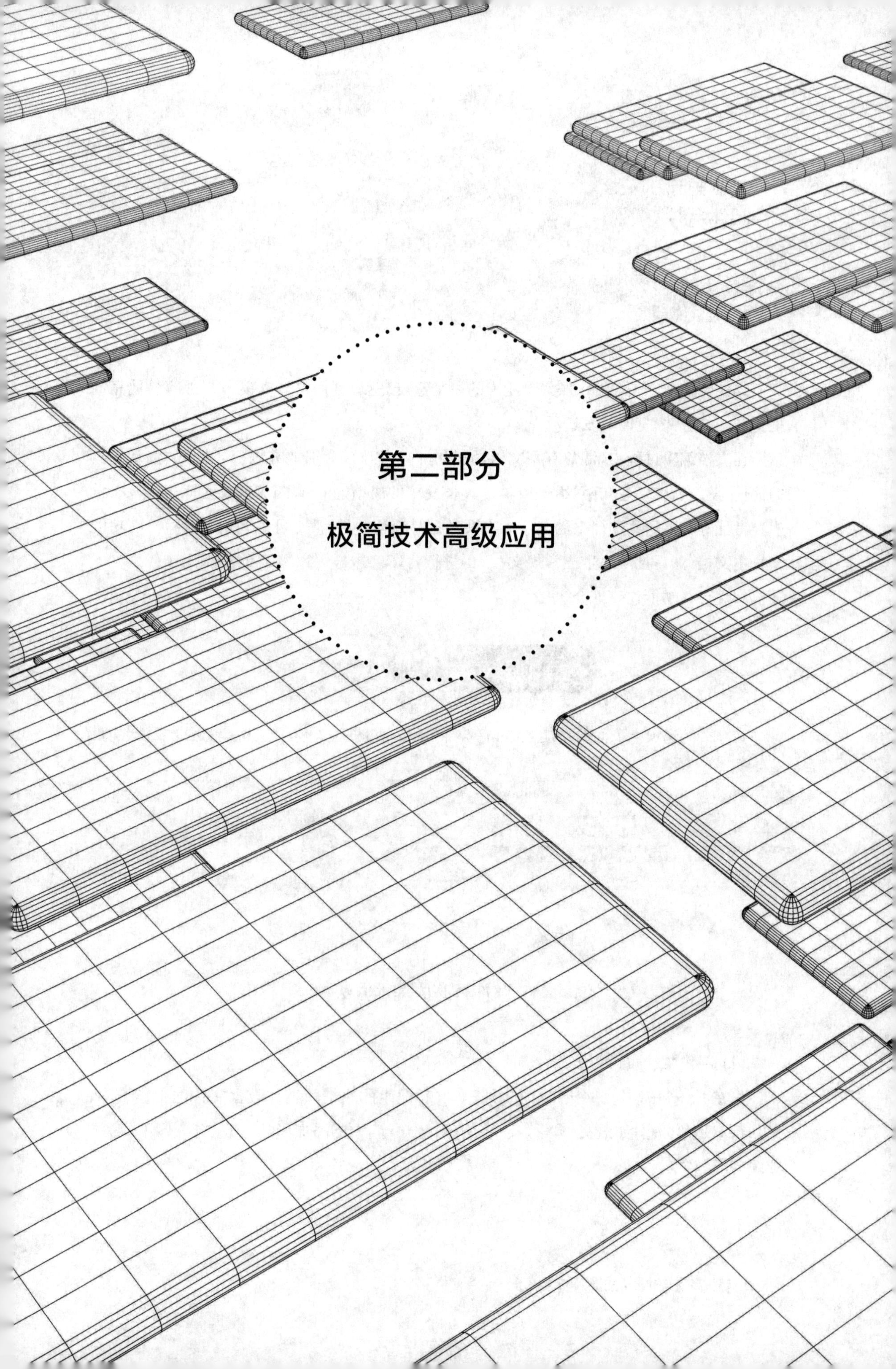

第二部分

极简技术高级应用

第7单元 邮件合并

邮件合并功能是Word强大功能中的一个重要亮点，利用这个功能可以很容易地完成批量文档的合并、打印与发送。

在文档编辑过程中，常常有些文档，大部分内容相同，个别地方内容不同，如批量发出的信件、发放的会议通知函、给班级学生家长发放的成绩通知单、工资单、标签、明信片、学生准考证等等。这些文档中的名字和有些数据是变化的量，常常可以利用"邮件合并"功能编辑主文档，然后批量地生成常规文档，再进行打印。这样可以极大地提高工作效率。下面对邮件合并功能作一简介。

第1课 认识邮件合并

在"邮件"选项卡下面的功能区中，有若干个组。如图7-1所示。基本使用方法介绍如下。

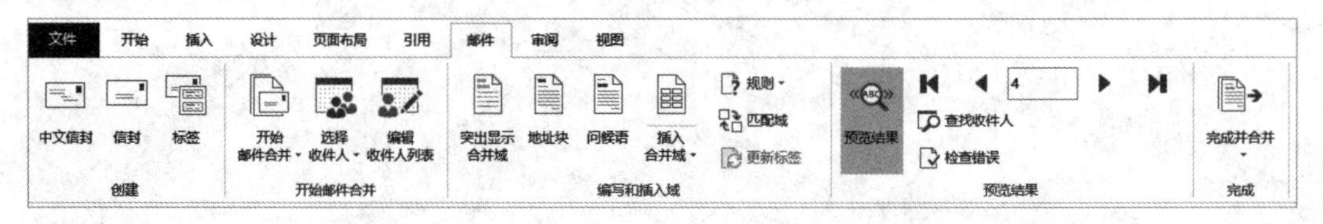

图7-1

1. 邮件合并的基本方法

(1) 制作"数据源"文件

先在Excel中制作一个数据源文件，如所有学生的成绩数据。数据文件的工作表中，第一行应是列标题，如语文、数学、英语、物理、化学等，不要添加诸如"高一(3)班期末考试成绩表"等文字。

(2) 在 Word 中建立主文档

根据制作文档的需要，可以选择文档的不同类型，如选择“标签”、“目录”、“普通 Word 文档”等，与 Excel 数据文件建立链接关系后，插入域，最后保存主文档。

(3) 生成文档

利用邮件合并中的“完成并合并”功能，生成新的常规文档或者直接在打印机上打印。

(4) 重新打开文档

主文档重新打开时，由于与 Excel 表格建立有链接的关系，常常被询问“数据库中的数据将被放置到文档中，是否继续?”，要选择“是”，如图 7－2 所示。如果选择“否”，Word 主文档与 Excel 数据表将脱离链接关系，如果 Excel 移动了位置，当选择“是”时，由于找不到原来的数据，将提示你重新查找数据文件建立链接关系，所以一般 Excel 文件不要随意移动位置，在另一个电脑上运行，即使两个文件都被拷贝在一起，一般也要重新建立链接关系并保存。

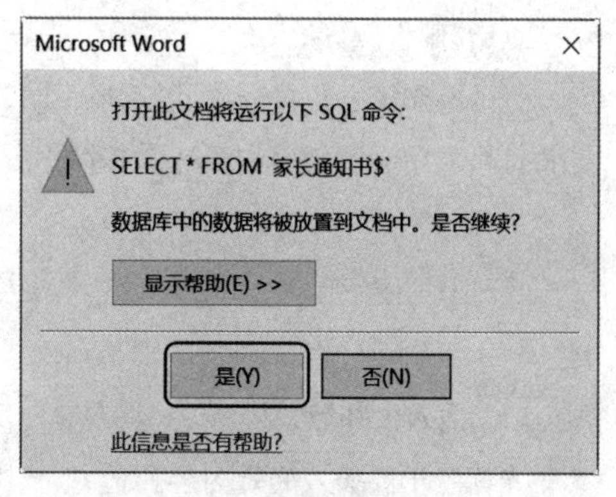

图 7－2

2. “开始邮件合并”组

(1) “开始邮件合并”

点击“开始邮件合并”，在此可以设置文档的类型。如图 7－3 所示。

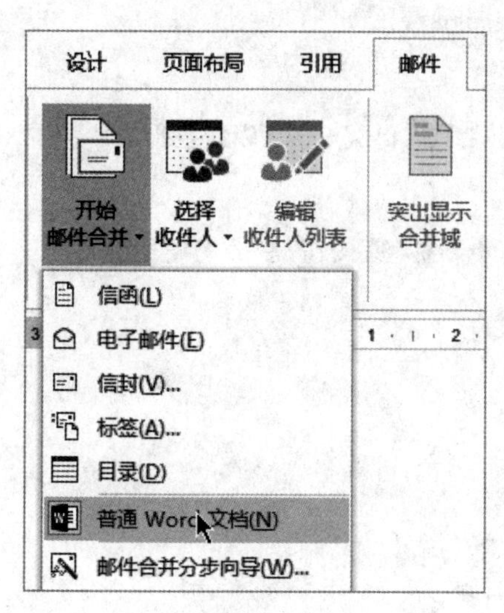

图 7－3

图 7－4

(2) 选择收件人

点击“选择收件人”，再点击“使用现有列表”，在得到的“选取数据源”对话框中，找到数据文件所在的位置(默认打开的是“我的数据源”)，如图 7－4 所示，再找到数据所在的工作表。这样 Word 文档与 Excel 工作表就建立了链接关系。

(3) 编辑收件人列表

点击“邮件”选项卡右边的“编辑收件人列表”，得到“邮件合并收件人”对话框，如图 7－5所示。在该表的左边，可以选择不同的收件人。如有兴趣还可以点击每一项上面的小三角，设置有关的“排序和筛选”，其操作方法与 Excel 类同。

3. “编写和插入域”组

(1) 插入合并域

光标置于要插入变量内容的地方，点击“插入合并域”按钮，选择需要插入的项目，如图 7－6 所示。点击插入即可。

邮件合并收件人

这是将在合并中使用的收件人列表。请使用下面的选项向列表添加项或更改列表。请使用复选框来添加或删除合并的收件人。如果列表已准备好，请单击“确定”。

数...	☑	姓名	学号	语文	数学	英语	物理	化学	地理
2.10...	☑	潘小强	1	75	78	76	83	86	64
2.10...	☑	李施二	2	77	80	81	96	92	84
2.10...	☑	杜晓有	3	81	79	82	76	86	82
2.10...	☑	张 地	4	87	99	75	85	89	85
2.10...	☑	褚 森	5	69	83	76	80	85	83
2.10...	☑	黄严霞	6	78	89	76	70	85	81

图 7－5

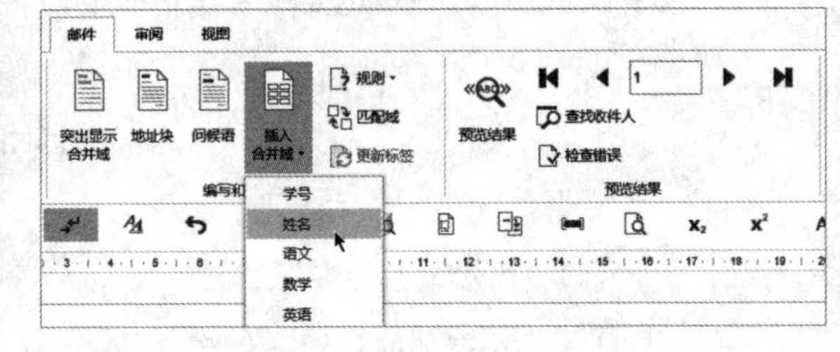

图 7－6

(2) “突出显示合并域”

点击“突出显示合并域”，以阴影方式显示哪些区域插入了“域”，再次点击可以恢复原状。

(3) “更新标签”

在图 7－3 中如果文档类型选择“标签”时，可以使用“更新标签”按钮，后面在使用标签的案例中再作详细介绍。

4. “预览结果”和“完成”组

(1) “预览结果”组

1) 点击“预览结果”按钮，可以查看插入的具体文字内容。

2）点击三角形按钮，可以查看记录的内容，或者直接回到首记录或尾记录。

（2）“完成”组

在“完成”组中点击“完成并合并”按钮，有三个选项，如图 7－7 所示。其功能分别为：

1）点击“编辑单个文档”，可以在新文档中呈现所有记录的内容，在生成的这个常规文档中可以进行编辑操作。

2）点击“打印文档”，可以直接在打印机上打印记录的所有内容。

3）点击“发送电子邮件”，可以一次性地利用邮箱发送所有文档到不同的用户。

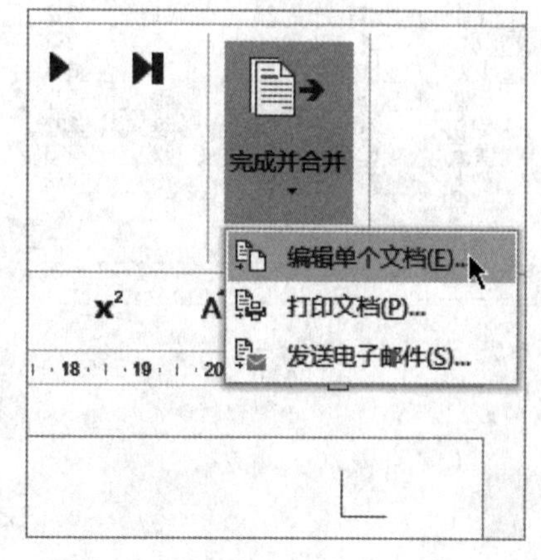

图 7－7

本章内容是以 Excel 为数据源，利用邮件合并功能介绍的几个教育教学中常用的生成批量文档的编辑方法。

第 2 课　学生家长通知书的制作

班主任常常要打印学生家长通知书，而通知书的内容既有相同的公共内容部分，又有不同的考试成绩、学生表现及评语等内容。下面说明利用邮件合并功能制作学生家长通知书文档的方法：

1．建立两个文档

（1）制作 Excel 数据文件

制作一个 Excel 工作表作为数据源。Excel 文档的第一行直接就是列标题。如图 7－8 所示。

（2）建立 Word 文档

创建一个常规 Word 文档，一般表格内容较多时，纸张方向可以设置成横向，输入公共内容部分，如图 7－9 所示。

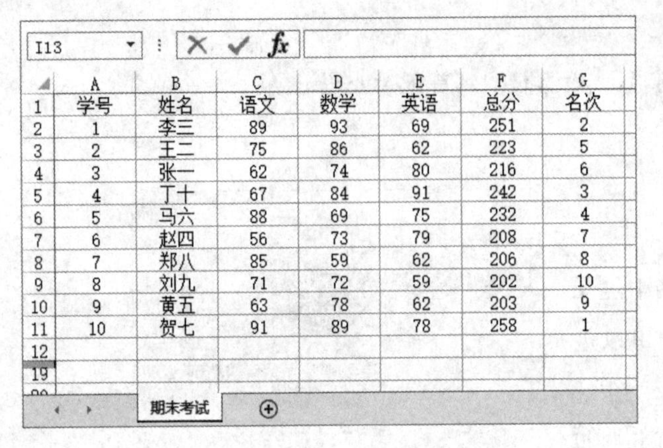

	A	B	C	D	E	F	G
1	学号	姓名	语文	数学	英语	总分	名次
2	1	李三	89	93	69	251	2
3	2	王二	75	86	62	223	5
4	3	张一	62	74	80	216	6
5	4	丁十	67	84	91	242	3
6	5	马六	88	69	75	232	4
7	6	赵四	56	73	79	208	7
8	7	郑八	85	59	62	206	8
9	8	刘九	71	72	59	202	10
10	9	黄五	63	78	62	203	9
11	10	贺七	91	89	78	258	1

图 7 - 8

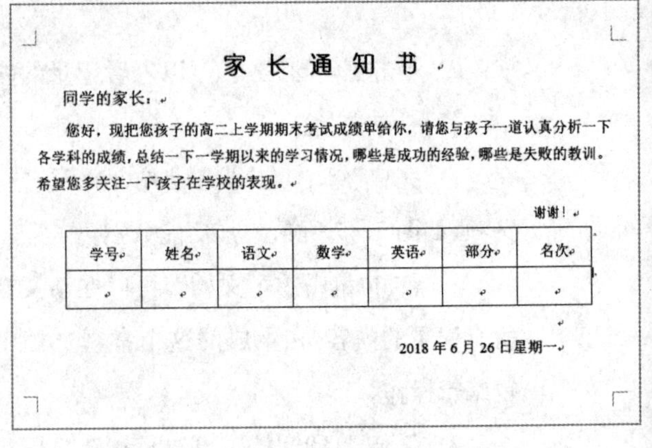

家 长 通 知 书

同学的家长：

您好，现把您孩子的高二上学期期末考试成绩单给你，请您与孩子一道认真分析一下各学科的成绩，总结一下一学期以来的学习情况，哪些是成功的经验，哪些是失败的教训。希望您多关注一下孩子在学校的表现。

谢谢！

学号	姓名	语文	数学	英语	部分	名次

2018 年 6 月 26 日星期一

图 7 - 9

2. 建立链接关系

(1) 与 Excel 文件建立链接关系

在“邮件”选项卡“开始邮件合并”组中，点击“选择收件人”，再点击“使用现有列表”。如图 7 - 4 所示。找到 Excel 数据表所在的位置，并选中该数据所在的工作表。如图 7 - 10 所示。这样 Word 文档与 Excel 文档就建立了链接的关系。

(2) 插入“合并域”

光标分别置于需要插入“域”的位置，如光标置于“同学的家长”的前面，点击“插入合并域”，再点击“姓名”，即在同学二字的前面插入了一个域，再分别把光标置于表格中“学号”、“姓名”、“语文”、“数学”、“英语”、“总分”、“名次”等文字下面的单元格中，分别插入各项的“域”。如图 7 - 11 所示。还可以对插入域的文字格式进行设置。插入的域可以进行复制、剪切等操作。

图 7 - 10

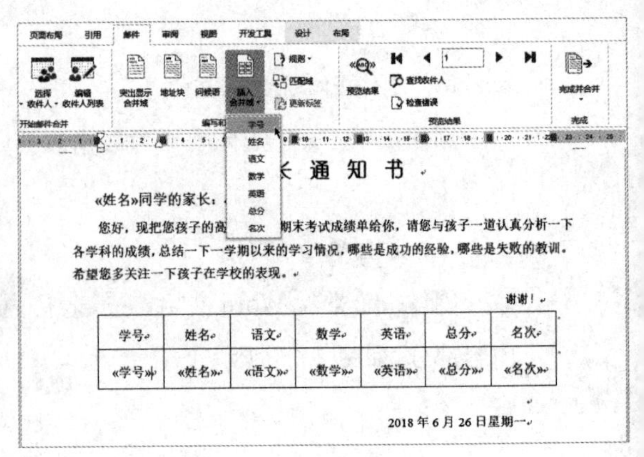

图 7 - 11

3. 文档的预览和输出

(1) 预览文档

点击“邮件”功能区的“预览结果”按钮，可以得到合并后的数据文档，如图 7－12 所示。点击“合并域底纹”，可以显示或者不显示域底纹。

(2) 文档的输出

打印文档。点击“邮件”功能区右边的“完成并合并”，点击“打印文档”，选择全部打印还是部分打印，即可直接进行打印。也可以点击“编辑单个文档”，在生成的新文档中，按照常规方法进行打印。生成新文档时，既可以全部生成，也可以只生成某一部分。如图 7－13 所示。

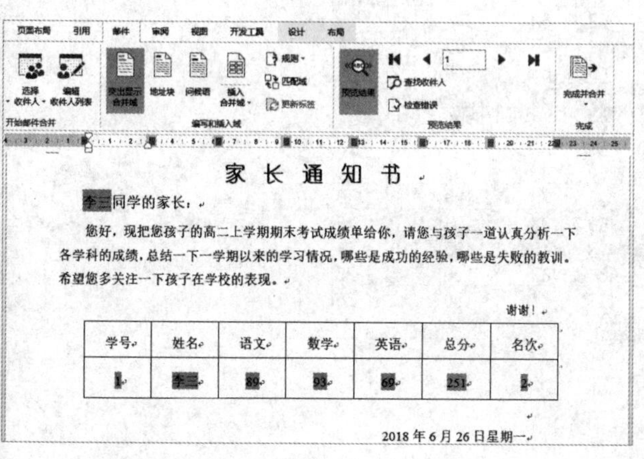

图 7－12

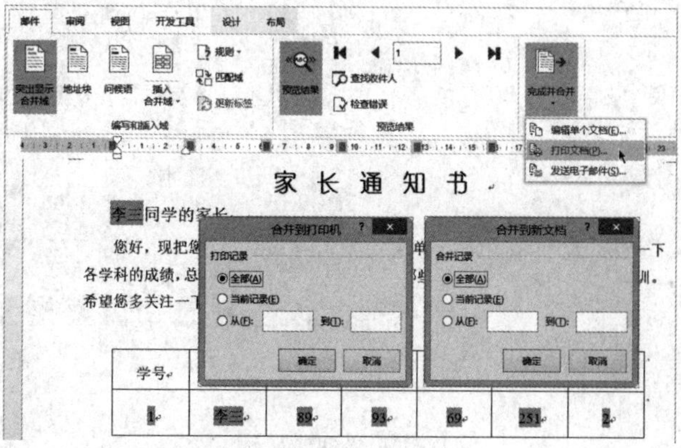

图 7－13

4. 文档重新打开的操作

保存的主文档关闭后下一次再打开该文件时，如果出现一个如图 7－2 所示的命令框。点击“是”(如果点击“否”，则断开了与 Excel 文档的链接)，如果没有与 Excel 文档建立好链接，需要再重新找到数据源文件所在的位置，然后再保存文档。在使用两个相链接的文件时，一般不要同时打开。若打开 Word 文档时再打开 Excel，则 Excel 文档以只读方式显示，且 Excel 文件不要随意更换存放位置，如果 Excel 文件的位置改变了，要重新建立二者的链接关系。

第 3 课 学生成绩单的制作

按照前面的方法在制作成绩单时，常常一页 A4 纸上只有很小一部分内容，本案例主要是利用“目录”类型解决一页上打印多个成绩单的方法。操作方法如下：

1. 设置数据文件

(1) 准备 Excel 数据文件

先准备好 Excel 文件作为数据源并关闭，如图 7 - 14 所示。

M10

	A	B	C	D	E	F	G	H	I	J	K
1	班级	学号	姓名	语文	数学	英语	物理	化学	总分	班级名次	年级名次
2	一班	1	李三	73	92	69	43	68	234	1	26
3	一班	2	王二	63	83	59	69	85	205	2	21
4	一班	3	张一	51	88	66	45	66	205	2	21
5	一班	4	丁十	66	66	72	80	91	204	4	19
6	一班	5	马六	57	90	56	88	76	203	5	16
7	一班	6	赵四	69	62	71	33	53	202	6	13
8	一班	7	郑八	55	75	65	51	91	195	7	10
9	一班	8	刘九	62	71	61	23	73	194	8	6
10	一班	9	黄五	67	66	61	59	88	194	8	6
11	一班	10	贺七	61	76	56	73	48	193	10	1
12	二班	1	吕一	68	62	60	66	63	190	1	26
13	二班	2	刘四	60	60	70	47	77	190	1	26

期中考试　两次成绩

图 7 - 14

(2) 设置 Word 文档

1）设置文档类型。打开 Word 文档，在“邮件”选项卡下面，点击“开始邮件合并”，选择“目录”类型。如图 7 - 15 所示。

2）在文档中制作一个符合要求的表格，并输入相关文字。由于每个成绩单要进行裁剪，所以上、下页边距不应设置太大。如图 7 - 16 所示，设置很小的上边距。

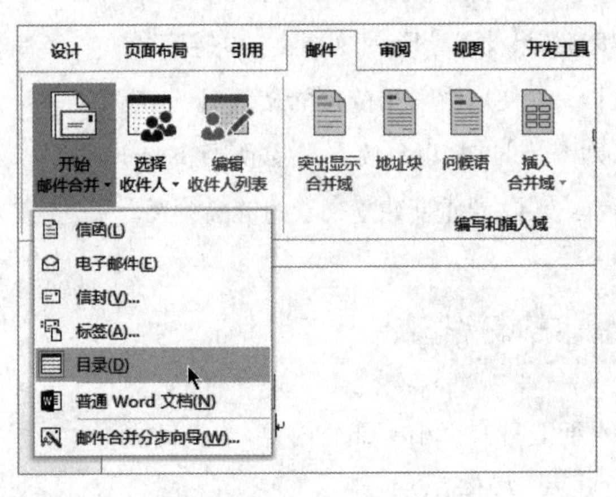

图 7 - 15

字体　段落　样式

高一（3）班期中考试成绩通知单

姓名	语文	数学	英语	物理	化学	总分	班级名次	年级名次

图 7 - 16

2. 建立链接关系

(1) 与 Excel 文档建立链接

1）点击“选择收件人”，再点击“使用现有列表”。如图 7－17 所示。找到图 7－14 所示的文件后点击打开。

2）在“选择表格”对话框中，找到图 7－14 所示数据所在的“期中考试”工作表，如图 7－18所示。

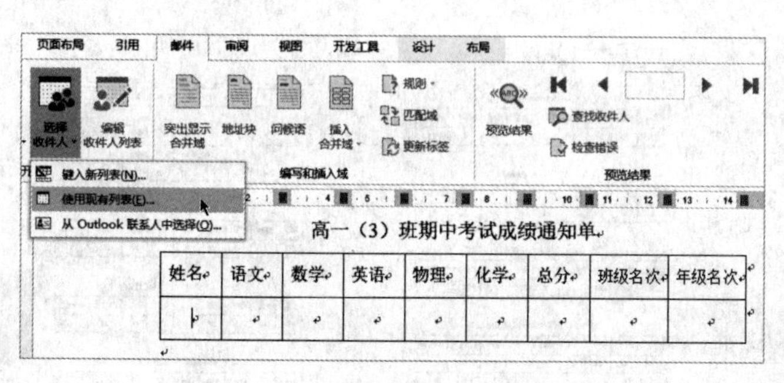

图 7－17

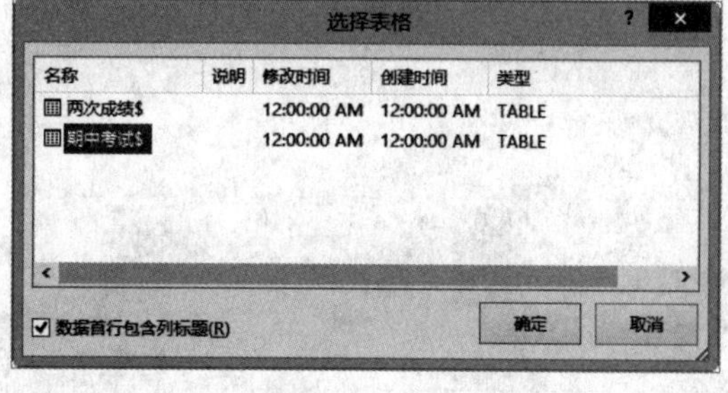

图 7－18

(2) 插入合并域

1）将光标置于表格中“姓名”下面的单元格，点击“插入合并域”，选中“姓名”，即插入了一个姓名的“域”，光标再分别置于不同的单元格中，分别插入“语文”、“数学”、“英语”、“物理”、“化学”等域。如图 7－19 所示。

2）点击“预览结果”，得到如图 7－20 所示的文档。显示出了一个学生的成绩单。

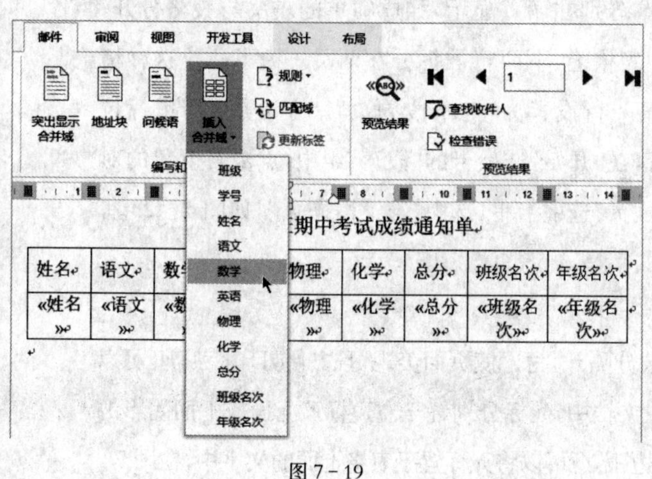

图 7－19

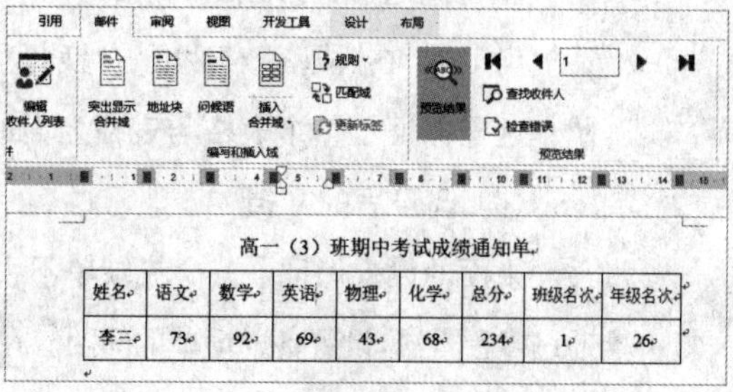

高一（3）班期中考试成绩通知单

姓名	语文	数学	英语	物理	化学	总分	班级名次	年级名次
李三	73	92	69	43	68	234	1	26

图 7－20

3. 预览结果

(1) 合并到新文档

在表格下面打几个回车(根据两个成绩单的间距确定打回车的个数),由于选择了“目录”的类型,在一页中可以产生多个成绩单。点击右边的“完成并合并”,再点击“编辑单个文档”,在出现的“合并到新文档”对话框中,选择“全部”或部分,点击“确定”,如图 7 - 21 所示的内容。

(2) 预览文档

可以在新的文档中看到如图 7 - 22 所示的文档,如果认为合适,打印即可。或者点击图 7 - 21 中“完成并合并”中的“打印文档”直接打印。

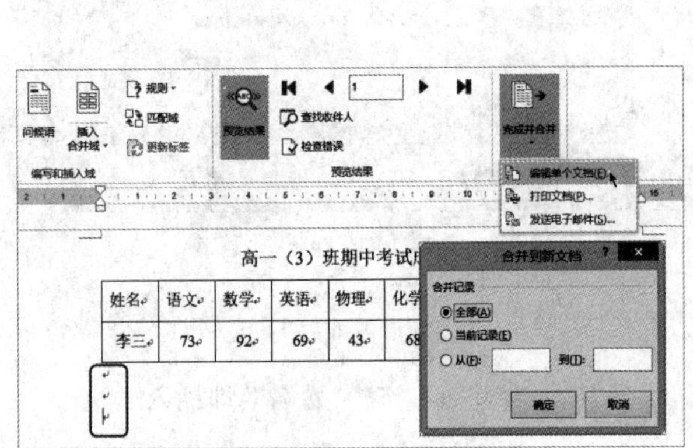

图 7 - 21

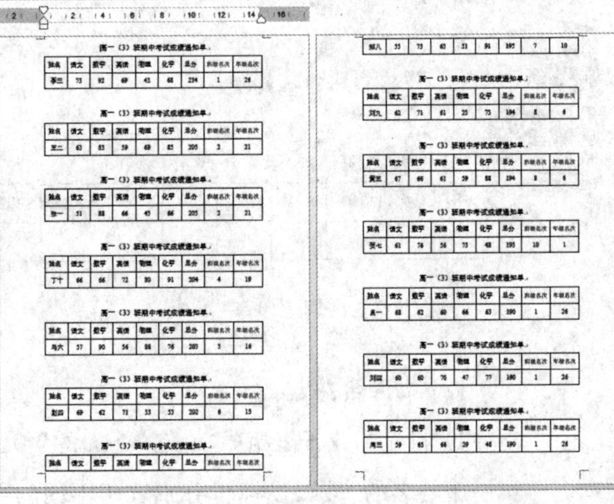

图 7 - 22

(3) 设置段落格式

生成的新文档常常会出现一个成绩单分别在两页显示,如成绩单的表头与表格分开,或者表格两行被拆散的现象,图 7 - 22 中表格上、下两行被拆分在两页。为了防止这种情况出现,要把表格上面的文字和表格的第一行设置为“与下段同页”。方法是:用鼠标拉动,选中表格上面的文字和表格的第一行,在“开始”选项卡的“段落”组中,点击右下角的对话框启动器,在“段落”对话框的“换行和分页”选项卡中,选中“与下段同页”,如图 7 - 23 所示。这样保证了整个表格与表格上面的文字是一个整体。

(4) 调整后的文档

上面的设置保证了一个成绩单不会被分隔开,为了使页面美观,且方便打印后裁剪,可以通过多种方法,设置各成绩单的间距。在主文档中,光标分别置于左边标尺上面或下面阴影的边界,用鼠标手动拖动改变文档的上、下页边距,还可以将光标置于表格上面的文字中,在图 7 -

23 中“段落”对话框的“缩进和间距”选项卡中设置成绩单标题的段前间距。主文档设置好后，点击右边的“完成并合并”，再点击“编辑单个文档”，即生成如图 7-24 所示的新文档。合并成的新文档如果不满意，还需要再次修改主文档，主文档中有时需要多次调整方能满足要求。

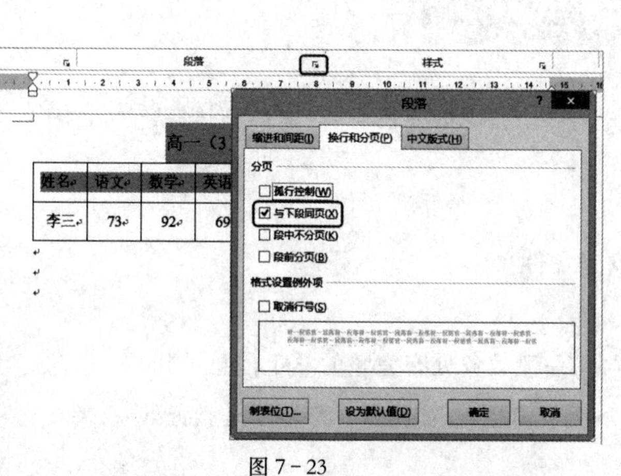

图 7-23

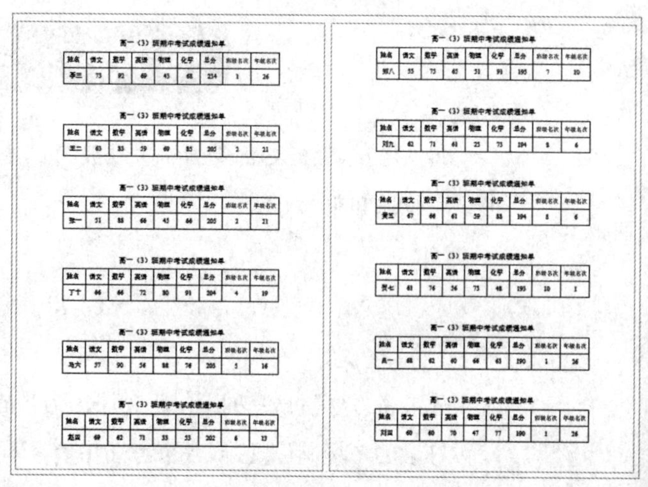

图 7-24

4. 多次考试的成绩单的制作

(1) 数据放在一个工作表中

如果要制作多次考试的成绩通知单，必须把所有考试成绩都放在一个工作表中，且第一行是列标题，学科应分别表示出来，如：语文 1、语文 2、数学 1、数学 2……等。如图 7-25 所示。

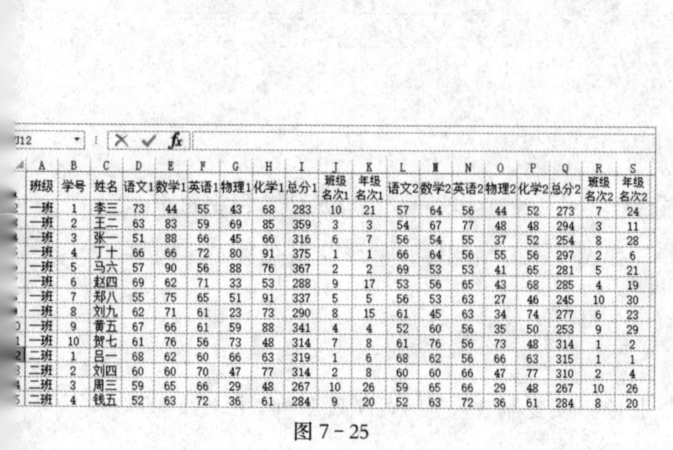

班级	学号	姓名	语文1	数学1	英语1	物理1	化学1	总分1	班级名次1	年级名次1	语文2	数学2	英语2	物理2	化学2	总分2	班级名次2	年级名次2
一班	1	李三	73	44	55	43	68	283	10	21	57	64	56	44	52	273	7	24
一班	2	王二	63	83	59	69	85	359	3	3	54	67	77	48	48	294	3	11
一班	3	张一	51	88	66	45	66	316	6	7	56	54	55	37	52	254	8	28
一班	4	丁十	66	66	72	80	91	375	1	1	66	64	56	55	56	297	2	6
一班	5	马六	57	90	56	88	76	367	2	2	69	53	53	41	65	281	5	21
一班	6	赵四	69	62	71	33	53	288	9	17	53	56	65	43	68	285	4	19
一班	7	郑八	55	75	65	51	91	337	5	5	56	53	63	27	46	245	10	30
一班	8	刘九	62	71	61	23	73	290	8	15	61	45	63	34	74	277	6	23
一班	9	黄五	67	66	61	59	88	341	4	4	52	60	56	35	50	253	9	29
一班	10	贺七	61	76	56	73	48	314	7	8	61	76	56	73	48	314	1	2
二班	1	吕一	68	62	60	66	63	319	1	6	68	62	56	66	63	315	1	1
二班	2	刘四	60	60	70	47	77	314	2	8	60	60	66	47	77	310	2	4
二班	3	周三	59	65	66	29	48	267	10	26	59	65	66	29	48	267	10	26
二班	4	钱五	52	63	72	36	61	284	9	20	52	63	72	36	61	284	8	20

图 7-25

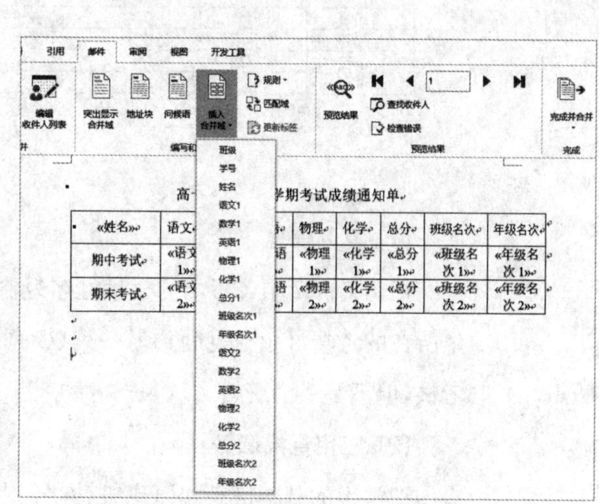

图 7-26

(2) 主文档的设置

绘制合适的表格，输入相关内容，插入合并域。如图 7－26 所示。后续操作与前面类同，不再赘述。

第 4 课　考试座位通知单

每次考试，教务处都要给学生发放考试座位通知单。下面介绍利用“标签”类型，设置考试座位通知单的方法。

1. 准备数据文件

先准备好学生信息的 Excel 文件作为数据源，一般教务处有完整的学生信息，同时有编排好了的考场座位安排(一个考场中有不同班级的学生)。如图 7－27 所示是教务处安排好了的考试考场。

	A	B	C	D	E	F	G	H
1	2018学年第一学期高三二模考试考场安排表							
2	高三(1)考场	高三(2)考场	高三(3)考场	高三(4)考场	高三(5)考场	高三(6)考场	化学实验室	物理实验室
3	李菁菁	张逸铭	马叶丹	乐峻辰	蒋璐瑶	易致远	褚心语	张松毅
4	陆毓炜	张若燕	姚尧	周杨天	夏天成	李慧峰	高信	张成悦
5	郑婧	贾怡雯	徐小晗	蒋韵斐	徐镜	徐亦娜	王亦可	周逸超
6	陈孟衢	孙一鹭	路佳睿	沈子瑞	邱洁	范建东	顾奕宸	王迪
7	陈悦	王怡婷	张如一	顾妍	张逸晖	张思琪	吴漾	周菁辉
8	英睿杰	杨云聪	钱含之	许家诲	李灏	黄诗韵	姚梦宁	赵昉烨
9	张子月	蔡天煜	张嘉豪	李稼扬	费逸帆	张陈	钱世琪	曹王屿
10	钟盈盈	毕双慧	费嘉浩	阮淑婷	沈雨晴	陆杭斌	郑永旭	张淼
11	陆思萌	陆琮烨	刘宇欣	赵博慧	李木鱼	姜宇啸	钱亦乐	汪昊
12	胡杨扬	陈雯倩	陈思哲	朱航	曹心仪	王达威	金鑫	时霄明
13	蒋晟昊	孔欣然	王奕尊	张谦佑	杨俊岩	叶睿瀚	付正鑫	顾逸文
14	赵嘉进	季斐宇	范凯利	丁诸诘	杨雪婷	吴欣怡	曹澄	徐奕飞
15	滕浩玄	徐可玥	杨玥泠	陈可沁	丛正青	陈非凡	张泰来	陈纳川
16	李梦颀	杨逸	徐沐辰	胡冠羽	唐思语	吴继超	钟子亮	黄昊

生成数据　考场安排

图 7－27

(1) 复制信息

把图 7－27 中各考场的学生姓名复制后放在另一个工作表的一列(F 列)，再把每个学生所在的考场号填充复制到另一列(G 列)。如图 7－28 所示。这些学生虽然在一个考场考试，但不是一个班级。

(2) 应用查找函数

把学生的基本信息如原班级、姓名、考生号三项复制在左边 A、B、C 三列，由于通知单是按原班级发放给学生的，所以 A 列是按照原来班级排列的。D 列的内容是，B 列中的姓名所对应的考场。在 D 列中要使用函数，根据 B 列中的姓名，在 F 列中找出该学生的名字，把该名字对应的相邻的第二列（G 列）内容显示在 D 列中。在 D2 单元格中输入函数：“VLOOKUP(B2，F：G，2，0)”，其含义是，在 F 列中找出 B2 单元格的姓名后，该姓名右边（第 2 列）的内容显示在 D2 单元格中。向下填充单元格后得到如图 7 - 29 所示的内容。有关 Excel 函数的使用请参阅华东师范大学出版社出版的《Excel 2003 在教学中的深度应用》（马九克著）一书。

D3

	E	F	G
1		姓名（复制）	考场（复制）
2		李菁菁	高三(1)考场
3		陆毓炜	高三(1)考场
4		郑婧	高三(1)考场
5		陈孟衢	高三(1)考场
6		陈悦	高三(1)考场
7		英睿杰	高三(1)考场
8		张子月	高三(1)考场
25		张翀恺	高三(1)考场
26		李晟昊	高三(1)考场
27		张逸铭	高三(2)考场
28		张若燕	高三(2)考场
29		贾怡雯	高三(2)考场
30		孙一鹭	高三(2)考场

生成数据 考场安排

图 7 - 28

D2 =VLOOKUP(B2,F:G,2,0)

	A	B	C	D	E	F	G
1	原班级	姓名	考生号	考场（生成）		姓名（复制）	考场（复制）
2	高三(1)班	英睿杰	410830101	高三(1)考场		李菁菁	高三(1)考场
3	高三(1)班	李菁菁	410830102	高三(1)考场		陆毓炜	高三(1)考场
4	高三(1)班	范凯利	410830103	高三(3)考场		郑婧	高三(1)考场
5	高三(1)班	胡杨扬	410830104	高三(1)考场		陈孟衢	高三(1)考场
6	高三(1)班	欧雅婷	410830105	高三(1)考场		陈悦	高三(1)考场
7	高三(1)班	陆思萌	410830106	高三(1)考场		英睿杰	高三(1)考场
18	高三(1)班	刘硕华	410830117	高三(1)考场		欧雅婷	高三(1)考场
19	高三(1)班	许家海	410830119	高三(4)考场		王孟黎	高三(1)考场
20	高三(1)班	孟天星	410830120	高三(1)考场		刘硕华	高三(1)考场
21	高三(1)班	沈子瑞	410830121	高三(4)考场		孟天星	高三(1)考场
22	高三(1)班	黄臻昊	410830122	高三(2)考场		刘晨昊	高三(1)考场

生成数据 考场安排

图 7 - 29

2. 设置主文档

由于一张 A4 纸上要放置多个通知单，该案例使用“标签”类型的文档。

(1) 建立主文档

点击“邮件”选项卡左边的“开始邮件合并”中的“标签”，得到“标签选项”对话框。如图 7 - 30所示。如果使用原来已经设置好了的标签，如“高一期考准考证”，点击“确定”，即可创建一个标签页面。

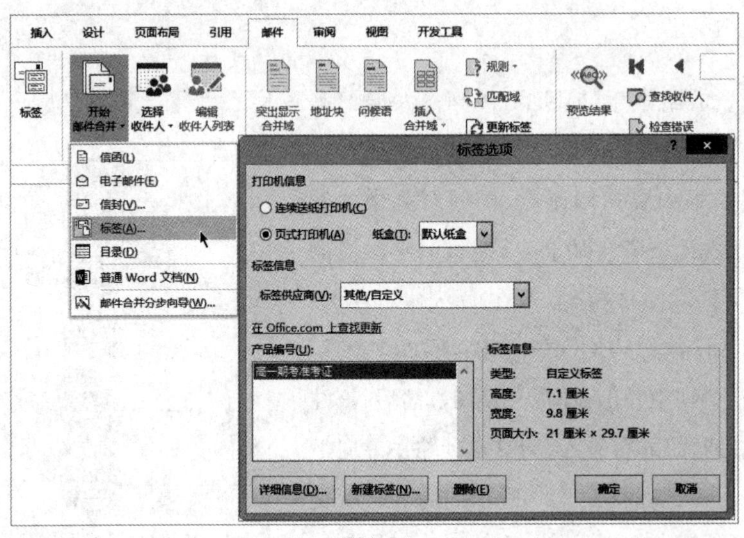

图 7－30

(2) 新建标签

在图 7－30 中点击“新建标签”，在“标签详情”对话框中，输入“标签名称”，根据图上部的预览图，设置下面各项内容。要根据 A4 纸的长和宽，计算出相关数据。如：横向跨度(10 厘米)×标签列数(2)＋侧边距(0.5 厘米)×2＝21 厘米，等于页面宽度 21 厘米(或略小于)，纵向跨度(7.1 厘米)×标签行数(4)＋上边距(0.6 厘米)×2＝29.6 厘米，略小于页面高度 29.7 厘米。如图 7－31 所示。

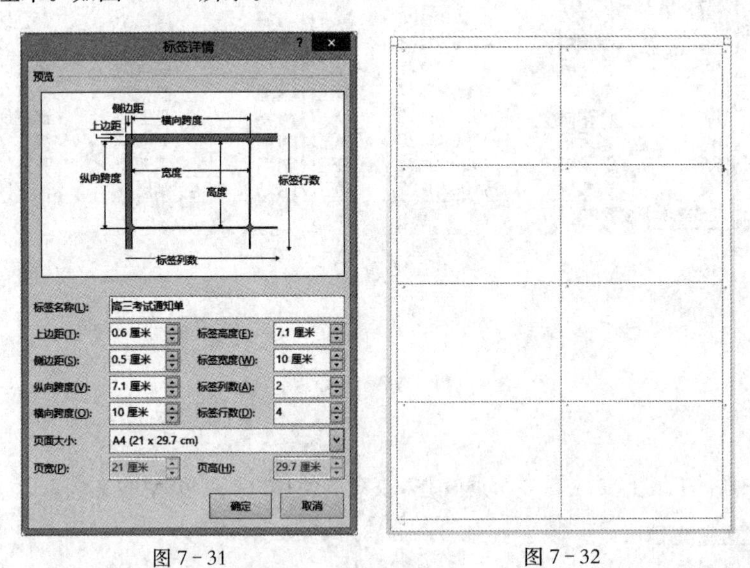

图 7－31　　图 7－32

(3) 标签页面

点击“确定”后，即得到了如图 7－32 所示类同表格的一个标签页面。边框也可以通过鼠标拉动边框线进行调整(与表格操作类同)。

(4) 设置标签

在第一个单元格中输入文字，绘制表格，设置文字格式。如图 7－33 所示。本例中，表格上面的两行文字的格式分别是，四号宋体、加粗和三号黑体，表格中的文字是小四号宋体、加粗。

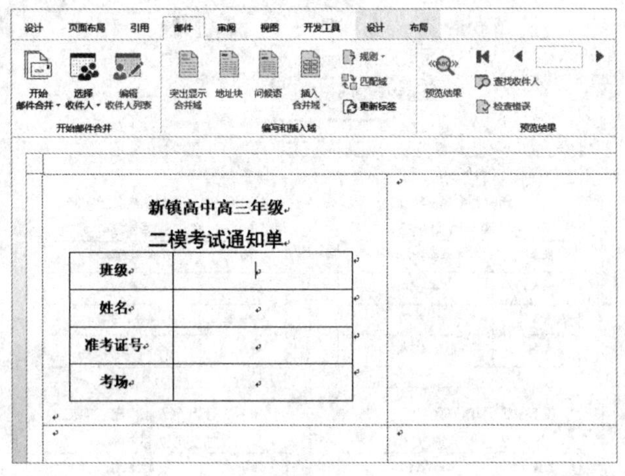

图 7－33

3. 建立链接生成文档

(1) 查找数据表

在“邮件”选项卡中点击“选择收件人”，点击“使用现有列表”，找到图 7－29 的 Excel 文件，选中“生成数据”工作表。如图 7－34 所示。

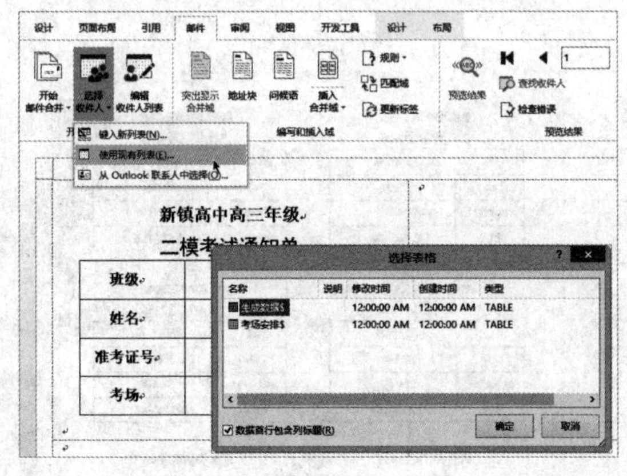

图 7－34

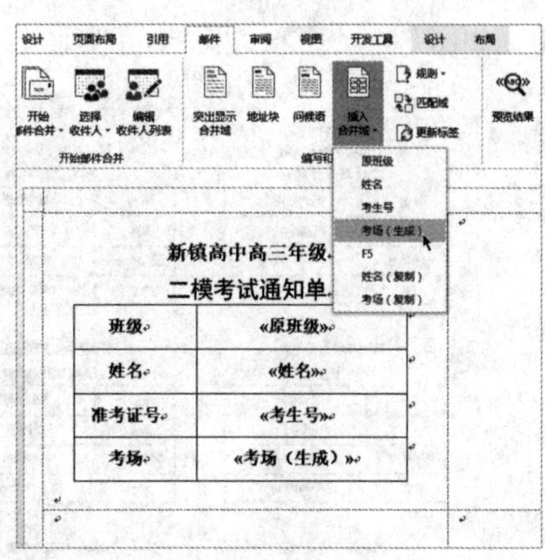

图 7－35

(2) 插入合并域

点击“插入合并域”，在相应单元格中插入相应的“域”，如图 7－35 所示。

(3) 生成文档

1）生成标签主文档。点击“更新标签”，主文档中的 8 个单元格全部填充上了表格及内容。如图 7 - 36 所示。以后在第一个单元格中进行任意修改，只要点击“更新标签”，其他单元格中的内容都会更新变化。

图 7 - 36

2）合并成新文档。在“邮件”选项卡右边，点击“完成并合并”，点击“编辑单个文档”，得到如图 7 - 37 所示的文档（预览图）。

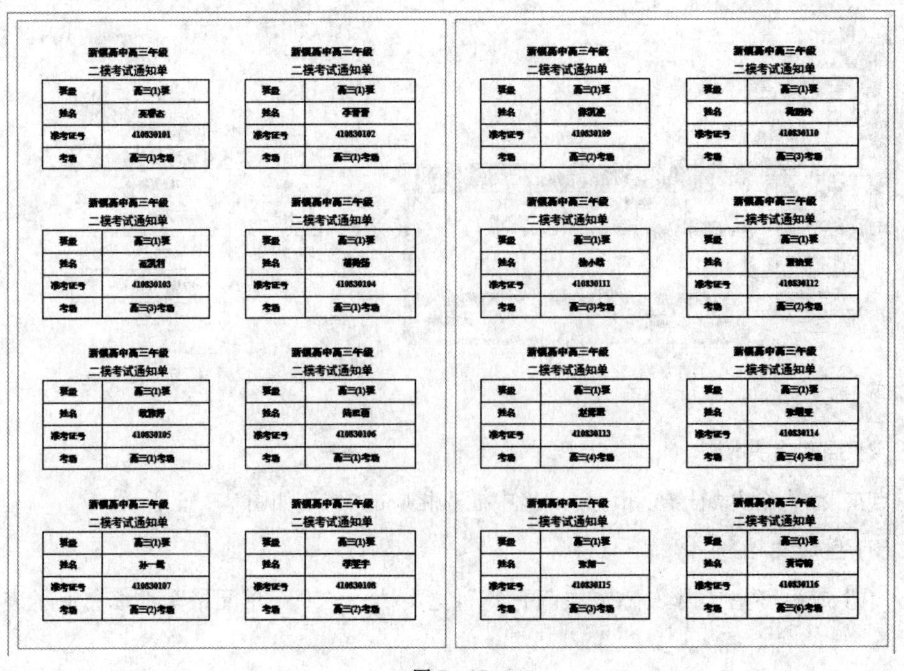

图 7 - 37

3）设置网格线。因为整个页面是个大表格，为了方便裁剪，可以设置网格线。

A. 光标置于大表格内，在“布局”选项卡的左边点击“选择”，选中“选择表格”，再点击表格工具栏“设计”选项卡的右边“边框”组右下角的对话框启动器，在“边框和底纹”对话框中，只设置中间的横竖两条网格线（虚线）。如图 7－38 所示。

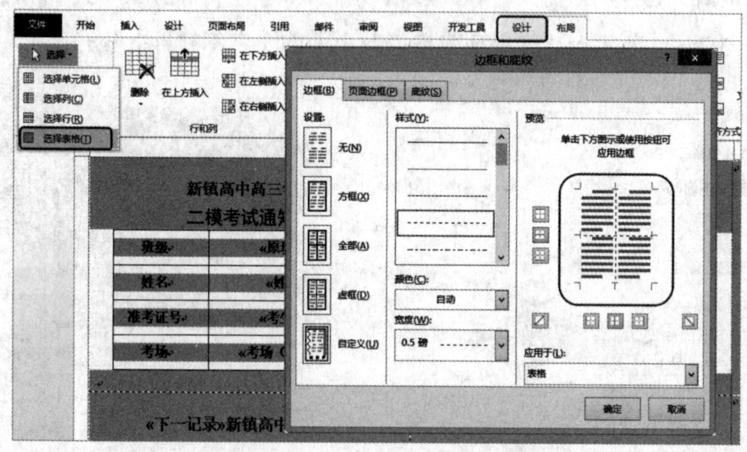

图 7－38

B. 重新点击“完成并合并”，点击“编辑单个文档”，得到如图 7－39 所示的有网格线的文档（预览图），方便裁剪。

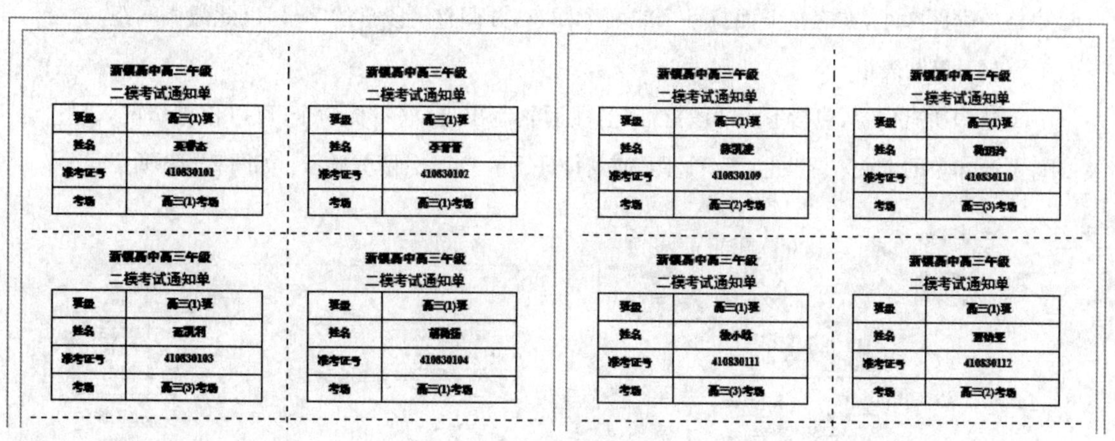

图 7－39

4. 标签的另类制作

前面是利用标签的方法，让一页纸上打印出多个小表格。也可以利用手动插入“下一记录”的方法，让一页纸上打印多个通知单（或成绩单）。下面以一页上打印六个小表格为例，介绍操作的方法。

(1) 设置通知单

输入表格的标题文字以及表格中的文字(表格中的文字均设置为四号、宋体),并将所有文字居中排列。在"表格属性"中,将表格的对齐方式设置为居中。如图7－40所示。

(2) 设置段落

选中除最后一行外的所有内容,在"段落"对话框的"换行和分页"选项卡中,选中"与下段同页",如图 7－41 所示。这样保证表格以及上面的文字不被拆散分开。

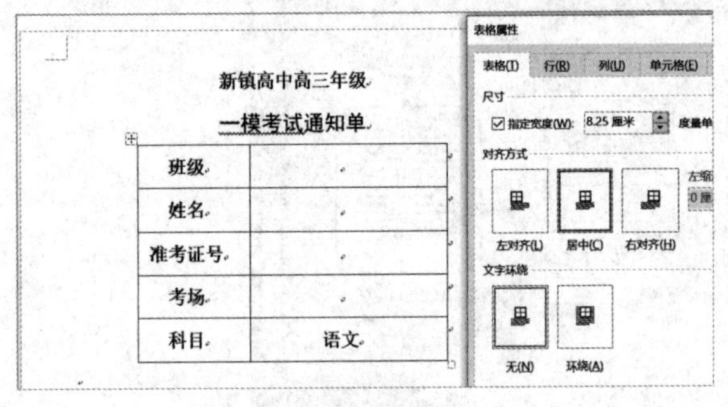

图 7－40

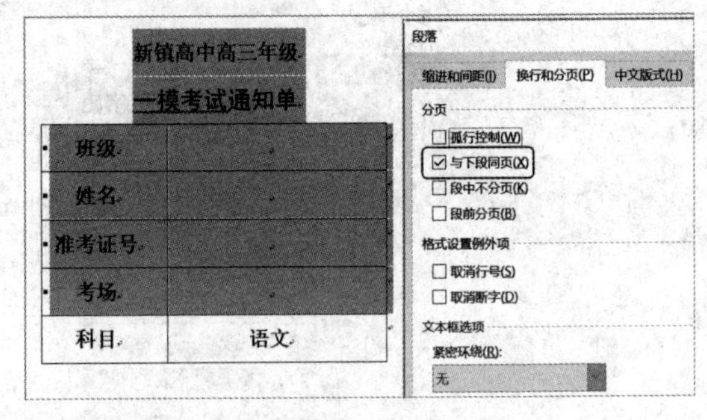

图 7－41

(3) 插入"下一记录"

找到数据源文件,插入"合并域"(操作过程略)。然后光标置于表格下面,点击上面的"规则",点击"下一记录",在光标处插入"《下一记录》"标记。如图 7－42 所示。根据两个表格的间距大小,在表格下面打一个或两个回车,并调整空段落的字号,以此微调间距。

(4) 复制表格

选中所有内容,包括下面的段落标记,然后复制出五个(一页六个,可以根据情况,设置每页通知单的个数),调整上、下页边距,使其每页显示三个,分两页显示。如图 7－43 所示。

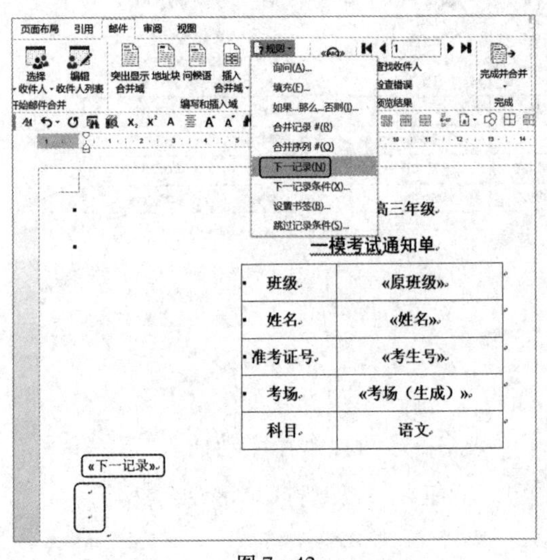

图 7－42

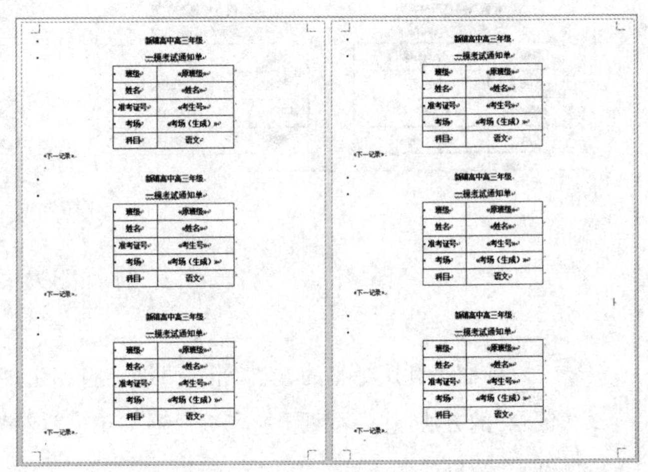

图 7－43

(5) 设置分栏

按下“Ctrl + A”，选中所有内容，在“页面布局”选项卡的“页面设置”组中，点击“分栏”按钮，点击“两栏”，将所有六个表格分为两栏。如图 7 - 44 所示。

(6) 完成设置

去掉最后一个表格的“《下一记录》”标记，如图 7 - 45 所示。点击上面的“预览结果”即可看到每一条记录，点击右上角的“完成并合并”，可以打印或直接生成可编辑的文档。

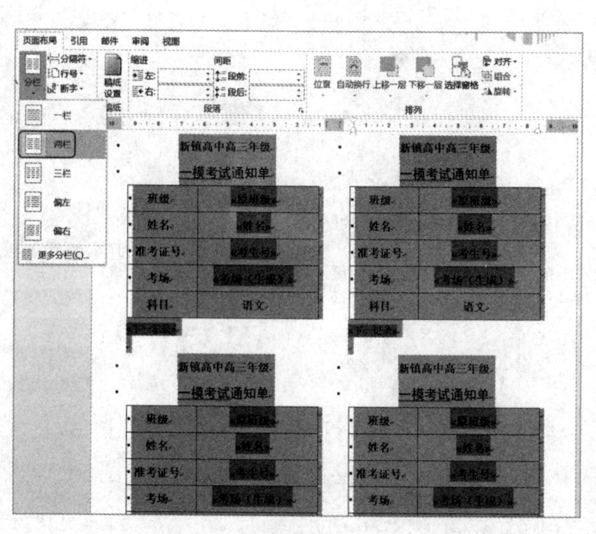

图 7 - 44

图 7 - 45

利用手动插入“下一记录”的方法，可以让一张纸上打印出多条短小内容的项目。

第 5 课　套打证书

所谓套打就是将文字等内容打印到已经有固定格式的印刷物品上，如学校发放的会议邀请函，批量套打荣誉证书、奖状等，都是要把文字打在已有固定格式的印刷物品上。下面以套打聘书的方法说明套打的操作步骤：首先要有 Excel 数据工作表，本例略去此步骤。

1. 插入证书图片

(1) 获得聘书图片

先测量出被套打聘书的长和宽(如宽度 28 厘米,高度 20 厘米),方便页面的设置。用扫描仪或照相的方法获得聘书图片,并用图片工具切除多余的边缘。得到如图 7-46 所示的聘书图片。

图 7-46

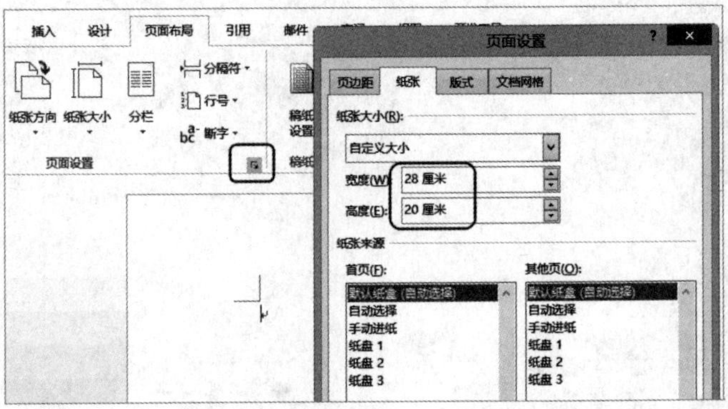

图 7-47

(2) 设置页面

新建 Word 文档,点击“页面布局”选项卡“页面设置”组右下角的对话框启动器,在“页面设置”对话框的“纸张”组中,“纸张大小”选择“自定义大小”,“宽度”和“高度”分别设置“28 厘米”和“20 厘米”。如图 7-47 所示。

(3) 插入图片

在“插入”选项卡的“插图”组中,点击“图片”,找到聘书图片,插入到文档中。把图片平铺充满在整个文档中,需要在“页面设置”中调整页边距,上、左均设置为 0。再点击该图片,在“布局选项”中将“嵌入型”更改为“衬于文字下方”,如图 7-48 所示。

2. 添加文字

(1) 插入文本框

在图片的适当位置插入文本框,输入适当文字,设置文字的格式。本例中,大字为黑体小初号,下面两行文字为小二楷体。如图 7-49 所示(图章也是利用 Word 制作的电子印章,详情参见《Word 2003 在教学中的深度应用》一书(马九克著))。

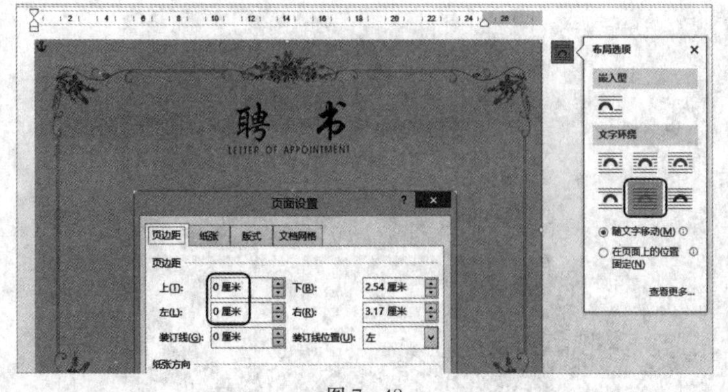

图 7-48

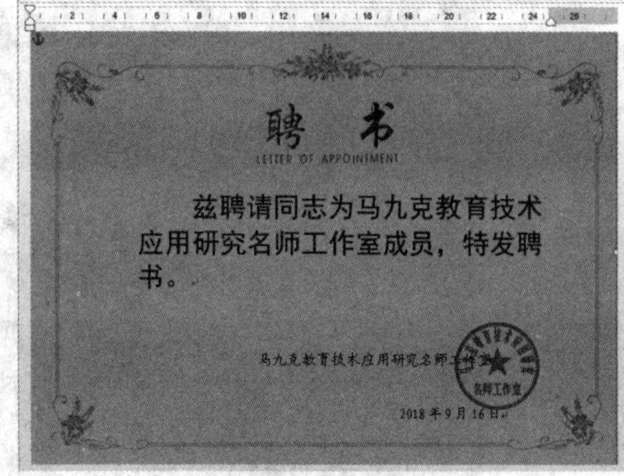

图 7-49

(2) 插入合并域

Word 文档与 Excel 数据文件建立链接关系后，点击“插入合并域”，分别插入“所在学校”和“姓名”(具体操作方法略去)。如图 7-50 所示。

3. 生成文档

(1) 预览结果生成文档

点击“预览结果”，得到完整的聘书主文档。如图 7-51 所示。

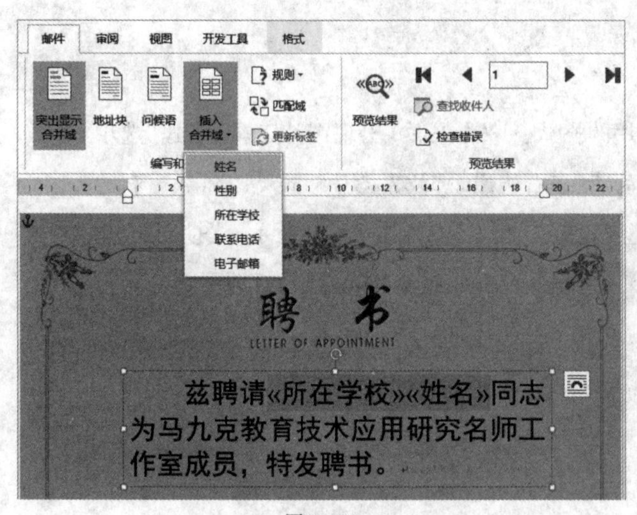

图 7-50

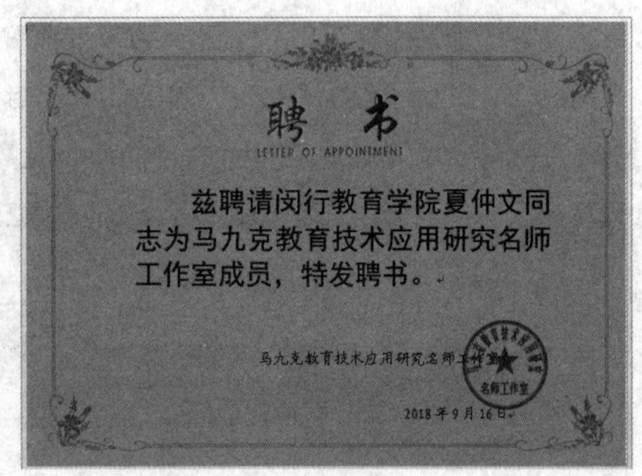

图 7-51

(2) 生成合并文档

点击“完成并合并”，再点击“编辑单个文档”，即生成了合并后的文档。可以用彩色打印机直接打印在白纸上。图 7-52 所示为预览文档。

图 7－52

4. 套打在聘书上

要把设置好的内容套打在已有的聘书上而不是在白纸上彩色打印，这需要去掉图片。

(1) 第一种方法

直接选中图片将其删除，然后再打印。

(2) 第二种方法

如果删除图片不方便，还可以设置图片的格式。双击图片，出现图片工具“格式”选项卡，点击“图片样式”组右下角的对话框启动器，在右边出现“设置图片格式”窗格，点击右边第四个图片图标，在“图片更正”下面，把亮度设置为 100％。如图 7－53 所示。图片上的颜色自然消失。去掉图片(或去掉图片颜色)后再重新合并成新文档，直接套打即可。

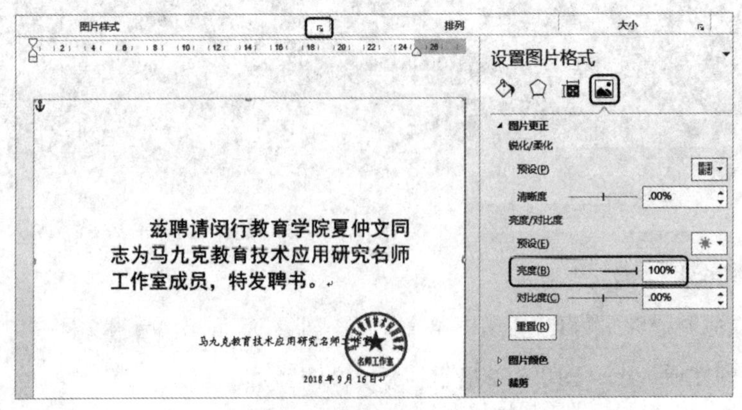

图 7－53

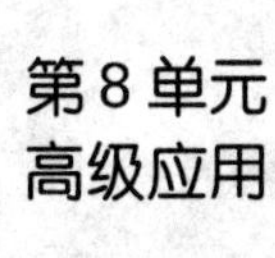

第8单元 高级应用

第1课 文档的修订和查看

1. 文档的修订

文章写好后，修订时在哪里留有修改的痕迹？别人修改了我如何知道哪些地方修改了，是谁帮助修改的？若让别人修改文章他不会使用修订功能，我怎么知道哪些地方修改了？这些问题在修订功能中都可以解决。

(1) 进入修订状态

在“审阅”选项卡的“修订”组中，点击“修订”，进入文档的修订状态。如图 8－1 所示。

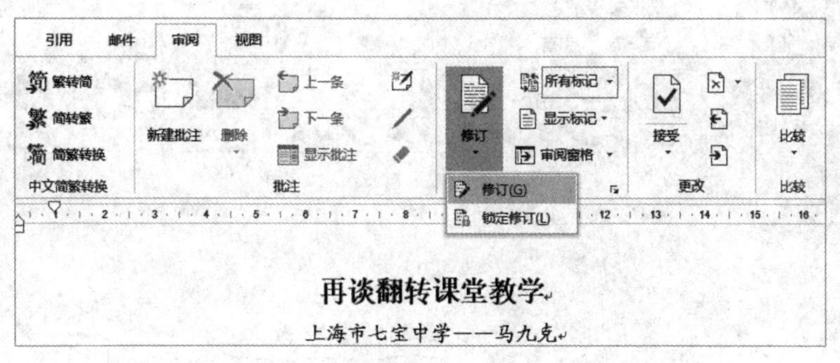

图 8－1

(2) 不同的显示模式

在修订过程中，添加或删除文档内容，或者改变文字和段落的格式，在“修订”选项卡中有不同的显示模式。

1）所有标记。在“所有标记”模式下显示的是所有添加或删除的修订痕迹。如图8－2所示。

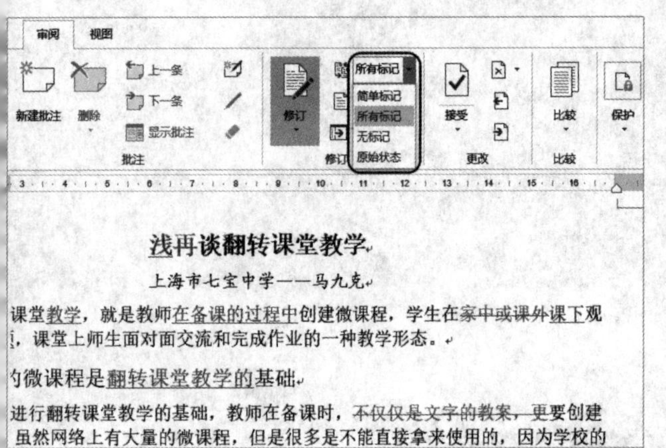

图 8－2

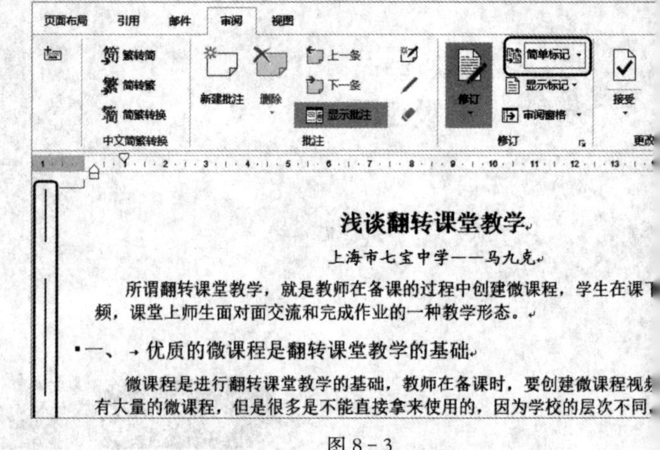

图 8－3

2）简单标记。文档修改后，左边出现若干条竖线，表示的意思是右边该段落处有修订。如图 8－3 所示。如果选择“无标记”，则显示的是修改后的最终状态，与“简单标记”基本相同。如果选择“原始状态”，则看到的是文档修订前的状态。

3）墨迹书写。在图 8－3 中的右上角点击“开始墨迹书写”，进入书写状态，在此可以设置墨迹的颜色和粗细等，可以用鼠标或书写笔书写，如果电脑具有手写功能，可以用手指直接在屏幕上书写、添加标注等。如图 8－4 所示。

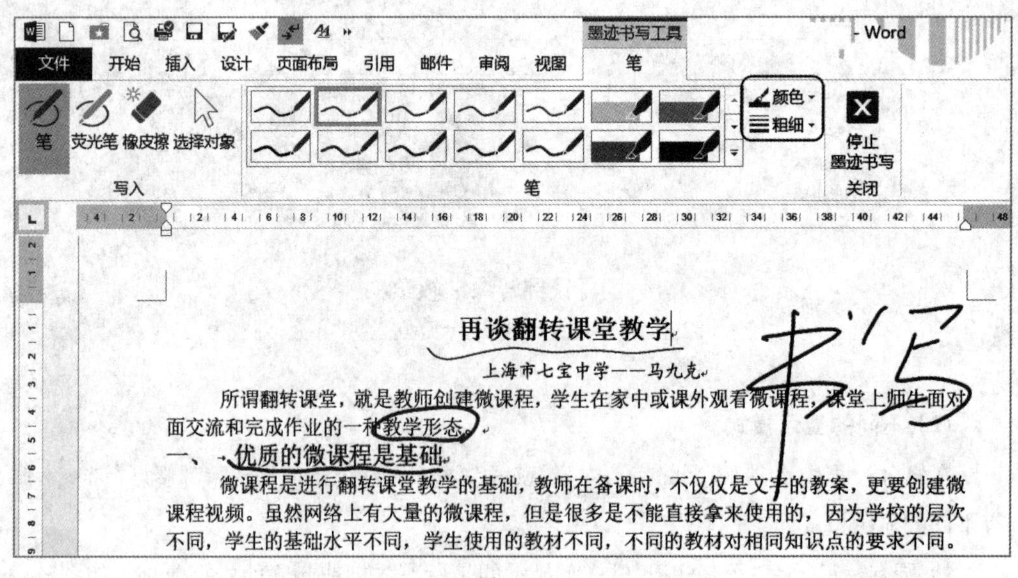

图 8－4

2. 修订的接受和拒绝

(1) 接受修订

对于文档的某一处(或全部)修订,是同意接受或拒绝接受,是需要选择的。点击“接受”按钮后,可以选择“接受所有修订”或“接受所有更改并停止修订”,光标置于某一修订处,点击“接受并移到下一条”,可以逐条选择接受。如图 8－5 所示。

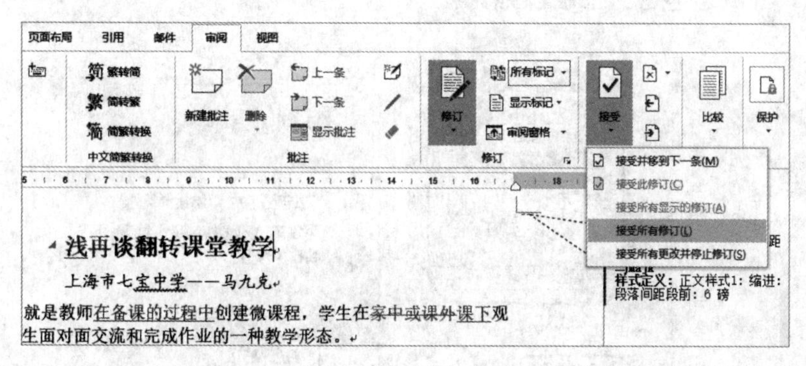

图 8－5

(2) 拒绝修订

即拒绝接受修订,点击“拒绝”按钮后,可以选择“拒绝所有修订”或“拒绝所有更改并停止修订”,光标置于某一修订处,点击“拒绝并移到下一条”,可以逐条选择拒绝。如图 8－6 所示。

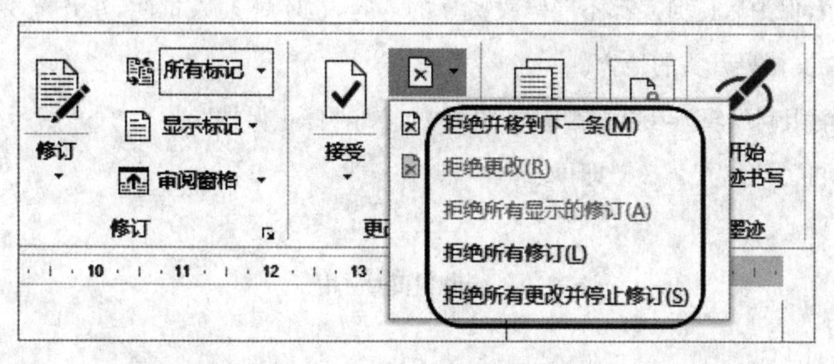

图 8－6

(3) 你的修订我知道

文章写好后,让别人帮助修改,但他不会使用修订功能,他修改后,你不知道哪些地方作了修改。你可以利用“保护”功能中的“限制编辑”,让他的修改内容自动显示出来。

1) 点击“审阅”选项卡右边的“保护”按钮,点击“限制编辑”,在右边出现“限制编辑”窗格，选中“编辑限制”，选择“修订”，选中“每个人”，点击“启动强制保护”，如图 8-7 所示，输入保护密码即可。这样任何人对文档的修改都能留下痕迹。

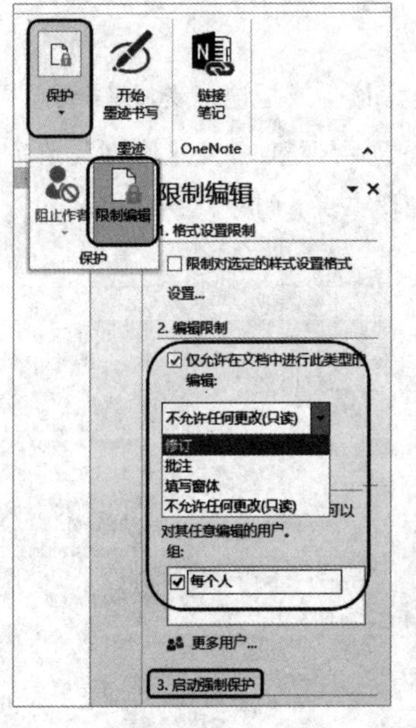

图 8-7

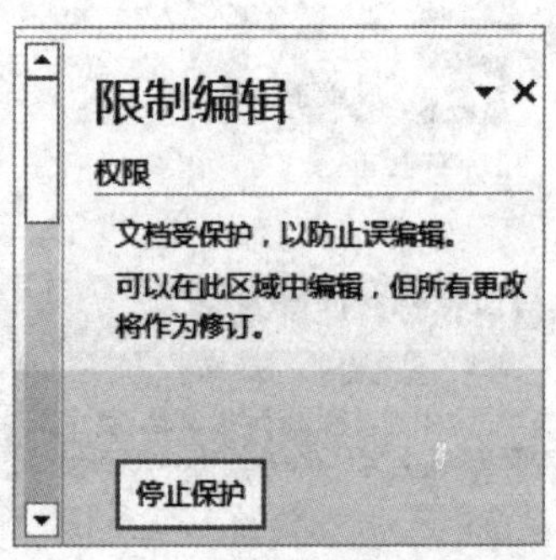

图 8-8

2）其他限制编辑选项。若在上图中点击“批注”，则保护后其他用户不能直接修改文件内容，只能在功能区点击“新建批注”，在文档中插入批注，在批注框中填写内容。若点击“填写窗体”，保护后任何人都不能修改文件的内容，也不能插入批注，禁止光标移动，光标永远停留在文档最开头的地方。

3）取消限制编辑。在“限制编辑”窗格中，点击“停止保护”，如图 8-8 所示。输入密码取消保护，再“另存为”新文档即可。

3. 批注的应用

在修改文档时常常要使用批注。可以对一个词或一段话添加批注。

(1) 插入批注

选中一个词或一段文字（或光标置于文档中），在“审阅”选项卡的“批注”组中，点击“新建批注”按钮，可以在文档的右边插入一个批注框，直接在框中输入批注文字即可。如图 8-9 所示。

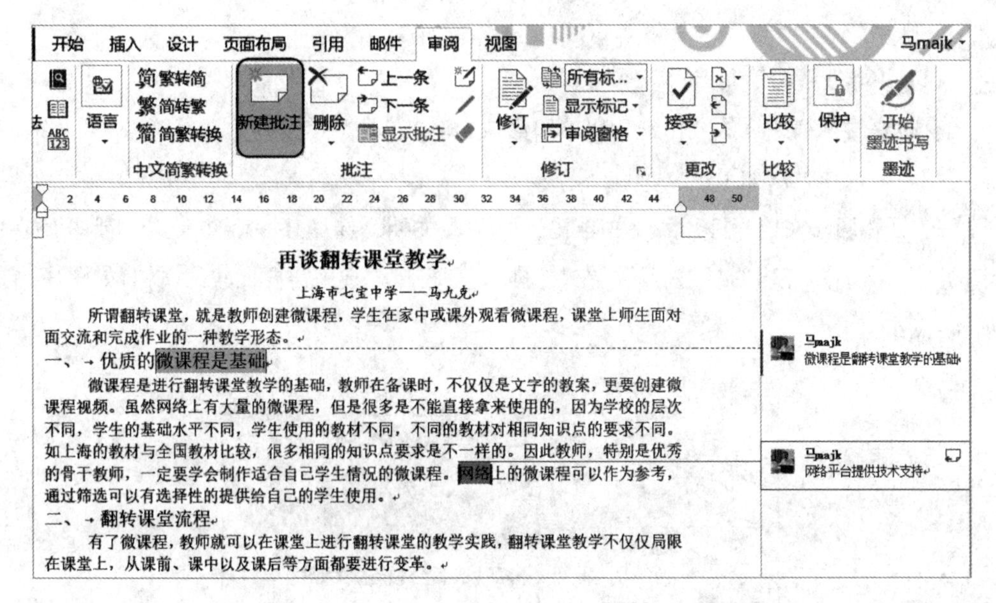

图 8-9

(2) 批注及格式的设置

1) 在“审阅”选项卡的“修订”组中，点击右下角的对话框启动按钮，在“修订选项”中，可以设置批注是否显示(即使添加了批注也可以不显示)。如图 8-10 所示。

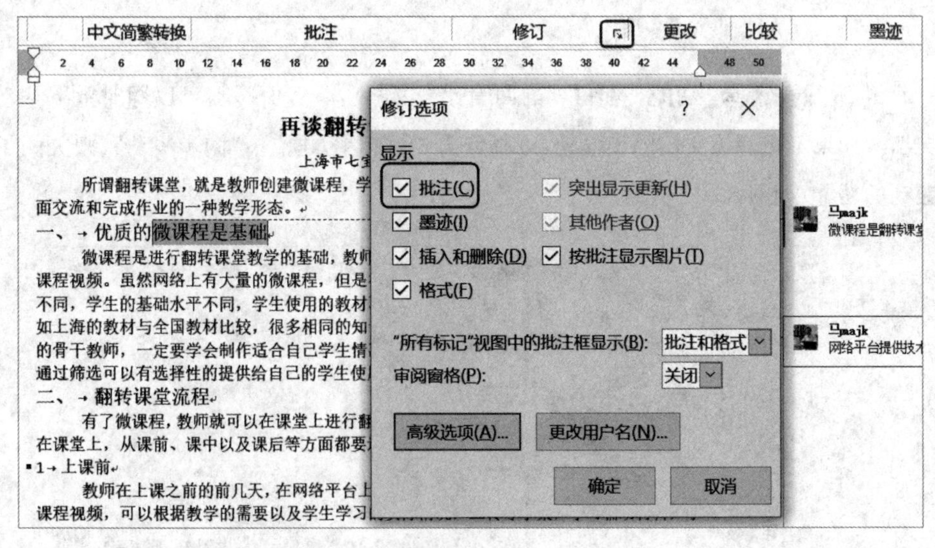

图 8-10

2) 设置批注的格式。点击上图中的“高级选项”，可以设置批注的格式、批注的颜色，还可以设置批注框的宽度以及批注是左边显示还是右边显示等。图略。

4. 文档的查看和比较

(1) 并排查看两篇文档

有时要对两篇相近的文档进行比较和修改，需要同时并排打开这两篇文档，且文字能同时滚动。操作方法如下：

1）打开两篇文档。打开需要并排比较的两篇文档。选择某一个文档，在“视图”选项卡的“窗口”组中，点击“并排查看”。在“并排比较”窗口中选中需要比较的文档，如图 8－11 所示，点击“确定”。

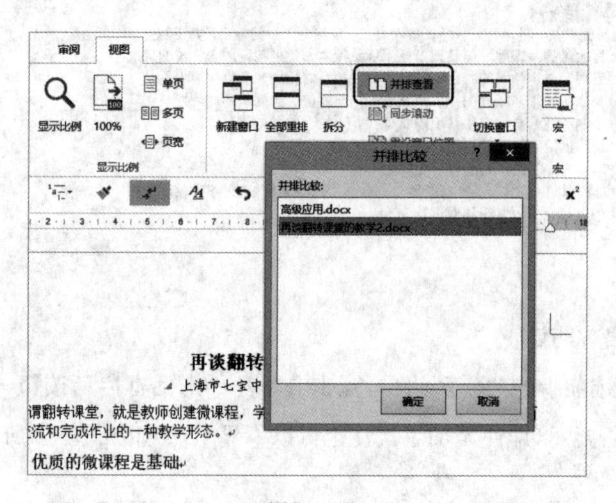

图 8－11

2）设置“同步滚动”功能。在得到的两篇比较文档中，滚动鼠轮，可以同时上下移动两篇文档。如果不想两篇文档同步移动，可以点击“窗口”组，再点击“同步滚动”，则关闭了同步滚动的功能，如图 8－12 所示。

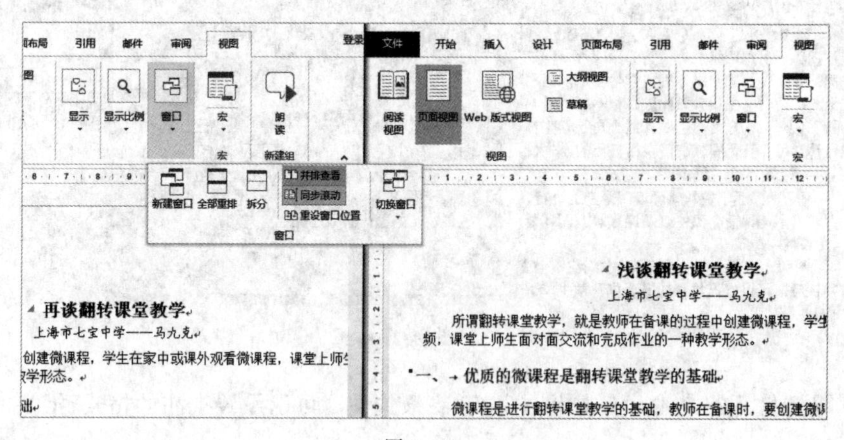

图 8－12

(2) 两个文档的比较

修改后的文档与原来的文档差别在哪里？可以通过"比较"功能进行比较。

1）找出两个准备比较的文档。在"审阅"选项卡右边的"比较"组中，点击"比较"，找到"原文档"和"修订的文档"。如图 8－13 所示。点击"确定"。

图 8－13

2）显示比较文档。

A. 新的界面有四个区域，最左边是"审阅窗格"栏，显示出了几处修订，谁在文档中何处做了怎样的修订。中间部分是比较文档，结合了原文档和修订的部分。最右边上下两部分分别是原文档和修订后的文档。如图 8－14 所示。

图 8－14

B. 显示不同的界面。点击“比较”，再点击“显示源文档”，可以分别选择“隐藏源文档”、“显示原始文档”、“显示修订后文档”等选项。如图 8－15 所示。

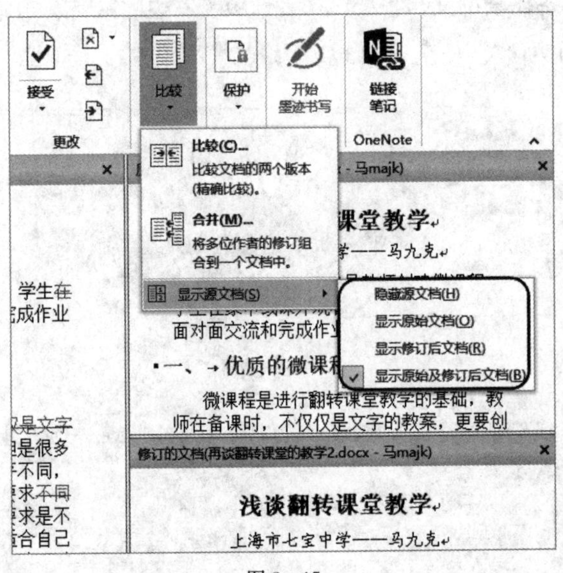

图 8－15

这样一来，想知道修订了哪些地方就看左边。要知道两个文档结合后是什么样子就看中间，如果还需要对照一下两个文档，就看右边。对中间文档显示的修订部分可接受可拒绝，最后文档另存为即可。

第 2 课　插入多级标题

不同级别的标题都有不同的编号格式，如一级编号为“第 1 章”、“第 2 章”，二级编号为“1. 1”、“2. 2”等。在第 3 单元第 2 课中的“2. 自动插入编号”中，虽然是多级编号，但是那种手工添加的多级编号并不是真正意义上的多级编号，它没有与样式建立链接，不能设置自动目录。利用多级编号功能插入的多级编号，当与样式建立链接关系后，可以生成自动目录，文档中添加或删除内容后，所有编号会自动更新。

1. 插入多级编号

(1) 插入多级列表

在“开始”选项卡的“段落”组中，点击“多级列表”按钮，选择任意一个列表的样式。如

图 8 - 16 所示。点击后该文档就插入了一个多级编号。

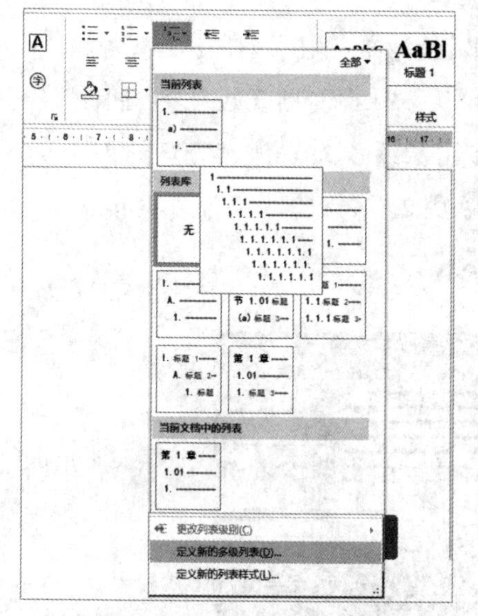

图 8 - 16

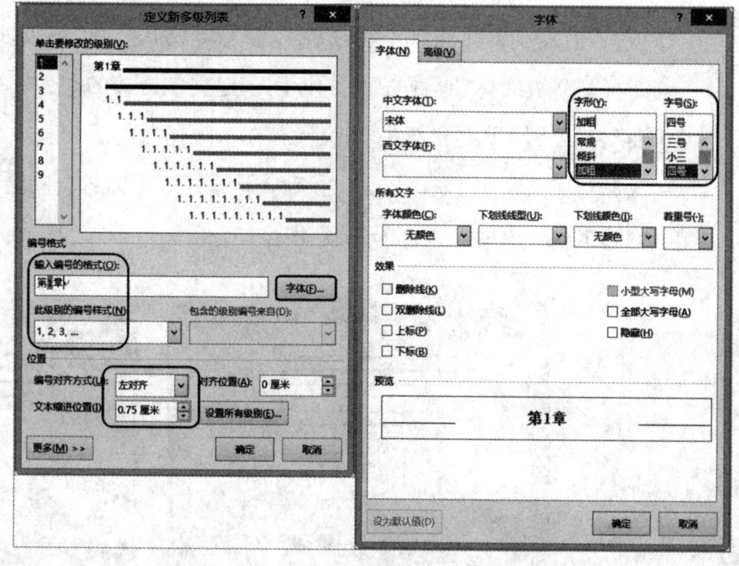

图 8 - 17

(2) 自定义多级列表

直接插入的多级列表(即多级编号),格式一般都不符合自己的要求,需要重新设置格式。点击图 8 - 16 中下面的“定义新的多级列表”。进入“定义新多级列表”对话框。在“定义新多级列表”对话框中的“编号格式”中,选择一种“编号样式”,还可以自定义“输入编号的格式”,如输入“第”和“章”,还可以设置对齐的“位置”,点击“字体”按键,可以设置编号文字的“字体”、“字形”以及“字号”等格式,设置好编号格式以后显示在下面的“预览”中。如图 8 - 17 所示。

2. 编号与样式建立链接

(1) 第 1 级别的设置

在图 8 - 17 的左下角,点击“更多”,在“定义新多级列表”对话框的“将级别链接到样式”中,选择“标题 1”,即将第 1 级的标题与样式中的标题 1 建立了链接的关系(有时在编辑过程中会莫名其妙地断开链接关系,需要重新链接)。其他默认即可。如图 8 - 18 所示。在下面还可以继续设置标题的格式及位置。

(2) 第 2 级别的设置

在左上角“单击要修改的级别”中,选择“2”,即设置第 2 级的标题样式,在“输入编号的格式”中，可以使用默认的“1.01”，也可以去掉前面的“1”，编号样式直接使用“1”，若想前面再出现“1”，点击“包含的级别编号来自”下面下拉列表中“级别1”即可。可以点击“字体”按钮，继续设置标题2文字的字体、字号等格式。在“将级别链接到样式”中，选择“标题2”，即将第2级的标题与样式中的标题2建立了链接的关系。默认选中了“重新开始列表的间隔”和“级别1”，其含意是，2级标题在1级标题的后面会重新开始编号，如，第1章下面的2级标题应该是1.1、1.2、1.3，第2章下面的2级标题自动会变成2.1、2.2、2.3等，而不会接着第1章后面的2级编号出现1.4、1.5等。如图8-19所示。

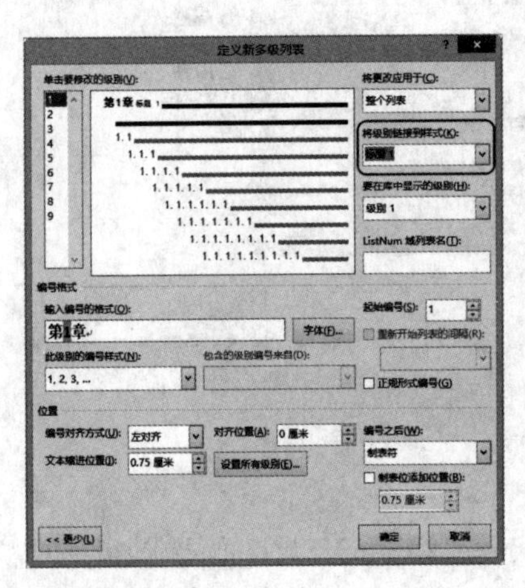

图8-18

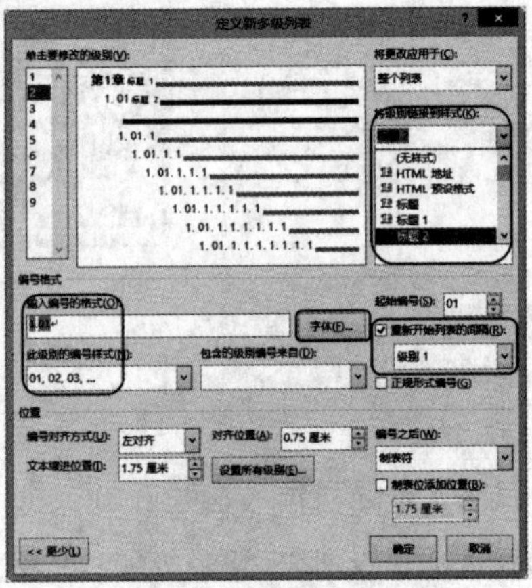

图8-19

(3) 第3级别的设置

在“单击要修改的级别”中，选择“3”，即设置第3级的标题样式，在“输入编号的格式”中，选择“1.2.3.4.……”，在“输入编号的格式”中，添加括号，变为“(1).”，可以点击“字体”按钮，设置标题3文字的格式。在“将级别链接到样式”中，选择“标题3”，即将第3级的标题与样式中的标题3建立了链接的关系。默认选中了“重新开始列表的间隔”和“级别2”，其含意是，3级标题在2级标题的后面会重新开始编号，如：2级标题“1.01”下面的3级标题应该是(1)、(2)、(3)，“1.02”下面的3级标题自动重新开始为(1)、(2)、(3)，而不是接续前面的(4)、(5)、(6)等。如图8-20所示。其他各级标题的设置类同，在此不再赘述。

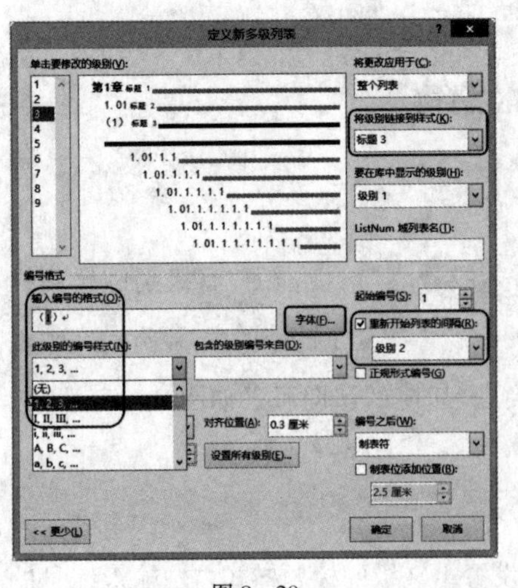

图8-20

3. 显示多级编号

设置好各标题格式的多级编号，在空白文档的普通视图中并没有显示出来，即使在“第1章”文字的后面打回车键，也只是显示几个段落标记，并没有出现自动编号，可以通过大纲视图显示出多级编号。

(1) 进入大纲视图

1）在“视图”选项卡左边的“视图”组中，点击“大纲视图”。如图8-21所示。

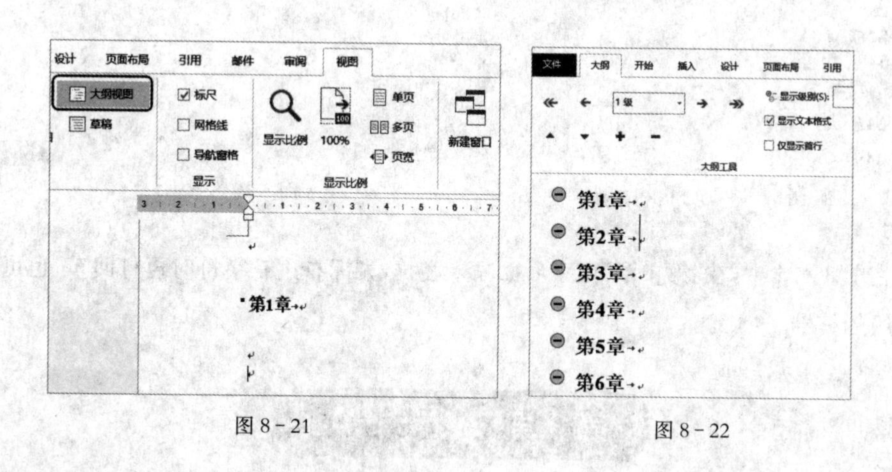

图8-21　　图8-22

2）自动显示各章标题。在“大纲视图”中，将光标置于“第1章”的后面打回车键，会出现若干个级别1的编号样式，如图8-22所示。

(2) 调整标题的级别

光标置于某一个1级标题的后面，点击上面的绿色向右单箭头，可以降低为2级标题，点击左边的箭头可以将标题级别升级，在某一级别的标题下打回车键，则会出现按该级别样式编号的标题，利用工具栏的左、右箭头按钮可以改变任意标题的级别。也可以通过“格式刷”将标题的样式进行复制（常常用格式刷复制标题的样式）。还可以通过按下“Tab”键，降低标题的级别，按下“Shift + Tab”键，提升标题的级别。如图8-23所示。在某一标题上右击鼠标，选中“调整列表缩进”，可以重新进入“定义新多级列表”对话框，继续进行各标题格式的设置。

(3) “样式”窗格中显示编号的样式

退出大纲视图状态，进入常规编辑状态，在“开始”选项卡的“样式”组中，点击“样式”右下角的对话窗格启动器，在右边出现“样式”窗格，在窗格中显示了文档中使用的所有标题的样式。如图 8－24 所示。改变某一标题的级别，既可以使用“样式”（后续介绍），也可以使用格式刷，利用格式刷的快捷键可以快速地更改标题的级别。

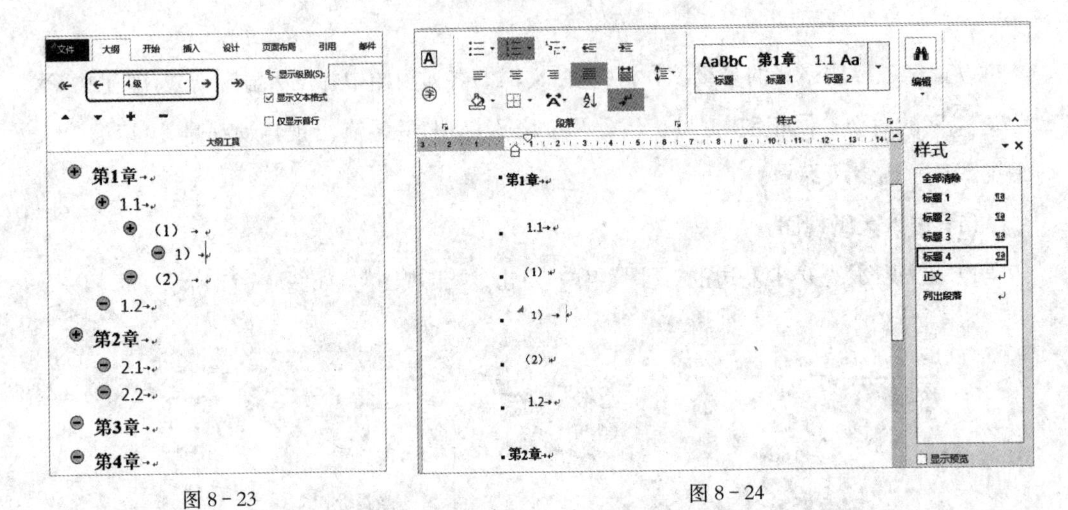

图 8－23

图 8－24

在图 8－21 中，在“第 1 章”文字后面输入字符，光标右边有字符时再打回车，也可以出现同级的编号。

第 3 课 样式的应用

样式是长文档编辑过程中必须使用的重要工具。样式是指一组已命名的格式的组合。文档在编辑的过程中，常常要按自己的习惯，对各标题、各段落等进行格式的设置，虽然用格式刷可以把标题样式或段落样式复制到需要的标题或段落上，但是如果此格式需要更改，就要将原来的操作再全部重复一遍，对于长文档的编辑来说，工作量是很大的，利用“样式”功能，当需要改变文档中某一级别标题或段落的格式时，只要在样式中修改，所有使用该样式的标题和段落的所有格式全部自动更新。给文档的编辑带来很大的方便。

1. 样式窗格及样式

(1) 空白文档的样式

1）新建一个空白文档，在“开始”选项卡的“样式”组中，点击右下角的窗格启动器，在右边出现的“样式”窗格中，如果点击图右下角的“选项”，在“选择要显示的样式”中，选中“当前文档中的样式”，则可以看到，窗格下面没有几个样式，因为文档中没有使用样式的标题和段落。如图 8－25 所示。

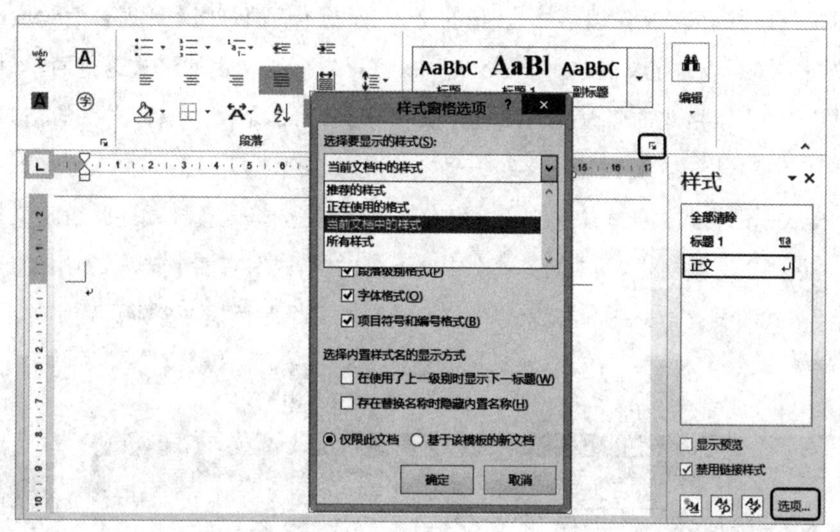

图 8－25

2）样式与多级编号往往是配合使用的。对于空白文档，要使用样式，需要先设置多级编号，在多级编号的基础上修改样式。下面以图 8－24 中已经设置好了的多级编号为例，进一步设置样式的格式。

(2) 修改样式

1）进入修改状态。光标置于文档中某一标题(或段落)上，在样式中自动显示出与标题对应的样式，在窗格中该标题样式上右击鼠标，选中“修改”，即可进入样式的修改状态中。如图 8－26 所示。

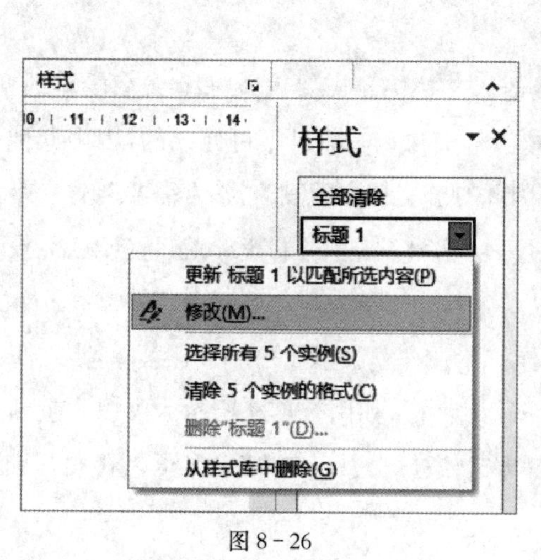

图 8－26

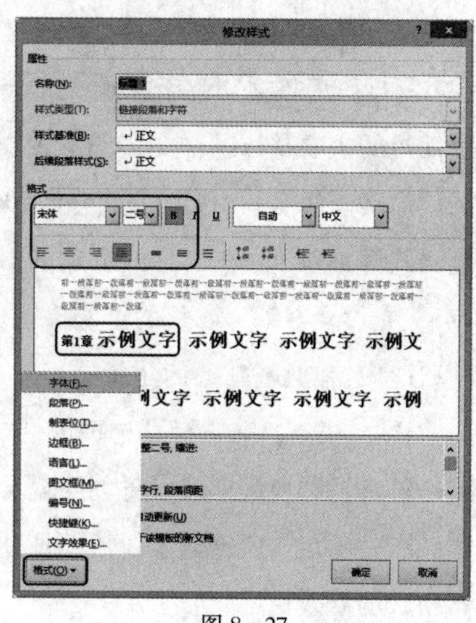

图 8－27

2）修改样式。一般内置的样式都是需要修改的。在“修改样式”对话框中，“名称”和“样式基准”使用默认，“后续段落样式”指的是，在标题 1 后面打回车键时，“后续段落样式”是“正文”样式，可以自定义更改。在“格式”中，可以对标题文字的格式进行简单修改。注意“样式”中的文字格式的修改只针对标题文字格式，而不是修改编号文字的格式。如图 8－27所示。编号格式的修改应在多级编号中修改，如图 8－17 所示。

3）样式中的格式。样式中包含着多种格式，无论是选择内置样式还是自定义样式，实际上就是选择了一组格式，点击图 8－27 中左下角的“格式”，有多个选项，常用的是“字体”和“段落”格式的设置。分别点击“字体”和“段落”，在两个对话框中分别设置字体的格式和段落的间距等，如图 8－28 所示。

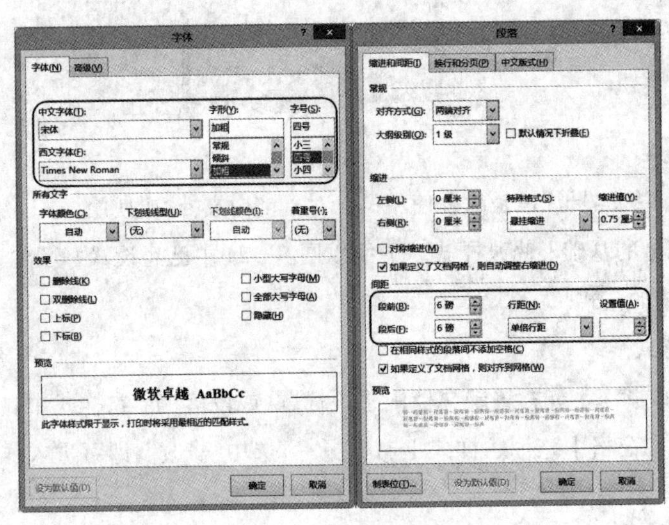

图 8－28

(3) 根据段落格式创建新样式

前面讲的主要是标题样式的设置和修改。文档中还需要设置一个文字段落的样式。在“样式”窗格下面有一个默认的“正文”样式，这个样式一般是不可修改的，因为其他所有的标题样式都是基于“正文”样式创建的。因此对于文档中的段落，常常需要新建一个段落样式，一般先设置好某一段落的全部格式（字体、字号、段落间距等），光标置于已经设置好格式的段落中，在此基础上创建新样式。

1）创建方法一。在“开始”选项卡的“样式”组中，点击小三角形下拉菜单，点击下面的“创建样式”，得到“根据格式设置创建新样式”对话框，如图 8－29 所示。可以设置新样式的名称，点击“确定”，就创建了段落新样式（即文档样式）。点击“修改”，可以在此基础上进行文本格式的修改。

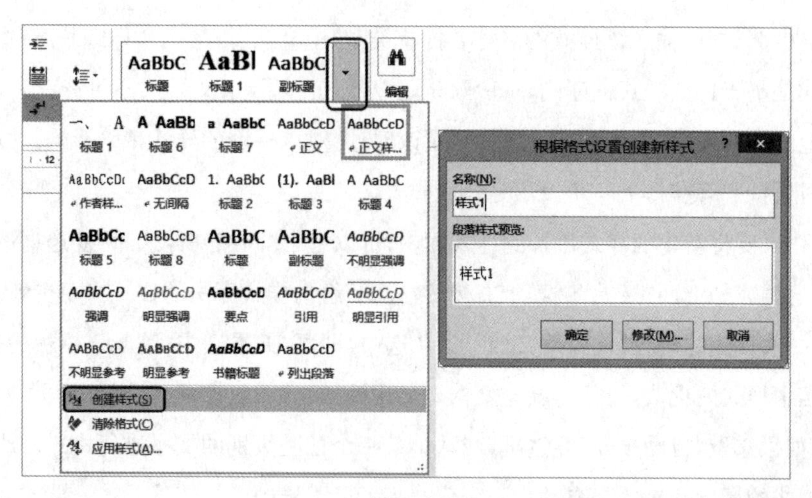

图 8-29

2）创建方法二。光标置于已经设置好格式的段落中，在“样式”窗格的左下角点击“新建样式”，在得到的“根据格式设置创建新样式”对话框中，点击左下角的“格式”，可以继续修改新样式的格式。如图8-30所示，在此对话框中，进行相关的设置。在图 8-29 中的下面点击“修改”，也可以得到此对话框。

图 8-30

A. 在“名称”中输入该样式的名称，“样式类型”中默认“段落”。“样式基准”指的是，这个新样式是基于什么样式创建的，一般默认是基于“正文”（正文样式不可修改），但是不要基于其他的标题样式，因为其他标题样式更改时，会对该标题的样式带来影响。“后续段落样式”是指打回车键时，下一个段落是什么样式。

B. 如果要将新建的样式添加到样式库中，可以选中“添加到样式库”复选框（已经默认选中）。这样文档上面“开始”选项卡右边的“样式”组的样式库中的样式自动更新。

C. 一般样式的修改“仅限此文档”（默认选中）即可，如果选中“基于该模板的新文档”，则此文档中样式的更改，会使得新建文档也使用该样式，一般按默认选择即可。

D. 如果选取“自动更新”复选框，当选中某一个标题级别的文字进行格式修改时，所有应用该样式的标题和段落都自动更新变化。一般可不选中。

2. 统一段落样式中的格式

在文档的编辑过程中，某些标题或段落中的文字常常会改变格式，最后可以通过样式来统一格式。操作方法如下：

(1) 以样式中的格式统一段落格式

1) 虽然每个段落都与文档中的“正文样式 1”（自己设置的）建立了链接的关系，但是有时在编辑过程中，可能有意无意地改变了某一段落的格式（图中方框中内容的格式发生了变化），要用样式中的格式来统一文档中所有应用“正文样式 1”样式的段落格式，在“样式”窗格下的段落样式“正文样式 1”上，右击鼠标，点击“选择所有 32 个实例”，如图 8－31 所示，这样选中了所有应用该样式的段落。

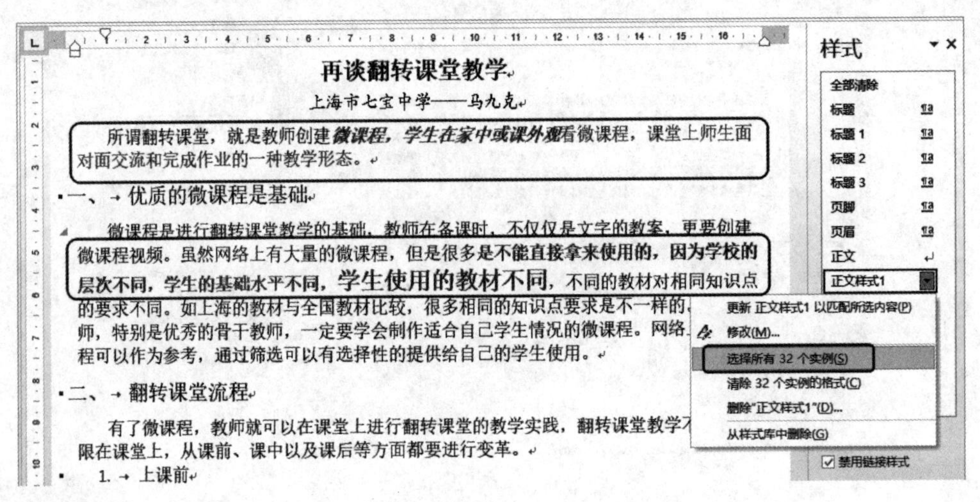

图 8－31

2）利用样式统一格式。选中了所有应用该样式的段落后，再点击图 8－31 右下方的“更新正文样式 1 以匹配所选内容”（或者双击“正文样式 1”图标），则所有选用该样式的段落都按样式中的格式统一进行了更新。如图 8－32 所示。

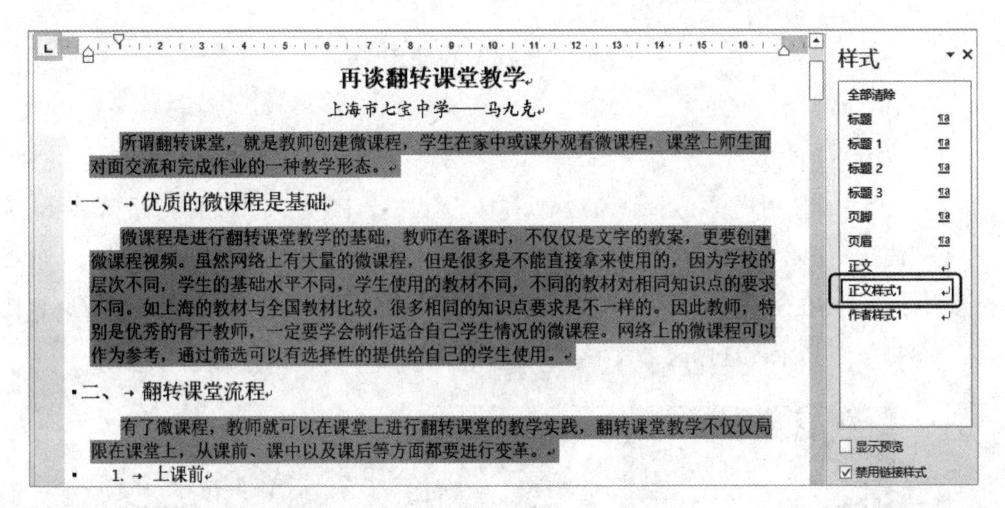

图 8－32

(2) 设置样式的快捷键

为了操作方便，可以设置样式的快捷键。

1）在“样式”窗格下，右击某一标题样式，选择“修改”，在“修改样式”选项卡中，点击左下角的“格式”，再点击“快捷键”，如图 8－33 所示。打开快捷键的“自定义键盘”对话框。

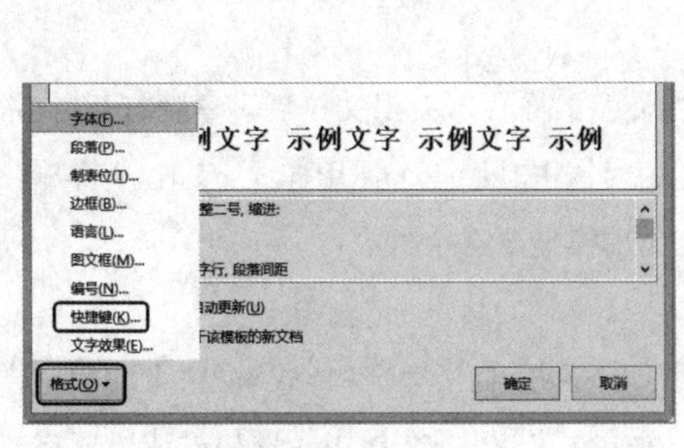

图 8－33

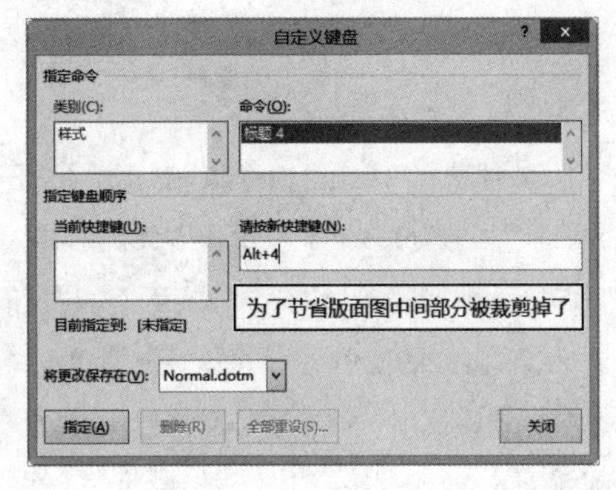

图 8－34

2）在“自定义键盘”对话框中，当光标置于“请按新快捷键”下面时，同时按下自定义的快捷键(如“Alt + 4”),然后点击“指定”,如图 8 - 34 所示。这样“Alt + 4”就自动增添到了“当前快捷键”的下面,关闭对话框即可。若需要删除该快捷键,选中“当前快捷键”下面的“Alt + 4”,点击“删除”即可。以后若在某一标题上要使用该样式,只需要按下该快捷键即可。

3. “样式”的使用

(1) 显示“样式”窗格

1) 文档中要使用样式,先要在右边显示“样式”窗格。在“样式”窗格的右下角点击“选项”,在“选择要显示的样式”中,一般选择“正在使用的格式”或“当前文档中的样式”,前者是指文档中已经在使用的样式,后者是指文档中已经设置了这些样式,但是还没有完全使用。如图 8 - 35 所示。选择这二者,常常可以让无用的杂乱无章的样式不再显示。

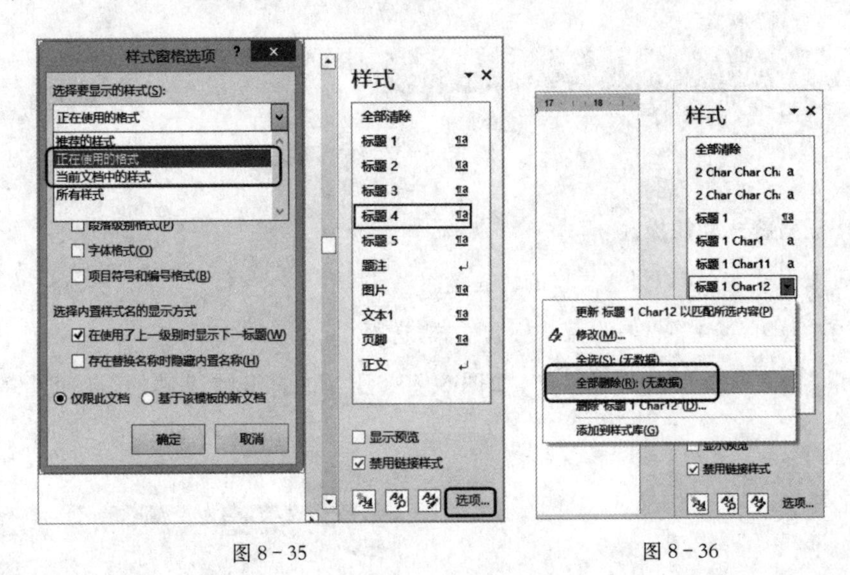

图 8 - 35　　　　图 8 - 36

2) 即使在“样式窗格选项”中选择了“正在使用的格式”,关闭文档后再重新打开时,常常会在“样式”窗格下面显示很多无用的样式,这时右击其中一个无用样式,点击“全部删除(R):(无数据)”,如图 8 - 36 所示。这样所有无用样式被删除掉。

(2) 样式的使用

样式的使用一种方法是直接使用,光标置于段落中,直接点击“样式”窗格下的标题样式,将标题样式直接应用到文档段落中。另一种方法是,根据文档中标题格式或段落格式通过样式窗格的样式,统一更改所有使用该样式的标题和段落的格式。

1) 直接使用样式。光标置于要设置样式的标题或段落中,直接点击右边样式窗格下面某一个样式即可。如图 8－37 所示。光标置于文档“直接使用样式……”这个段落中，直接点击右边“样式”窗格中的“标题 5”，那么该段落立即变为“标题 5”的样式格式。有时候可能还需要选中该段落全部文字后，再点击右边的某一样式。如果文章已经编辑完成了，可以利用此法分别点击某一标题和段落，利用样式分别设置它们的格式，即让每一个标题或段落都有自己的“归属”。

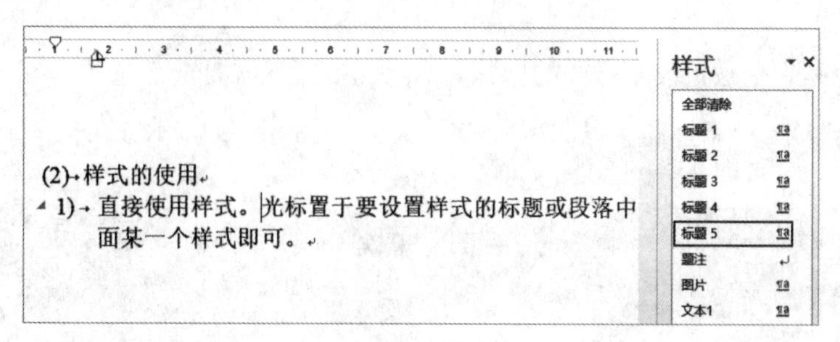

图 8－37

2）选中标题或段落统一更改样式。

A. 文档的每个标题或段落都设置好了样式，但在编辑过程中常常会更改某一标题或段落的格式，即该标题或段落虽然归属于某一样式，但它们的格式可能发生变化。如图8－38所示，第 1 课中的 1(倾斜、加粗、三号)、第 2 课中的 2(红色、加粗、四号)和第 3 课中的 3(蓝色、加粗、小四号)，其他三级标题是常规四号，虽然都是“标题 3”的样式，但是格式并不相同。

B. 在右边“样式”窗格中，在“标题 3”上右击鼠标，点击“选择所有 19 个实例”，即选中了所有使用“标题 3”样式的标题。如图 8－39 所示。

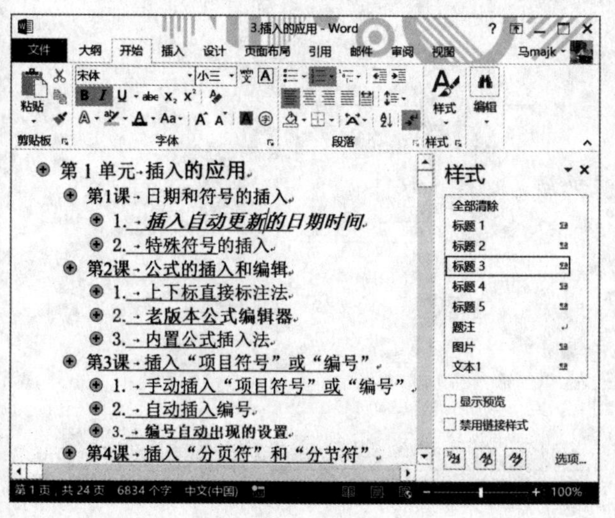

图 8－38

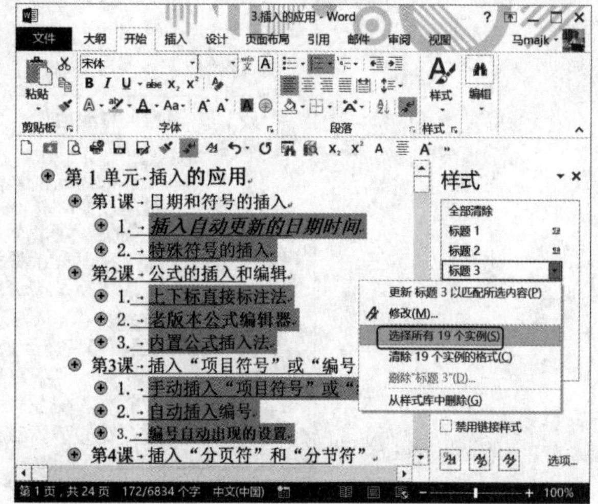

图 8－39

C. 然后直接点击“标题 3”(或双击,或点击“更新标题 3 以匹配所选内容”)则所有使用“标题 3”样式的标题,都以“样式”窗格下面的样式中的格式为标准,统一改变了格式。如图 8 - 40 所示。

3) 以某一更改了格式的标题统一全部标题格式。

如果一个标题的格式被更改,并想以此格式通过样式来统一所有标题的格式。操作方法如下:

A. 选中某一个被更改了样式的标题,如第 1 课 1(不需要全部选中),在“标题 3”上右击鼠标,点击一下“更新标题 3 以匹配所选内容”。如图 8 - 41 所示。

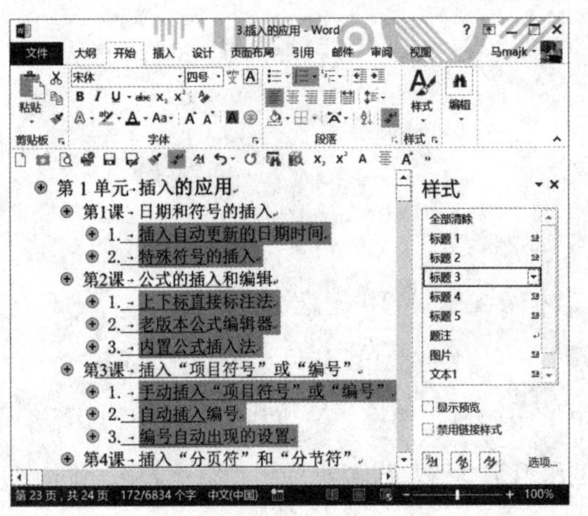

图 8 - 40

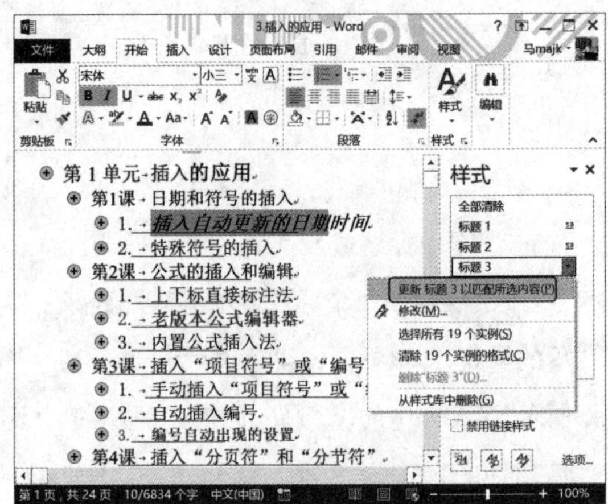

图 8 - 41

B. 所有三级标题全部更新,如图 8 - 42 所示。并且“标题 3”的样式也已经被全部更新了。

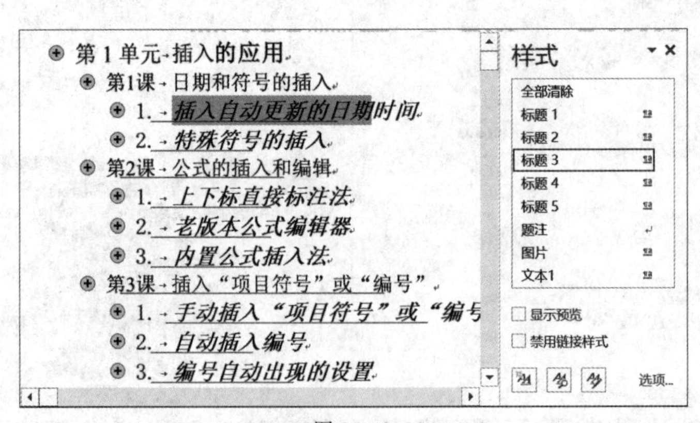

图 8 - 42

4）点击使用“更改标题 3 以匹配所选内容”时有两种情况。

A. 如果全部选中三级标题，点击该项与直接点击窗格下的“标题 3”效果是一样的，以该样式中的原格式统一所有三级标题。

B. 如果只选中某一个更改了格式的样式（不能全部选中），再点击该项，则以更改了格式的标题为基准，统一三级标题，且“标题 3”的样式中的格式会发生变化。

(3) 删除样式

当文档中某一标题或段落不再需要某个样式时，可以删除该样式。光标置于文档中的某一标题或段落中，点击“样式”窗格中最上面的“全部清除”，如图 8－42 所示，即删除了文档中某一段落的自定义样式。该段落变为“正文”样式（正文样式是基本样式一般不可修改）。

4. 普通文档替换为自定义样式

对于已经编辑好的长文档，如果要设置目录，必须要先设置文档中各级标题的样式，或者把其他文档的样式复制过来（样式的复制参见本单元第 8 课中的“1. 样式的复制”）。利用替换功能可以批量设置段落或文字的样式。

(1) 找出文档编号规律

对于已经写好的长文档，要观察文档各级标题间的关系，即找出一级标题是什么编号、二级标题是什么编号……对于个别不标准的编号还要设置为统一的编号格式，如图 8－43 所示的长文档中，没有样式，但是已经设置好了编号。如一级编号用“一、二、……”，二级

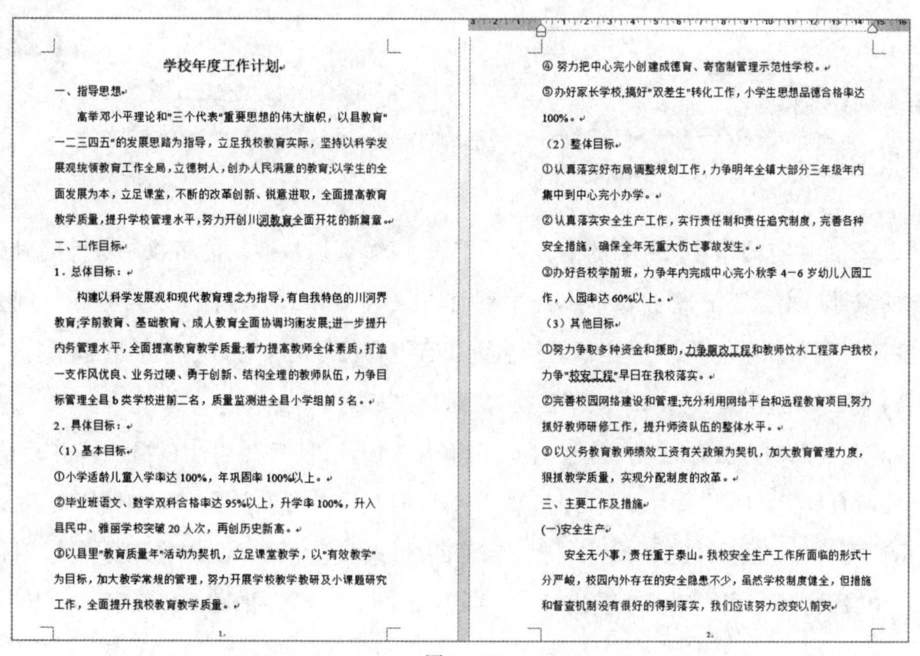

学校年度工作计划

一、指导思想

高举邓小平理论和"三个代表"重要思想的伟大旗帜，以县教育"一二三四五"的发展思路为指导，立足我校教育实际，坚持以科学发展观统领教育工作全局，立德树人，创办人民满意的教育;以学生的全面发展为本，立足课堂，不断的改革创新、锐意进取，全面提高教育教学质量，提升学校管理水平，努力开创川河教育全面开花的新篇章。

二、工作目标

1．总体目标：

构建以科学发展观和现代教育理念为指导，有自我特色的川河界教育;学前教育、基础教育、成人教育全面协调均衡发展;进一步提升内务管理水平，全面提高教育教学质量;着力提高教师全体素质，打造一支作风优良、业务过硬、勇于创新、结构全理的教师队伍，力争目标管理全县 b 类学校进前二名，质量监测进全县小学组前 5 名。

2．具体目标：

（1）基本目标

①小学适龄儿童入学率达 100%，年巩固率 100%以上。

②毕业班语文、数学双科合格率达 95%以上，升学率 100%，升入县民中、雅丽学校突破 20 人次，再创历史新高。

③以县里"教育质量年"活动为契机，立足课堂教学，以"有效教学"为目标，加大教学常规的管理，努力开展学校教学教研及小课题研究工作，全面提升我校教育教学质量。

1

④ 努力把中心完小创建成德育、寄宿制管理示范性学校。

⑤办好家长学校,搞好"双差生"转化工作，小学生思想品德合格率达 100%。

（2）整体目标

①认真落实好布局调整规划工作，力争明年全镇大部分三年级年内集中到中心完小办学。

②认真落实安全生产工作，实行责任制和责任追究制度，完善各种安全措施，确保全年无重大伤亡事故发生。

③办好各校学前班，力争年内完成中心完小秋季 4－6 岁幼儿入园工作，入园率达 60%以上。

（3）其他目标

①努力争取多种资金和援助，力争厕改工程和教师饮水工程落户我校，力争"校安工程"早日在我校落实。

②完善校园网络建设和管理;充分利用网络平台和远程教育项目,努力抓好教师研修工作，提升师资队伍的整体水平。

③以义务教育教师绩效工资有关政策为契机，加大教育管理力度，狠抓教学质量，实现分配制度的改革。

三、主要工作及措施

(一)安全生产

安全无小事，责任重于泰山。我校安全生产工作所面临的形式十分严峻，校园内外存在的安全隐患不少，虽然学校制度健全，但措施和督查机制没有很好的得到落实，我们应该努力改变以前安

2

图 8－43

编号用“1. 2. ……”，三级编号用“(1)(2)……”，四级编号用“①②……”等。但对于图右下角的一级编号的“三、主要工作及措施”下面的二级编号“(一)安全生产”要改为统一的二级编号“1. 安全生产”。

(2) 样式替换

1) 利用替换功能将一级标题编号“一、二、……”替换为“标题 1”样式。

A. 在“查找内容”中输入“[一二三四五六]@、”，“[]”中的大写数字表示一或者二或者三等(本文假定六个一级标题)，“[]”是表示其中任何一个字符的意思；“@、”表示最小匹配到“、”，即表示查找数字后面有顿号的文字，选中“使用通配符”。光标置于“替换”中，点击下面的“格式”，选中“样式”，如图 8－44 所示。本文已经设置好了文档的样式。

B. 在“查找样式”对话框中，选中“标题 1”，点击“确定”后，在“替换为”中就显示了“样式：标题 1”的字样。如图 8－45 所示。再点击“全部替换”，则所有大写数字且后面有顿号的标题均被替换为“标题 1”的样式。

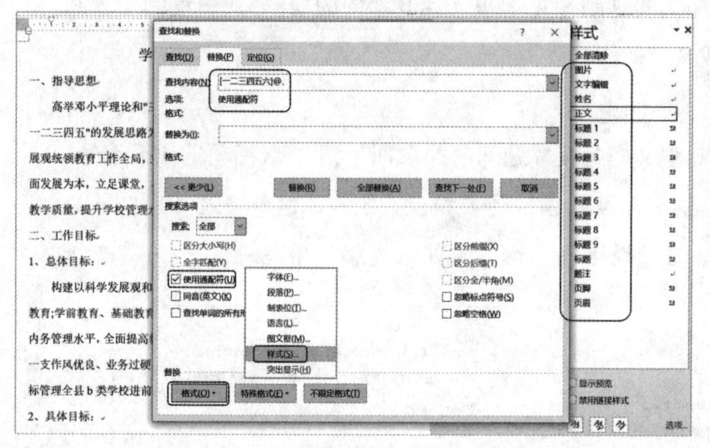

图 8－44

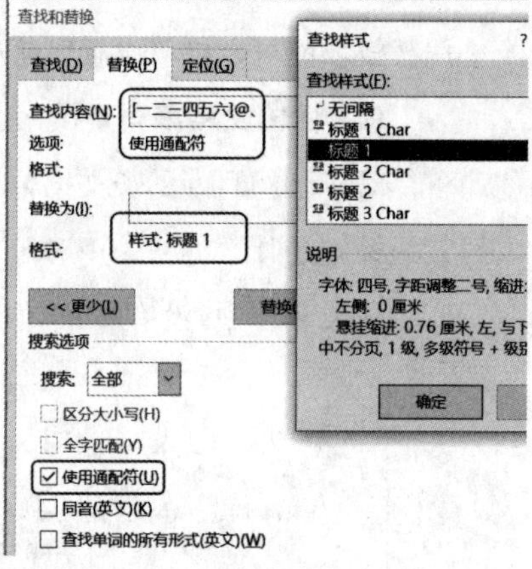

图 8－45

C. 删除原有的编号。原来的编号是手工添加的，利用替换功能可以一次性同时删除原来的编号。光标置于“替换为”中，点击下面的“不限定格式”，如图 8－46 所示。则去除了“替换为”中的格式，再点击“全部替换”，则所有带有顿号的大写数字全部被删除。

2) 将二级标题编号“1. 2. ……”替换为“标题 2”样式。

A. 与前面的方法类同，在“查找内容”中输入“[1－9]@. ”，“[]”中的“1－9”表示 1 到 9 之间的所有数字，“@、”表示最小匹配到“. ”字符，即表示查找数字后面有点号的文字，选中“使用通配符”。光标置于“替换”中，点击下面的“格式”，选中“样式”，在“替换样式”对话框中，选中“标题 2”。“替换为”中就出现了“样式：标题 2”字样。如图 8－47 所示。点击“确定”后，原来的二级标题被替换为样式中的“标题 2”。

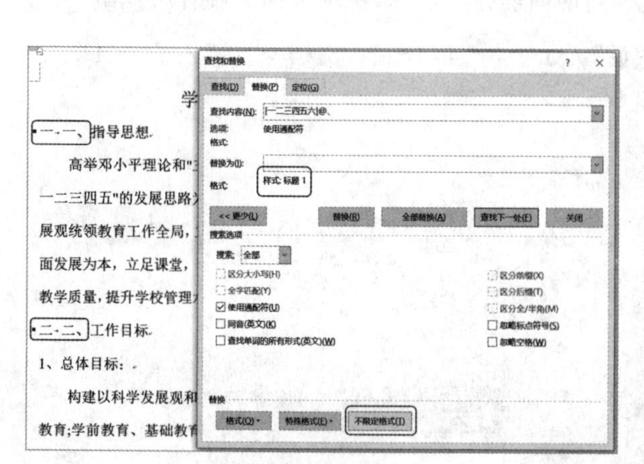

图 8－46

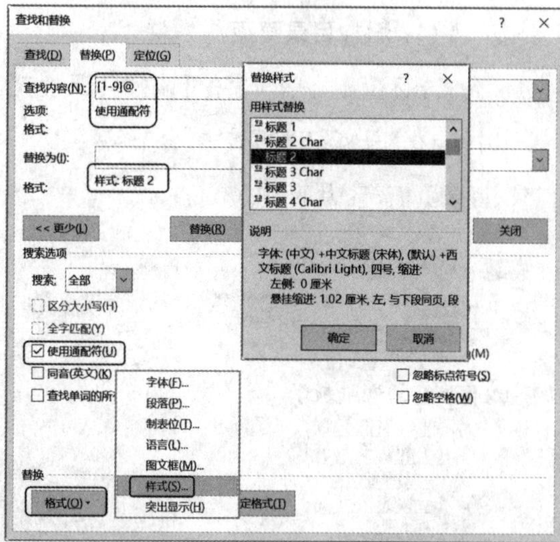

图 8－47

B. 如果要删除原来手工添加的编号，先将光标置于“替换为”中，点击“不限定格式”，去掉“替换为”中的格式，再点击“全部替换”，则可以一次性全部删除手工添加的编号。

3）将三级标题编号“(1)(2)……”替换为“标题 3”样式。

在“查找内容”中输入“(＊)”，“(＊)”中的＊号表示各种字符，选中“使用通配符”。光标置于“替换”中，点击下面的“格式”，选中“样式”，在“替换样式”对话框中，选中“标题 3”。“替换为”中就出现了“样式：标题 3”的字样。其他操作与上面类同，不再赘述。

(3) 几点说明

这种批量替换样式的方法，前提是手工输入的各级编号必须一致，如不一致则需要手动调整。如果文档中没有统一的标题编号，可以自己设置，不同的段落级别用不同的字符来代替，如所有一级标题都用 abc，所有二级标题都用 acd 等，然后让所有 abc 被“标题 1”的格式所替换，所有 acd 被“标题 2”的格式所替换。注意设置这些替代的字符是文档中所没有的。所有样式都替换后，再批量删除这些字符即可。当然也可以每个段落直接点击样式分别设置。总之，只有设置了各段落的样式后，才可以生成自动目录。

第 4 课 自动生成目录

文档在多级编号和样式的基础上，可以生成能够自动更新的目录，并且点击目录可以直接链接到文档的内容中。下面以图 8－48 所示的文档(大纲视图显示)为例，说明目录的设置方法。

1. 插入目录

(1) 添加目录页面

光标置于标题文字“再谈翻转课堂教学”的最前面，在“页面”选项卡的“页面设置”组中，点击“分隔符”，再点击“分节符”的“下一页”。如图 8－49 所示。文档中就插入了一页目录页面，且为不同的节。

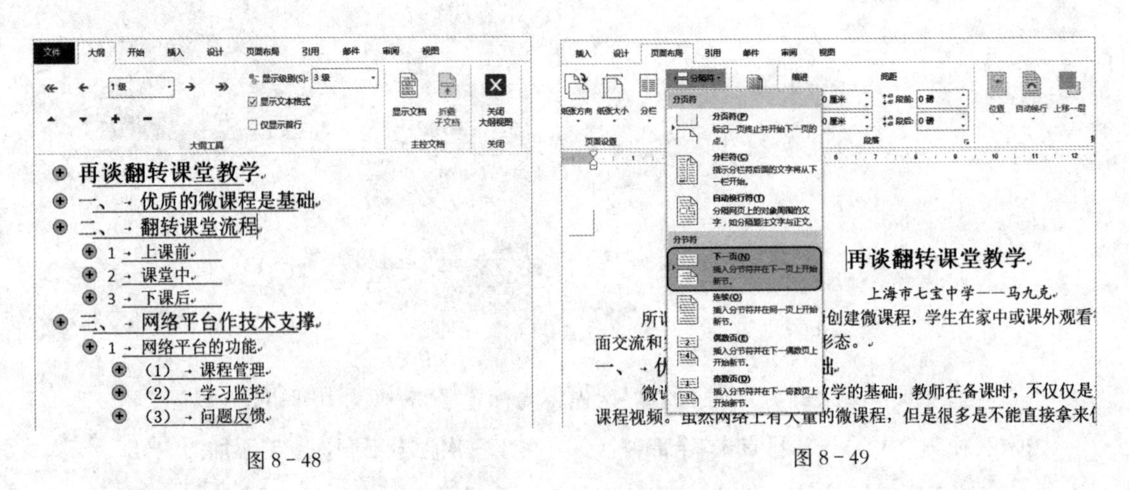

图 8－48　　　　图 8－49

(2) 插入目录

1）光标移到目录页面，空白的页面有个分节符字样，光标置于分节符的前面，打回车键，光标居中位置，输入“目录”二字，并在样式中可以看到“三号，加粗，居中”的样式，这个样式就是文档中原来标题的样式，再打回车键，接着在“引用”选项卡的“目录”组中点击“目录”，再点击“自定义目录”，如图 8－50 所示。

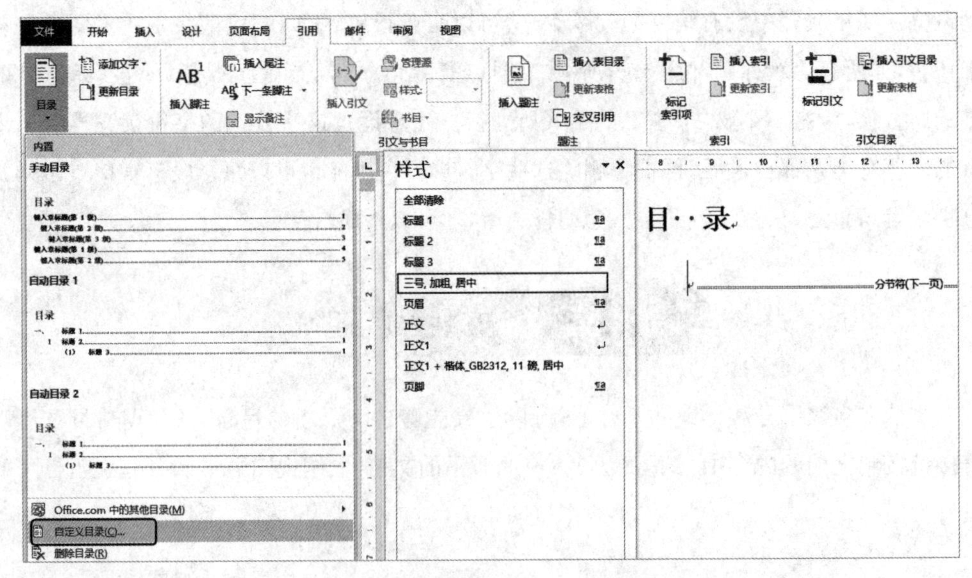

图 8－50

2）设置目录。在图 8－50 中点击“自定义目录”后，出现“目录”设置对话框，在“目录”选项卡中，“显示页码”和“页码右对齐”默认选中，“制表符前导符”可以默认，根据需要设置合适的“显示级别”，如“显示级别”为“3”，如图 8－51 所示。点击“确定”。

3）当单击“确定”按钮后，即插入了一个目录，如图 8－52 所示。这些目录不仅可以自动更新，还具有链接功能。不过插入的目录字号一般较小。

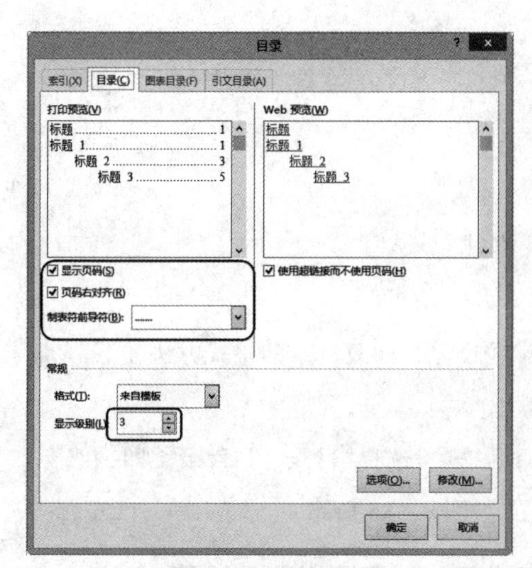

图 8－51

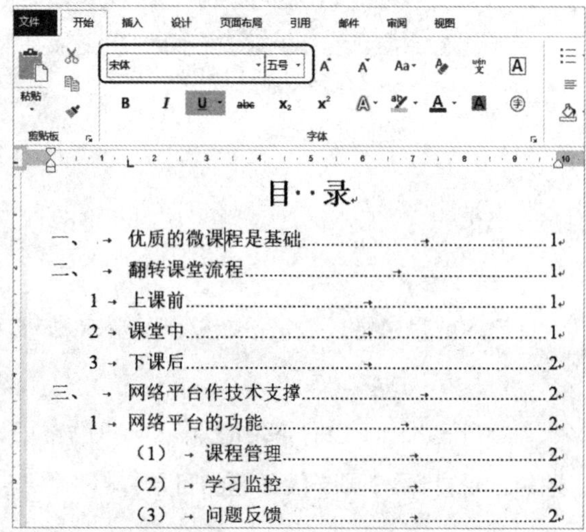

图 8－52

2. 目录的使用

(1) 链接功能

按下 Ctrl 键，置于目录上的光标会变成小手，这时点击鼠标，光标就被快速定位到文档中该标题的位置。

(2) 更新目录

目录插入后，文档常常还要进行修改，页码和标题都会发生变化，这就需要及时更新目录。目录的更新方法如下：按下“Ctrl＋A”键，全部选中，光标置于文档某处，右击鼠标，点击“更新域”命令。或者将文档全部选中后，按下“F9”，在“更新目录”对话框中点击“更新整个目录”，单击“确定”按钮，目录即可实现自动更新。如图 8－53 所示。或者直接点击“引用”选项卡左边的“更新目录”，如图 8－54 所示。直接更新目录。

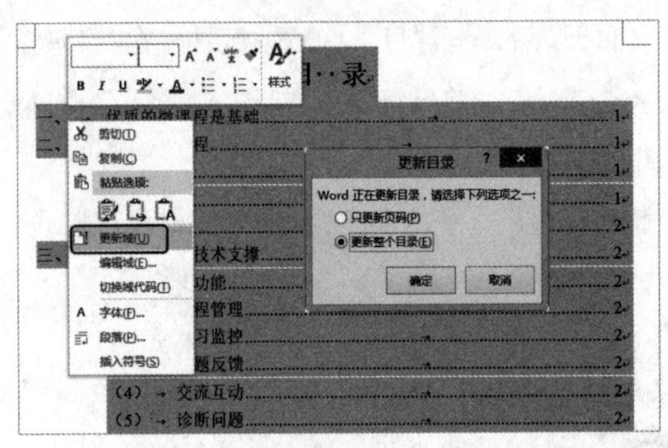

图 8-53

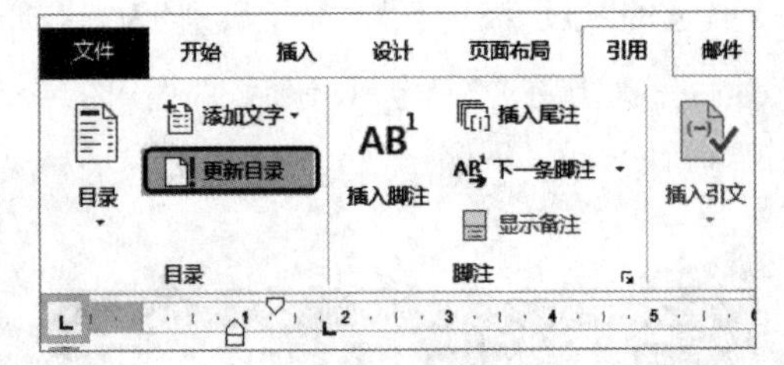

图 8-54

3. 修改目录格式

插入的目录格式常常不能够满足要求，如文字较小等。修改目录的格式方法如下：

(1) 进入修改界面

点击图 8-51 中右下角的“修改”，在“样式”对话框中，选择“目录 1”（目录 1 即一级标题的目录，目录 2 即二级标题的目录），点击“修改”，如图 8-55 所示。

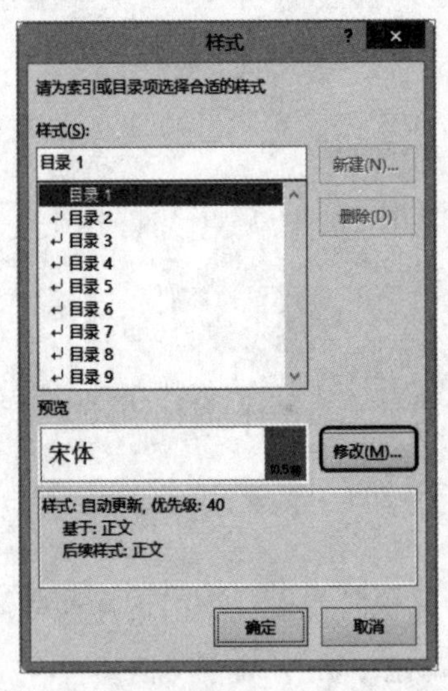

图 8-55

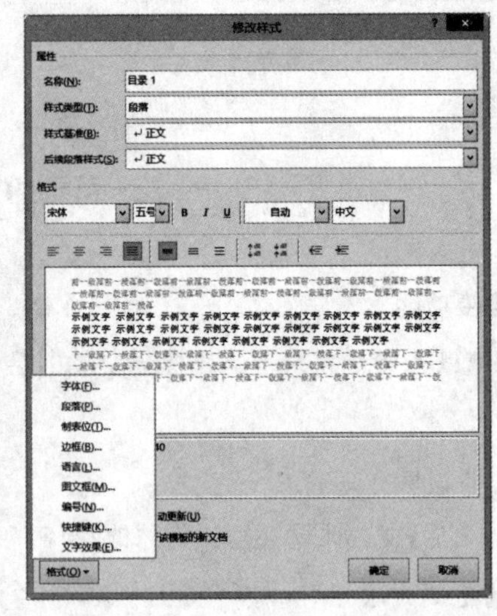

图 8-56

(2) 目录的修改

1）在“修改样式”对话框中，可以对目录 1 的样式进行修改。目录的修改实际上是修改目录的样式，目录的不同级别有不同的样式。在“修改样式”对话框中，点击左下角的格式，可以修改文字字号、段落间距等格式，如图 8－56 所示。在图 8－55 中，依次选中“目录 2”和“目录 3”等，可以对各级标题的目录样式进行修改。

2）修改后的文档目录如图 8－57 所示，一级标题为四号字，二级和三级的标题为小四号字。

第 5 课　题注与交叉引用

1. 图片表格应用题注

在文档的编辑过程中经常要插入一些图片（或表格、公式等），且修改过程中要增减图片，图片下面的序号会发生变动，如果文档中插入的图片较多，一个个地手动重新设置图片编号，会给编辑工作带来很大的麻烦。通过插入“题注”的方法，可以实现图片序号的自动更新。

(1) 为图片添加题注

1）先在文档的适当位置插入图片，然后选中图片，单击鼠标右键，在弹出的菜单中点击“插入题注”。也可以在“引用”选项卡中的“题注”组中，点击“插入题注”。如图 8－58 所示。

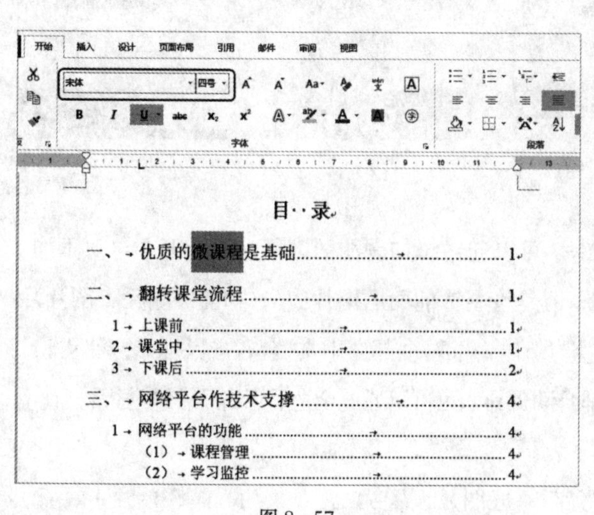

图 8－57

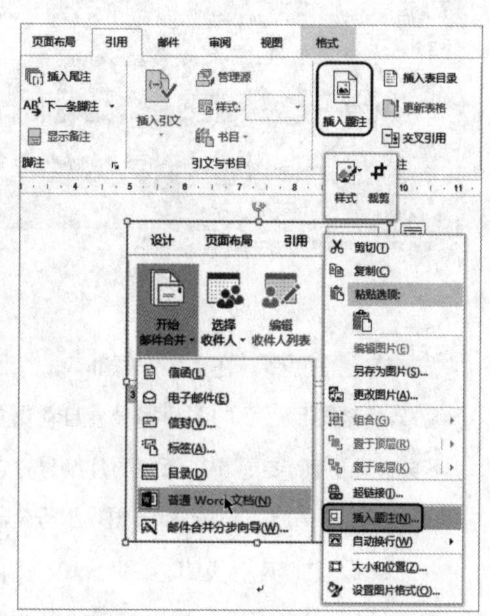

图 8－58

2）在弹出的“题注”窗口中，看一看“标签”选项的下拉菜单中是否有合适的项目，如果没有，那就点击“新建标签”按钮，在新打开的窗口中新建一个标签，如：新建标签“图”。如图 8－59 所示。则在“标签”选项中新添加了一个“图”的标签。

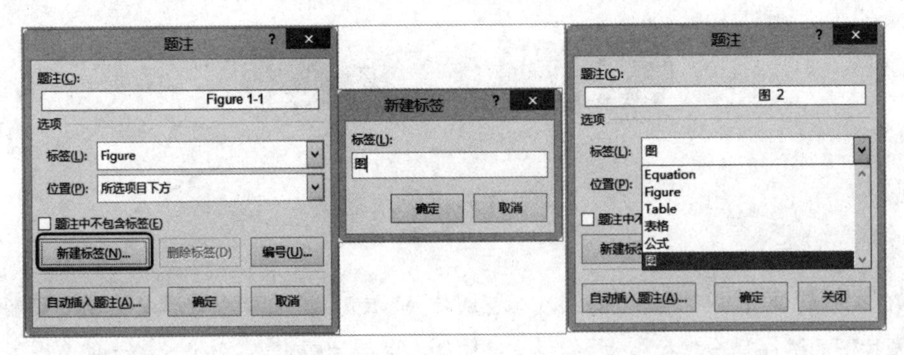

图 8－59

3）再点击“编号”，在“题注编号”对话框中，选择编号的“格式”，如果文章分章节，“题注”中要包含章节号，则选中“包含章节号”，题注的“位置”选择“所选项目下方”，如图 8－60 所示。最后点击“确定”，则图片下方自动插入了一个编号。

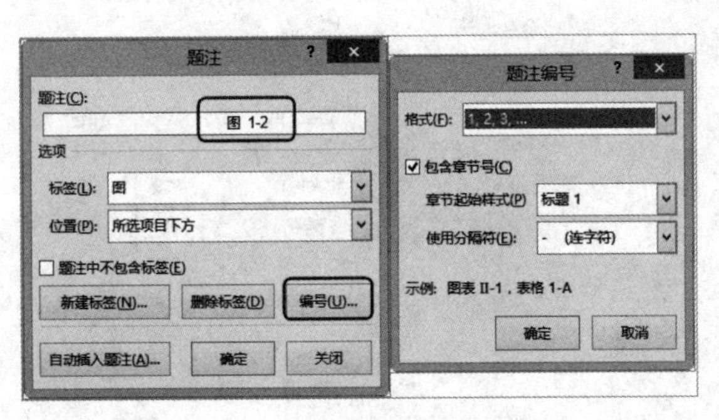

图 8－60

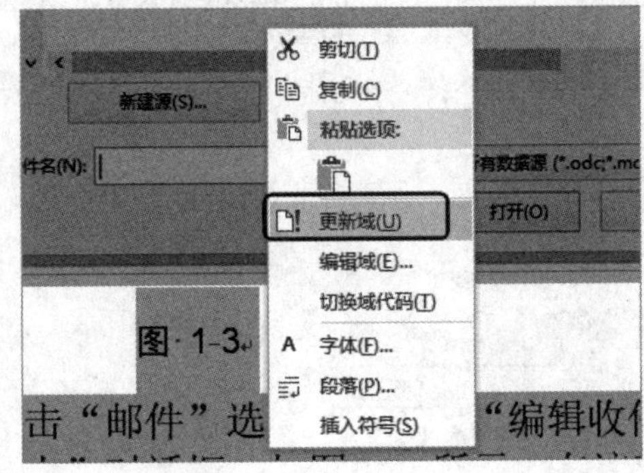

图 8－61

4）题注更新。在文档中每插入一个图片，可以通过添加题注的方法在图片下方自动添加编号，且该图片后面的图片编号会自动更新，但是该图片前面的图片编号（如前面删除了图片）不会自动更新，要更新前面的图片编号，按下“Ctrl + A”键，全部选中文档，右击鼠标，选择“更新域”，如图 8－61 所示。则所有图片编号全部自动更新。也可以通过全选后点击“F9”键进行更新。

5）题注的其他说明。

A. 长文档编辑中如果使用较多的图片，一般图片设置为“嵌入式”的，最好单独占一行并居中，这样图片会随着文档的修改像一个字符一样改变位置。

B. 图片要单独设置一个样式，该样式的段落格式，要设置成与“下段同页”（在“段落”对话框的“换行和分页”选项卡中设置），这样图片与题注就不会分开在两页显示了。

C. 也可以在图片下面的题注中添加图片的说明文字。直接在“题注”下面的框中输入文字即可，如在“图 1－4”的后面直接输入“邮件合并”四个字，如图 8－62 所示。

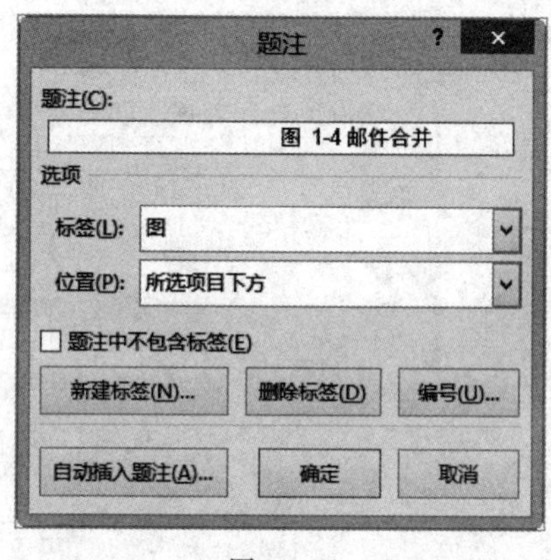

图 8－62

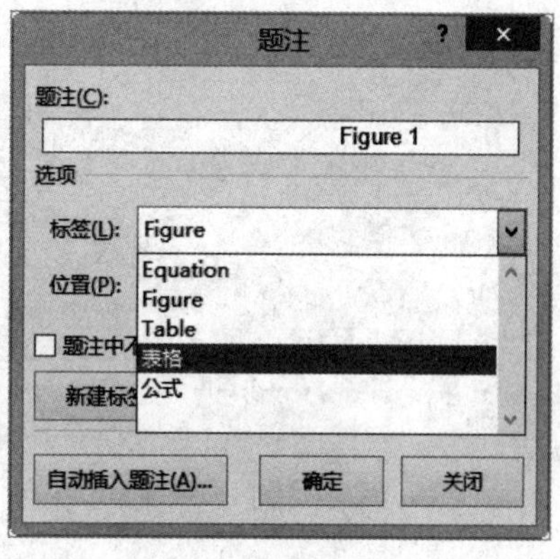

图 8－63

D. 删除标签。自己添加的标签（即新建标签）可以点击“删除标签”直接删除，如图 8－62所示。程序本身自带的标签则不能删除。

(2) 表格添加题注

有时文档中有大量表格，要给表格添加序号，可以利用题注功能。

1）选择标签。在“题注”对话框的“标签”选项中，选择“表格”。如图 8－63 所示。

2）插入题注。表格插入后，光标仍然置于第一个单元格中，在“引用”选项卡中，点击“插入题注”。选择插入的位置，表格左上方自动插入了一个表格编号。如图 8－64 所示。

(3) 自动插入题注

题注是可以自动插入的，即图片插入文档后题注自动添加。在图 8－64 中，点击“自动插入题注”，在出现的“自动插入题注”选项卡中，选择需要自动插入的题注，如选择“Microsoft Word 图片”，如图 8－65 所示，点击“确定”后，只要把图片插入到文档中，图片的下方就会自动插入题注（有的版本没有此功能）。

(4) 题注的样式

题注也有自己的样式，在“样式”窗格下面“题注”样式上，鼠标右键单击，可以选择“修改”，对“题注”的样式进行修改，也可以点击“选择所有 82 个实例”，将所有题注选中后，如图 8－66 所示，直接在“开始”选项卡的“字体”组中，进行题注格式的设置。

表格 1
表格 2
题注
题注(C):
表格 3
选项
标签(L): 表格
位置(P): 所选项目上方
题注中不包含标签(E)
新建标签(N)...
删除标签(D)
编号(U)...
自动插入题注(A)...
确定
取消

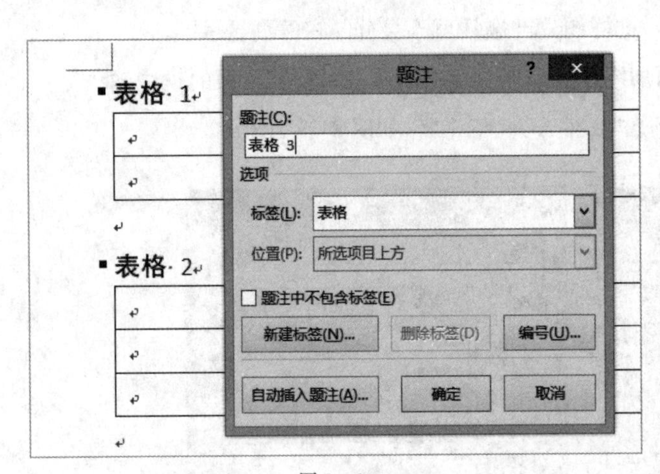

图 8－64

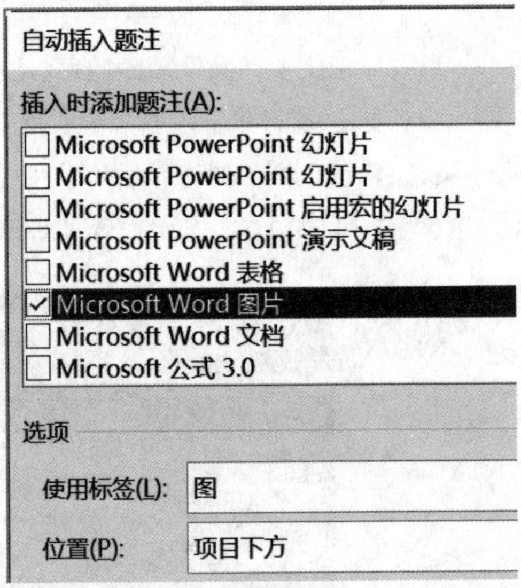

自动插入题注
插入时添加题注(A):
Microsoft PowerPoint 幻灯片
Microsoft PowerPoint 幻灯片
Microsoft PowerPoint 启用宏的幻灯片
Microsoft PowerPoint 演示文稿
Microsoft Word 表格
Microsoft Word 图片
Microsoft Word 文档
Microsoft 公式 3.0
选项
使用标签(L): 图
位置(P): 项目下方

图 8－65

2. 交叉引用的应用

“交叉引用”是指将文档中的图片、表格、公式、编号项等引用到文档中特定的位置，使其建立链接的关系，且都能同步自动更新。常用的引用类型有图片、编号项等。

(1) 图片的“交叉引用”

在前面的题注中，图片下面都插入了图片的序号，而文档中常常有“如图×所示”的字样。为了让文档中“如图×所示”中的数字与图片的编号相对应，且能够自动更新同步变化，在输入时要使用“交叉引用”命令。其操作方法是：

1) 插入“交叉引用”。在文档的相应位置输入“如所示”，然后光标置于“如”字后面，在“引用”选项卡“题注”组中，点击“交叉引用”命令，在弹出的窗口中，在“引用类型”一栏中选择“图”，在“引用内容”一栏中选择“整项题注”，“插入为超链接”选择默认，在“引用哪一个题注”中选择相关的编号(如选择“图 1－6”)，如图 8－67 所示。点击“插入”即可。

2) 插入交叉引用后应用。

A. 由于在使用“交叉引用”时，默认选中了“以超链接的形式插入”，所以在文件中只要在按下 Ctrl 键的同时，点击文档中插入的“图 1－6”(此处光标变为小手)，就可以直接定位到相应的图片下面的编号上。

B. 内容全部编辑完之后，只须全部选中文档，然后按一下 F9 键，或者点击右键，再点击“更新域”，如图 8－61 所示。这时题注与正文中所涉及的图片序号将全部更新重新排列。

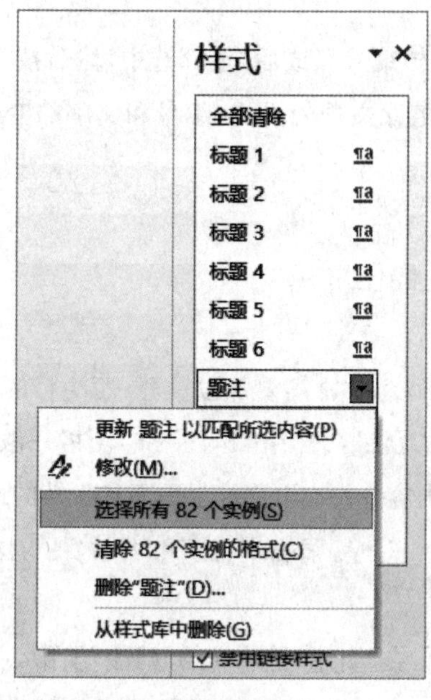

图 8－66

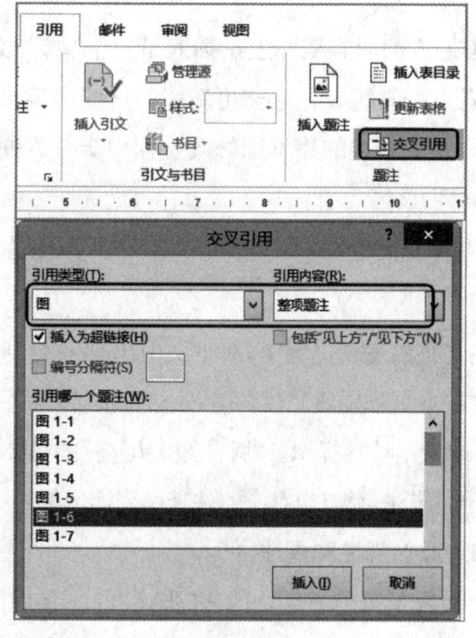

图 8－67

(2) 编号项的"交叉引用"

在编写较长的特殊文档时，有时需要引用文档其他地方的内容，如需要添加"参见第×页、第×章某某内容"，而在文档编辑的过程中，被引用的内容和位置常常会发生变化，因此需要运用交叉引用功能来解决。操作方法如下：

1）引用页码。先输入"第页"两个字，光标置于"第"和"页"之间，在"引用"选项卡的"题注"组中，点击"交叉引用"，在"交叉引用"对话框中，"引用类型"选择"编号项"，在"引用哪一个编号项"下面选择准备插入的内容，如选中了"1. 批量消除空行"，在"引用内容"中选择"页码"，如图 8－68 所示。点击"插入"，即在第和页之间插入了"1. 批量消除空行"所在处的页码。

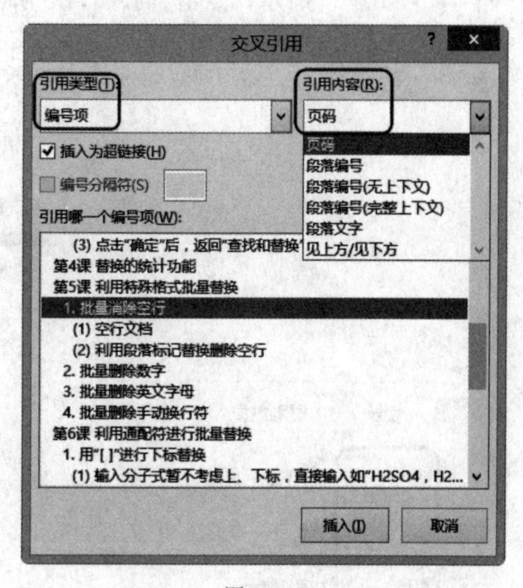

图 8－68

2）再将光标置于"页"字的后面，再次选中"1. 批量消除空行"，在图 8－68 中，在"引用内容"中选择"段落编号"，点击"插入"，即插入了段落的编号。同理，在"引用内容"中选择"段落文字"，即插入了"批量消除空行"的文字。

3）插入的内容实际上是插入了三个“域”，文档编号完成后，全部选中，然后按一下 F9 键，或者点击右键，再点击“更新域”，这些内容会随原文档处页码、编号和文字的变化而自动更新，在长文档的编辑和修改过程中十分方便。

3. 脚注和尾注的使用

在文档的编辑过程中，对于文中出现的名词、概念常常需要加以注释，而注释的内容又常常放在本页末尾或文档末尾，分别叫做“脚注”和“尾注”，文档中“脚注”和“尾注”一般都按顺序编号或特定符号提示。“脚注”和“尾注”的具体内容分别在页面的最下面和文档的最后边。“脚注”和“尾注”都与相对应的注释引用标记编号一一对应。添加“脚注”和“尾注”的方法如下：

(1) 添加脚注和尾注

光标置于文档中需要插入“脚注”的文字后面，在“引用”选项卡的“脚注”组中，点击“插入脚注”按钮，如图 8－69 所示，即在本页文档的下面插入了一个脚注，然后直接在页下面的相应位置输入文字即可。

(2) 设置格式

点击“引用”选项卡“脚注”组右下角的对话框启动器，选择是插入“脚注”还是“尾注”。如选择“脚注”，可以选择“编号格式”，“编号”方式以及“将更改应用于”“本节”还是“整个文档”，如图 8－70 所示。点击“插入”，在“脚注”或“尾注”处直接输入说明文字。当光标置于需要注释的文字处时，会自动显示注释的内容。

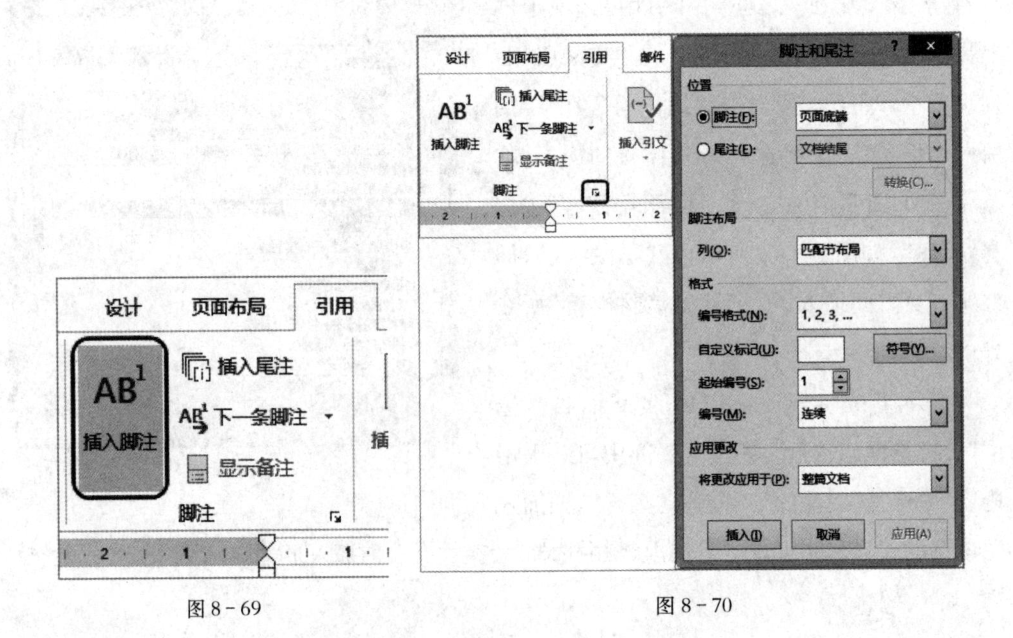

图 8－69　　　　图 8－70

"尾注"与"脚注"的插入方法类同。在修改过程中,可以随意在文档中添加"脚注"或"尾注",所有"脚注"或"尾注"的编号都会自动重新排序。

第6课 大纲视图及导航窗格

1. 大纲视图的功能

一般编辑文档时,通常使用默认的"页面视图",在"视图"选项卡的"视图"组中,点击"大纲视图",如图8-71所示,即可进入大纲视图模式。

在大纲视图中,可以展开或折叠任意大纲级别的标题或文本,可以更改标题的大纲级别等。大纲视图中的工具栏的主要功能(如图8-72所示)和使用技巧如下:

(1) 显示不同的标题级别

在区域"2"的"显示级别"中,可以选择显示不同的标题级别。如图8-72所示。

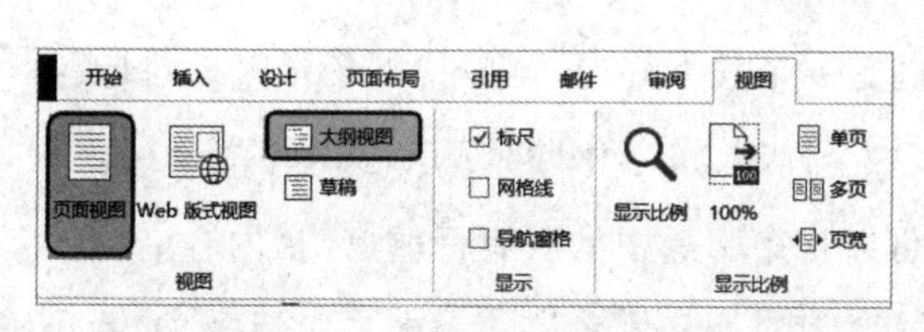

图8-71

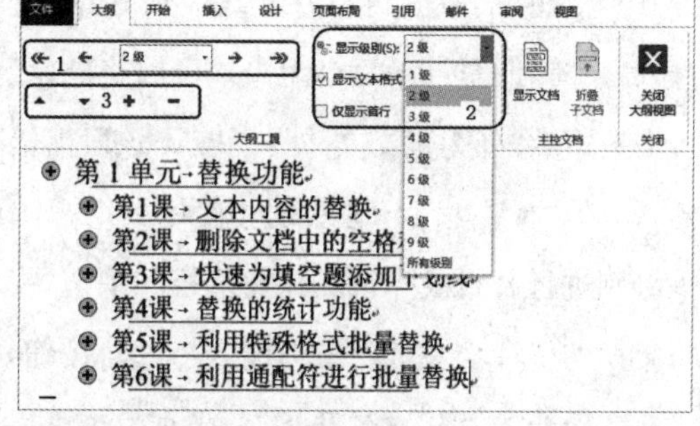

图8-72

(2) 展开和折叠文档

在区域"3"中,点击加号"+"或者减号"-",可以展开或者折叠文档。

(3) 调整文档的顺序

在大纲视图中,选中折叠后的该标题(或者光标置于该标题上),在图8-72的区域"3"中点击"上移"或者"下移"三角形按钮,可以对该级别下的所有内容进行上移或下移,十分方便地调整文档的上下结构。如将光标置于"第4课 替换的统计功能"中,点击上面工具栏中的"上移"按钮,可以将该级别下的所有内容由"第4课"整体移动到"第2课"。如图8-73所示。对文档中部分内容的迁移非常方便,并且迁移后图片的题注以及文档中各级段落的编号都会自动变化。

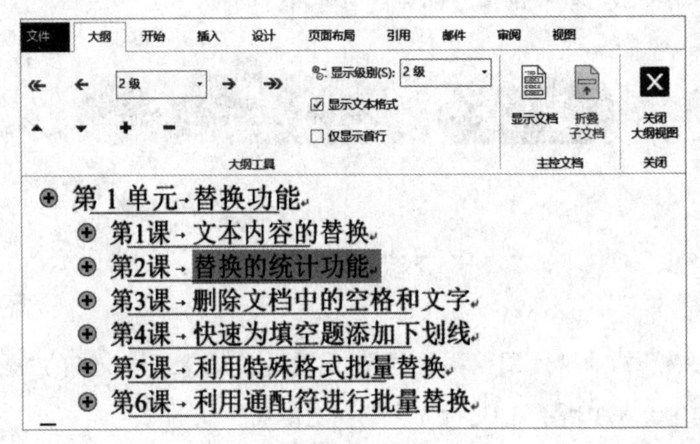

图 8 - 73

(4) 更改标题级别

1）每一级标题都已设置为相应的内置标题样式，可以在标题中使用这些样式或级别。在“大纲视图”中，可以将标题级别升级或降级。在图 8 - 72 中“1”区域，点击左边箭头“提升到标题 1”按钮，可以将该段级别提升为已经设置好的内置标题 1 的格式。点击左右“提升”或“降低”按钮（两个箭头），可以将已设置好的标题级别“提升”一级或者“降低”一级，点击右边的“降为正文文本”按钮，则该段落消除了格式设置，变为一般文本。

2）批量更改标题级别。使用大纲视图的另一个最大好处，可以一下子批量地对标题级别进行升级或降级。在大纲视图中选中某一个标题，如图 8 - 73 所示，选中了“第 2 课 替换的统计功能”，点击降级（或升级）按钮，可以把第 2 课中的所有标题（包括内容中的所有各级标题）都降（或升）一个级别。也可以选中第 2 课和第 3 课等多个二级标题，批量升级或降级。给长文档的编辑带来很大的方便。

大纲视图中不显示段落格式。而且不能使用标尺和段落格式等命令。要查看或修改段落格式，则要切换到其他视图。

2. 两个窗口显示不同的页面

在大纲视图中编辑文档时，如果要查看文档的真实格式，可以将文档拆分为上下两个窗口（在“视图”选项卡的“窗口”组中，点击“拆分”按钮即可）。在一个窗格中使用大纲视图，而在另一个窗格中使用页面视图或普通视图。在大纲视图中对文档所做的修改会显示在其他窗格视图中。如图 8－74 所示。

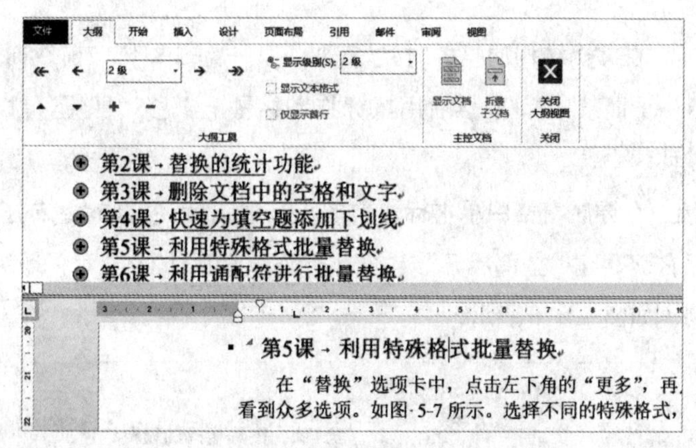

图 8－74

3. 导航窗格的应用

导航窗格如同文档的浏览指南，通过观察各级标题的层次结构，非常容易理清文档的结构。

(1) 打开导航窗格

在“视图”选项卡的“显示”组中，选中“导航”按钮（或按下“Ctrl + F”，相当于“查找”），左边出现“导航”窗格，如图 8－75 所示。

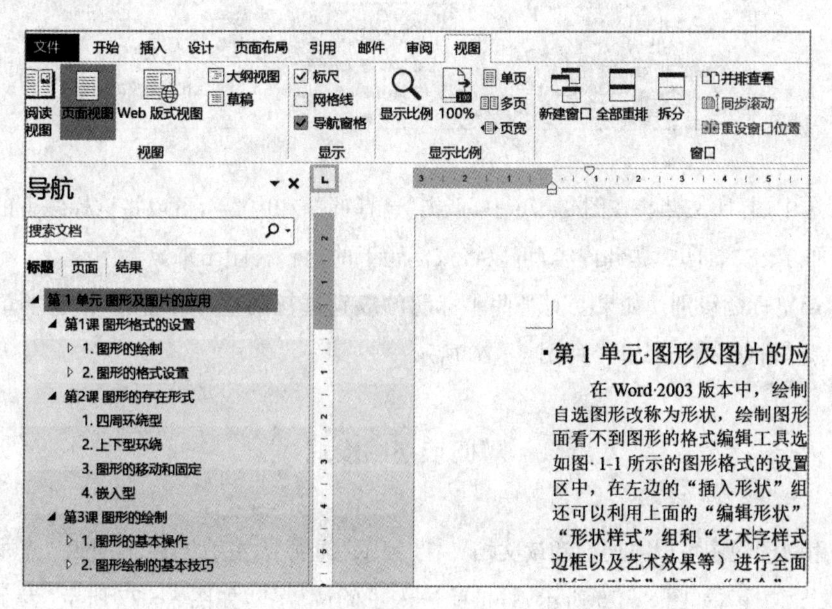

图 8－75

(2) 导航窗格的作用

1）文档定位。在导航窗格中，只需要单击相应的标题，就可以快速地跳转到该标题的起始位置。

2）移动文本。在文档结构调整的时候，需要将某一部分整体向前或向后移动，此时只需要点击导航窗格下面某一标题，然后用鼠标拖动标题上下移动即可，可以将该标题下的所有内容整体移动。

3）折叠文档。在导航窗格中单击标题前的小三角图标，可以折叠或打开文档，或者在标题上单击鼠标右键，可以“全部展开”或“全部折叠”，或者点击“显示标题级别”，选择需要展开的标题级别。如图 8－76 所示。

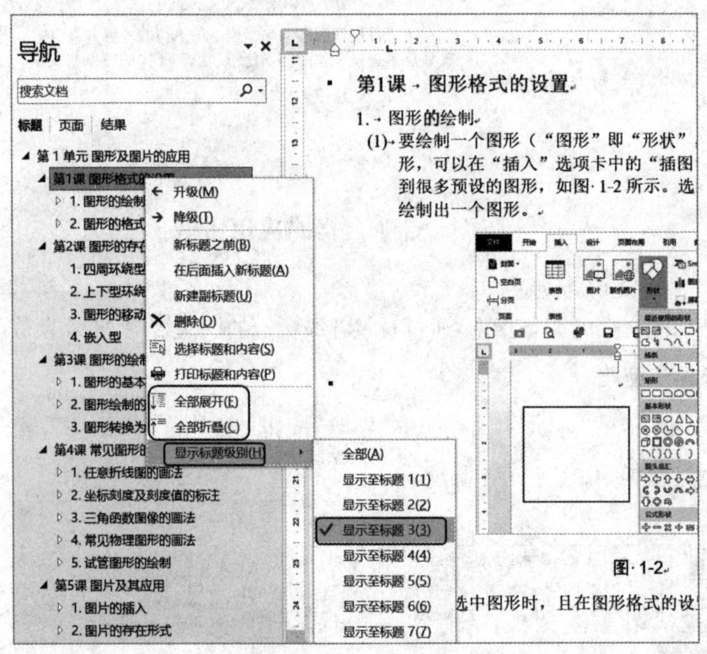

图 8－76

4）选中、打印文档。在图 8－76 中，点击“选择标题和内容”，可以将该标题下的内容全部选中，再点击“打印标题和内容”可以将该标题下的内容打印出来。

5）调整标题级别。如果要对某些小标题的级别进行调整，可以在该标题上单击鼠标右键，选择“升级”或“降级”。如图 8－76 所示。

4. 阅读视图模式

使用阅读视图可以方便地阅读文档。在“视图”选项卡左边的“视图”组中，点击左边的“阅读视图”按钮，如图 8－75 所示，直接就进入了阅读模式，如图 8－77 所示（为了节省版面，图中间部分被裁剪掉了）。点击图上方的“视图”，可以看到多个按钮，点击“编辑文档”，可以重新回到常规界面的编辑状态。点击“导航窗格”，在阅读视图状态下显示导航窗格栏目，方便快速进入不同的章节。点击“列宽”，可以选择不同的阅读界面。

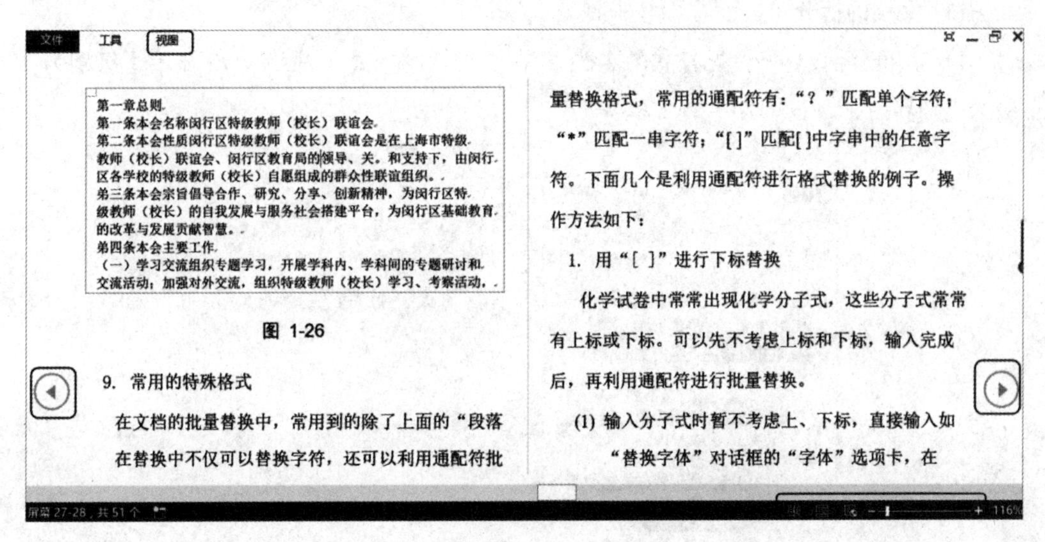

图 8 - 77

第 7 课　长文档的编辑技巧

对于一个有几万字，甚至几十万字的长文档，如果在“页面视图”中用普通的编辑方法进行编辑，要查看某一特定的内容或对某一部分内容进行修改都将是非常困难的。因为文档太大，会占用较多的资源，因此运行速度就会很慢。如果将文档的各个部分分别作为独立的文档，又不便对整个文档作统一的管理，利用“大纲视图”中的主控文档和子文档来组织和编辑长文档，就会使得长文档的编辑和管理变得有条不紊。由于主控文档包含几个独立的子文档，可以用主控文档控制整篇文章，而把长文档的各个章节作为主控文档的子文档。对于每一个子文档，又可以进行独立的编辑操作，它们之间是既分隔开又相互关联。下面介绍一下主控文档和子文档的建立及其之间的关系。

1. 文档的拆分与合并

我们既可以把已经编辑好了的文档按章节分成多个子文档，称为文档的拆分，也可以把编辑好了的独立文档合并为一个完整文档，称为文档的合并。文档合并的前提是各文档要设置统一的样式和格式，可以设置一个文档模板，所有文档都按照该模板中各标题的样式和格式进行编辑。下面分别说明文档的拆分与合并。

(1) 文档的拆分

1）打开已经设置好标题样式的文档，并在大纲视图中显示，图 8－78 显示了级别为 3 级的文档界面。

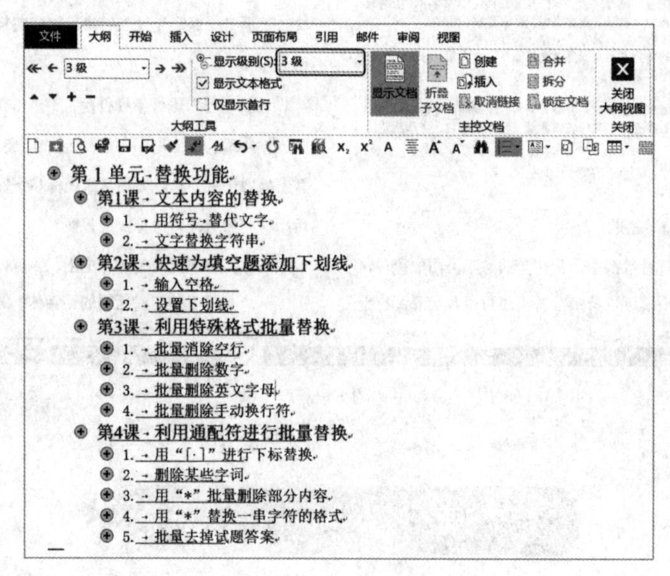

图 8－78

2）如果要把二级标题对应的文档内容建立一个个子文档，操作方法如下：

A. 在“显示级别”中，使其显示 2 级标题的界面，然后选中所有 2 级标题，点击上面的“创建”按钮，如图 8－79 所示。

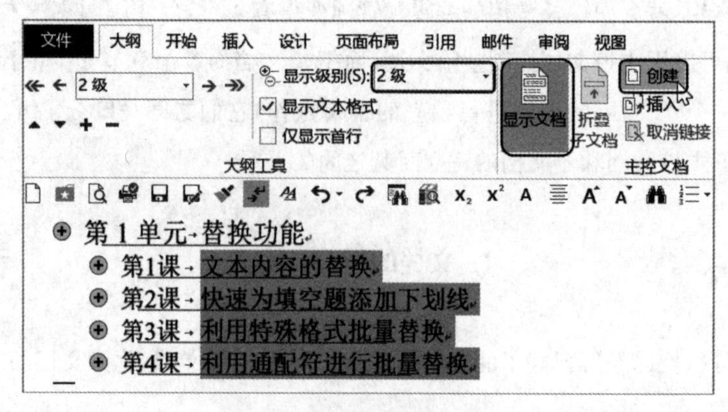

图 8－79

B. 则立即可以得到如图 8－80 所示的文档界面，这时已经把每个二级标题及包含的内容都变成了单个子文档了。这些子文档间，都出现了若干个分节符。

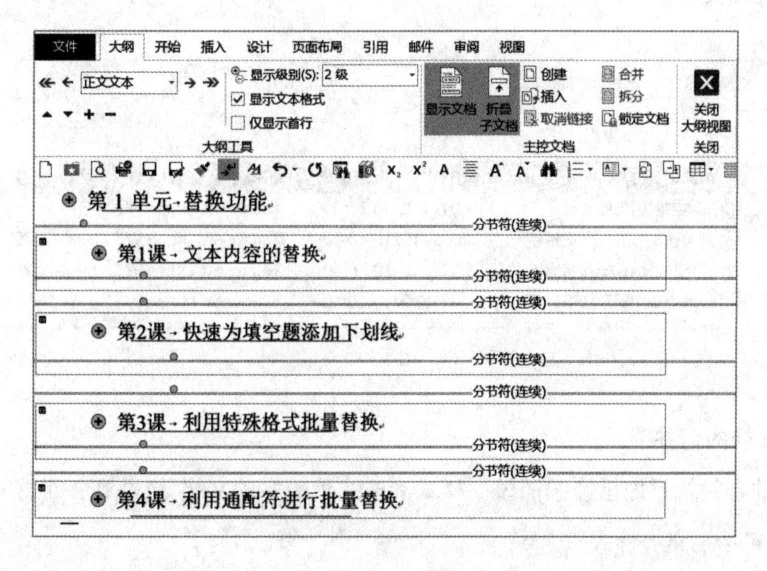

图 8－80

3）去掉分节符。如果子文档间不希望有多余的分节符，可以把光标分别置于每个标题下面的小圆点后面，点击“Del”键即可将分节符去掉。去掉分节符后在大纲视图下显示的文档界面如图 8－81 所示。每个被分隔的子文档周围出现浅色线框，线框的左上角有一个表示是子文档的小方形图标。

4）将文件保存。

A. 选择文档的保存路径，设置文件名，将其保存。如图 8－82 所示。

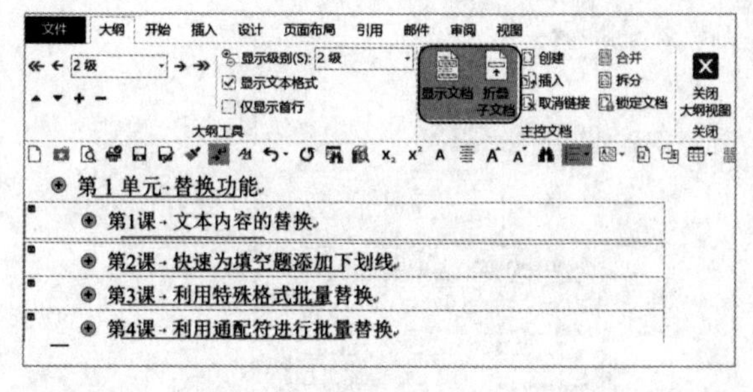

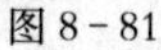

图 8－81

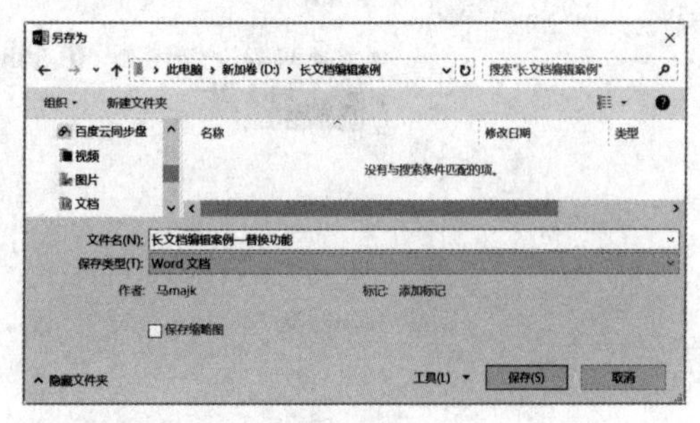

图 8－82

B. 子文档和主控文档在同一个文件夹中保存，如图 8－83 所示，第一个文件“长文档编辑案例—替换功能”是主控文档，其他的是子文档。主控文档与子文档间是链接的关系，所以主控文档文件很小。

图 8－83

(2) 文档的合并

文档的合并就是把已经按照统一样式和格式编辑好的文档，合并在一个文档中。

1) 设置主控文档样式。

主控文档要与子文档有相同的编号样式，可以重新设置主文档的样式(也可以把其他文档的样式复制过来，样式的复制参见本单元第 8 课中的“1. 样式的复制”)。

A. 先把子文档(子文档的标题都已经设置为 2 级)放在同一个文件夹中，新建空白文档，作为主控文档，且在大纲视图状态下显示。

B. 插入编号。在“开始”选项卡的“段落”组中，点击“多级列表”按钮，在“列表库”中选择一种列表的样式，再点击“定义的多级列表”。如图 8－84 所示。

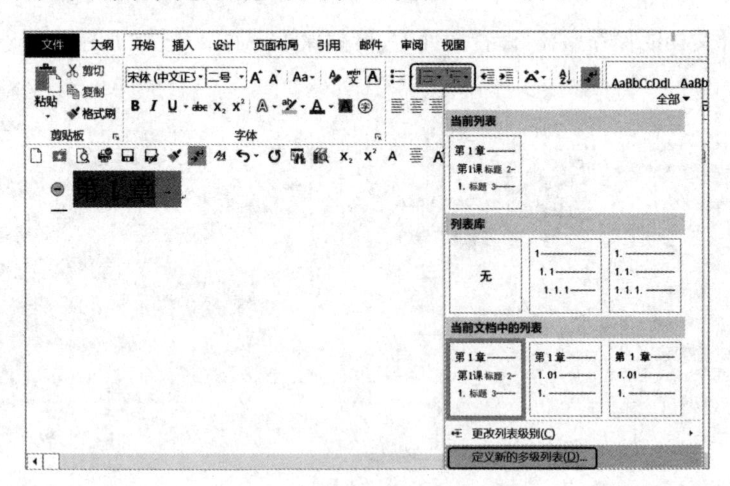

图 8－84

C. 与标题样式建立链接。在“定义新多级列表”对话框中，将第 1 级别的编号链接到“标题 1”的样式。如图 8－85 所示。每个标题的级别都要建立这种链接关系，详情参见本单元第 2 课中的“2. 编号与样式建立链接”，在此不再赘述。

2）插入文档。

A. 在“大纲视图”界面，在“第 1 章”文字后面打若干个回车，分别出现“第 2 章”、“第 3 章”等，光标置于“第 2 章”文字的后面，点击“显示文档”，点击“插入”，找到准备合并的子文档，选中一个文件，“打开”即可。如图 8－86 所示。

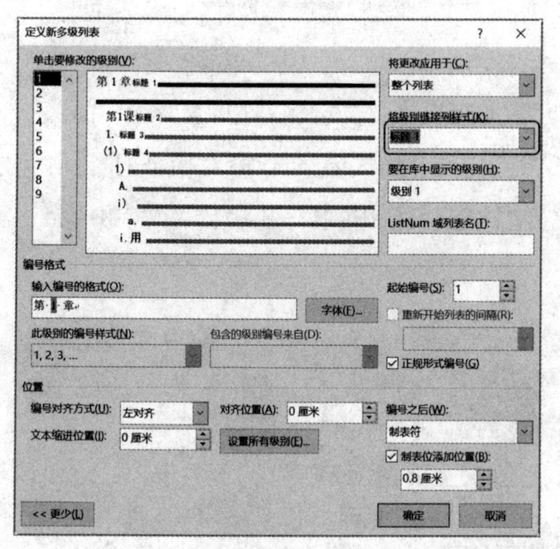

图 8－85

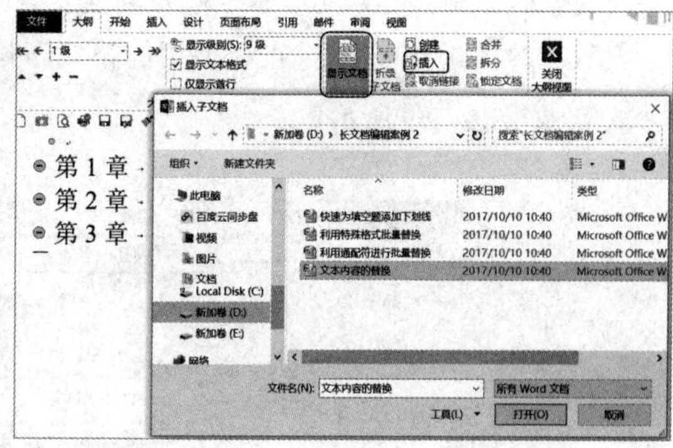

图 8－86

B. 若出现如图 8－87 所示的界面时，可以选择“全否”。

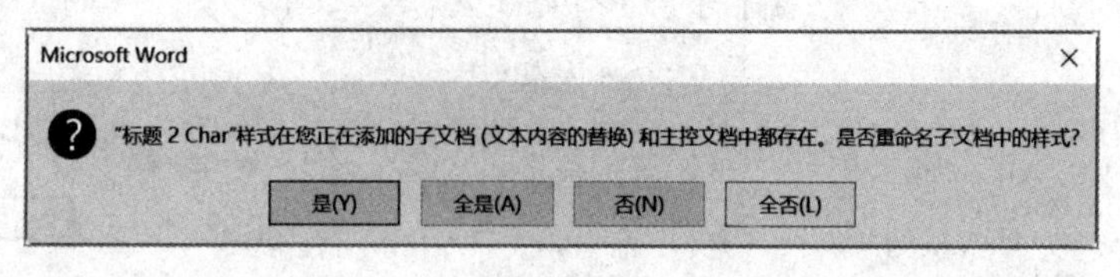

图 8－87

C. 插入的文档默认是全部显示，但是没有显示图片，原来的题注也可能是乱的，没有关系，最后点击“更新域”即可。继续将光标置于“第 2 章”文字后面，继续插入子文档。如图8－88所示。

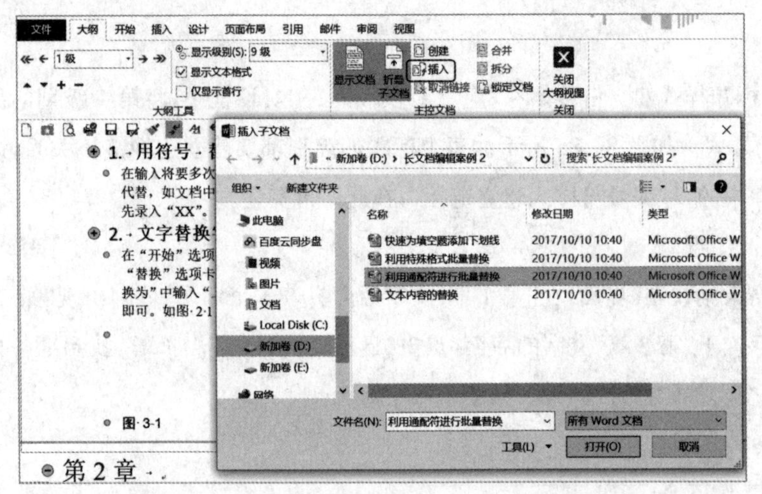

图 8－88

D. 文档插入完后，在“显示级别”中显示 2 级，并可以在“样式”窗格中，查看不同的编号对应的标题样式。点击“样式”窗格右下角的“选项”，在“样式窗格选项”对话框的“选择要显示的样式”中，选择“正在使用的格式”，这样“样式”窗格中，就只显示“正在使用的格式”。如图 8－89 所示。

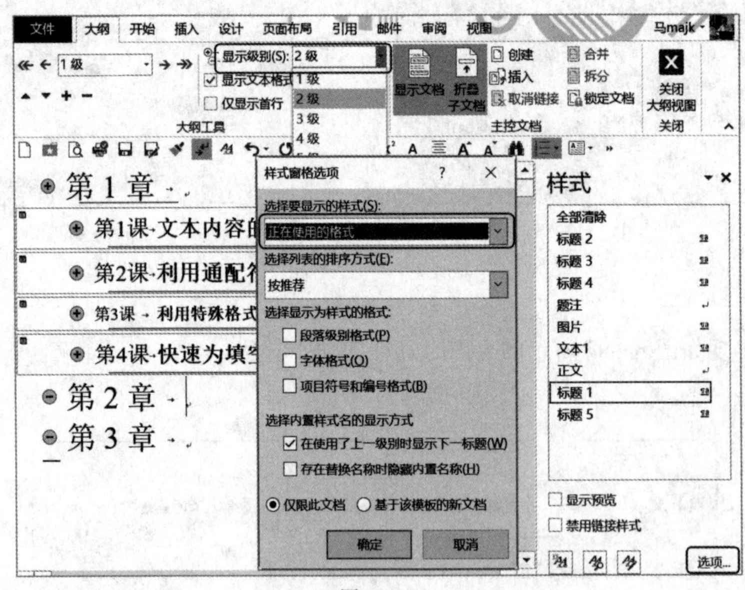

图 8－89

3）统一文档格式。插入的文档标题格式可能会不相同，可以利用样式统一各标题的格式。在“样式”窗格中，鼠标右键单击“标题 2”，点击“选择所有 4 个实例”，再点击“更新标题 2 以匹配所选内容”，这样所有标题 2 的格式就被统一了。如图 8－90 所示。然后将其保存即可，由于该文档目前只是具有链接功能，所以这个主控文档的文件很小。

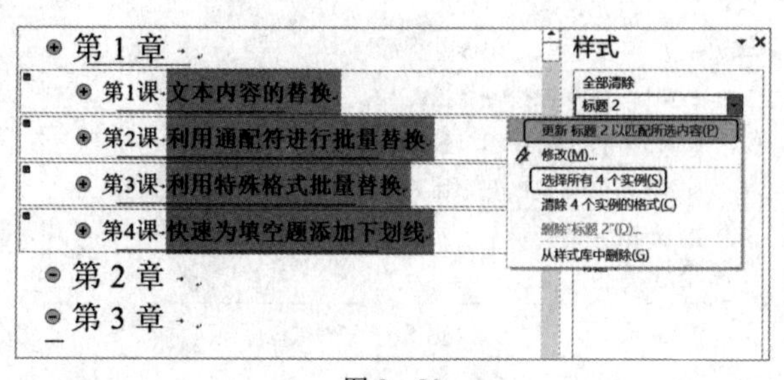

图 8－90

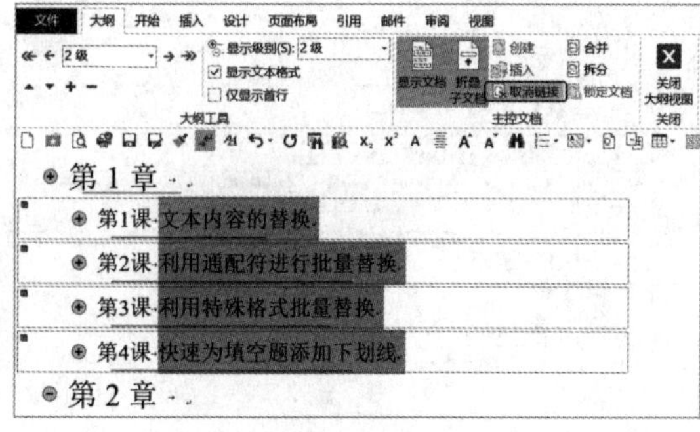

图 8－91

(3) 子文档脱离主控文档

文档编辑到最后，要形成一个完整的文档。可以让主控文档与子文档脱离关系。在大纲视图中，选中子文档，点击上方的“取消链接”即可。如图 8－91 所示。也可以选中某一子文档，点击“取消链接”，该子文档则作为主控文档的一部分。

2. 子文档的相关操作

(1) 展开和折叠子文档

1）折叠子文档。保存后的主控文档重新打开时，所有子文档呈折叠状态，每个子文档都将以如图 8－92 所示的超级链接方式出现。在此每个链接都是锁定状态，不可以编辑。按下“Ctrl”键，鼠标单击某一子文档，则可以单独打开该子文档。

2）展开子文档。要在主控文档中展开所有的子文档，点击功能区中的“展开子文档”按钮，所有文档被展开，如果只显示级别 2，文档又变为图 8－90 所示的状态。文档展开后，原来的“展开子文档”按钮将变为“折叠子文档”按钮。再次单击“折叠子文档”按钮，子文档又变为如图 8－92 所示的折叠状态。

(2) 文档的锁定及顺序的调整

1）主控文档中子文档被锁定。当某一子文档被打开时，该子文档在主控文档上显示被锁定，文档被锁定时，该文档不能够在主控文档上编辑。在主控文档中，只可以“展开”和“折叠”该子文档。如图 8－93 所示，“第 1 课　文本内容的替换”和“第 3 课　利用特殊格式批量替换”的子文档由于被打开，所以它们的前面有一个小锁的图标。当子文档关掉后，才可以解除锁定。主控文档和子文档在非同时打开时，既可以在子文档中进行编辑，也可以在主控文档中进行编辑。

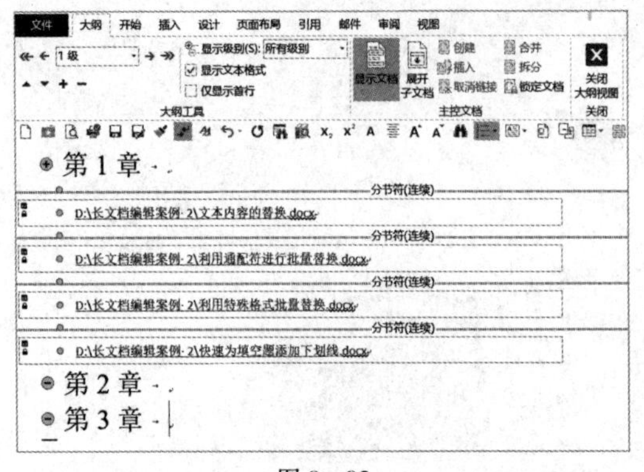

图 8－92

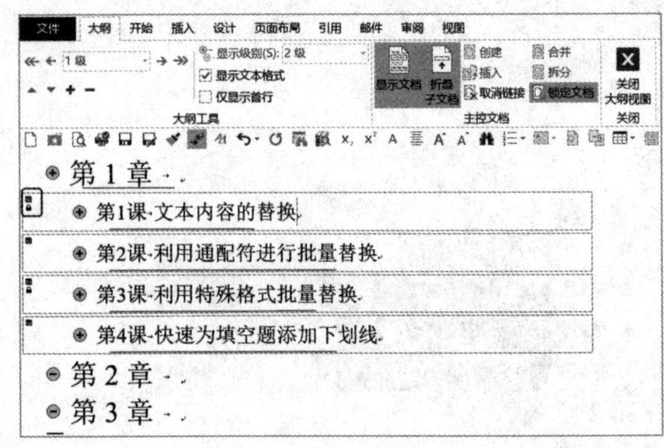

图 8－93

2）子文档的顺序调整。

子文档前后顺序的调整方法是，先要把准备调整顺序的子文档取消链接，移动了位置后，重新创建子文档。

A. 取消子文档的链接。光标置于需要移动位置的文档标题上，如想让“第 4 课　快速为填空题添加下划线”移动到“第 2 课　利用通配符进行批量替换”的前面，光标先分别置于两个子文档的标题中，分别点击“取消链接”，这样两个子文档就断开了链接，成了主控文档的一部分，如图 8－94 所示。两个子文档的虚线框消失。

B. 移动子文档后创建新的子文档。利用左上角上下移动文档的小三角形按钮，将原来的“第 4 课　快速为填空题添加下划线”移动到“第 2 课　利用通配符进行批量替换”的前面。再选中这两个文档标题，点击“创建”，将重新创建两个子文档。如图 8－95 所示。由于子文档与主控文档是链接的关系，所以子文档创建好后，一般不要随便移动位置。否则要重新创建新的子文档。

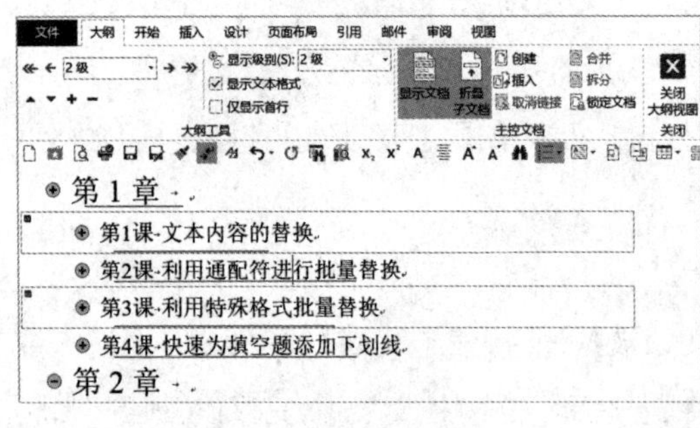

图 8－94

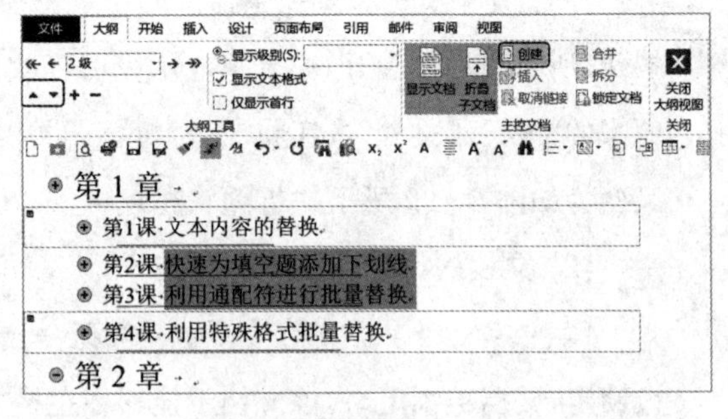

图 8－95

在长文档（如写一本书）的实际编辑过程中，首先在主控文档中设置好各标题的样式，作为模板文档保存，其次根据该模板创建若干个子文档，这样这些子文档的各标题样式都是一样的，以后只在子文档中进行编辑即可，最后可以在主控文档中一次性地对子文档进行展开，统一作编辑。

3. 多个文档的合并

前面介绍的主控文档与子文档的使用，能够让二者建立链接的关系，且主控文档和子文档都可以分别编辑，但是较复杂不易掌握。有时编辑好多个文档后并不需要建立链接的关系，则可以直接利用插入的方法，把多个文档合并。为了保证合并的文档有统一的格式，在编辑子文档时，要使用统一的样式。

(1) 编辑整理子文档

首先把子文档按照顺序排列好。再打开一个新的文档，在“插入”选项卡的“文本”组中，点击“对象”中的下拉菜单，再点击“文件中的文字”。如图 8－96 所示。

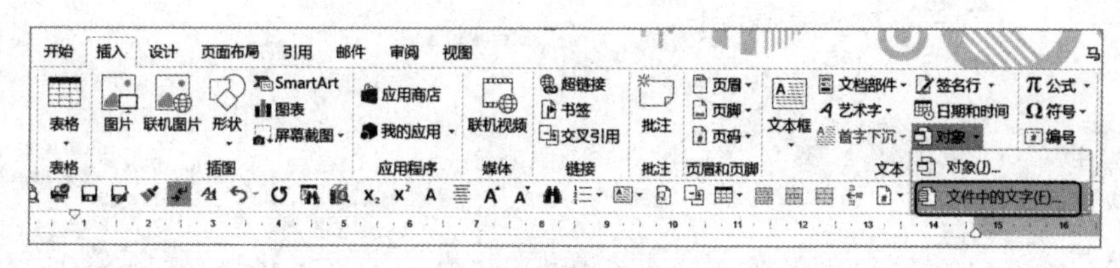

图 8－96

(2) 插入文件

找到需要插入的文件，并全部选中，点击“插入”即可。如图 8－97 所示。在大纲视图中观察，可以看到，由于原来每个子文档都有相同的样式和格式，所以文档插入后，在大纲视图中可以看到文档的结构没有发生变化，且标题全部自动排列。如图 8－98 所示。

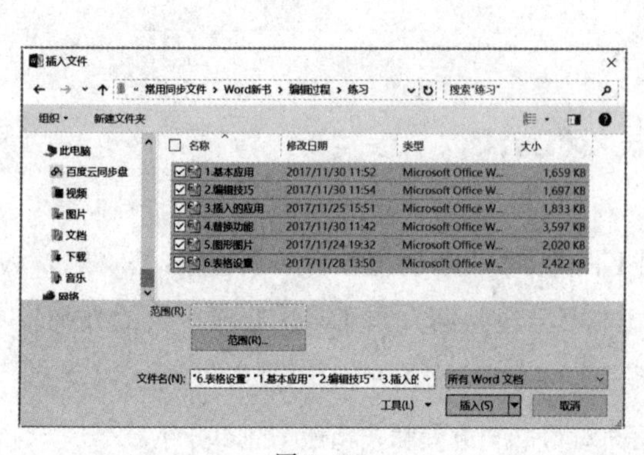

图 8－97

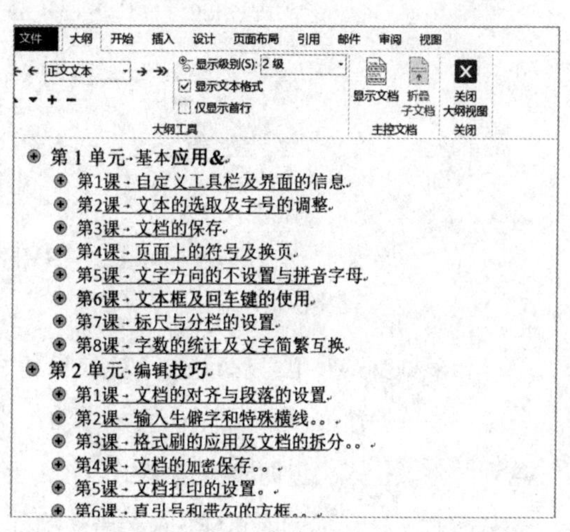

图 8－98

(3) 修改文档样式

有时某些样式的格式可能发生变化，如题注的样式，原来是居中的格式，现在变成左对齐了。如图 8－99 所示。要修改题注样式，先选中其中一个题注，点击上面的“居中”按钮，直接让该题注居中，然后在样式的题注中右击鼠标，点击“更新题注以匹配所选内容”。如图 8－100 所示。则所有题注全部自动更新为居中排列。

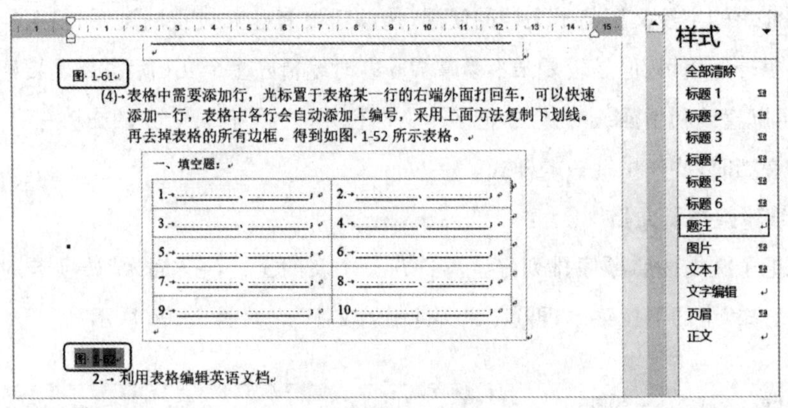

图 8－99

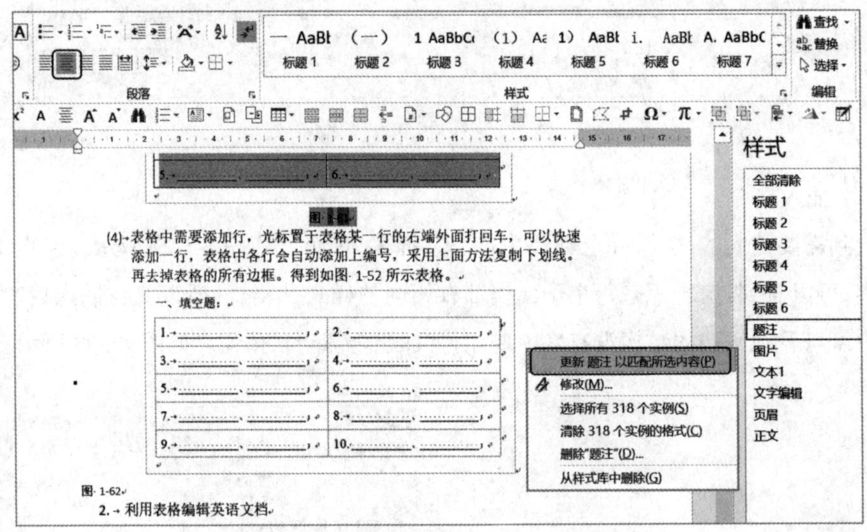

图 8－100

4. 写书的技巧和方法

很多朋友都知道，自 2008 年以来，我利用工作之余，业余研究教育信息技术，基本是以每年一本书的速度，把自己的研究成果写出来(本书已经是第九本了)，造福于广大的教师。这期间除了投入大量的时间和精力外，还需要掌握写书(即长文档)的编辑技巧和方法，以及需要掌握的技术手段，只有这样才能事半功倍。下面对写书的流程和技巧做个简单介绍。

(1) 利用模板分章节编写

先设计好书的章节(当然可以随时增减),打开空文档,建立一个 Word 著作模板,模板的建立参见本单元第 8 课中的“2. 建立模板文档”,每一章(即每个单元)可以分成一个子文档,每一章独立编写但都要使用统一的模板,保证所有子文档的文档格式是一致的。

(2) 合并子文档

1) 各章写好后,根据各章的顺序,重新命名文件名(文件名前面可以添加 1、2、3、等标号,便于识别),然后利用上面介绍的文档合并功能合并为一个主文档。这种合并的主文档与子文档已经没有了链接关系,是各自独立的。这种方法操作简单,建议大家用此法。

2) 如果水平较高,想让子文档与主控文档间仍然有链接的关系,可以使用大纲视图中的功能,在主控文档中链接子文档,这样主控文档与子文档间有链接的关系。一般用户不建议使用。

3) 最后修改定稿。即使每个子文档都使用了统一的模板,但是合并后,仍然会出现一些标题改变了格式的现象,这时可以在大纲视图中利用样式统一各级标题,若有个别的段落格式没有被统一,在最后修改定稿时,个别修改即可。对个别段落修改时,选中该段落文字,点击样式窗格中的标题样式即可。若仍然没有变化,可以把该标题段落分成两部分(段落最后的几个字符、句号和段落标记为一部分),选中前面部分点击样式窗格中的样式统一后,再选中剩下的第二部分,再次点击窗格中的样式即可。对于标题的编号,用格式刷把其他地方同级别的编号格式复制过来较方便。

(3) Word 编辑过程中需要的知识

除了掌握 Word 常规的编辑方法外,还必须掌握以下的知识(各知识点参见本书相关内容):多级编号;格式刷的应用;题注和交叉引用;目录的生成;应用大纲视图;样式及其应用(特别重要);脚注和尾注(如果需要)。

(4) 需要的软件

如果书中需要插图,就需要有截图和图片处理软件。一般 QQ 等程序中自带的软件截图,清晰度不高,不能满足出版的要求,出版的插图一般使用 BMP 格式或者 TIF 格式(本书所有截图都是 TIF 格式)。

1) 截图软件首推 HyperSnap,有多种截图功能,并能够对图片进行裁剪和拼接、添加文字和标注说明等。在编写过程中插入截图时,各章的图片要分成不同的文件夹,图片较多时,混合在一起很难找到。

2) 向出版社交稿的同时,还要上交图片文件,并且图片的顺序要与书中的图片顺序相一致,在编写过程中,根据添加或删除的内容随时补充或删除图片,而书中内容又常常需要前后调整,只要图片没有增减,先不要管图片,当书完稿后,重新对所有图片进行编号和重命名，否则出版社在排版时很容易把图片的顺序搞错。要根据书中图片的顺序调整文件夹中图片的位置，而文件夹中图片一般是根据名称、时间、大小等来排序的，不能按照自己的要求随意调整，这就需要借助软件，ACDSee 是个很好的相片管理器(低版本即可满足需要)，书稿完成后，在电脑界面上，左边打开书稿，右边打开 ACDSee 程序，对照书稿调整图片的顺序。利用这个软件可以很方便地用鼠标拖动图片手工排序，然后在该软件上对本章的图片批量重命名。这样保证了上交的图片与书稿中的图片有一一对应的关系。

3）书中插入的图片，一般应用的是嵌入式，要单独一行，且要单独设置图片的样式，一般设置居中，且与“下段同页”(在“段落”对话框中设置)，这样保证图片与下面的题注在一个页面上。

4）如果书中还需要有配套的文档，每一章也要建立文件夹放置该章的配套文档。

(5) 文档中的交叉引用

书中前后常常还会有引用的关系，如该处的论述其他地方已经有了，不再赘述，常常会出现“参见第几页第几章第几节”等。而在分开编辑的各个子文档中，引用的常常是其他子文档中的内容，所以在子文档的编辑过程中先不要引用，只写上“参见”二字，可以标注为红色，当所有子文档都编写好了合并为主文档后，在定稿作最后修改的过程中，利用交叉引用功能添加上这些链接即可。

一般在一本书的编写过程中，要建立三个文件夹：一个是“编辑文档”文件夹，该文件夹中可以放置编辑中的子文档；另一个是“书中图片”文件夹，如果图片较多这个文件夹还要按章节再分几个子文件夹，分别存放各章的图片文件；如果有配套文档，还需要建立一个“配套文档”文件夹，如果配套文件较多，也要分章建立子文件夹。这样会给你整个书稿的编辑工作带来很大的方便，提高工作效率。在长文档的编辑过程中，与其在文档处理上浪费很多时间，不如静下心来，认真学习一下长文档的编辑技巧。

第 8 课 复制样式与建立模板

1. 样式的复制

如果一个文档设置好样式以后，想把该样式复制到另一个文档中，如两个文档分别是“没有设置样式”的文档 1 和“已经设置样式”的文档 2。可以采用如下的方法，将文档 2 的样式复制到文档 1 中。

(1) 样式管理器

1）打开文档 1，在右面的样式窗格下面，点击“管理样式”按钮。如图8－101所示。

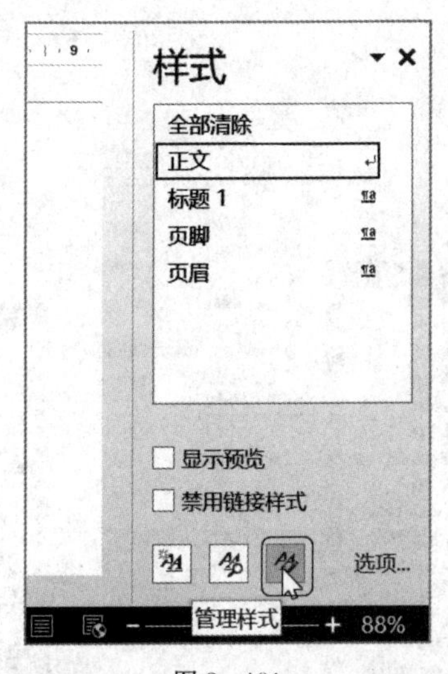

图 8－101

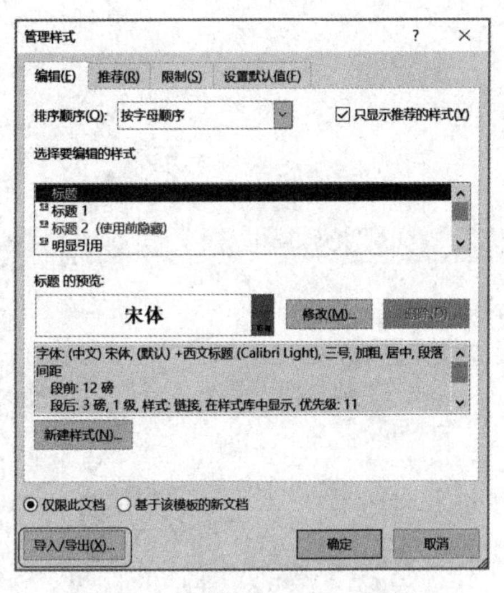

图 8－102

2）在“管理样式”选项卡中，可以修改样式，或删除自定义样式，点击左下角的“导入/导出”按钮，可以得到“管理器”对话框。如图 8－102 所示。

3）在“管理器”对话框中，可以看到，左边是没有自定义样式的文档中的样式，右边是模板中的样式，因本人电脑中的 Word 模板已经设置好了样式，可以直接选中右边的样式复制过去，也可以在此处选中其他模板文档中的样式再复制过去。要找其他 Word 文档，可以点击右边的“关闭文件”，如图 8－103 所示。重新查找自定义样式的文档。

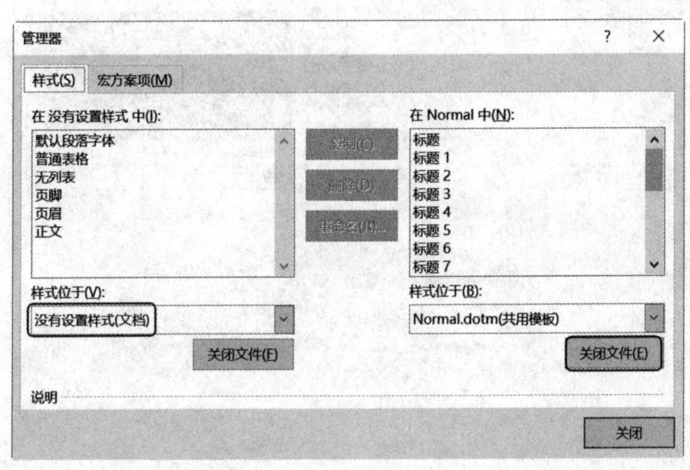

图 8－103

(2) 复制样式

1) 点击右边的“打开文件”。如图 8－104 所示。默认是打开模板文件，要选择“所有 Word 文档”，找到“已经设置样式”的 Word 文档，点击“打开”即可。如图 8－105 所示。

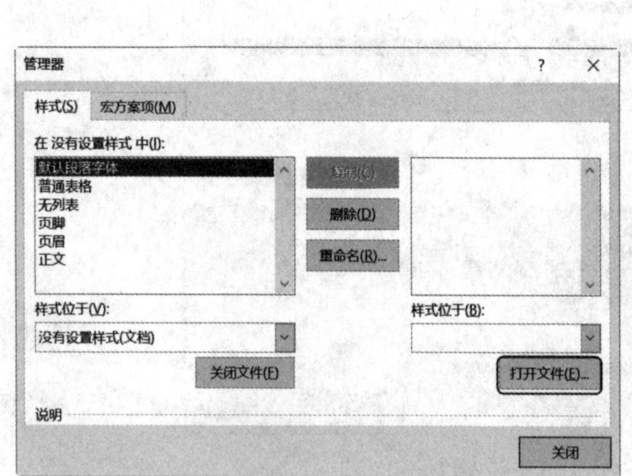

图 8 - 104

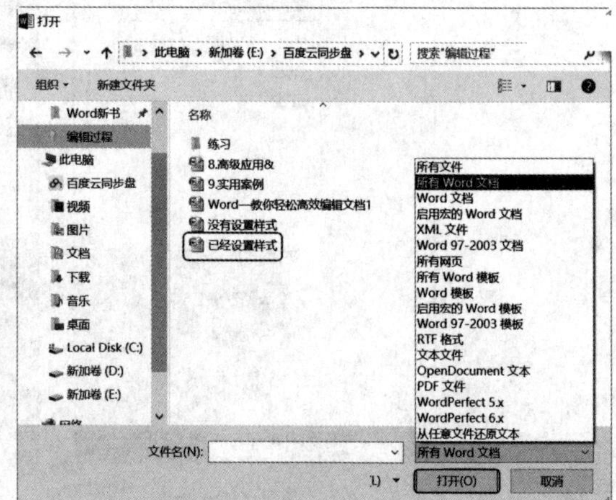

图 8 - 105

2）选中右边准备复制的样式项目，点击“复制”，然后点击“全是”，如图 8 - 106 所示。点击“关闭”即可。这样“已经设置样式”文档中的样式，就被复制到“没有设置样式”的文档中。

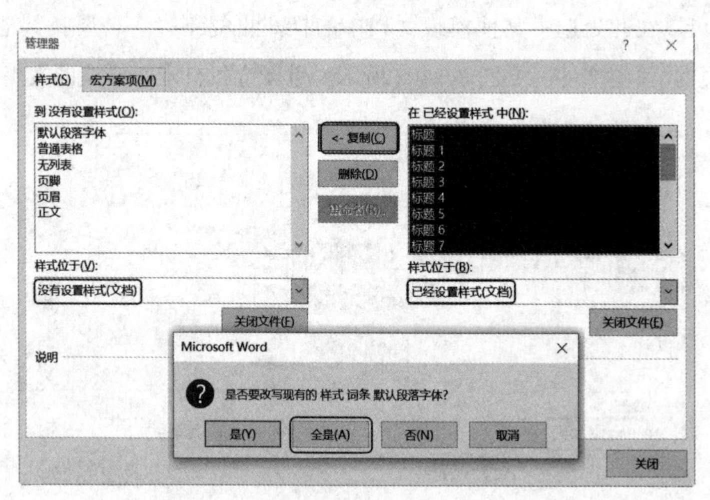

图 8 - 106

2. 建立模板文档

前面在介绍子文档时，谈到要保证每个子文档有统一的格式，最好要先建立一个文档模板。所谓模板，是包含了各类样式、页面布局、格式等元素的文档。只要应用该模板去编辑文档，所有格式都是一样的。

(1) 模板的建立

1）设置模板样式。打开一个空白 Word 文档，利用前面介绍的方法，进行一系列的格式和样式的设置。如图 8 - 107 所示。

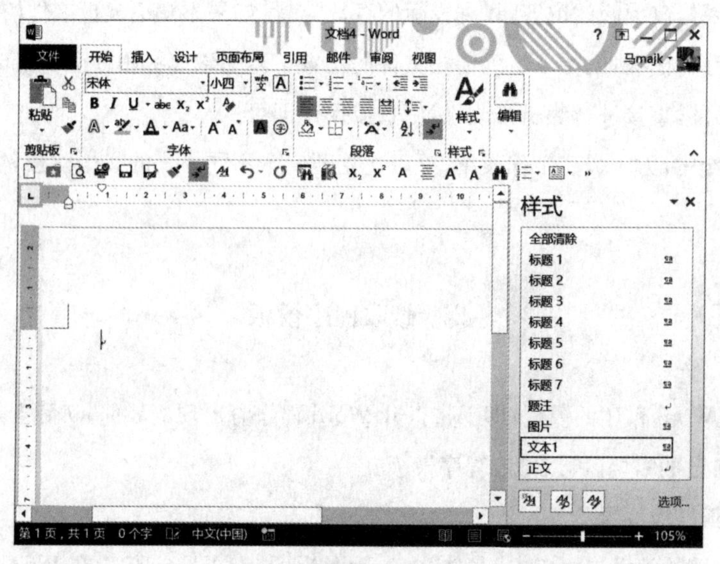

图 8 - 107

2）保存模板。设置好文档的格式和样式后，另存为模板。如图 8 - 108 所示。自定义模板可以保存到任意位置。

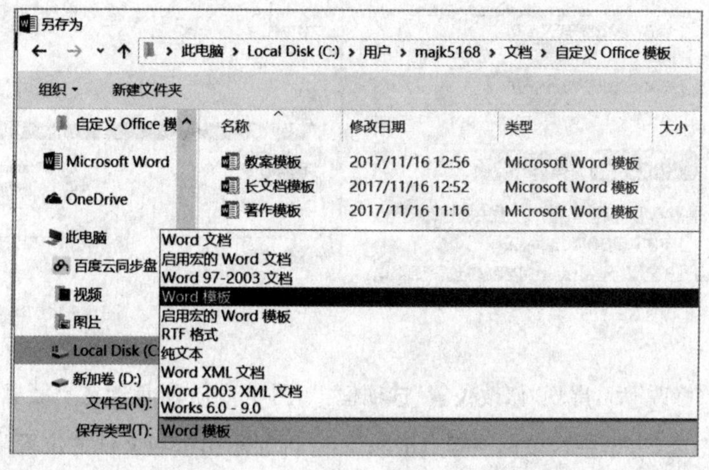

图 8 - 108

(2) 模板的使用

当使用该模板时，只需要找到模板存在的文件夹，鼠标左键双击图标即可(即常规打开即可)，可以直接在此编辑文档，最后保存文档即可。

(3) 模板的修改

如果需要修改模板的内容，找到模板的存放位置(如果不知道模板文件的位置，可以让任意文档另存为模板，就可以看到模板文件的位置了)，在该模板图标上右击(不是左击)鼠标，点击“打开”，直接进行编辑修改，然后直接保存即可。

实际工作中，为了提高工作效率，可以建立若干个不同格式的文档模板，供文档编辑时使用。

3. 修改程序模板

要改变 Word 程序的模板，即平常打开 Word 程序时出现的界面，实际上是打开了一个模板，根据自己的需要，可以修改程序模板。

(1) 找到模板位置

1) 在文档的编辑界面点击“文件”进入后台视图，点击“选项”。在 Word 选项中，点击“高级”选项，如图 8－109 所示，点击“文件位置”。

2) 在“文件位置”选项框中，选中“用户模板”，点击“修改”。如图 8－110 所示。

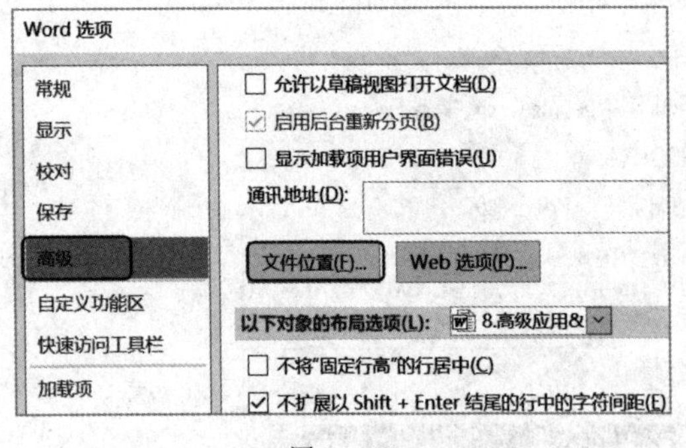

图 8－109

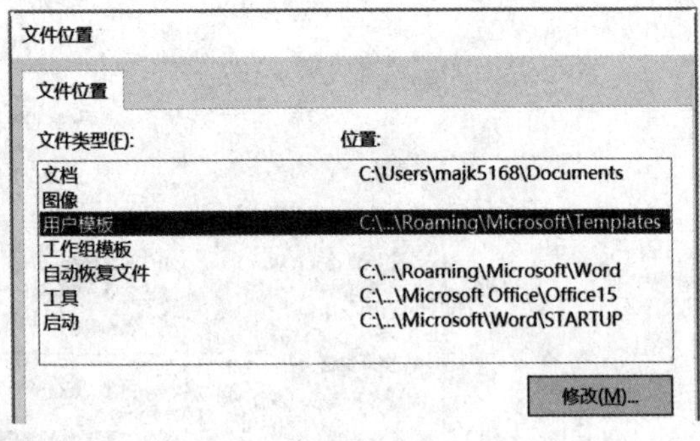

图 8－110

3) 点击“修改”后，出现“修改位置”选项框，如图 8－111 所示。在上面显示模板路径的框的右边空白处(方框中)，鼠标左键点击一下，立即显示出模板文件的位置路径。

4) 复制路径。这时上面显示路径的框自动被选中，如图 8－112 所示。按下“Crlt＋C”(即复制)，然后点击“取消”。

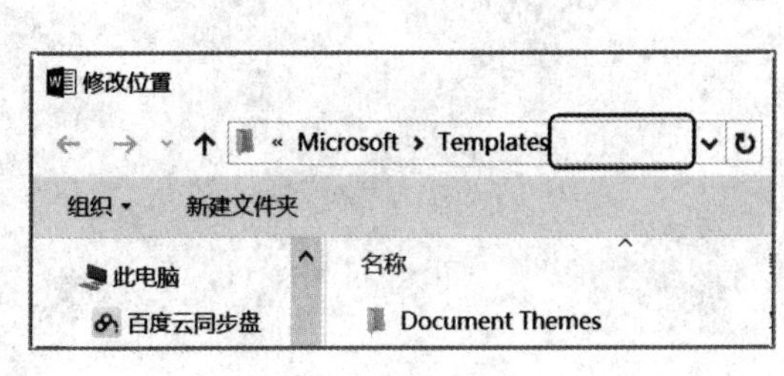

图 8－111

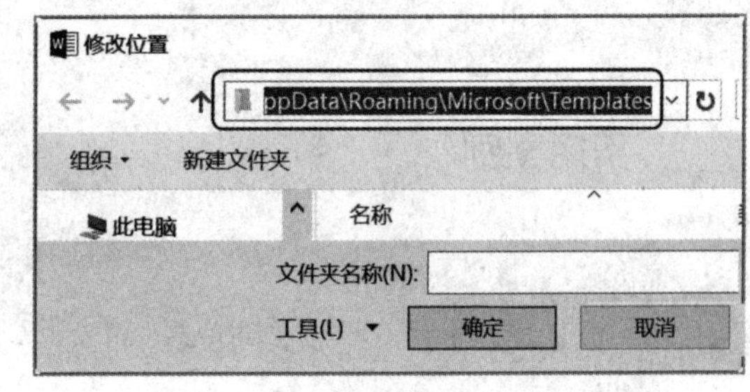

图 8－112

(2) 修改模板

1）粘贴路径。打开资源管理器(或打开任意文件夹)，在上面的文件路径框中，鼠标点击一下，变蓝色即被选中，按下“Ctrl＋V”(即粘贴)，然后打回车，即进入模板文件夹。鼠标右击模板文件，点击“打开”，如图 8－113 所示。

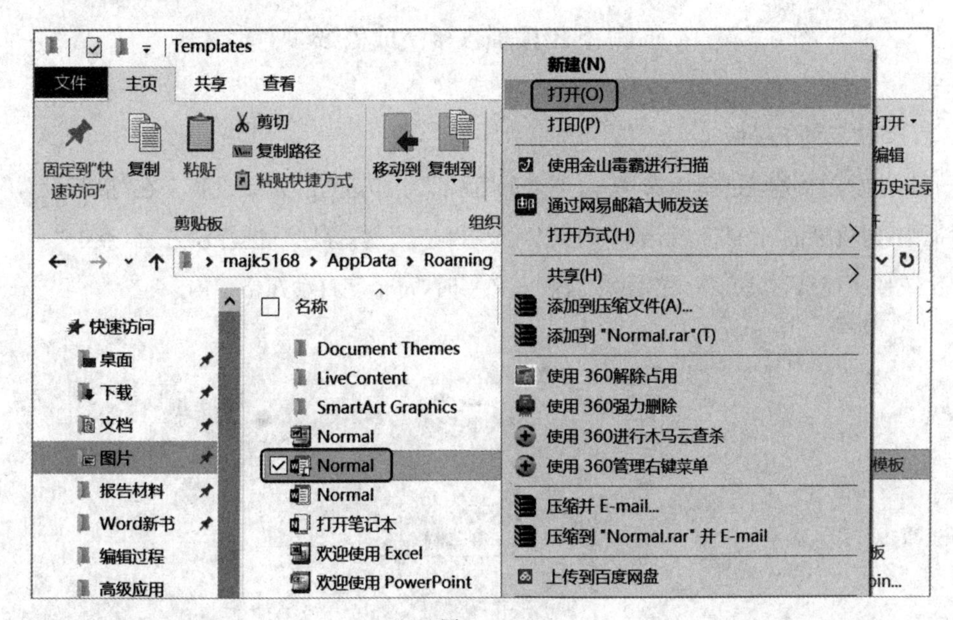

图 8－113

2）修改模板文件。可以作为常规文档进行修改。可以设置字体、字号、样式等，修改后保存即可。模板保存后，以后再打开空白 Word 文档时，就是自己设置的文档格式了。

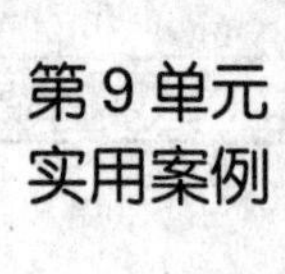

第 9 单元
实用案例

第 1 课　稿纸向导制作作文稿纸

语文教学和考试时常常需要打印作文稿纸，下面介绍作文稿纸的制作方法。

1. 利用模板直接生成稿纸

(1) 应用稿纸模板

新建空白文档，在“页面布局”选项卡的“稿纸”组中，点击“稿纸设置”，在“稿纸设置”对话框中，对稿纸的“格式”、“行数×列数”以及“网格颜色”等项目进行设置后，点击“确定”，即生成作文稿纸，如图 9－1 所示。当输入文字时，每个字自动在格子内。

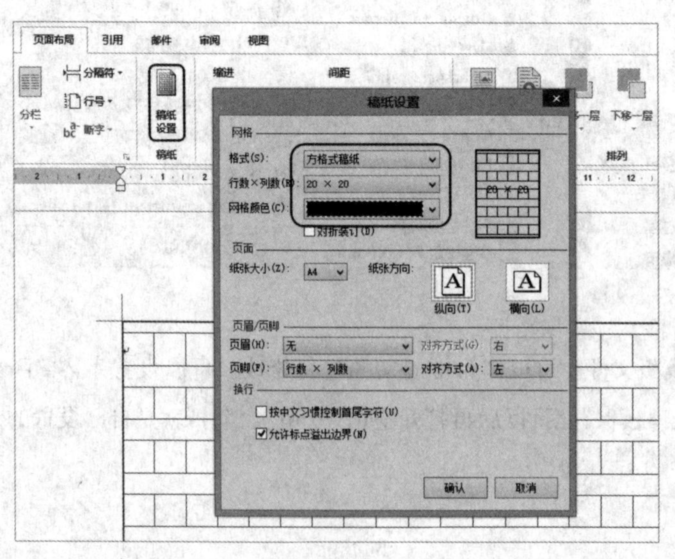

图 9－1

(2) 添加页眉和页脚

得到了稿纸后，可以对稿纸添加页眉和页脚。利用稿纸模板生成的稿纸，实际上是在页眉和页脚状态下生成的，因此在文档上方双击鼠标，进入页眉和页脚的编辑状态，在页眉和页脚中输入相关内容即可。如图 9－2 所示。

2. 更改稿纸的行数

利用模板生成的稿纸，只有特定的几种格式，且都是满页显示，而在许多情况下对稿纸行列有特殊的要求，要更改稿纸的行列设置，只需要进入页眉和页脚的编辑状态，进行修改即可。

(1) 在页眉和页脚状态中编辑

1）在文档上部双击鼠标，进入页眉和页脚的编辑状态，选中文档中的网格，在“绘图工具”的“格式”选项卡的右边的“排列”组中，点击“取消组合”，如图 9－3 所示。

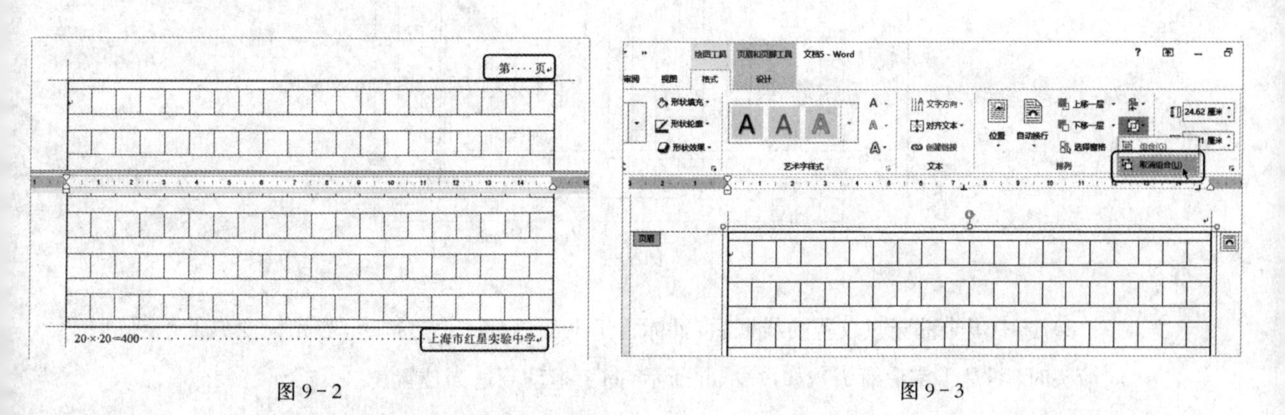

图 9－2　　　　图 9－3

2）取消组合后，可以看到原来稿纸上一个整齐的“大表格”是由很多矩形图形组成的。即排列整齐的竖直放置的矩形框，上面被若干个整齐排列的横向放置的填充色为白色的矩形框所遮盖。如图 9－4 所示。

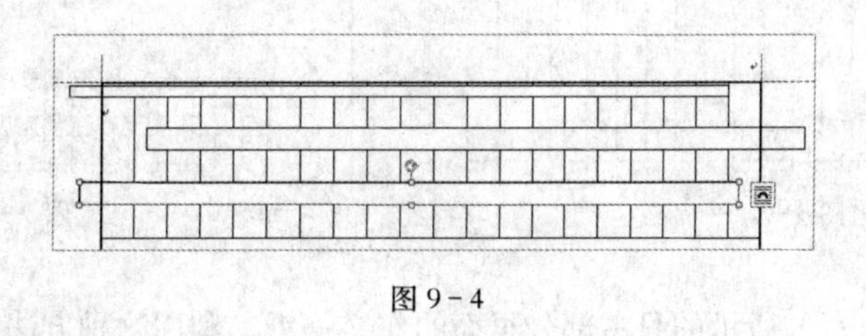

图 9－4

(2) 修改行列格式

1）去掉若干个横向放置的图形，将第一个横向放置的图形放置到适当位置，将大线框移动出原来位置，目的是为了方便选中竖直的矩形框。直接用鼠标是选不中矩形框的，利用“选择对象”功能，在“开始”选项卡的“编辑”组中，点击“选择”，再点击“选择对象”。如图9－5所示。鼠标从左上角拉到右下角，将表格选中。注意：为了保证不选中水平放置的矩形框，只选中竖直放置的矩形框，鼠标拉动时，先不选左边第一个竖直线框，等选中其他线框后，按下“Ctrl”键，再选中第一个。或者全部利用“Ctrl”键一个个地选中竖直线框。

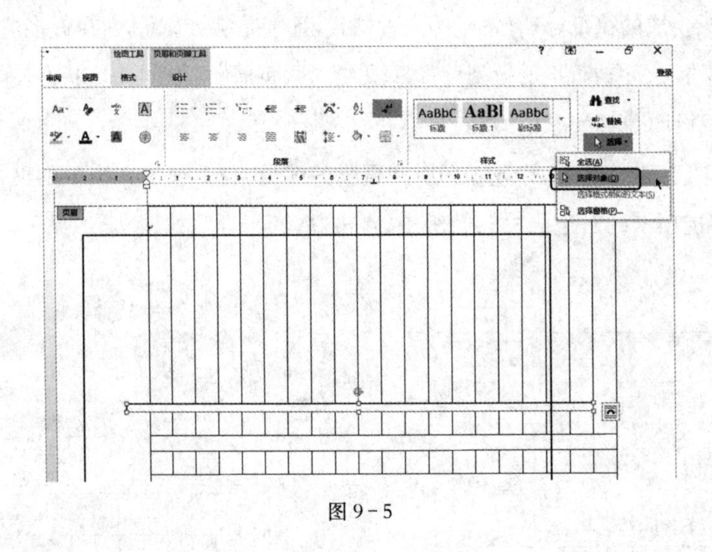

图9－5

2）选中了全部竖直放置的线框后，鼠标置于上面任意一个边框上，当光标变成上下双向箭头时（不是十字形箭头），如图9－6所示，向下拖动到适当位置。

3）拖动竖直线框到适当位置，如图9－7所示。再调整小线框和大线框的位置。

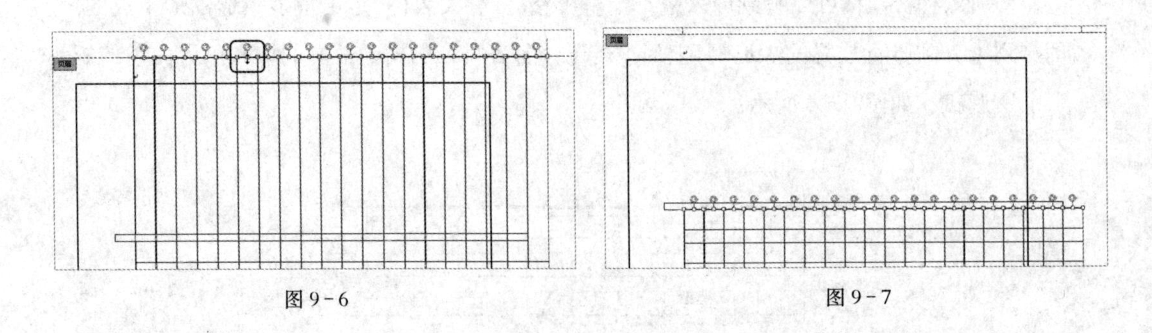

图9－6　　图9－7

4）得到如图9－8所示的只占部分页面的作文稿纸。利用这种方法可以将原作文稿纸修改成任意大小的稿纸样式。

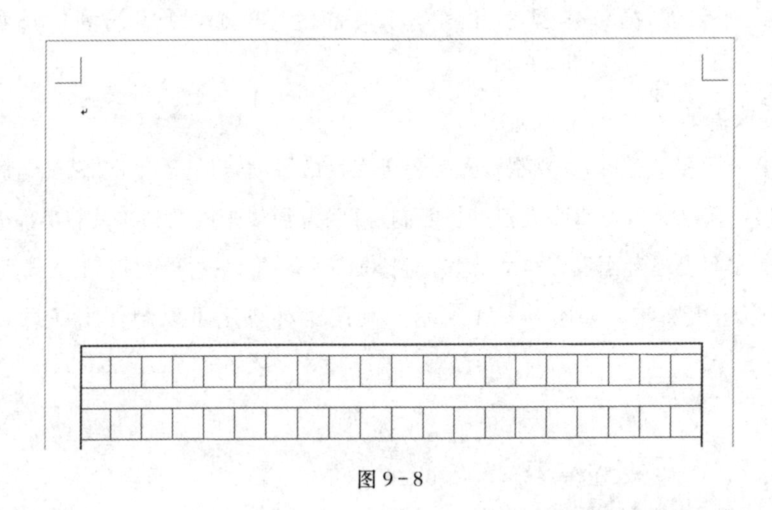

图 9－8

3. 利用表格手动制作作文稿纸

利用模板制作的稿纸是整页的，即使修改成半页，也是只能供打印成方格纸，不能在页面上面的空白处编辑文字。有时需要半页稿纸，且与试题混合编排，可以用表格制作任意大小的稿纸，与卷子上的试题混排在一起，进行文字的编辑。操作方法如下：

(1) 插入表格

新建一个文档，在“插入”选项卡的“表格”组中点击“插入表格”，打开“插入表格”对话框，插入一个 20 列、3 行的表格。如图 9－9 所示。

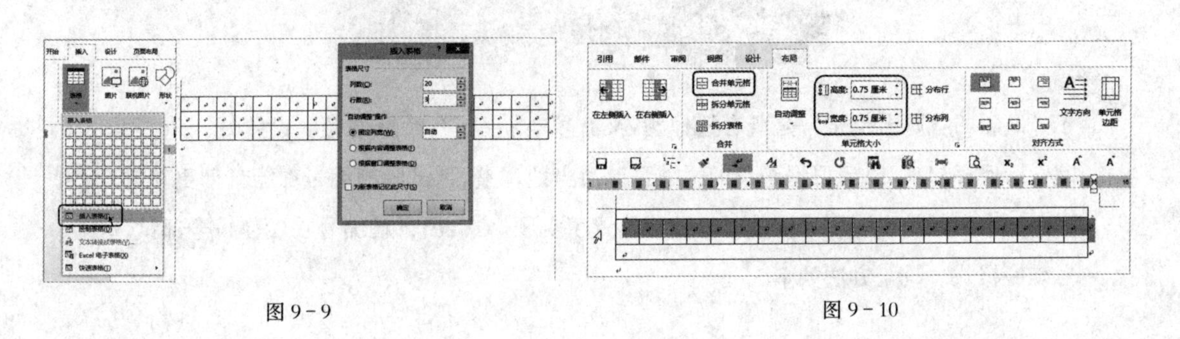

图 9－9　　　　图 9－10

(2) 设置行高

将第一行和第三行利用合并单元格工具进行合并，然后光标分别置于表格左端，分别选中表格的三个行，调整行高，既可以利用表格属性调整行高（“行高”要选择“固定的”），也可以直接利用“布局”选项卡下面的“单元格大小”组，直接调整行高和列宽。第一行行高

0.3 厘米，第三行的行高 0.48 厘米，中间一行的“高度”和“宽度”均设置为 0.75 厘米。如图 9－10 所示。

(3) 生成稿纸

选中第二行和第三行后“复制”，光标置于表格的下面，进行若干次“粘贴”，就可以制作成一张完整的稿纸。再对整张表格进行复制，可以得到多张稿纸。如果前半部分需要添加试卷上的文字而表格上面没有空间，这时光标置于第一行左边单元格，打回车后即出现段落标记，可以输入文字。如图 9－11 所示。利用这种方法可以制作出任意要求的作文稿纸。

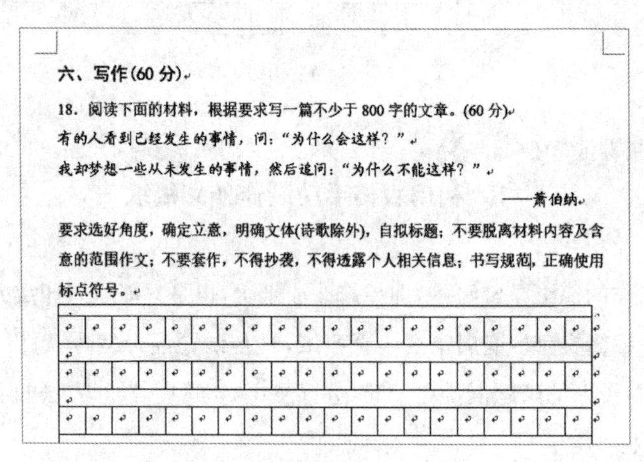
六、写作(60分)

18. 阅读下面的材料，根据要求写一篇不少于 800 字的文章。(60 分)

有的人看到已经发生的事情，问：“为什么会这样？”

我却梦想一些从未发生的事情，然后追问：“为什么不能这样？”

——萧伯纳

要求选好角度，确定立意，明确文体(诗歌除外)，自拟标题；不要脱离材料内容及含意的范围作文；不要套作，不得抄袭，不得透露个人相关信息；书写规范，正确使用标点符号。

图 9－11

第 2 课　考试答题卡的制作

试卷的答题卡上常常是既有选择题，又有填空题，还有计算题等。设置好一个答题卡模板后保存起来，以后根据题量的增减可以适当地调整，且试题的编号都能自动更新，方便实用。本案例是说明用表格的对齐功能设置填空题格式，用自动编号功能使得全部试题编号统一格式。设置方法如下。

1. 插入表格

(1) 新建文档

输入标题及其他有关文字，左边的大写编号采用自动填充的方式，即在第一行输入

“一、填空题”后打回车，自动出现“二、”（也可以用格式刷复制格式），填写上相关文字后继续打回车，直到大写标题全部填写完毕。如图 9－12 所示。

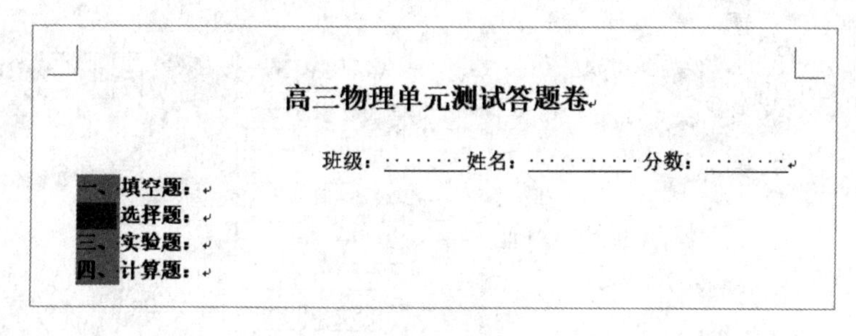

图 9－12

(2) 插入表格

1）“填空题”和“选择题”冒号后面分别打回车两次，消除自动编号，再分别插入两个表格。

2）利用“表格属性”中的“行”或“列”设置两个表格的行高和列宽，或者利用“布局”选项卡“单元格大小”组中的工具调整单元格的高和宽。并设置单元格中文字的位置。如图 9－13 所示。

2. 插入编号

(1) 填充编号

1）选中单元格。按下“Ctrl”键，用鼠标在单元格中上下或水平拖动，选中需要输入编号的单元格。如图 9－14 所示。

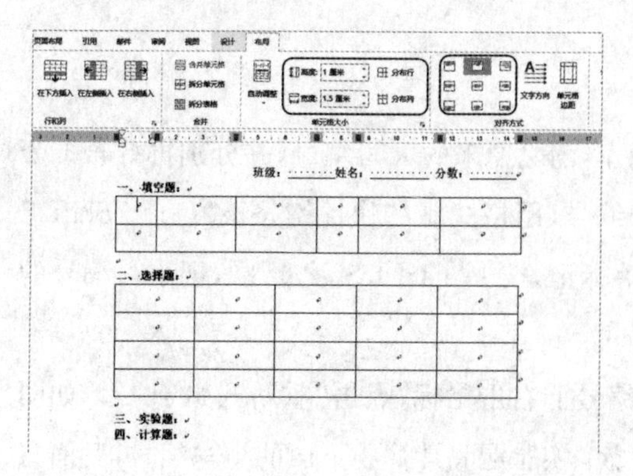

图 9－13

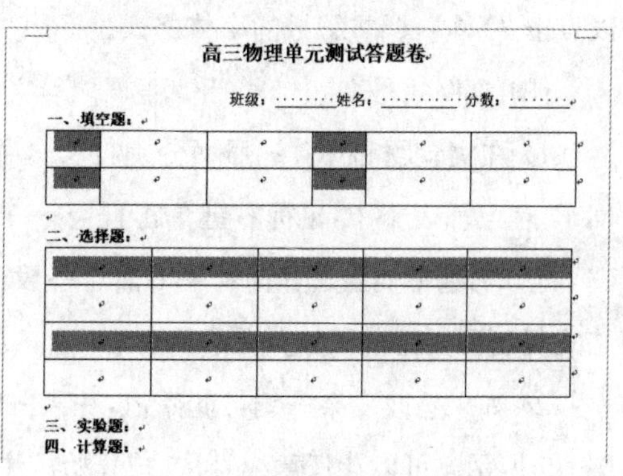

图 9－14

2）输入编号。选中单元格后，在“开始”选项卡的“段落”中，选择一种“编号”的样式。如图 9－15 所示。

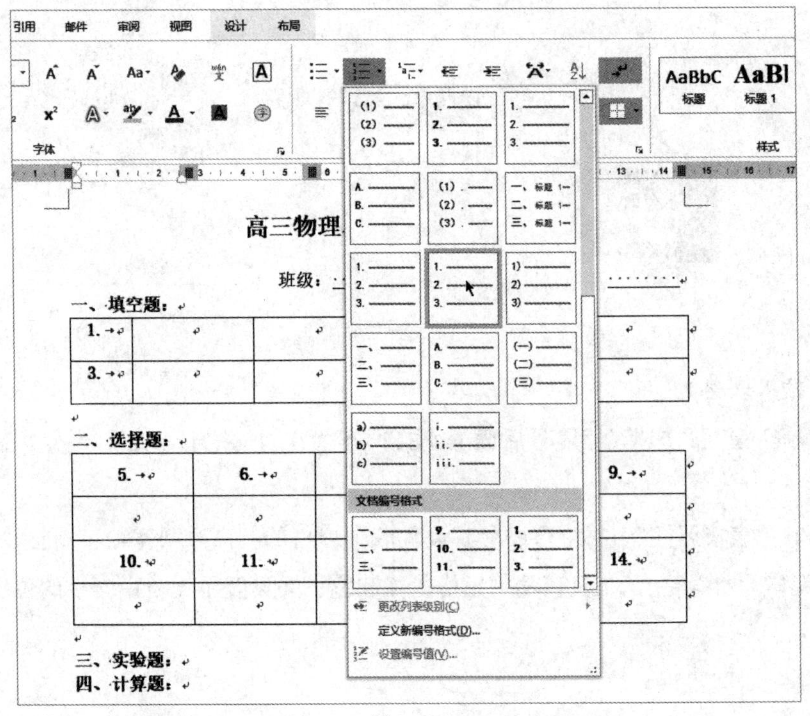

图 9－15

3）设置编号格式。输入的编号往往不能满足要求，需要重新设置编号的格式，选中任意一个编号后右击鼠标，点击“调整列表缩进”，在“调整列表缩进量”对话框的“编号位置”调整编号的左右位置，还可以配合“编号之后”选项，共同调整编号的位置。如图 9－16 所示。“文本缩进量”是调整编号下面第二行及以后文字的左边位置，在此可以不管它。也可以点击“字体”，调整编号的字体格式。

(2) 复制编号

1）在实验题和计算题后面分别打两次回车，消除原来的大写编号，并分别再打若干个回车，在上面表格中，鼠标右键单击任意一个编号，用格式刷的快捷键按下“Ctrl + Shift + C”，再分别选中实验题和计算题下面这些段落标记，按下“Ctrl + Shift + V”，把小写编号的格式复制到实验题和计算题后面。

2）如果想改变某一编号起始值，在某一编号上右击鼠标，点击“重新开始于 1”。如图 9－17 所示。可以让任意编号从“1”开始。注意：实验题和计算题下面的小写编号，后面只有输入文字后打回车，才可以继续实现自动编号，打两个回车则消除编号。

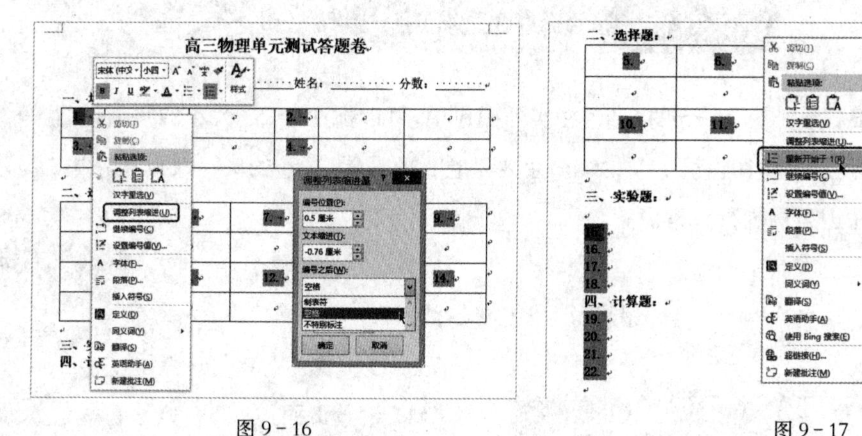

图 9－16

图 9－17

3. 填空题表格的设置

(1) 设置下划线

1）在填空题第 1 题的右边两个单元格中输入下划线，用鼠标拉动选中这三个单元格，按下“Ctrl + C”（复制），鼠标在表格左边外面，拉动选中表格各行，按下“Ctrl + V”（粘贴），把下划线复制到各相应单元格中。

2）还可以进一步调整有编号的列的宽度。如果要添加行，光标置于表格某一行的右边外面，打回车可以添加空行。

(2) 设置表格无线框

1）再把表格设置成无线框，得到的填空题表格如图 9－18 所示。同理选择题也可以添加或删除列。添加列后的编号用格式刷复制即可。

2）设置完成后，预览答题卡，可以看到如图 9－19 所示的界面。

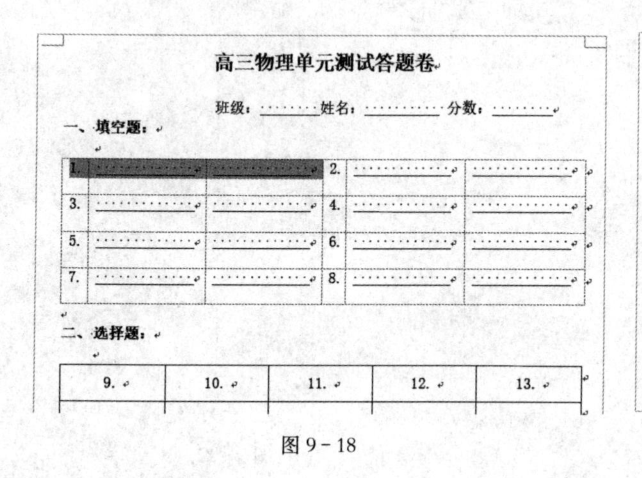

图 9－18

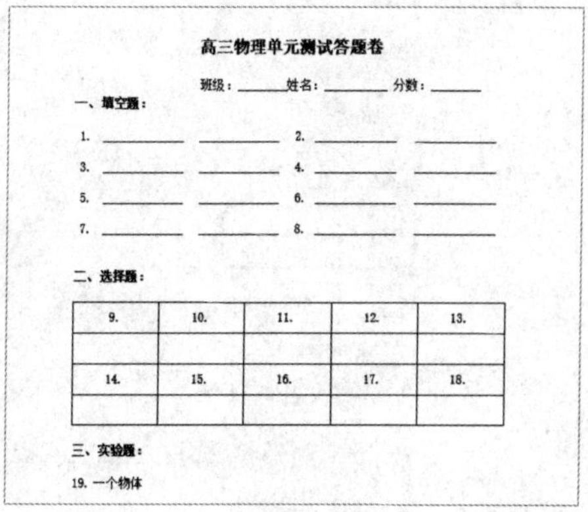

图 9－19

第3课 试卷的制作过程

试卷通常是B4纸大小，是B5的两倍，在实际操作中，可以把两个B5大小的页面设置好后打印出来，再拼起来复印。而试卷的编辑主要是卷头的设置，试卷的头一般放在左边。下面以试卷头在左边为例进行分析设置。

1. 设置页面和密封线

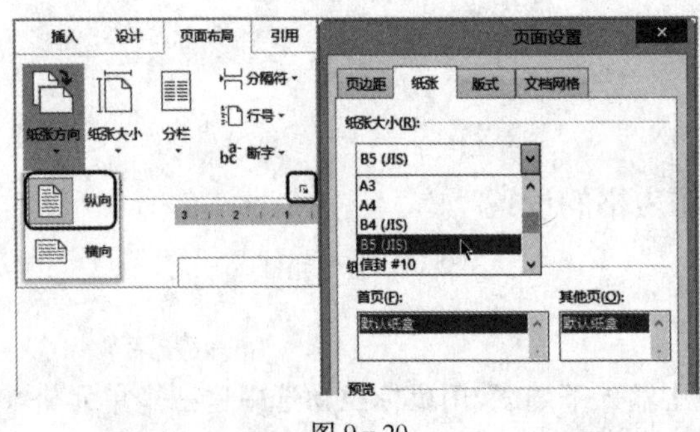

图9-20

(1) 设置页面

新建空白文档，设置纸张为B5纵向放置。在"页面布局"选项卡，纸张方向默认是纵向，点击"页面设置"组右下角的对话框启动器，在"页面设置"对话框的"纸张"选项卡中，纸张大小设置为"B5"。如图9-20所示。

(2) 密封线的制作

正规试卷的左边都有密封线，可以在"页眉和页脚"状态下用文本框来制作。

1) 双击文档的上端，进入"页眉和页脚"的编辑状态。在左边插入文本框，设置文本框的边框和填充均为无色，将光标置于文本框中，点击"页面布局"选项卡左边的"文字方向"命令，点击"将所有文字旋转270°"，如图9-21所示。

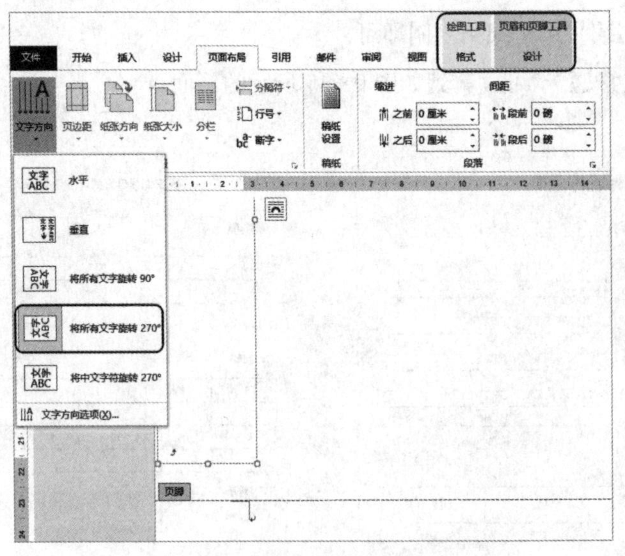

图9-21

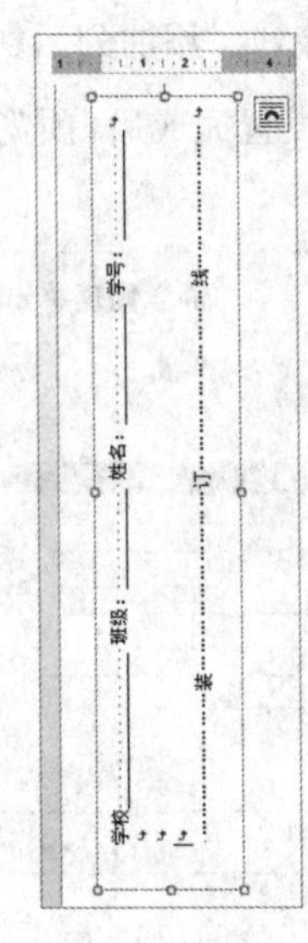

图9-22

2）在文本框中输入文字。“省略号”的输入方法是，在中文输入状态下，直接按下“Shift + 6”快速输入省略号。如图 9 - 22 所示。完成后退出“页眉和页脚”的编辑状态即可。若更改密封线中的内容，要进入“页眉和页脚”的编辑状态进行编辑。

2. 试卷标题和评分栏的制作

(1) 设置页边距

由于左边有装订线区域，所以文字的编辑部分，左边的页边距要调整得大点。调整的方法可以通过拉动标尺上面灰白色边缘处调整左边距，也可以在页面设置对话框中设置页边距。如图 9 - 23 所示。

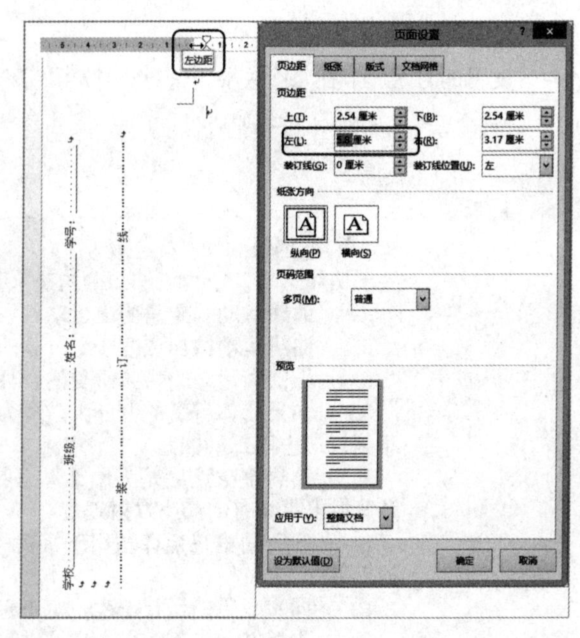

图 9 - 23

(2) 设置标题格式

标题文字格式统一使用较粗的字体，本例中选用的字体是“黑体”，字号设置为“三号”，且“居中”显示；标题的下方还可以注明考试的时间，考试时间的字号设置为小四号(或五号)，楷体、宋体字体均可；绘制一个评分的表头，输入有关的文字。如图 9 - 24 所示。

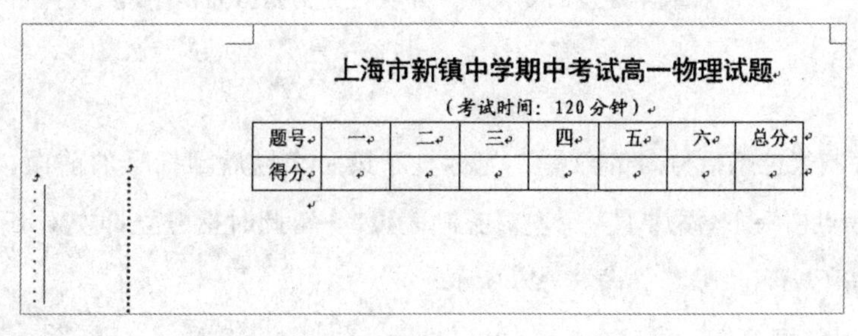

图 9 - 24

3. 选择题题干括号的对齐

试卷中选择题题干的括号需要对齐排列，可以利用制表位来帮助完成。先利用第 3 单元第 2 课中的“2. 自动插入编号”的方法插入三级编号。输入试题内容。

(1) 插入制表符

三个题后面都有一个括号，但是不整齐。利用制表符让括号对齐。

1）插入制表符

设置的方法是：在每个左括号前分别按下“Tab”键，括号前出现水平灰色箭头，即都插入一个制表符。如图 9－25 所示。

一、→**单项选择：**↵
1.→关于曲线运动，下列说法正确的是→（···）↵
A.→曲线运动一定是变速运动↵
B.→曲线运动的加速度一定时刻改变↵
C.→做圆周运动的物体所受的合外力一定指向圆心↵
D.→如果物体所受的合外力是变力，该物体一定做曲线运动·↵
2.→下列说法中不正确的是→（···）↵
A.→第一宇宙速度是人造地球卫星运行的最大环绕速度，也是发射卫星具有的最小发射速度↵
B.→开普勒第三定律适用于宇宙中所有围绕星球运行的行星或卫星；↵
C.→同步卫星的运行速度一定小于第一宇宙速度 7.9km/s↵
D.→牛顿发现了万有引力定律并用扭称测出了引力常量↵
3.→火车以某一速度 v 通过某弯道处时，内、外轨道均不受侧压力作用，下列分析正确的是→（···）↵
A.→轨道半径 $R=v^2/g$；↵
B.→若火车速度大于 v 时，外轨将受到侧压力作用，其方向平

图 9－25

2）利用制表位把括号对齐放置。光标置于第一个题后面括号的前面，在标尺（偏下方）上用鼠标点击一下，添加了一个左对齐制表位“ ┗”，此时括号立即左对齐（也可先插入制表符，再按下“Tab”键）。如图 9－26 所示。

(2) 设置前导符

点击“段落”组右下角的对话框启动器，在“段落”对话框的“缩进和间距”选项卡中，点击左下角的“制表位”，在得到的“制表位”对话框中，前导符选择中间的一个“2……(2)”。

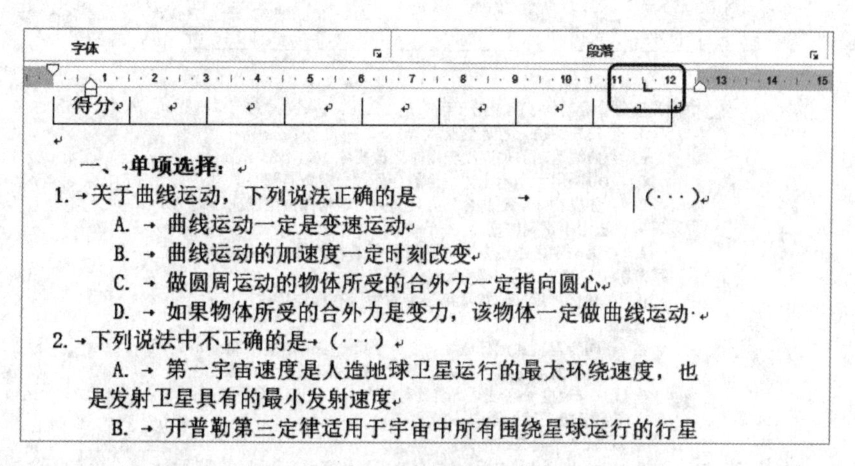

图 9 - 26

如图 9 - 27 所示。"确定"后括号前面立即出现小点的前导符。也可以在此精确设置制表符的位置。

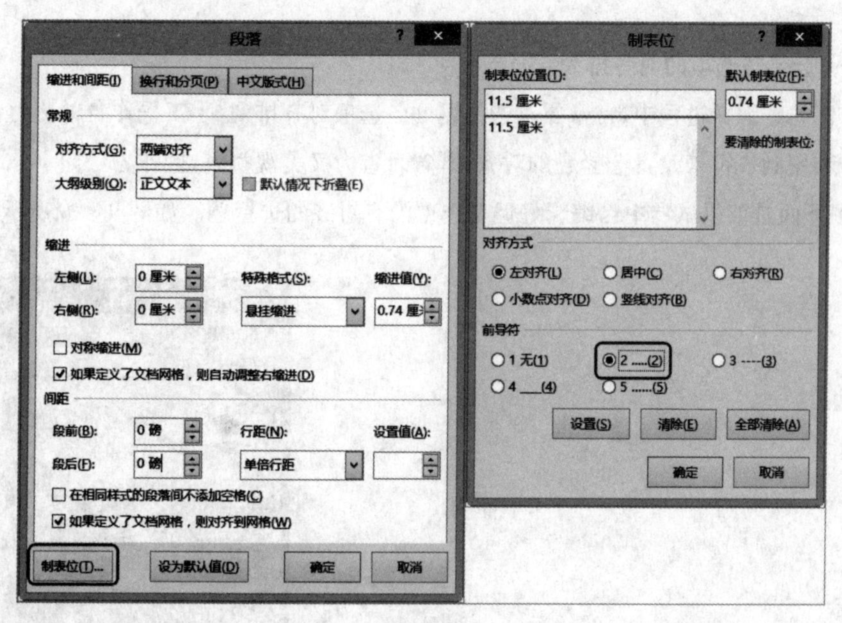

图 9 - 27

(3) 复制格式

复制格式时，也同时复制了制表符。光标点击一下题号"1"，按下"Shift + Ctrl + C"，再分别点击题号"2"和"3"，按下"Shift + Ctrl + V"，所有带有前导符的括号都整齐排列。如图 9 - 28 所示。

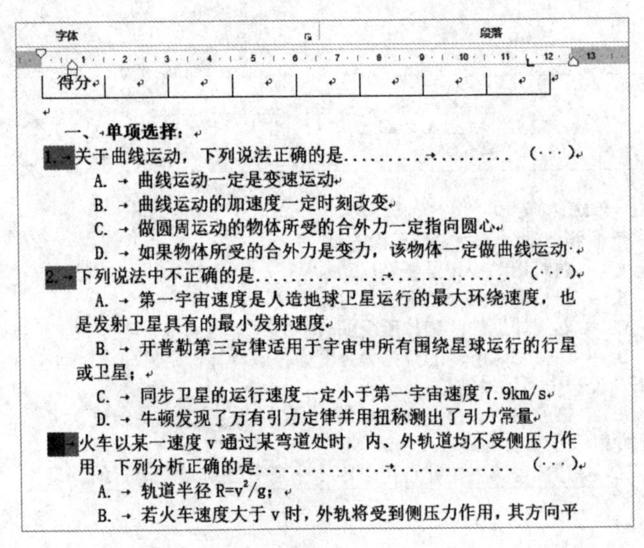

字体　段落

得分

一、单项选择：

1. 关于曲线运动，下列说法正确的是…………………（　　）

A. 曲线运动一定是变速运动

B. 曲线运动的加速度一定时刻改变

C. 做圆周运动的物体所受的合外力一定指向圆心

D. 如果物体所受的合外力是变力，该物体一定做曲线运动

2. 下列说法中不正确的是…………………（　　）

A. 第一宇宙速度是人造地球卫星运行的最大环绕速度，也是发射卫星具有的最小发射速度

B. 开普勒第三定律适用于宇宙中所有围绕星球运行的行星或卫星；

C. 同步卫星的运行速度一定小于第一宇宙速度 7.9km/s

D. 牛顿发现了万有引力定律并用扭称测出了引力常量

3. 火车以某一速度 v 通过某弯道处时，内、外轨道均不受侧压力作用，下列分析正确的是…………………（　　）

A. 轨道半径 $R=v^2/g$；

B. 若火车速度大于 v 时，外轨将受到侧压力作用，其方向平

图 9－28

4. 选择题选项的对齐

(1) 选择题选项的对齐排列

在试卷的编辑过程中，常常要求选择题的各选项对齐排列，手工操作费时费力，还不易对齐。利用制表符来设置选择题的对齐，既省时省力又美观整齐，操作方法如下：

1）下面是英语试卷中已编辑好但是选项没有对齐的选择题。如图 9－29 所示。

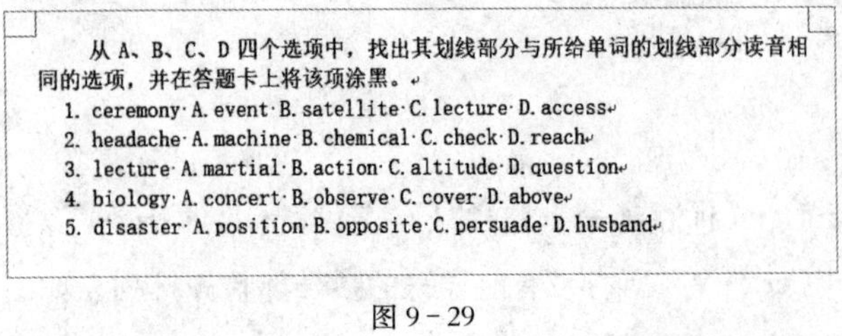

从 A、B、C、D 四个选项中，找出其划线部分与所给单词的划线部分读音相同的选项，并在答题卡上将该项涂黑。

1. ceremony A. event B. satellite C. lecture D. access
2. headache A. machine B. chemical C. check D. reach
3. lecture A. martial B. action C. altitude D. question
4. biology A. concert B. observe C. cover D. above
5. disaster A. position B. opposite C. persuade D. husband

图 9－29

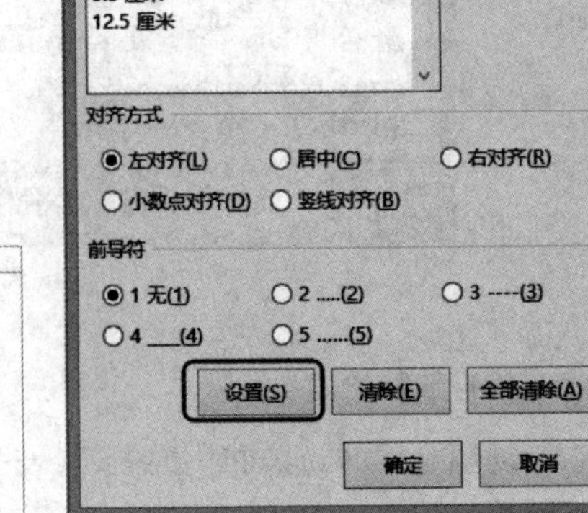

图 9－30

2）添加制表符。通过在标尺上点击的方法添加左对齐制表符，也可以精确地设置制表符的位置。在制表位对话框中，在上面的框中，分别输入数值，点击“设置”添加一个制表符（选中某一个数值，也可以删除该制表位）。如图 9－30 所示。点击“确定”后标尺上添加了四个左对齐制表符。

3）光标分别置于“A”、“B”、“C”、“D”的前面，分别按下“Tab”键，则 A、B、C、D 四个选项分别与各自标尺上的制表位位置对齐。如图 9－31 所示。

4）光标置于第 1 题的标题上，利用格式刷快捷键，把格式复制到下面四个题中，这样下面各题都有了制表位的格式（也可以选中五个小题，同时一次性地添加制表符）。再分别将光标置于下面各题的 A、B、C、D 的前面，分别按下“Tab”键，则 A、B、C、D 四个选项分别与标尺上各自的制表符位置对齐。如图 9－32 所示。

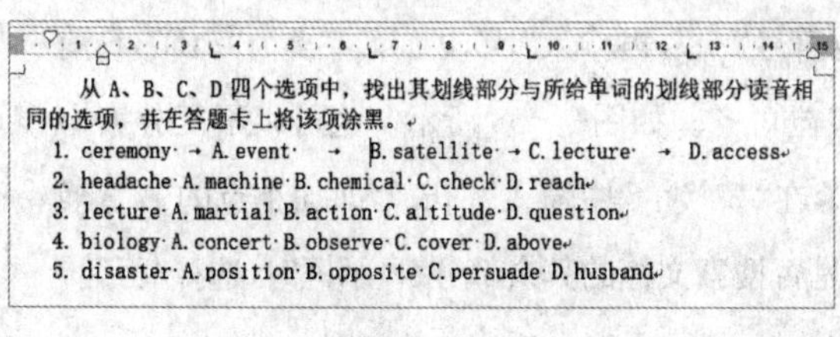

从 A、B、C、D 四个选项中，找出其划线部分与所给单词的划线部分读音相同的选项，并在答题卡上将该项涂黑。

1. ceremony A. event B. satellite C. lecture D. access
2. headache A. machine B. chemical C. check D. reach
3. lecture A. martial B. action C. altitude D. question
4. biology A. concert B. observe C. cover D. above
5. disaster A. position B. opposite C. persuade D. husband

图 9－31

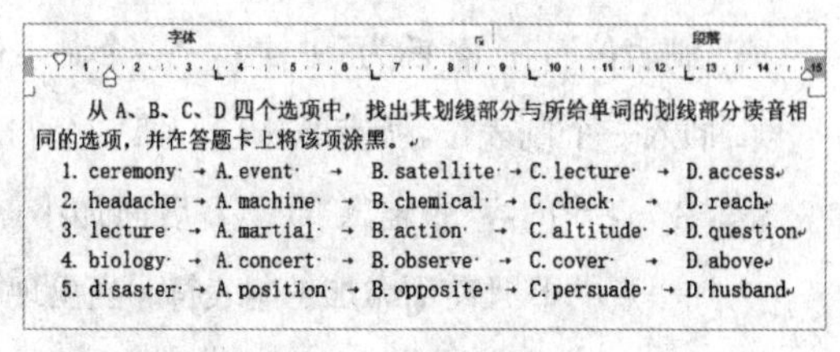

从 A、B、C、D 四个选项中，找出其划线部分与所给单词的划线部分读音相同的选项，并在答题卡上将该项涂黑。

1. ceremony A. event B. satellite C. lecture D. access
2. headache A. machine B. chemical C. check D. reach
3. lecture A. martial B. action C. altitude D. question
4. biology A. concert B. observe C. cover D. above
5. disaster A. position B. opposite C. persuade D. husband

图 9－32

5）选择题的对齐方式都使用制表位时，可以方便整体移动某一选项。如果想改变某一类题中同一选项（如 C 选项）的位置，按下“Ctrl”键，用鼠标分别选中各题，再用鼠标拖动上面标尺上的制表符，移动到适当的位置（或利用制表位对话框精确设置），则各题的 C 选项一起同步移动。如图 9－33 所示。

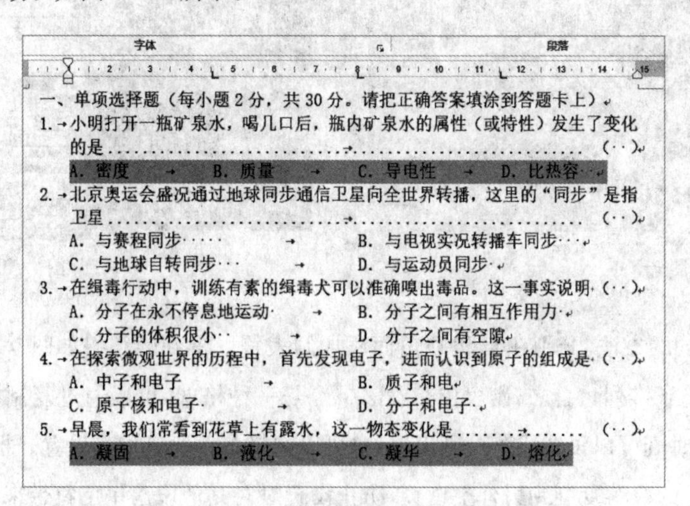

一、单项选择题（每小题 2 分，共 30 分。请把正确答案填涂到答题卡上）

1. 小明打开一瓶矿泉水，喝几口后，瓶内矿泉水的属性（或特性）发生了变化的是……（ ）
A. 密度 B. 质量 C. 导电性 D. 比热容

2. 北京奥运会盛况通过地球同步通信卫星向全世界转播，这里的“同步”是指卫星……（ ）
A. 与赛程同步 B. 与电视实况转播车同步
C. 与地球自转同步 D. 与运动员同步

3. 在缉毒行动中，训练有素的缉毒犬可以准确嗅出毒品。这一事实说明（ ）
A. 分子在永不停息地运动 B. 分子之间有相互作用力
C. 分子的体积很小 D. 分子之间有空隙

4. 在探索微观世界的历程中，首先发现电子，进而认识到原子的组成是（ ）
A. 中子和电子 B. 质子和电
C. 原子核和电子 D. 分子和电子

5. 早晨，我们常看到花草上有露水，这一物态变化是……（ ）
A. 凝固 B. 液化 C. 凝华 D. 熔化

图 9－33

6）如果要去掉制表符，直接拖动该制表符向下到文档处放手即可，也可以双击某一制表符，在“制表位位置”中选中某一个制表符，可以清除该制表符，点击“全部清除”，可以清除该段落中的所有制表符。如图 9－30 所示。

（2）利用制表批量设置对齐

在应用制表符一个个地排列选择题的选项时，虽然不易出错但是较慢，对于大批量的有类同选项的选择题，如外语卷子，应用制表符时可以批量设置，快速处理。

1）为了防止设置时对文档的其他题目产生影响，把需要设置制表位的选项段落复制到新文档中。在新文档中设置后再复制回原来位置。全部选中该题，利用“制表位”对话框，各段落同时一次性地设置三个左对齐制表位（或手动设置）。如图 9－34 所示。

2）继续选中全部文档，按下“Ctrl＋H”，在“查找和替换”对话框中的“替换”选项卡的“查找内容”中输入“B”，选中“区分大小写”，光标置于“替换为”，点击下面的“特殊格式”，选中“制表位”，在“替换为”中插入了一个制表位符号“＾t”，再输入“B”，即“B”替换为“＾tB”，B 前面插入一个制表位，所有 B 选项与第一个制表位对齐。如图 9－35 所示。也可以不区分大小写，在“查找内容”中输入“B.”（B 后面加小点），在“替换为”中输入“＾tB.”，即加小点的 B 替换为加小点的 B 且前面添加了制表符。当出现“是否搜索文档的其余部分”显示框时，选择“否”。

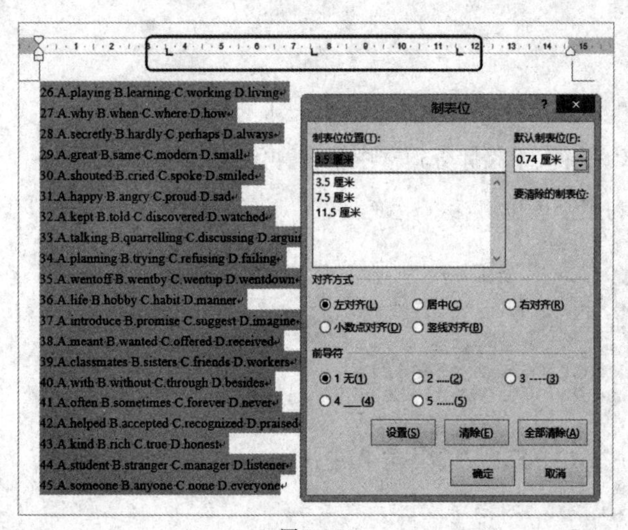

图 9－34

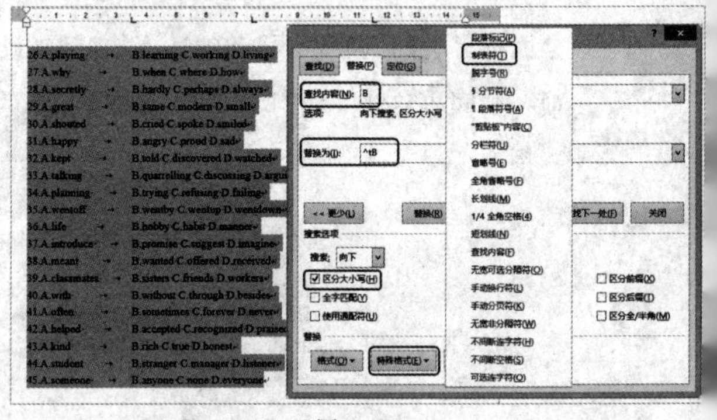
图 9－35

3）用类同的方法，分别在 C 和 D 前面添加制表符。得到的结果如图 9－36 所示。B、C、D 各选项整齐排列。总之，制表位在段落中也是一种格式，可以通过复制格式同时复制制表位，使用时既可以每个段落分别设置，也可以选择多个段落批量设置。批量设置时，一般把批量设置的段落复制到另外空白页，防止设置时对其他段落中字符带来影响。

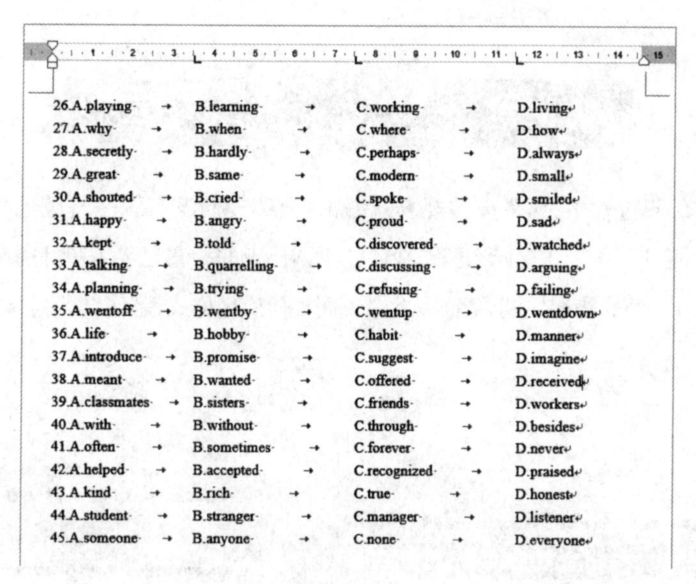

图 9－36

4）如果前面的数字是手工输入的可以添加自动编号，并且批量删除手工输入的编号。操作方法是：

A. 添加自动编号。全部选中各个段落后，在“开始”选项卡的“段落”组中，点击“编号”按钮，可以批量添加段落的编号。如图 9－37 所示。

B. 删除手工添加的编号。选中需要删除数字的段落，按下“Ctrl＋H”，在“查找和替换”对话框的“替换”选项卡中的“查找内容”中，输入表示任意数字的特殊符号“^#”，点击“全部替换”，一次性地删除所有数字。如图 9－38 所示。

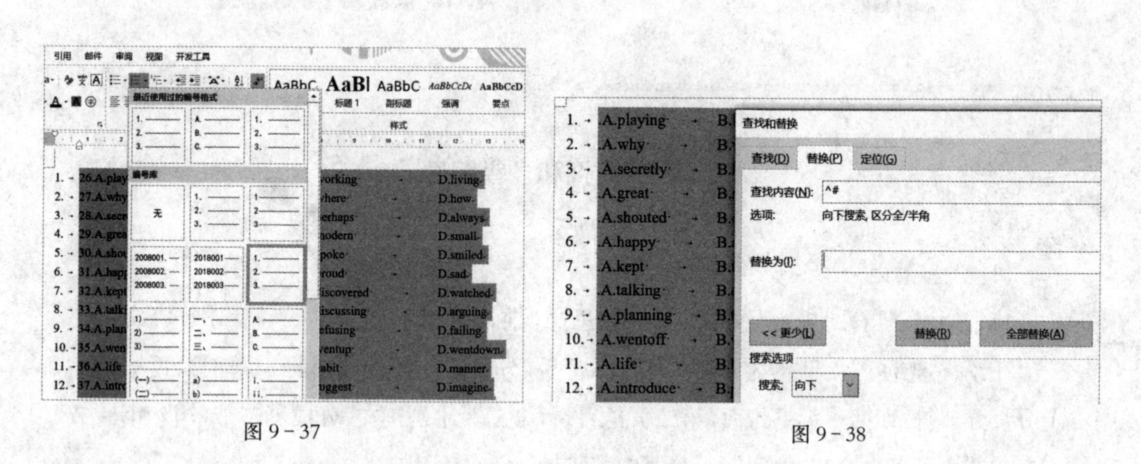

图 9－37　　图 9－38

5）删除 A 前面的小点。在“查找内容”中输入“. A.”（A 的前后都有小点），在“替换为”中输入“A.”（前面没有小点），“全部替换”后，A 前面的小点全部删除。

第4课 长文档使用样式设置目录

长文档在编辑过程中，如果按常规方式编辑，全部文档没有统一规范的格式，会给编辑和修改带来不便，且不能生成自动更新的目录。图9-39是一篇已经编辑好的没有应用样式的“学校年度工作计划”的普通文档，下面以此来说明如何应用样式，制作自动更新的目录。

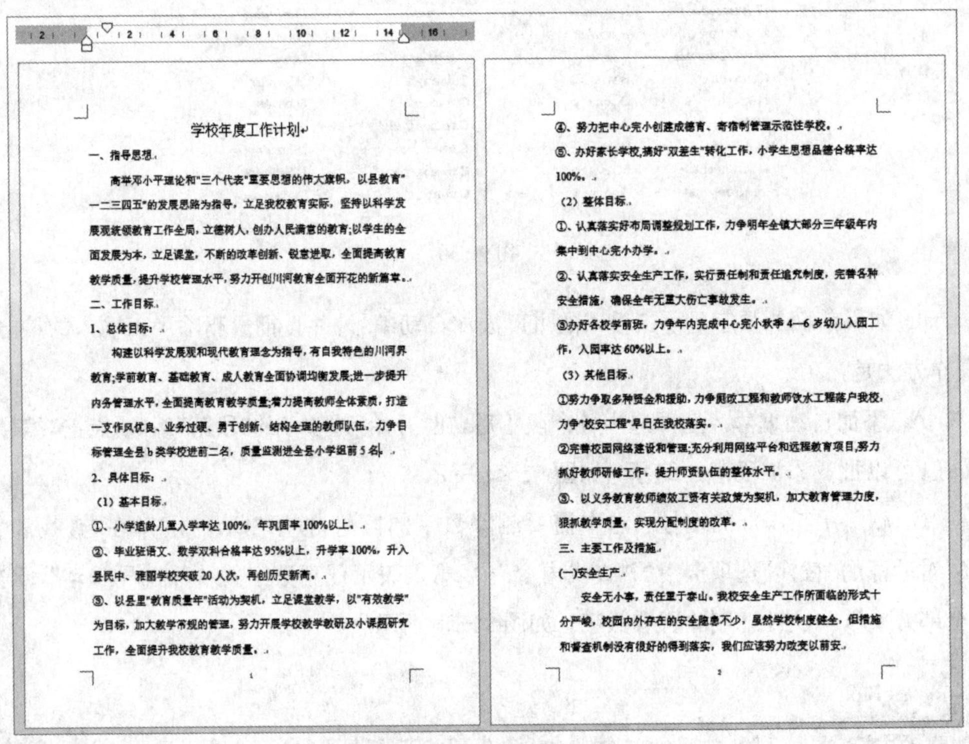

学校年度工作计划

一、指导思想

高举邓小平理论和"三个代表"重要思想的伟大旗帜，以县教育"一二三四五"的发展思路为指导，立足我校教育实际，坚持以科学发展观统领教育工作全局，立德树人，创办人民满意的教育;以学生的全面发展为本，立足课堂，不断的改革创新、锐意进取，全面提高教育教学质量，提升学校管理水平，努力开创川河教育全面开花的新篇章。

二、工作目标

1、总体目标：

构建以科学发展观和现代教育理念为指导，有自我特色的川河界教育;学前教育、基础教育、成人教育全面协调均衡发展;进一步提升内务管理水平，全面提高教育教学质量;着力提高教师全体素质，打造一支作风优良、业务过硬、勇于创新、结构全理的教师队伍，力争目标管理全县b类学校进前二名，质量监测进全县小学组前5名。

2、具体目标：

（1）基本目标

①、小学适龄儿童入学率达100%，年巩固率100%以上。

②、毕业班语文、数学双科合格率达95%以上，升学率100%，升入县民中、雅丽学校突破20人次，再创历史新高。

③、以县里"教育质量年"活动为契机，立足课堂教学，以"有效教学"为目标，加大教学常规的管理，努力开展学校教学教研及小课题研究工作，全面提升我校教育教学质量。

1

④、努力把中心完小创建成德育、寄宿制管理示范性学校。

⑤、办好家长学校,搞好"双差生"转化工作，小学生思想品德合格率达100%。

（2）整体目标

①、认真落实好布局调整规划工作，力争明年全镇大部分三年级年内集中到中心完小办学。

②、认真落实安全生产工作，实行责任制和责任追究制度，完善各种安全措施，确保全年无重大伤亡事故发生。

③办好各校学前班，力争年内完成中心完小秋季4—6岁幼儿入园工作，入园率达60%以上。

（3）其他目标

①努力争取多种资金和援助，力争厕改工程和教师饮水工程落户我校，力争"校安工程"早日在我校落实。

②完善校园网络建设和管理;充分利用网络平台和远程教育项目,努力抓好教师研修工作，提升师资队伍的整体水平。

③、以义务教育教师绩效工资有关政策为契机，加大教育管理力度，狠抓教学质量，实现分配制度的改革。

三、主要工作及措施

(一)安全生产

安全无小事，责任重于泰山。我校安全生产工作所面临的形式十分严峻，校园内外存在的安全隐患不少，虽然学校制度健全，但措施和督查机制没有很好的得到落实，我们应该努力改变以前安。

2

图9-39

1. 设置封面和多级编号

(1) 设置封面

1）插入分节符。光标置于“一、指导思想”前，在“下一页”插入一个分节符。如图9-40所示。光标再置于“学校年度工作计划”后（分节符前面的段落标记前面），再插入一个分页分节符，即第一页是封面，第二页是目录，第三页才是正文，分成了三节（当然第一节和第二节也可以为一节，中间插入分页符即可）。

2）第一页的适当位置插入三个文本框，第一个文本框中的文字设置为黑体一号。其他两个文本框的文字格式根据情况设置。如图9-41所示。

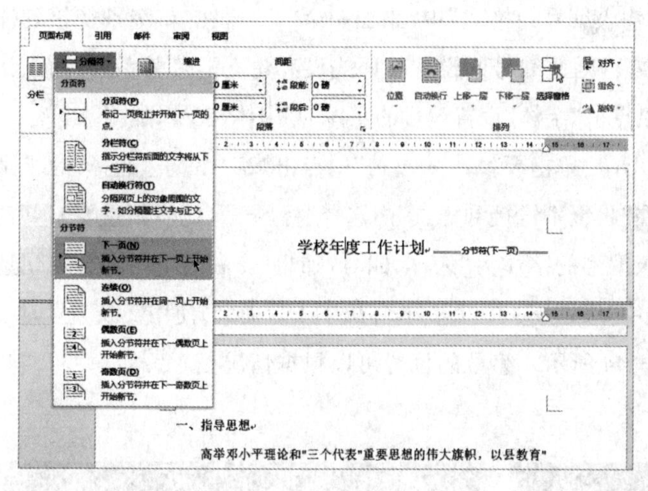

图 9－40

图 9－41

(2) 设置多级编号

1）光标置于一级段落中(一、指导思想)，在“开始”选项卡的“段落”组中，在“多级列表”中，任意选择一种编号样式。如图 9－42 所示。

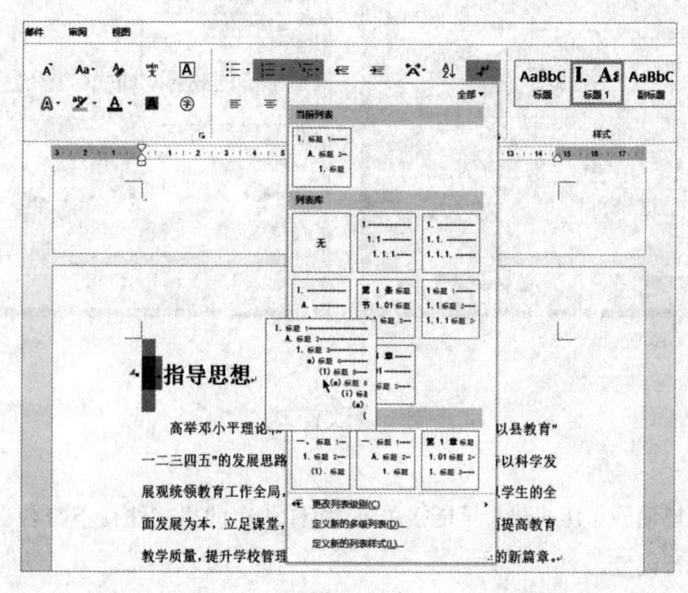

图 9－42

2）定义新的多级列表。

A. 第 1 级别的设置。在图 9－42 中，点击图下面的“定义新的多级列表”，在“定义新多级列表”对话框的左上角“单击要修改的级别”中点击“1”，在左边中部“此级别的编号样式”中选择中文大写编号，并在“输入编号的格式”中，添加一个“、”号，在“将级别链接到样式”中选择“标题 1”，这里很重要，否则此编号的设置与样式没有建立链接关系，其他默认即可。如图 9－43 所示。还可以点击“字体”设置编号的字体为“宋体、三号、加粗”。

B. 第 2 级别的设置。在左上角“单击要修改的级别”中点击“2”，在左边选择“此级别的编号样式”中选择小写编号，在“将级别链接到样式”中选择“标题 2”（此步骤重要），其他默认即可。点击“字体”设置 2 级编号的字体为“宋体、四号、加粗”。右边中间部分默认选中了“重新开始列表的间隔”，选中“级别 1”，其意思是，在级别 1 后面，当使用 2 级编号时自动重新开始编号为“1”。如图 9－44 所示。编号的位置可以根据情况设置。后面“3”、“4”等级别的设置与此类同，不再赘述。

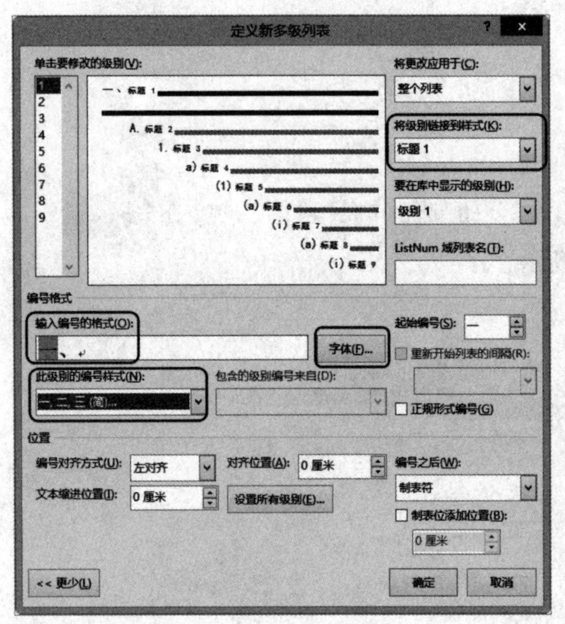

图 9－43

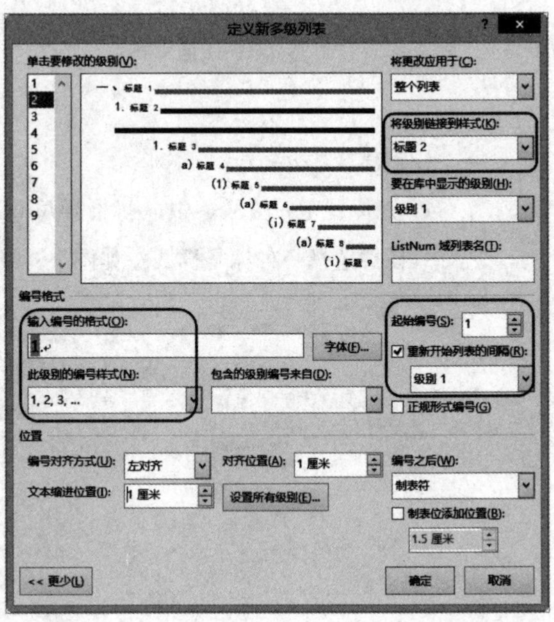

图 9－44

2. 修改样式

前面只是把编号与样式建立了链接关系，而样式中的格式往往不符合自己的需要，一般需要重新进行设置。

(1) 调出样式

点击“样式”组右下角的对话框启动器，右边出现“样式”窗格，在样式窗格中有很多样式，默认是“推荐样式”，显得乱七八糟，首先要把设置过的编号样式显示出来。这时点击右下角的“选项”，在“样式窗格选项”中，选中“所有样式”，“确定”后在右边可以找到各标题的样式。如图 9－45 所示。

(2) 修改样式

1）光标置于 1 级标题“一、指导思想”中，看到右边的“标题 1”是该标题的样式。在“样式”中鼠标右击“标题 1”，选中“修改”，如图 9－46 所示。

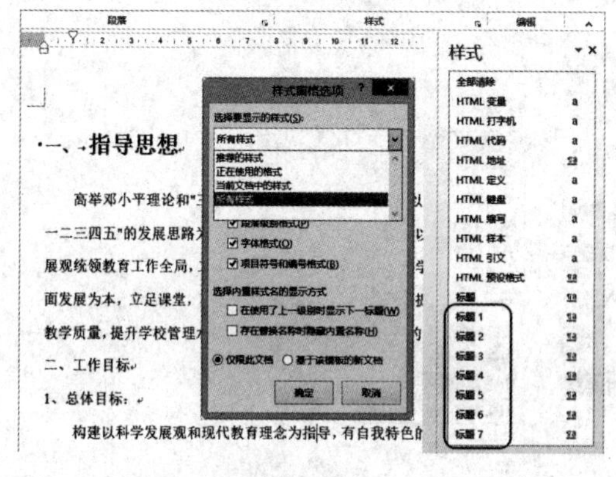

图 9－45

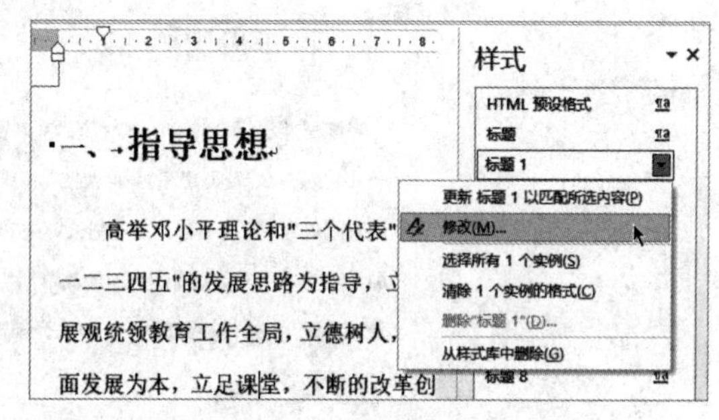

图 9－46

2）在“修改样式”对话框中，中间的“格式”可以进行基本格式的简单设置，要做精细的格式修改，点击左下角的“格式”，可以进行“字体”和“段落”等格式的修改。如图 9－47 所示。

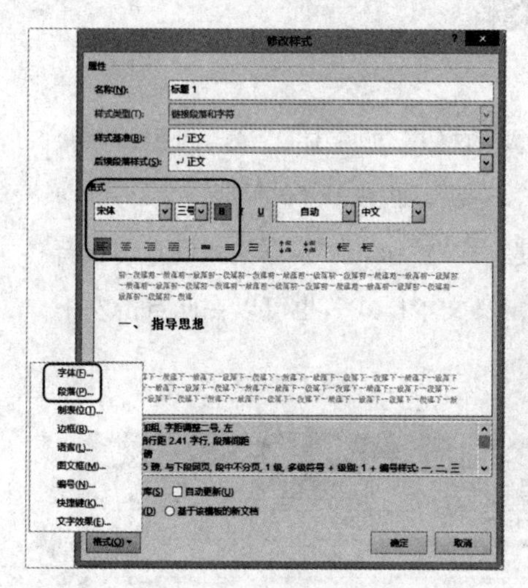

图 9－47

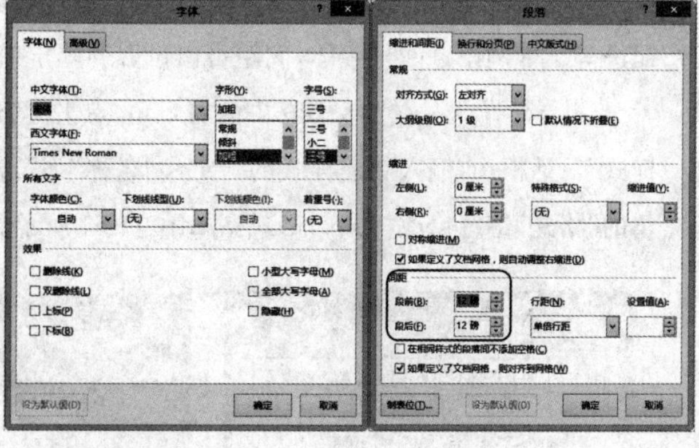

图 9－48

3）修改字体和段落格式。在“字体”选项卡中，一般大标题格式是“加粗、三号”，“段落”选项卡中，可以设置大标题的段前和段后间距。如图 9－48 所示。

其他各级标题的格式修改方法类同，不再赘述。

(3) 自定义文本样式

前面修改的是标题样式，对于文本样式一般需要自定义。

1）显示原段落样式。光标置于第一段文字中，可以看到该段落的格式是“四号，首行缩进：0.99 厘米”(其他段落也使用这个样式)。如图 9－49 所示。一般每个段落都会有相应的样式，因为对每个段落的所有设置都会生成一个样式。

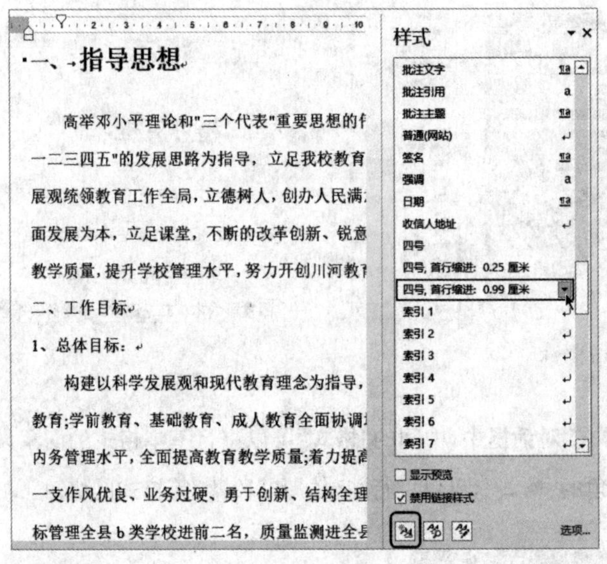

图 9－49

2）设置段落格式。把该段落中的文字设置成需要的格式，如字体、字号、间距、行距、缩进等。本例设置四号字体，间距可以设置为固定值“23 磅”，如图 9－50 所示。

3）新建样式。在图 9－49 中的右下角，点击“新建样式”按钮，在“根据格式设置创建新样式”对话框中，输入新建样式的自定义“名称”为“自定义文本样式”，也可以在此点击左下角的“格式”继续修改样式的格式。如图 9－51 所示。

图 9－50

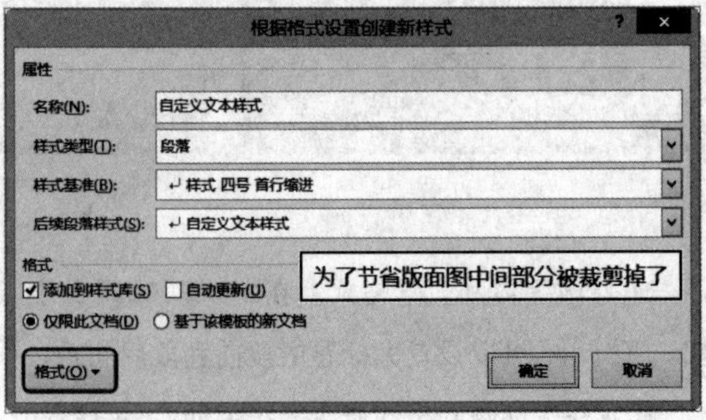

根据格式设置创建新样式
属性
名称(N): 自定义文本样式
样式类型(T): 段落
样式基准(B): 样式 四号 首行缩进
后续段落样式(S): 自定义文本样式
格式
添加到样式库(S)　自动更新(U)
仅限此文档(D)　基于该模板的新文档
为了节省版面图中间部分被裁剪掉了
格式(O)
确定　取消

图 9－51

3. 样式应用于文档中

(1) 直接使用样式

选中每一个不同级别的标题，分别点击右边不同的标题样式，如分别选中文档中的一级标题，点击右边样式下面的“标题 1”，二级标题点击样式下面的“标题 2”，把每一个标题都与相应的样式相链接。在图 9－45 中，再点击“当前文档中的样式”，可以看到文档中使用的样式都显示出来了。除了标题样式和“自定义文本样式”外，还有多个能用于文档其他段落的样式。如图 9－52 所示。

(2) 转换文本样式

右击某一个原来使用的文本样式（编号文档时每个段落都有样式），如右击“四号，首行缩进：0.99 厘米”，选中“选择所有 8 个实例”，观察文档，可以看到有八段文本使用该样式，此时点击“自定义文本样式”，则所有选中的段落全部更改为“自定义文本样式”了。如图 9－53 所示。这样文档中的样式就全部规范整齐了。

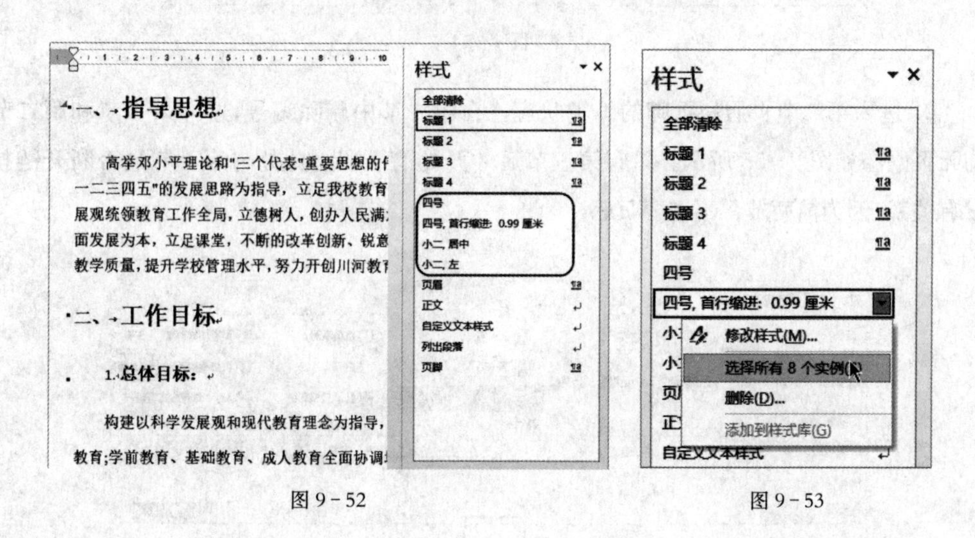

图 9－52　　　　图 9－53

4. 设置页码添加目录

(1) 设置页码

第一页封面和第二页目录一般不需要页码（若目录内容较多，也可以单独设置页码），页码应该从第三页正文开始编号。

1）在正文页脚处双击鼠标，进入页眉和页脚的编辑状态，断开上方与第二节的链接，重新设置页码编号为“1”，如图 9－54 所示。

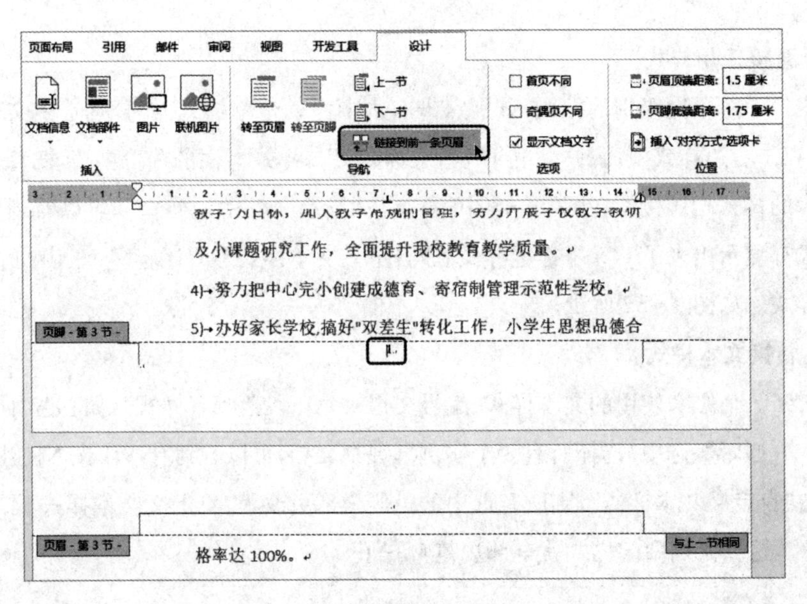

图 9－54

2）进入第二节页眉和页脚的编辑状态。在第二节中删除编号，这样第一节和第二节均无页码。如图 9－55 所示。只有第三节后才开始有页码。此处与第一节是否断开链接没有关系，因为前两节都不需要页码。

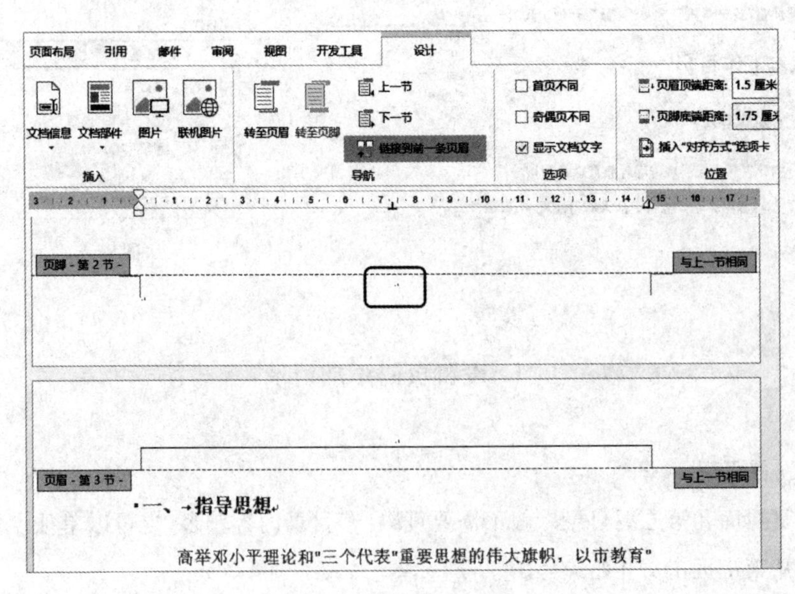

图 9－55

(2) 添加目录

文档的每个级别的标题都与相应的样式链接起来了，这样就可以设置目录了。

1）插入目录。回到第二页，光标置于目录下面的分节符前面，在“引用”选项卡的“目录”组中，点击“目录”，再点击“自定义目录”，如图 9－56 所示。

2）设置目录格式。

A. 在“目录”对话框中，可以选择“制表符前导符”，可以选择“显示的级别”，默认目录显示三个级别。如图 9－57 所示。

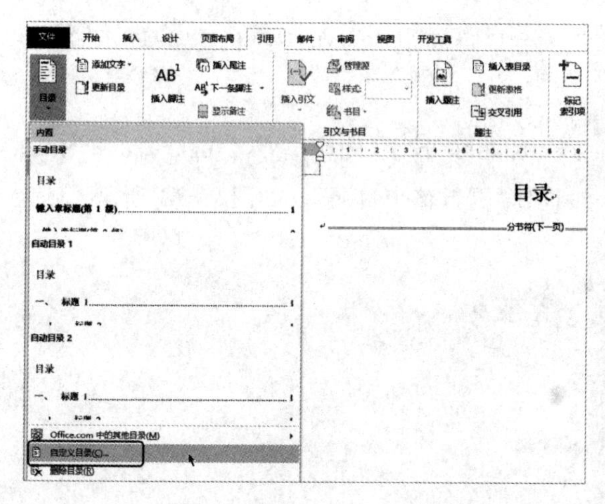

图 9－56

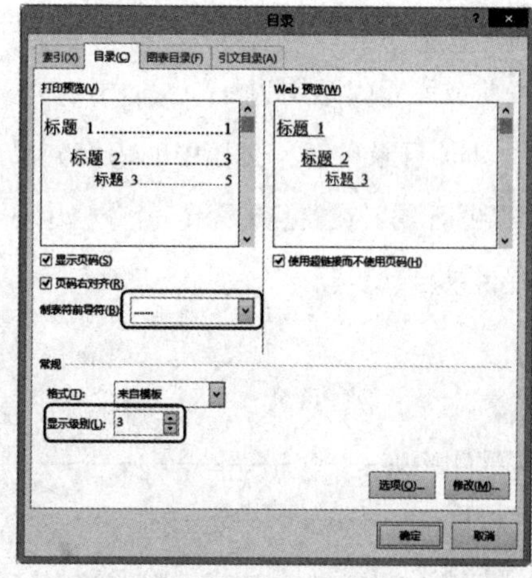

图 9－57

B. 得到的目录如图 9－58 所示。目录的字号一般较小，常为五号。

图 9－58

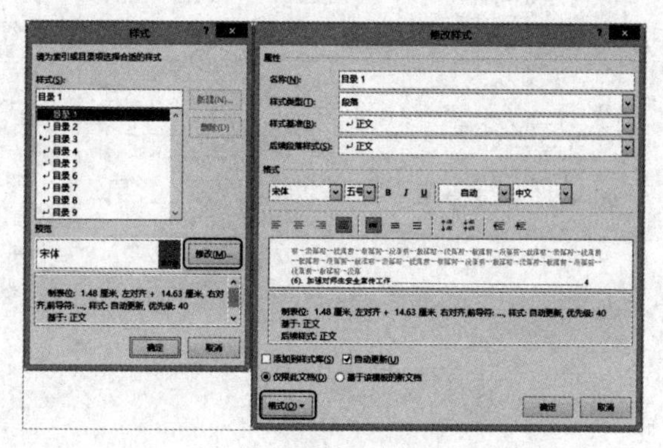

图 9－59

3）修改目录。

一般默认的目录格式，常常需要修改。

A. 可以对三级目录分别进行修改。重新在“引用”选项卡中点击“目录”，在图 9－57 所示的“目录”对话框中，点击右下角的“修改”。在“样式”对话框中选中“目录 1”（即对一级目录进行修改），在“修改样式”对话框中，点击左下角的“格式”，分别修改一级目录的字体、字号以及段落间距等，如图 9－59 所示。再分别点击“目录 2”和“目录 3”，分别修改它们的字体、字号、段落间距等。

B. 目录格式修改后得到的目录如图 9－60 所示。一级目录字号“四号”，段前和段后间距分别为 6 磅，二级目录字号“四号”，段前和段后间距均为 0，三级目录字号“小四号”。段前和段后间距均为 0。

4）目录更新。文档中的内容如果有添加或删除，按下“Ctrl + A”（全选），右击鼠标，点击“更新域”，在“更新目录”命令框中，一般选择“更新整个目录”。如图 9－61 所示。则所有目录自动更新。

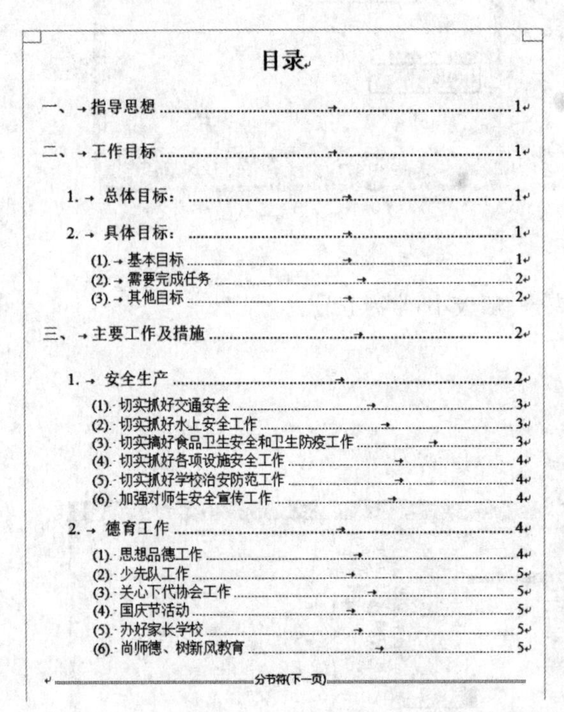

目录

一、指导思想 …… 1
二、工作目标 …… 1
1. 总体目标： …… 1
2. 具体目标： …… 1
(1). 基本目标 …… 1
(2). 需要完成任务 …… 2
(3). 其他目标 …… 2
三、主要工作及措施 …… 2
1. 安全生产 …… 2
(1). 切实抓好交通安全 …… 3
(2). 切实抓好水上安全工作 …… 3
(3). 切实搞好食品卫生安全和卫生防疫工作 …… 3
(4). 切实抓好各项设施安全工作 …… 4
(5). 切实抓好学校治安防范工作 …… 4
(6). 加强对师生安全宣传工作 …… 4
2. 德育工作 …… 4
(1). 思想品德工作 …… 4
(2). 少先队工作 …… 5
(3). 关心下代协会工作 …… 5
(4). 国庆节活动 …… 5
(5). 办好家长学校 …… 5
(6). 尚师德、树新风教育 …… 5

分节符(下一页)

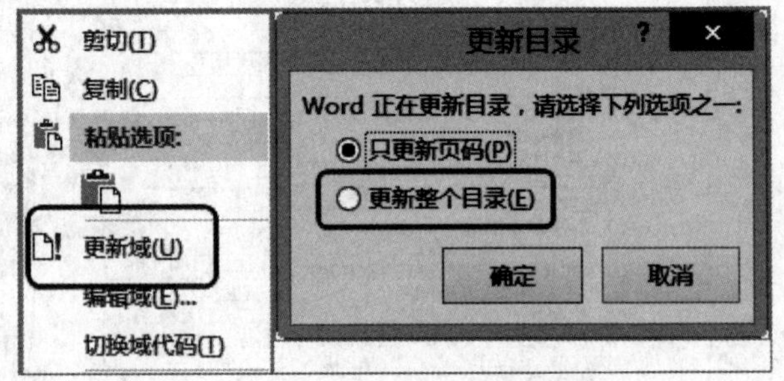

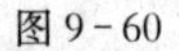

图 9－60　　图 9－61

附录 常用快捷键

1. Ctrl + A：全选，在文档窗口中选中整个文档。
2. Ctrl + Z：撤销操作，即撤销刚刚进行的操作，可反复撤销多次。
3. Ctrl + X：剪切所选的文本或对象。
4. Ctrl + C：复制所选的文本或对象。
5. Ctrl + V：粘贴文本或对象。
6. Ctrl + S：保存文档。
7. Ctrl + Shift + ＞：增大字号。
8. Ctrl + Shift + ＜：减小字号。
9. Ctrl +]：逐磅增大字号。
10. Ctrl + [：逐磅减小字号。
11. Ctrl + "="：插入下标。
12. Ctrl + Shift + "="：插入上标。
13. Ctrl + Shift：输入法之间的转换。
14. Ctrl + Space(空格)：中文输入法与英文输入法之间的切换。
15. Ctrl + Y：重复上一操作。
16. Ctrl + B：为选中的文字加粗，再按下则恢复原状。
17. Ctrl + U：给选中的文字加上下划线，再按下恢复原状。
18. Ctrl + N：新建一个空文档。
19. Ctrl + D：打开"字体"对话框。
20. Ctrl + F：查找文字、格式和特殊项。
21. Ctrl + G：打开"查找与替换"对话框，并定位在"定位"选项卡中。
22. Ctrl + H：打开"查找与替换"对话框，并定位在"替换"选项卡中。
23. Ctrl + Shift + C：将格式复制到剪贴板上。
24. Ctrl + Shift + V：将格式复制到选定的文本及其他对象上。

25. Shift + 6：在中文输入状态下，可以插入省略号“……”。

26. Ctrl + O：进入后台“打开”界面。

27. Ctrl + P：进入后台“打印”界面。

28. Ctrl + F4：关闭当前文档，并提示是否保存。

29. Ctrl + Alt + “.”(句号)：可以插入省略号(也可用 Shift + 6)。

30. 按下 Alt 键：可以竖选文字。

31. Shift + Space：全角与半角之间的切换。

32. PrintScreen：复制整个屏幕到剪贴板。

33. Alt + PrintScreen：复制当前活动窗口到剪贴板。

34. Ctrl + Shift + Esc：弹出“任务管理器”对话框，当某个应用程序停止反应时(即俗称死机)，可以选中此任务，并单击结束任务。

35. Shift + F5：光标可以回到最后编辑时光标所在的位置。

36. Ctrl + Shift + 空格：在使用公式编辑器时添加空格。

37. Shift + -(减号键)：可以插入破折号“—”。

38. Ctrl + End：快速将光标移到文档末尾。

39. Ctrl + Home：快速将光标移到文档前面。

40. Ctrl + Enter：快速插入分页符。

41. Shift + PageDown：下一屏。

42. Shift + PageUP：上一屏。

43. 按下 Win：显示或隐藏“开始”菜单。

44. Win + L：锁定计算机。

45. Win + D：快速显示桌面。

46. Win + E：打开“我的电脑”(或文件资源管理器)。

后记

多年来，我在物理学科教学研究之余进行了教育信息技术的应用研究，从最初的PowerPoint、Word、Excel等常用软件的创新应用，到后来的微课程制作与翻转课堂教学，以及对学生过程性评价的研究，特别是对信息技术与课堂教学融合即信息化课堂教学的研究等，都与教师的教育教学工作密切相关，所以得到了教育界同仁的一致认可和赞誉。

作为Office应用于教育教学研究的唯一的中国教师代表，连续三年被微软总部邀请参加了微软全球教育论坛大会，了解到当前全球教育改革发展的方向是：以互联网多媒体信息技术为手段，变知识传授型的学习为自主性体验式的学习；教师由知识的传授者变为学生学习的指导者、参与者。这场教育大变革，涉及教育信息技术和先进的教育理念，目前信息技术手段已经足够解决我们基础教育应用中遇到的几乎所有问题，而先进的教育理念我们不缺乏，我们缺乏的是如何把教育信息技术与先进的教育理念融合在一起，走出一条教育信息技术支持下的教育创新和课堂教学变革之路。这是全球教育改革发展的方向和趋势。

最近一次与张民生教授的深入长谈，使我明确了下一步的研究方向，萌发了重新撰写一套移动互联背景下课堂变革教育技术应用丛书的想法，出版社取其名为“马九克极简教育技术丛书”。当今课堂教学变革的主题，就是应用现代信息技术手段，融合先进的教育理念，实施高效课堂教学。信息化时代，处处要体现高效、方便、快捷。但是目前信息化的软硬件资源太多了，新技术发展太快了，还来不及消化就又变了。但是静下心想一想，我们最常用的最能解决问题的仍然是Office办公软件，用好常规办公软件，提高工作效率，是信息化时代每个人都应该掌握的基本技能。根据近年来的培训，我将重新撰写Office办公软件的应用，分为四本出版，分别是《轻松高效编辑教学文档》、《方便高效制作教学课件》、《快捷高效分析统计数据》、《创建高效移动互联课堂》(将大篇幅介绍手机网络与电脑互联互通在教育中的应用)。

教育现代化要求教师在转变教育观念的同时，也要实现教育手段的现代化，要具备将多媒体信息技术与课堂教学进行整合的能力。广大教师要将常用的几个办公软件应用于教育教学工作，提高工作效率和课堂教学的实效，同时也要掌握现代教育技术应用的手段和方法，将教育信息技术与课堂教学相融合。

如何应用好教育信息技术？我的体会是：在教育信息技术学习的过程中（做任何事情都是这样），首先要有创新的意识，进而才有创新的思维，慢慢才会具有创新的能力，最后才会有创新的成果。读者朋友在学习各种信息技术应用的方法和技巧时，不应该仅学习一些机械的操作技能，而应该通过学习，掌握它的思维方法，只有学到了这种创新的思维方法，才会有所突破、有所提高，将这些方法和技巧结合工作实际进行应用，你将会有无限的创造力。在学习中，只有根据信息技术的特点，运用信息化思维方式，才能学好信息技术。要多动手勤练习，深入进去，仔细琢磨，善于总结。正如黎加厚教授说的：只有你深入进去，你才有机会发现美；深入是一种体验，体验则是一种过程，过程才是一种人生享受。

让研究成果造福于社会，造福于教育，造福于教师是我的最大心愿。对几年来在研究工作中给予帮助和支持的各位专家，以及广大读者朋友对该研究成果的认可和赞誉，我深表感谢！也恳切希望广大读者朋友在使用本书的过程中，多提宝贵意见。来信请寄：PPT5168@163. com。也可以登录：http://majk5168. blog. 163. com（马九克教育技术应用研究工作坊），或百度搜索“马九克”，点击进入“马九克教育技术应用研究工作坊”，查看更多内容，免费下载相关配套的文档。微信扫描下面二维码，进入“马九克教学工作经验分享”页面，可在线购买相关图书和课程。马九克的在线课堂帮助教师更熟练掌握教学信息技术。作者本人的新浪微博：http://weibo. com/majk5168（可实名搜索）。

2018. 6. 18

（微信扫一扫，进入“马九克教学工作经验分享”）